THE CHINESE THEORY AND PRACTICE OF
SOCIAL COLLABORATION
IN SCIENCE POPULARIZATION

郑 念 汤书昆 等 著

科普社会化协同的中国理论与实践

社会科学文献出版社
SSAP
SOCIAL SCIENCES ACADEMIC PRESS (CHINA)

课　题　组

组　长　郑　念　汤书昆

副组长　郑　斌　王丽慧　陈登航

成　员　张啸宇　吴祖赟　董梦苑　曹瑞玥　谭美娟

齐培潇　王唯滢　赵　沛

目　录

引　言
以科普社会化促进高质量发展

科普是全社会共同的责任，这在2002年颁布的《中华人民共和国科学技术普及法》（以下简称《科普法》）中有明确的规定。在此后不同阶段颁布的全民科学素质行动计划纲要及实施方案中也进行了任务安排，2022年9月，中共中央办公厅、国务院办公厅印发的《关于新时代进一步加强科学技术普及工作的意见》（以下简称《意见》）明确把科普社会责任作为一章进行全面部署安排。在新的形势下，以社会化大科普战略推进全民科学素质工作势在必行也刻不容缓，这是国内外的大势所趋，也是落实党中央战略部署、树立新发展理念、形成新发展格局、实现高质量发展的现实选择。

一　推进科普社会化是新时代的基本要求

进入21世纪，党中央做出重要的战略判断，即头20年，我国处于重要的发展战略机遇期。进入新时代，面临国际国内百年未有之大变局，党和国家领导人再次做出了“我国发展仍然处于重要战略机遇期，但机遇和挑战都有新的发展变化”的重大判断，习近平在中国共产党第二十次全国代表大会报告中明确指出，当前我国处于战略机遇与风险挑战并存，处于一个“不确定、难预料”因素增多的时期，号召全国人民“以中国式现代化全面推进中华民族伟大复兴”。顺利完成这一伟大使命，紧紧抓住并延长战略机遇期，至关重要。加强新时期科普工作，发挥科普的基础性支撑功能和创新发展一翼的重要作用，大力提升全民科学素质，实现人的全面发展。这是践行党的初心使命的重要实践，也是我们进一步抓住战略机遇期，加快推进中国式现代化进程的不竭动力。动员全社会力量重视并抓好科普工作，既是提升全民科学素质，培养强大的创新大军，促进科技创新成果转化，从而提升国际竞争力，建设高水平科技强国的基础工程和强基固本行动，也是抓住和延长战略机遇期，实现中华民族伟大复兴的重要举措。

1. 以科普社会化推进国际化传播，促进国际形势转变到有利于中华民族伟大复兴的发展轨道上来

谋势者强，“善谋势者必成大事”。中国共产党之所以能够领导全国人民在革命、建设、改革和发展中不断取得辉煌成就，一个极为重要的原因是党运用马克思主义的辩证唯物主义和历史唯物主义的观点，分析问题、解决问题，并不断推进马克思主义中国化时代化。在不同历史时期，党及时对形势做出科学的战略判断。习近平新时代中国特色社会主义思想是当代中国的马克思主义、21 世纪的马克思主义，是指导新时代各项工作的理论基础和实践指南，对新时代我国所处态势的战略判断，是习近平新时代中国特色社会主义思想的运用成果。

国际形势方面，百年变局与世纪疫情叠加使世界进入动荡变革期，霸权主义、强权政治重新抬头，单边主义、保护主义愈演愈烈，局部战争冲突和国际恐怖主义的威胁日趋加剧，一些国家采取“甩锅”“抹黑”“围堵”“极限施压”等方式试图遏制他国发展，全球发展面临的治理赤字、信任赤字、和平赤字、发展赤字四大挑战更加突出。这一系列问题极大地增加了我国外部环境的不稳定性和不确定性，增大了我国在大国竞争和博弈中的外部压力。从我国的国情看，我国仍然处于社会主义初级阶段，是世界最大的发展中国家，发展不平衡不充分的问题仍然突出，改革发展稳定任务之重、矛盾风险挑战之多、治国理政考验之大前所未有。核心科学技术“卡脖子”问题亟待解决，经济发展“三期叠加”所产生的矛盾问题仍然突出，国家治理体系和治理能力现代化水平尚需进一步提高，各种思潮交流交锋增加意识形态工作的复杂性、艰巨性等。所有这些以及潜在的矛盾和问题对我国抓住战略机遇期、统筹发展与安全提出了严峻挑战。面对严峻的国际形势，我们只有抓住机遇，练好内功，强基固本，才能有效应对，科普既能凝聚内力，树立正确理念，又能提升科学素质，助力创新发展，不断巩固提升竞争力的人才根基。

未来的竞争更大程度上是科技的竞争、人才的竞争，做好科普才能本固基稳。一是新一轮科学技术革命带来新的发展机遇。当前，以数字技术、人工智能、生物科技（基因工程）为代表的第四次科学技术革命正在深刻改变人类生产生活方式和国际竞争格局，中国积极融入全球化浪潮、积极参与国际分工，充分利用广阔市场、创新环境和政策引导，在许多科技创新领域与发达国家处于同一起跑线上甚至处于领先地位，为转换发展动能、优化经济结构、促进高质量发展创造了条件。二是21世纪以来国际权力格局转变为发展中国家带来机遇。随着一大批新兴大国和发展中国家的快速崛起，延续几个世纪的"大西洋时代"已经演变为大西洋和太平洋"两洋"并举并重的新时代，世界历史朝着有利于社会主义的方向发展，百年变局中的"时"与"势"都在我们一边。三是我国的制度优势使我们拥有雄厚发展实力和巨大潜力。改革开放以来特别是党的十八大以来，我国社会主义的经济建设、政治建设、文化建设、社会建设以及生态文明建设取得历史性成就、发生历史性变革，我国经济实力、科技实力、综合国力、国际影响力持续增强，中国之"制"的治理优势和治理效能日益凸显，人民群众的获得感幸福感安全感进一步提升，这为我国抓住现有发展机遇、创造新的发展机遇，从而最终实现中华民族伟大复兴提供了更为完善的制度保证、更为坚实的物质基础、更为主动的精神力量。

2. 必须识变应变，掌握先机，积极运用各种有利时机和促变因素，以科普社会化抓住和延长战略机遇期

辩证唯物主义告诉我们，世界总是处于不断变化发展中的，机会可以先有而抓住，也可以自己创造，更可以发挥能动性加以延长。对一个国家、一个民族来说，重要战略机遇期不常有，有了也不是永远存在的，关键是能够识变应变，牢牢抓住机遇，并善于维护和延长这个时期。这是一条被人类社会发展反复证明的基本经验。回顾世界近代史，国家和民族的兴衰成败，关键在于抓住重要战略机遇期和对科技的掌握运用，尤其是科技与社会民众的结合，即运用科普技术来提升公民科学素质，实现科技革命和产业革命，提升创新能力，增强国力，在国际竞争中取胜。

文艺复兴和启蒙运动使科学知识、科学文化成为西方国家不可或缺的内容，把科学融入社会，把科学知识普及给公众，成为西方世界吸收和消化科技文化成果最显著的时代特征，西方世界由此产生了革命性变革。科技革命和产业革命很快使生产力迅速发展，欧洲一些国家成为世界科学中心和创新高地从而富强起来。先是在法国，然后是在德国和英国，理性的回归和科学文化的兴起，孕育出了一批思想家和教育家，在他们的思想感召下，人类社会由蒙昧进入文明、由黑暗进入光明，人类借助科学知识来涤荡心中的迷信和无知，用理性的力量来支配自己的生活。英国一度成为“日不落”帝国，其最重要的原因，不仅在于拥有一批献身科技事业的开拓者，而且在于其开展了广泛持久的大众科普活动，从而具备了适宜科技发展的肥沃土壤，英国是世界上最早开展科普活动的国家之一。

自鸦片战争以来，西方帝国主义列强开始侵略瓜分中国，我们闭关锁国，科技落后，人民处于水深火热之中。中国共产党成立以后，带领广大人民，发愤图强，走出了一条致力于中华民族伟大复兴的中国道路。在百年奋斗历程中，党在不同时期坚持把科学交给人民，坚持科技为民和科技向善，坚持发挥科普作用，不断提升广大民众的科学文化素养，为全面实现现代化强国和中华民族伟大复兴奠定了坚实的物质、文化和精神根基。

科技强则国强，我们要抓住机遇，落实习近平总书记的重要指示，加速推进建设世界科学中心和创新高地。关于世界科学中心的相关研究表明，科技创新力量的强盛关系一个国家的整体实力，科技和人才总是向发展势头好、文明程度高、创新最活跃的地方集聚。近代史上科学中心先后出现在意大利、英国、法国、德国和美国，既是科学中心的发展历程，也成为这些国家的重要发展机遇，对其科学技术、经济发展产生了里程碑式意义的影响。日本学者汤浅光朝总结了上述国家科学中心形成、转移和发展的机制，做出了分析和阐述，认为一国科学成果占同期世界科学成果的25%以上则可以作为“世界科学中心”。科学活动中心在世界范围内周期性转移被称为世界科学中心转移的“汤浅现象”。汤浅提出科学中心的转移大约80年为一个周期，并预测世界科学中心将于21世纪转移到亚洲。国内有学者结合当代世界科学发展的方向和中国科学技术的现状，预言中国有可能成为世界科学中心之一。

科普社会化是科普“三性”（群众性、社会性、经常性）的重要方面，是科学文化建设的重要路径，也是科学文化的表现形式。科学文化是科学中心的重要承载，以习近平同志为核心的党中央高度重视文化软实力的建设。理论和实践表明，科普是科学文化建设的有效途径。习近平总书记多次强调科普工作的重要性，2008年以来就科技创新和科学普及做出了一系列重要指示，特别是2016年5月，习近平总书记在全国科技创新大会、两院院士大会、中国科协的第九次全国代表大会（以下简称“科技三会”）上指出：“科技创新、科学普及是实现创新发展的两翼，要把科学普及放在与科技创新同等重要的位置。没有全民科学素质普遍提高，就难以建立起宏大的高素质创新大军，难以实现科技成果快速转化。”习近平总书记的论述深刻阐明了科普和创新的关系、科普和素质的关系、素质和经济社会发展的关系，为新时代的科普工作指明了方向和遵循。

中国共产党自成立以来，始终坚持把科学交给人民。毛泽东在《新民主主义论》中提出要建立中华民族的新文化，并指出这种新文化是“民族的科学的大众的文化”。强调“大力开展自然科学大众化运动，进行自然科学教育，推广自然科学知识，使自然科学能广泛地深入群众，使民众的思想意识和风俗习惯都向着科学的道路上发展，从自然科学运动方面推进中华民族新文化运动的工作”。科学的大众化正是生动的科普实践，在党的百年奋斗的各项伟大历程中发挥了不可或缺的作用。新民主主义革命时期的科普实践播撒科学种子助力救国；新中国成立初期向广大工农群众普及科学技术服务兴国；改革开放以来科普工作助力科技发展促进富国；党的十八大以来，科普全面助力提升科学素质建设世界科技强国。在创新发展的新时代，党中央把科普作为创新发展一翼，放在与科技创新同等重要的位置。在不同历史时期和发展阶段，科普彰显出全面融入和支撑“五个文明”（物质、政治、精神、社会、生态）建设的重要价值，成为推进中国式现代化的强劲动能。所有这些做法与经验在国际上是没有先例的，充分体现了科普的中国道路的特征。

党中央多次将科学技术发展与国家前途命运和人民生活福祉紧密联系，指出“中国要强盛、要复兴，就一定要大力发展科学技术，努力成为世界主要科学中心和创新高地”，提出了加快建设世界重要人才中心和创新高地的要求。在刚刚胜利闭幕的党的二十大上，党中央指出新时代要强化现代化建设的人才支撑，“完善科技创新体系，坚持创新在我国现代化建设全局中的核心地位，健全新型举国体制，强化国家战略科技力量，提升国家创新体系整体效能，形成具有全球竞争力的开放创新生态”。同时提出要铸就社会主义文化新辉煌，“发展面向现代化、面向世界、面向未来的，民族的科学的大众的社会主义文化，激发全民族文化创新创造活力，增强实现中华民族伟大复兴的精神力量”。

3. 发挥科普的基础性支撑作用，服务高质量发展，以中国式现代化推进中华民族伟大复兴

党的二十大报告吹响了新时代踏上新征程的号角。从现在起，中国共产党的中心任务就是团结带领全国各族人民全面建成社会主义现代化强国、实现第二个百年奋斗目标，以中国式现代化全面推进中华民族伟大复兴。新时代的科普工作应为牢牢抓住重要机遇期和利用好战略机遇期固基赋能，贯彻新发展理念，构建新发展格局，助推高质量发展。

凝聚历史力量，进一步发挥科普对于实现人的现代化的促进功能。科普具有传递思想、唤醒理性、弘扬精神、哺育文化、普及知识的基本功能，同时具有克服对未知的恐惧和对科学的敌意的基本作用，在历史上，科普把人们从中世纪的愚昧和迷信中唤醒，冲破黑暗，迎来理性的光辉。科普的本质

是建设科学文化，具有“举旗帜、聚民心、育新人、兴文化、展形象”的基本功能和支撑作用，我们要发挥科普意识形态阵地的宣传功能，用科学的道理、通俗易懂的语言，把公众团结到主流意识形态和主流价值观的认同上来，凝聚力量，共同应对百年变局；发挥科普在教育、传播、宣传、推广、普及方面的功能，最大限度地凝聚党心民意，提高公众科学文化素质，积极投入伟大斗争，科学应变，努力求变，牢牢抓住战略机遇期，实现伟大梦想。

在习近平新时代中国特色社会主义思想指导下创新科普理论。新时代科普要贯彻落实习近平总书记对科普的重要指示和批示精神，构建大科普格局，推动科学普及与科技创新两翼齐飞。为此，我们要积极建构新时代科普理论，以全球视野、历史纵深、未来导向，指导科普的基础理论建设，明确科普的教育、传播、宣传和文化功能，提升科普创作技术，提高科普产品质量，以高质量科普服务社会经济的高质量发展。

当前我国已经形成“法律、纲要、意见”体系化的科普工作顶层设计。2002 年，我国颁布了世界上第一部规范科普工作的专门法律——《科普法》，推动我国科普工作走上了法制化轨道；2006 年，国务院颁布《全民科学素质行动计划纲要（2006—2010—2020 年）》，推动全民科学素质快速大幅度提升。2021 年 6 月，国务院颁布《全民科学素质行动规划纲要（2021—2035 年）》，为新时代科学素质建设制定了蓝图；2022 年 9 月中共中央办公厅、国务院办公厅印发了《意见》，进一步贯彻落实习近平总书记“把科学普及放在与科技创新同等重要的位置”重大论断，对新时代科普工作做出全面部署，体现了推进中国式现代化对科普的时代要求和战略谋划。《意见》战略视野宏阔，要求推动科普全面融入我国经济、政治、文化、社会和生态文明建设“五位一体”总体布局，构建社会化协同、数字化传播、规范化建设、国际化合作的新时代科普生态，服务人的全面发展、服务创新发展、服务国家治理体系和治理能力现代化、服务推动构建人类命运共同体，为实现“十四五”规划和 2035 年远景目标提供有力保障。

二　科普社会化是新时代科普的基本特征

科普社会化的本质特征就是动员全社会重视科普、参与科普，形成全社会崇尚科学、热爱科学、投入科学的氛围。在当今的形势下，就是认真贯彻落实党的二十大精神，依据“两办”《意见》的部署，在党的领导下，充分发挥新型举国体制优势，把科学普及融入新发展理念的贯彻落实，贯穿到党的领导和经济、政治、文化、社会、生态文明建设全过程各方面，构建社会化协同、数字化传播、规范化建设、国际化合作的科普生态，形成全领域覆盖、全社会行动、全媒体传播、全民参与的科普态势。

科普社会化就是以科普高质量发展推进经济社会高质量发展。基于构建新发展格局的需求，面向全社会传播普及数字化、绿色低碳等重大关键共性技术，促进科技成果转化为现实生产力，推动科技与社会、经济融合，通过“科普+”“+科普”方式延伸产业链和价值链，推动形成国内大市场，实现国内大循环和国内国际双循环的发展格局。在国家发展的一系列重大战略推进方面，通过科普赋能，实施创新驱动发展战略、乡村振兴战略、人才强国战略等国家重大战略，解决不平衡不充分的主要矛盾。

科普社会化就是以科普力量推进社会治理体系现代化。在社会治理领域，科普通过积极引导社会舆论、培育理性公民、促进社会参与，成为服务社会治理的重要方式。从科普实践看，应急科普曾在应对“非典”、汶川地震中发挥了积极作用。2020 年新冠疫情突发后，各地区、各部门迅速行动，政府部门高效协调、科技工作者发挥专长、各类媒体广泛宣传、社会力量积极参与，全面开展疫情防控科普工作，提升了公众对于疫情的科学认知，促进党和人民心意相通，提升了疫情期间的社会治理效能，最大限度保护了人民生命安全和身体健康，统筹疫情防控和经济社会发展取得重大积极成果，在客观上为延长我国发展的战略机遇期提供了关键保障。

科普社会化就是以科普力量推进实现人的全面现代化，打造高素质创新大军。“十四五”规划关于经济社会发展的主要目标明确提出：“社会文明程度得到新提高，社会主义核心价值观深入人心，人民思想道德素质、科学文化素质和身心健康素质明显提高。”科普是提高公民科学素质的重要途径之一。党的二十大提出了加快建设世界重要人才中心和创新高地的要求，我们要大力推动科普与教育、文化融合，形成育人化人的合力，促进人的全面发展，提升社会文明程度；坚定文化自信，加强人才自主培养，把各方面优秀人才集聚到党和人民事业中来，培育强大的科技创新后备力量，增强全民族创造活力。

科普社会化就是加强国际科技人文交流，以科普力量服务构建人类命运共同体。实现高水平科技自立自强、建设世界科技强国离不开高质量的开放合作，长期坚持增进开放互信和文明互鉴是中国赢得有利于发展的重要战略机遇期的关键保障。党中央对新时代的科技科普工作提出了“坚持面向世界、面向未来，增进对国际科技界的开放、信任、合作，为全面建设社会主义现代化国家、推动构建人类命运共同体作出更大贡献”的要求。提升科学素质，推动社会发展是人类共同价值追求，因此科学素质建设成为开展文明互鉴的有益主题。应对新冠疫情、猴痘等全球性公共卫生危机，应对全球气候变化的实践表明，通过科普交流促进国家间科技人文交流，开展共通性、关键性科学技术的交流与普及，对于构建人类命运共同体，促进和维护全人类的共同利益与福祉，具有重要的积极意义。

三　以社会化推进科普高质量发展，助力实现中国式现代化

进入 21 世纪，国家和社会公众对科普事业发展呈现新的需求态势。传统的依靠科普组织和科普专业人员开展科普活动，已经难以满足科技发展的要求和公众的需求，迫切要求知识生产的源头力量承担起科普的社会责任，尤其是要求科技创新主体把科学普及放在与科技创新同等重要的位置。对

此，党和国家高度重视，通过制定法律法规、规划、计划，出台文件等多种形式，号召更多力量投入科普事业。

科普社会化是新时代科普举国体制的表现形式、具体体现、实现方式，是科普群众性、经常性、社会性的本质要求，是落实总书记“两翼理论”和同等重要论述的实践形式。党的二十大报告明确要求加强国家科普能力建设，从现实看，社会化的组织形式、动员机制、产品制作等是提升科普能力的有效途径，也是推进供给侧改革，扩大科普市场，形成消费终端的有效举措，只有高质量的科普产品供给，才能顺利实现“双减”背景下的科学教育加法，才能促进科普与科研、教育、文化、旅游等市场的融合，用科普的独特技术延长产业链和价值链，提升产品技术含量，促进价值实现。

新时代科普社会化发展呈现出蓬勃态势，迫切要求加强相应的理论研究，为火热的科普社会化实践提供支撑。习近平总书记明确指出：“科技创新、科学普及是实现创新发展的两翼，要把科学普及放在与科技创新同等重要的位置。”2021 年 6 月颁布的《全民科学素质行动规划纲要（2021—2035 年）》把科普社会化发展作为科普现代化的重要维度。各不同创新主体积极开展科普工作，形成了各具特色的科普工作格局，在实践中呈现出丰富多彩的科普模式、典型案例，同时也存在一些典型的问题，因此新时代推进科普社会化发展，尤其是研究不同创新主体的科普动力机制，总结先进的经验，形成理论，进一步指导不同主体从事科普工作，促进形成科技创新与科学普及两翼齐飞的发展格局，形成社会化的大科普格局，形成高质量发展的科普格局，显得非常必要而又紧迫。

2017 年中国科学技术协会科普部提出，要探索通过评价促进创新主体开展科普工作，并布置了一些课题开展研究。在中国科协科普部的指导下，中国科普研究所组建课题组，分别对科技创新主体科普工作情况进行调查研究，连续多年对科研院所、高校、高新技术企业（园区）、学会等主要创新主体开展评估，对创新主体开展科普工作的现状、问题、动力、不足、原因、资源情况等各方面展开典型调查，通过 5 年来的持续调查研究，形成了一系列成果。

本书是关于科普社会化理论与实践的研究汇集和成果提炼。实际上，这个主题的缘起迄今已经将近十年时间，2004 年全国科普理论研讨会的主题就是讨论科普社会化问题，当时安排了两个主旨报告，一个是社会化动员，另一个就是科普评估与科普社会化（我的报告题目）。在这个会上，我就科普社会化主要讲了什么是科普社会化、科普为什么要社会化、怎样促进科普社会化等问题，而关于怎样促进科普社会化，主要是结合评估来展开的。此后，随着科普实践的发展和研究的深入，大家逐渐认识到，科普社会化是科普事业的主要特征和发展趋势，同时也是科学技术转化为社会生产力和社会文化（实质上也是物质和精神双丰收的表现）的重要表现，为此，加强科普社会化研究显得尤其必要而又重要。

从我国科普历史来看，中国的科普事业具有很多独特而鲜明的特性，我认为其中最重要的特性，一是人民性，二是社会性。两者是相辅相成的重要方面，正因为具有人民性，所以要求通过社会化的方式来推进科普工作，而社会化的科普就是普遍受益，体现科普为民，是把“科学交给人民”的有力保障，也正因为如此，我国的科普呈现建制化、法制化、举国化的特征，但是，科普社会化不仅要体现在受众层面，更要体现在组织和活动层面，这就需要研究一些基本的理论、模式，社会实践中的有效经验和实现路径。

科普研究是科普工作中一项基础性的工作，科普的实践需要理论的指导。科普研究是对科普活动规律不断探索与认识的过程，是对科普经验的理性化思考、总结和提炼。科普理论来自实践，又反过来指导实践，这是马克思主义认识论的基本原理在科普工作中的具体运用。同时，科普工作要做到与时俱进、不断创新，才能满足公众日益增长的对科技文化的需要，必须重视科普理论对实践的指导作用。

科普理论来源于丰富的科普实践，这种实践既包括国内科普的实践活动，也包括国外科普的实践活动。由于科普工作的自身特点及其社会性特征，科普研究涉及的领域十分广泛，包括政府的公共政策、科技传播、科技教育的有关理论，不同社会群体（不同职业、不同文化、不同年龄、不同性别等）特征的研究及这些理论在科普实践中的应用，以及科普与经济、科技、社会、文化发展的互动关系等多个方面。科普理论的正确与否又要通过科普实践来检验，并在实践中得到进一步的发展。

理论篇：科普社会化协同的中国理论

《国务院关于印发全民科学素质行动规划纲要（2021—2035 年）的通知》（国发〔2021〕9 号）中提出，要“以提高全民科学素质服务高质量发展为目标，以践行社会主义核心价值观、弘扬科学精神为主线，以深化科普供给侧改革为重点，着力打造社会化协同、智慧化传播、规范化建设和国际化合作的科学素质建设生态”。中国政府这一科普事业发展新阶段的定位刻画，系统性回答了我国当前以及下一阶段科学素质建设谁来做、做什么以及怎么做的问题。其中，科普社会化协同从主体性层面回答了我国科普生态建设的主力军与发展模式的构建方向问题。

1992 年我国首次开展了公民科学素质调查，当年 11.7 亿人口中具备公民科学素养的公民仅占 0.3%；而最新的调查数据显示，2022 年我国 14.1 亿公民中具备科学素质的比例已达到 12.93%，在我国政府为主导的强力推动下，20 多年间超 1 亿人成为具备基本科学素质的公民，具备科学素质的公民比例增幅超 50 倍。综观世界范围内的公民科学素质建设工作，这一成效确实是举世瞩目。

科普作为公民科学素质建设的重要手段，其社会化协同相关的科普生态建设的理论研究在这一过程中逐步建立。概览当前我国的科普理论研究，有关科普生态建设的理论研究尚不丰富，与科普社会化协同相关的研究尚未呈现体系化轮廓。为了进一步丰富和深化我国的科普生态建设理论，也为了对我国的全民科学素质建设实践进行理论化构建，本书在对以科技创新主体为代表的社会化主体持续 6 年一线调查的基础之上，尝试以科普社会化进程中科技创新主体的协同为切入点，在建立科普社会化协同的有关理论上做更具系统思考的探索。

作为本书前期工作基础的调查，针对大学系统、企业系统、科技型学会组织系统与科研院所系统开展了较大规模的试点性评估工作，基本摸清了四类科技创新主体的科普能力建设水平及相关缺陷。该项基础性工作拓展了对中国特色全民科学素质建设体系的认识，初步提炼了具有中国特色的科普工作生态的建设模式，为世界其他国家的公民科学素质建设工作提供了具有参考意义的中国经验。

第一章
科普社会化协同的新时代内涵

近代社会到现代社会，随着科学技术的建制化和职业化发展，科学研究越来越成为一种掌握专业知识与技能的人才能从事的职业。科学家与公众之间的知识鸿沟开始出现并逐渐加深，使得如何做好科学普及成为一项更加艰巨和紧迫的文明课题。近代以来，科学技术加速发展，从源头上不断给科学普及提供了新的主题生长点，并不断丰富着科普事业的内涵与外延。

2002 年，为实施科教兴国战略与可持续发展战略，从立法层面加强科学技术普及工作，系统化提高公民科学文化素质，推动当代中国经济发展和社会进步，根据《中华人民共和国宪法》和有关法律，我国制定颁布了世界首部科学普及专门法——《中华人民共和国科学技术普及法》（以下简称《科普法》）。①《科普法》明确界定科普是“适用于国家和社会普及科学技术知识、倡导科学方法、传播科学思想、弘扬科学精神的活动。开展科学技术普及，应当采取公众易于理解、接受、参与的方式。科普是公益事业，是社会主义物质文明和精神文明建设的重要内容。发展科普事业是国家的长期任务”。

2006 年发布的《国务院关于印发全民科学素质行动计划纲要（2006—2010—2020 年）的通知》（国发〔2006〕7 号）（以下简称《科学素质计划

① 《中华人民共和国科学技术普及法》，科学普及出版社，2002。

纲要》)[①]，从背景和意义、指导方针和目标、重点任务、组织实施和保障条件等四部分对科普事业发展做了具体规定，也开启了新的全民科学素质行动提升工程。《科学素质计划纲要》实施的这15年中，我国在科普宣传教育、科学素质提升、科普基础设施建设等方面做了一系列工作，取得了显著成效。根据中国科协第十一次中国公民科学素质抽样调查结果，我国31个省（自治区、直辖市）和新疆生产建设兵团的公民科学素质全部达到或超过“十三五”预期发展目标。而网络社会、创新社会、中国式现代化的新语境等对我国公民科学素质发展则提出了更新的目标要求。

在科技和社会发展的双重需求带动下，科普已经越来越鲜明地融入政府、产业、科学家与科学共同体、媒介与新型传播空间、科学与科普教育系统、公众等多元主体间的互动交流进程，“网络社会”的科普已经处于一种全时全向动态循环的交互形式之中，社会系统也已被构造成一个高度互联互通的网络。

基于这一新的社会发育特征及未来指向，2021年《国务院关于印发全民科学素质行动规划纲要（2021—2035年）的通知》（国发〔2021〕9号）(以下简称《科学素质规划纲要》)[②] 正式提出，“打造社会化协同、智慧化传播、规范化建设和国际化合作的科学素质建设生态”的“新四化”要求，“坚持协同推进”的基本原则，明确了科普社会化协同需要成为新时期科普事业的重点工作。因此可以认为，在已经开始启动的中国式现代化道路建设新阶段，科普社会化协同是新时期科技创新与科学普及两翼并进发展重要指导思想的实施基础，也是社会化大科普工作实际操作中需要构建的重点目标业态。按照这一目标提升科普社会化协同进程，有助于激发全社会参与科普工作的活力和创造力，提升科普事业与产业的融合发展效率，通过全社会形成合力推动科普供给与需求改革效能的更高效释放。

从中国的科普实践角度看，科普社会化协同涉及的主体繁多，如政府、

---

① 《全民科学素质行动计划纲要（2006—2010—2020年）》，人民出版社，2006。
② 《全民科学素质行动规划纲要（2021—2035年）》，人民出版社，2021。

企业、高校、科研院所、科技型学会，以及科技媒体、科技中介等。作为推进科普社会化协同的最重要主体，企业、高校、科研院所以及科技型学会等科技创新主体承担着将创新成果及时高效地普及到社会大众的重要使命。科技创新主体是具有创新能力并实际从事创新活动的人（群）或社会组织，全面推进科技创新主体的科学普及工作，是带动全民科学素质整体水平持续提升的关键，对于国家进步具有不容忽视的意义。在发挥好各级政府、企业、高校、科研院所、科技型学会等多元主体科普潜能与活力的前提下，才有可能构建出政府、社会、市场等多要素系统协同推进的社会化科普大格局。

由于科普社会化协同是近年才提出的国家科普的新推进议程，目前与此相关的研究成果还很薄弱，也缺少对科普社会化协同机制的基础原理和已有实践路径探索的系统性梳理。

本书系统总结了该领域的基础理论与实践经验，主要围绕以下四个方面的内容展开。

（1）梳理科普社会化协同理论的概念与内涵，分析其缘起、时代背景及转型动因、概念演化表现及内涵等。

（2）对科普社会化协同语境中的科技创新主体开展系统性梳理，包括科技创新主体的定义、分类及其在科普社会化协同中的个体特征和群体特征。涉及科技创新主体的个体特征（独立组织单元），包括自主探索与专业聚合能力、科学发现与持续创造能力、技术研发与工程实施能力、成果输出与社会转化能力等。科技创新主体的群体特征（多组织或群体间）则立足开放协同视角来研究不同主体的能力构成。

（3）从科普社会化协同生态角度切入，将科技创新主体的定位分为生产者、分解者、消费者三大类，探索科普社会化协同生态的功能性特征与组织性特征。功能性特征包括社会效益、经济效益、制度收益，组织性特征包括复杂性、开放性、整体性、交互性（生态平衡特征）、自组织性（演化）。

（4）结合各主体的典型案例，刻画并提炼我国各领域中科普社会化协同优秀实践案例的示范经验。

1.1 科普社会化协同研究缘起与概念演化

“科普社会化”的基础内涵指向的是多元社会化主体以协同方式共同参与科普工作的开展。在有关多元社会力量介入科普事业发展的理解中，国外并没有明确提出“科普社会化”以及更为基础的“科普”这一概念，而多以科学传播为基本术语。对于科普内涵的认识，在国外经历了三个主要阶段：科学大众化、公众理解科学和公众参与科学。西方发达国家体系对“科普”的认识一开始就带有非常显著的“社会化”属性特征，几乎都很鲜明地彰显着公众理解科学或公众参与科学的服务视角与基本立场。

1985年，英国科学哲学学者约翰·齐曼（John Michael Ziman）在《知识的力量——科学的社会范畴》一书中最早提出“公众作为社会力量是产生科普的社会关系基础”[①] 这一概念并做了阐释性表达。同年，英国皇家学会在《公众理解科学》（*The Public Understanding of Science*）这一著名报告中也明确强调公众作为社会力量在科普中的作用的理念。随后，英国社会的科学传播实践从公众的科学认知“缺失模型”（deficit model）转向强调对话的公众参与科学（public engage in science）模型。[②] 可以看出，这一时期转型的内涵是科学传播不再将公众视为单一向度的受众，公众在科学传播场域中的身份实现了从传播受众向传播主体演化的趋势，公众的纯粹客体化立场被视为精英主义式的傲慢，其主体性告别主客对立意义上的单一主体，从纯粹客体转向了社会交往中的主体间性（intersubjectivity）。[③] 2000年，英国上议院科学技术特别委员会发表了《科学与社会》的报告，强调科技决策和

---

① 〔英〕约翰·齐曼：《知识的力量——科学的社会范畴》，许立达等译，上海科学技术出版社，1985，第103页。

② 贾鹤鹏：《谁是公众，如何参与，何为共识？——反思公众参与科学模型及其面临的挑战》，《自然辩证法研究》2014年第11期，第54页。

③ 单波：《在主体间交往的意义上建构受众观念——兼评西方受众理论》，载罗以澄主编《新闻与传播评论（2001年卷）》，武汉大学出版社，2002，第138页。

科技发展的公开化使命，同时要求英国社会建立起良好的社会协商氛围，从根本上确立了科学传播与科普成为一项全社会共同参与的事业。[①]

在上述科学与公众关系重要转型的前提之下，众多学者对社会力量如何有效地参与科普这一问题进行了讨论。美国的布鲁斯·莱文斯坦（Bruce Levenshtein）建立起了“公众参与模型”（the public participation model），作为一种社会力量参与科普事业的机制[②]，强调公众参与对公共政策决策的民主化和公开化的促进，以及公众对科学技术和研究的理解。亨利·埃茨科威兹（Henry Etzkowitz）从传统知识生产主体的关系转变上提出了著名的“三螺旋”创新理论，描述了大学、产业与政府三方在知识生产、传播与应用过程中的复杂关系[③]，这超越了以往由大学、产业、政府各自独立的偏线性化的行动模式，具有跨专业、跨学科、跨组织、跨地域的协同创新意味。虽说国外对“科普社会化”这一专门概念约定下的理论研究不甚丰富，但是他们在实践中早已将“科普社会化协同”贯穿于多元化的行动计划。

连公尧在1995年率先将美国的社会化科普工作状况传输至国内，他认为美国科普实践中，大众传播媒体发挥了重要作用，专业组织机构、大公司等也承担起了社会科普责任。[④] 近年来，美国的科普工作主要在科学、技术、工程、数学（STEM）一体化素养教育的大框架下开展，形成了政府引导，大学和科研院所提供人才和知识支撑，企业作为科普产业的重要保障，民间组织及民间机构成为主要参与力量，科学节、媒体传播和科技展览等科普活动传达的科普协同推进体系。[⑤]

---

① 〔英〕上议院科学技术特别委员会：《科学与社会：英国上议院科学技术特别委员会1999—2000年度第三报告》，张卜天、张东林译，北京理工大学出版社，2004，第4页。

② Chris Bryant, “Does Australia Need a More Effective Policy of Science Communication?” *International Journal of Parasitology*, 2003, 33 (4): 357-361.

③ 〔美〕亨利·埃茨科威兹：《国家创新模式：大学、产业、政府“三螺旋”创新战略》，周春彦译，东方出版社，2005，第2~4页。

④ 连公尧：《浅谈美国的社会化科普工作》，《全球科技经济瞭望》1995年第9期，第11~12页。

⑤ 刘克佳：《美国的科普体系及对我国的启示》，《全球科技经济瞭望》2019年第8期，第5~11页。

法国现行协同科普工作机制也具有其典型性。1984 年法国政府颁布《萨瓦里法案》（第一个以法律的形式明确科学传播与普及的地位，并规定科学家、科研团队具有科学传播或普及责任与义务的法律文件），为法国国内营造良好的科学普及环境，吸引各类机构（包括高校科研机构、基金组织、地方政府、社区和博物馆等）自觉参与科普工作奠定了法律基础。最终，法国形成了“国家层面制订和颁布科普法律；机构层面接受和培养科普专业人才，督查和考核科普工作；人事层面以科学家为首的科普工作者实施科普活动、提供意见反馈、推动政策完善”的“法律—机构—科学家”三层协同又彼此牵制的工作机制。①

在中国科普的历史实践语境与现实实践语境下，科普社会化存在两个面向的理解，一是科普对象的社会化，二是科普主体的社会化，对于科普社会化的理解都经历了一个社会历史过程。

在对科普对象的理解中，我国早期锚定的科普对象仅限于一部分人群，主要包括一些直接从事生产与管理的群体。1957 年发布的《关于开展农村科学技术宣传工作的通知》中，就提出“在开展科学技术普及工作时，要注意以农村区乡干部、农业社骨干、男女青壮年农民为主要对象”②。1964 年，农业部、广播事业部与科学技术协会共同发布的《关于加强农业科学技术广播宣传工作的联合通知》中也指出以农村高小到初中程度的知识青年和农村基层干部为广播对象，特别是以农业技术推广站、畜牧兽医站、种子站、植物保护站等单位的干部为主。③ 这一时期，发展经济、以科学技术推进社会主义现代化建设是国家发展的核心，因此主要普及的内容是基础理论与技术知识，以提升生产建设中的技术水平、工艺水平与生产效率，科普活动成为学校基础科技知识与方法教育的延伸，成为开展非正式教育、提升

---

① 王欢欣：《法国：自上而下多方协同科普》，《上海教育》2021 年第 24 期，第 28~30 页。

② 《农业部、林业部、水利部、卫生部、文化部、中国新民主主义青年团中央委员会、中华全国民主妇女联合会、中华全国科学技术普及协会关于开展农村科学技术宣传工作的通知》，《中华人民共和国国务院公报》1957 年第 15 期，第 282~284 页。

③ 《中华人民共和国农业部、中华人民共和国广播事业局、中华人民共和国科学技术协会关于加强农业科学技术广播宣传工作的联合通知》，《山西政报》1964 年第 1 期，第 30 页。

生产技能与生产水平的重要手段。

1982年8月31日至9月5日，《中国电机工程学会科普读物、创作学术会议》中总结了既往科普工作的经验，其中就包括了“积极开展社会化的科普活动”的内容。[①] 1983年江西省召开的“全省科协系统先进个人和先进集体表彰大会”中，与会代表联合提倡“科普工作沿着群众化、社会化的方向发展”。中国煤炭学会1984年工作要点明确提出要面向社会传播科学技术，实现科普工作的群众化与社会化。[②] 可以发现，对科普对象的理解发生了变化，科普对象从既往以科技人员（工程师、技术人员及技术主管、管理干部等）、青壮年劳动力为主，逐渐向青少年、老年群体、妇女等所有公众转变，科普实践存在较为明显的目标群体扩大的倾向。

对于科普主体的理解，在新中国成立早期的科普实践中，就已经认识到多部门协同在科普工作中发挥的重要作用。1956年的科普工作总结《总结和推广经验，进一步开展科学技术普及工作》中，就已经深刻认识到“争取党委的领导”的重要性，并指出科学普及工作需要各部门的密切合作，只有把有关系统科学技术人员动员起来……才能够提高广大群众的科学技术水平。[③] 由此可见，新中国成立早期的科普实践已经意识到多部门主体协作的重要性，但这一时期对科普主体的理解，主要还是集中在国家机关部门与科技工作者身上，例如该文件中提到的农业部、文化部、电力工业部、全国总工会、共青团中央以及“科学技术人员”等。

1985年，研究者李光恒提出要依靠社会力量，发挥广大农村知识青年的主观能动性获取科技知识[④]，这一提法第一次正式将科普主体的范畴扩展到科普对象之上，并强调与之结合的意义。1987年，湖南省湘潭市科协的

---

① 中国电机工程学会：《中国电机工程学会科普读物、创作学术会议》，《电力技术》1982年第11期，第78页。

② 中国煤炭学会：《中国煤炭学会1983年工作小结和1984年学会工作要点》，《中国煤炭学会会讯（第37期）》1984年2月10日，第8~18页。

③ 《总结和推广经验，进一步开展科学技术普及工作》，《科学大众》1956年第11期，第481~483页。

④ 李光恒：《农村智力开发中的几个问题》，《江淮论坛》1985年第1期，第98~101页。

工作人员李名山提出要发挥农村地区能工巧匠、专业户以及科技户的社会功能，向农户传播传授技艺与现代科学技术。[①] 1989 年，“全国社会主义初级阶段科普发展理论研讨会”上更是系统总结了新中国成立以来的科普工作的三阶段，提出我国科普工作跨入了“社会化的战略大科普”格局，形成了学会和协会农技人员、乡土技术能人与青少年科技辅导员的“三方面军”。该研判进一步延伸了科普主体的范畴，在一定意义上将科普主体泛化为广大的社会力量。[②] 总体来看，在对科普主体的理解中，我国经历了从政府、科技人员向广大人群的转变，科学普及的主体从单一的科技工作者扩大到具有一定科学技术知识储备的广泛人群，这一转变也对应了我国科普工作逐渐从“中心广播模型”到“公众参与科学”的过渡与变化。

相较于科普主体社会化所强调的多元主体参与，科普社会化协同更侧重于多元主体之间的合作与协同。学者们总结现实经验发现，单一科普主体需要向社会化的多元主体转变时，多元主体之间的相互促进与协同是不可忽略的议题。尽管“科普社会化协同”这一概念于近几年才正式出现并成为热点（2018 年至今），但从历史文献可以发现，早在 1989 年学者胡文就提出要建立横向、纵向与时间维度的“科普社会化服务体系”构想，设想建立具有跨部门、跨行业特征的科普服务网络。胡文的文章立足于农村农业科技，指出“在科技成果的消化—应用—推广之间建立一种衔接的链条使三者之间的转化不断得以实现，这种链条就是完备的科普社会化服务体系”[③]。2001 年，王凤飞以科协为研究对象，指出“社会化大科普”的概念，并点明“大群团—大协作—大宣传—大科普”的工作基调。[④] 这些初始研究均对后续“科普社会化协同”理论发展具有早期思考的参考意义。

---

① 李名山：《边远、落后地区的人才开发》，《科学学与科学技术管理》1987 年第 5 期，第 32~33 页。

② 向进青：《探索农村科普规律　推进农业新的崛起——全国社会主义初级阶段科普发展理论研讨会综述》，《科技进步与对策》1989 年第 1 期，第 50~51 页。

③ 胡文：《建立科普社会化服务体系的构想》，《学会》1989 年第 5 期，第 29~30 页。

④ 王凤飞：《科协与社会化大科普》，《科协论坛》2001 年第 3 期，第 23~25 页。

徐延豪[1]在2012年提出：理想的科普模式是营造“社会化科普工作格局”，应把科普工作当作全社会参与的事。周立军更进一步提出较为系统的“社会化科普”概念，他强调了法律保障、政策引导和市场配置资源的作用，也突出公民的科普主体地位、各种社会力量参与科普的积极性、完善的科普联动工作机制、公益性科普事业和经营性科普产业协调发展等科普资源合理配置的重要性。[2] 王旗等人定义“科普社会化”的发展是“发挥政府与社会组织、社会公众合作协同的力量，使科学传播、科技教育、科普场馆建设等不断向全社会渗透，在满足社会公众贴近生活、多样需求的科普服务中，使科普无所不在、触手可及、随心而动、润物无声，更好地营造具有科学思维、科学态度、科学精神的社会氛围”[3]。

上述学者对于“科普社会化”概念的厘清与探讨均显示出学界对于科普的重视愈加凸显，对于“科普社会化”的认知也随着社会发展而不断扩充完善，这当然离不开改革开放以后特别是近20年整个中国社会所形成的“尊重科普、崇尚科普”的全新环境。进入21世纪，一系列与科普、科技直接关联的国家层面制度性文件连续颁布实施，有代表性的如2002年《科普法》、2006年《科学素质计划纲要》、2008年《中国科协科普资源共建共享工作方案（2008—2010年）》和《科普基础设施发展规划（2008—2010—2015年）》，相关法律及政策文件均强调国家机关、武装力量、社会团体、企业事业单位、农村基层组织及其他组织应当开展科普工作；科普工作应当坚持群众性、社会性和经常性，引导、鼓励和支持科普资源开发与共享，搭建全国科普信息资源共享和交流平台，致力于打破科普条块分割、相互封闭、重复分散的格局。这一切已经为“科普社会化”发展格局的呈现奠定了坚定的现实基础，并指明了发展方向。

---

① 徐延豪：中国科协主管全国科普工作书记处原书记。

② 周立军：《社会化科普：无边界的科学传播》，《中国科技奖励》2013年第10期，第76~77页。

③ 王旗、戴颖：《科普社会化发展的国际实践及经验借鉴研究》，《华东科技》2018年第4期，第48~51页。

回溯到与“社会化协同”相关的原理性体系，德国学者赫尔曼·哈肯的“协同效应”理论为科普社会化提供了扎实的理论支撑。该理论认为当外来能量的作用或物质的聚集状态达到某种临界值时，子系统之间产生协同作用，促使系统在临界点发生质变。这种开放系统中的大量子系统相互作用而产生整体效应或集体效应，最后集体效应远大于各子系统效应之和。[①] 需要注意的是，“协同理论”所强调的这种“1+1>2”的整体效果并非系统内部子系统或子要素的单纯累加，而是各子系统或子要素内聚耦合、相互协调，形成有序结构[②]，才能得以实现。“实现子要素内聚耦合、相互协调”这一前提在科普社会化、开放化的协同中尤为重要，“科普主体众多、目标多元，更加需要强调全国一盘棋式的整体协作与沟通，单打独斗单兵突进，都将越来越难以适应科普在当代社会的发展趋势”[③]。此外，在实际政府作为主要力量的科普推动体系中，“投入不同、目标不同、参与方式不同，多主体的社会力量彼此之间缺乏协同”[④] 依然是一个未能较好解决的问题，这也使得我国“科普社会化协同”事业直至目前还没有形成效益最优化的格局。

基于以上背景，多主体的“科普社会化协同”相关研究在2010年以后开始发展起来，其中深入研究主体分类及作用成为重要一脉。如王奉安指出“科技工作者是科普社会化的中坚力量、学校和媒体作为主渠道、科协则是主力军”[⑤]。汤书昆等聚焦多主体协同下的社区科普，将参与主体归纳为政

① 〔联邦德国〕赫尔曼·哈肯：《大自然成功的奥秘：协同学》，凌复华译，上海译文出版社，2018，第87页。

② 孙常福：《基于协同理论的农业产业发展路径研究——以沈阳市为例》，《辽宁行政学院学报》2021年第6期，第51~55页。

③ 朱效民、赵立新、曾国屏、朱幼文、李大光：《国家科普能力建设大家谈》，《中国科技论坛》2007年第3期，第3~8页。

④ 陶春：《社会力量多主体协同开展科普事业机制研究》，《科普研究》2012年第6期，第35~39页。

⑤ 王奉安：《科普社会化浅论》，载中国科普研究所编《中国科普理论与实践探索——2010科普理论国际论坛暨第十七届全国科普理论研讨会论文集》，科学普及出版社，2010，第258~265页。

府、学校、企业、大众媒体、其他组织和个人五类。[①] 周立军明晰社会化科普格局中的参与主体“主要可以分为三类：第一类是个人，主要包括各种专业领域的教育、科技人员和志愿者；第二类是社会组织，包括高校、科研院所以及社会各类工商企业、社会团体等；第三类是科普专门机构。在这当中，科协是最主要的力量”[②]。秦溱等将科普社会化参与主体指涉为政府部门、党组织、科技与教育事业单位、科协系统、其他群众团体、企业、大众传媒、公众。[③] 2021 年，《科学素质规划纲要》提出构建政府、社会、市场等协同推进的社会化科普大格局，强调各级政府强化组织领导、政策支持、投入保障，激发高校、科研院所、企业、基层组织、科学共同体、社会团体等多元主体活力，激发全民参与积极性。[④]

另有若干学者则专注于某特定单一科普参与主体，剖析其科普工作状况与成效。以高校为例，有学者赵大中[⑤]、郎杰斌等[⑥]对高校科普工作展开思考；李函锦[⑦]、王明等[⑧]具体对高校科普服务能力进行研究；高宏斌等[⑨]更

---

① 汤书昆、游江艳：《基于多主体协同的社区科普新工作模式研究》，载中国科普研究所编《中国科普理论与实践探索——公民科学素质建设论坛暨第十八届全国科普理论研讨会论文集》，科学普及出版社，2012，第 74~82 页。

② 周立军：《社会化科普：无边界的科学传播》，《中国科技奖励》2013 年第 10 期，第 76~77 页。

③ 秦溱、杜颖：《科普社会化的有效开展途径》，载中国科普研究所编《中国科普理论与实践探索——第二十二届全国科普理论研讨会暨面向 2020 的科学传播国际论坛论文集》，科学普及出版社，2016，第 265~275 页。

④ 国务院：《国务院关于印发全民科学素质行动规划纲要（2021—2035 年）的通知》，《中华人民共和国国务院公报》2021 年第 19 期，第 12~20 页。

⑤ 赵大中：《对加强高校科普工作的思考》，《南京工程学院学报（社会科学版）》2006 年第 3 期，第 45~48 页。

⑥ 郎杰斌、杨晶晶、何姗：《对高校开展科普工作的思考》，《大学图书馆学报》2014 年第 3 期，第 60~63 页。

⑦ 李函锦：《中国高等学校科普能力建设研究》，《高等建筑教育》2013 年第 1 期，第 151~154 页。

⑧ 王明、郭碧莹、马晓璇：《高校社会化科普服务的问题与对策》，《中国高校科技》2018 年第 12 期，第 14~16 页。

⑨ 高宏斌、付敬玲、胡俊平：《高校科普研究进展》，《科技与企业》2015 年第 4 期，第 186~188 页。

宏观地研究我国高校科普成效，指出我国高校科普研究的若干问题，并预测了未来高校科普研究重点。另外还有学者研究企业、科研院所、协会、学会等机构的科普形式，在此不过多表述，应当看到的是，这些子系统各自有其特殊的科普特征与功能，是构建“社会化大科普”进程中不可缺失的角色。

科普社会化协同生态是一个开放系统，当下已有不少学者探究其协同运作机制，包括：①科普产业社会化协同。如黄丹斌提出，加快科普社会化，主要决定于科普的宣传力度、公众认知转化程度和科普产业化程度[①]；李黎刻画了在政府、企业和大学之上，结合媒体、非政府组织和公众的作用，构建一套全新的科普产业生态系统协同创新机制[②]；赵东平等分析了科普产业和科普社会化存在的理论薄弱、科普产业“小、散、弱”、科普产业人才缺乏等问题。[③] ②“产学研用”协同。有代表性的如危怀安等分析高校科普资源协作所陷窘境，提出应建立一个政府、企业、高校大协作的科普资源共建共享的生态圈[④]；李卫国等研究基于“政产学研用创”六位一体的新型高等职业教育协同创新模式，促使政府机构、企业集团、高等院校、研究机构、目标用户、双创资源等研究主体协同创新发展[⑤]；赵杨飏则更加强调将高等教育的人才培养同社会生产实践和地方经济发展有机结合起来的产学研用合作育人新模式。[⑥] ③跨区域、跨行业的科普资源协同。如马健铨等对京津冀

---

① 黄丹斌：《科普宣传与科普产业化——促进科普社会化雏议》，《科技进步与对策》2001年第1期，第106~107页。

② 李黎：《我国科普产业协同创新发展研究》，中国科学技术大学硕士学位论文，2014，第63页。

③ 赵东平、赵立新、周丽娟：《加强科普产业发展研究，推动科普工作社会化》，《学会》2019年第3期，第57~60页。

④ 危怀安、蒋栩：《协同视角下高校科协科普资源生态圈构建》，《中国高校科技》2018年第Z1期，第36~39页。

⑤ 李卫国、白岫丹：《“政产学研用创”六位一体协同创新模式研究》，《中国高校科技》2020年第S1期，第38~41页。

⑥ 赵杨飏：《对政产学研用合作育人模式的几点思考》，《河南财政税务高等专科学校学报》2021年第6期，第67~69页。

科普资源共建共享的研究①，王小明对长三角地区科普资源一体化的思考等。②

综上，国内外理论界均已注意到科普社会化的演化趋势以及多元主体参与的重要意义，但值得注意的是，当前有关科普社会化协同的基础理论研究成果较少，明晰科普社会化协同的具体定义、理论内涵与外延的研究较为缺乏，对科普社会化及社会化协同理论及应用的系统性研究则更为少见。

因此，本书拟通过梳理国内外科普社会化协同的理论与实践，以下述三方面的建设性探索为中心内容：①尝试构建形成科普社会化协同的系统运行理论；②基于社会化协同原理对各类科技创新主体开展科普成效试点评估；③提出促进各创新主体投身科普社会化协同发展系统格局的路径与策略。

1.2 “两翼理论”构架下科普社会化协同的认知与解读

“两翼理论”是习近平总书记2016年在全国科技创新大会、两院院士大会、中国科协的第九次全国代表大会（以下简称“科技三会”）上对科技创新和科学普及之间关系做出的新论述，习近平指出：“科技创新、科学普及是实现创新发展的两翼，要把科学普及放在与科技创新同等重要的位置。没有全民科学素质普遍提高，就难以建立起宏大的高素质创新大军，难以实现科技成果快速转化。希望广大科技工作者以提高全民科学素质为己任，把普及科学知识、弘扬科学精神、传播科学思想、倡导科学方法作为义不容辞的责任，在全社会推动形成讲科学、爱科学、学科学、用科学的良好氛围，使蕴藏在亿万人民中间的创新智慧充分释放、创新力量充分涌流。”③“两翼理论”首次将科学普及与科技创新摆在同等重要位置。“两翼理论”

① 马健铨、刘萱：《京津冀科普资源共建共享对策研究》，《今日科苑》2018年第8期，第63~72页。

② 王小明：《共建、共享与创新：关于长三角科普资源一体化的思考》，《科学教育与博物馆》2018年第3期，第147~150页。

③ 习近平：《为建设世界科技强国而奋斗——在全国科技创新大会、两院院士大会、中国科协第九次全国代表大会上的讲话》，人民出版社，2016。

产生于科普服务国家治理体系和治理能力现代化、服务国家高水平科技自立自强发展的新语境下，是对科技创新和科学普及关系理论的一种发展，是对与时俱进的新时代创新社会建设战略深入思考的成果。

当今世界正经历百年未有之大变局，全球发展面临着诸多挑战，新一轮科技革命和产业革命加速演进，深刻改变着人们的生产生活方式，其中科技创新是一项重要变量，是提高社会生产力和综合国力的战略支撑。目前，我国发展处于重要的战略机遇期，国内外环境发生着深刻复杂的变化，对科技创新发展理念和路径、科学普及工作思路和模式等提出了更高要求。前沿科技成果可以通过科普转化后为公众和社会接受并产生使用价值和经济效益，促进社会发展。科技创新成果的普及可以转换科学价值，这对加强科普力量提出了新要求。科技创新和科学普及紧密地联系在一起，一个国家的创新水平越来越依赖于全体劳动者科学素质的普遍提高。[①]

《科学素质规划纲要》对全民科学素质提升工程有着更开阔的思考，指出科学素质建设在当前阶段担当更加重要的使命，这一使命体现在个体全面发展、创新队伍培养、社会治理创新和国际文化交流四个方面，在此，需综合考虑科普公共服务均等化、科普服务社会治理、科普参与全球治理能力、创新生态建设、科学文化软实力等[②]，已经清晰地明确了新的15年里科学普及的发展定位，为基本实现社会主义现代化和构建人类命运共同体提供有力支撑。

科学普及助力国家治理能力现代化。在新一轮科技革命与产业变革的推动下，经济社会发展进入新阶段，人们的需求和观念发生了深刻变化，人民对美好生活的需求日益丰富。公民的科学素质高低不但影响着个体能否享受科技进步带来的文明成果，提升自身的生活质量，也决定着个体能否运用科学思维和科学方法，更有能力地参与科学实践和生产，进而提升科技发展自信。[③]

---

① 全国政协科普课题组：《深刻认识习近平总书记关于科技创新与科学普及“两翼理论”的重大意义 建议实施“大科普战略”的研究报告（系列一）》，《人民政协报》2021年12月15日。

② 《全民科学素质行动规划纲要（2021—2035年）》，人民出版社，2021。

③ 谭霞、刘国华：《科技创新背景下公众科学素养的提升》，《中国高校科技》2018年第Z1期，第32~35页。

从国际对比的视野来看，西方发达国家作为近代科学和技术革命的发源地，有着悠久的科学文化传统和长期发展的积累，公众科学素质发展较早、水平较高。相较之下，在中国这块土地上，近代科技发育起步晚，科普事业起步更晚，而且在中华传统文化如何与现代科学理性有机融合，以及百余年中华民族“救亡图存”的严峻背景中，科学的普及被赋予了弘扬科学文化和支撑民族图强的深层使命，其内涵与西方社会有显著的差异。因此，中国的科学普及从一开始就面临与民众科学素质整体低下带来的基础冲突和传播困境。经过数十年全民科学素质提升工程的持续努力，在最近的创新型社会建设环境下，已经从普及科技知识迈向促进公众理解和公众参与的新目标，与科技创新相衔接已经成为基础要求，这也正是“两翼理论”作为国家战略提出的发展基础。

因此，在满足人民的美好生活需要成为新奋斗纲领的新时期，科普作为具有文化特质的社会教育活动，丰富公民科学素质的内涵发展，实现公民人文素养、数字素养、健康素养等维度的全面提升，助力公民运用科学思维和科技产品改善生活质量，获得个体精神和物质层面的发展成为核心诉求。同时，公民科学素质水平的提升也有助于推广、延伸和加深公众对科学社会影响的认识，使公众有意愿和有能力接纳与使用创新技术、科学方法，参与和推动科技创新政策的制定。很多社会治理工作如果没有公众理解、公众参与将很难完成，如在5G基站等一系列反对技术应用的事件中公众表现出的“邻避效应”困境。公民科学素质水平决定着社会文明程度。科学普及助力全民科学素质提升，有助于中国社会形成科学、理性、文明的中国式现代化环境，有助于树立全社会对科学、科学建制的信任，使公众更具发展理性地参与公共事务，共同推进国家治理走向现代化格局。

“两翼理论”明确了国家创新体系的战略构成与内在联系。从科学知识的生产创造、传播扩散和应用成效三个方面，对国家创新体系进行体系化解构，即实现创新发展是国家创新体系的发展目标，科技创新是发展动力，科学普及是发展基础，科技创新、科学普及相辅相成，才能构建出我们期待中的国家创新体系。

"两翼理论"系统阐述了科技创新与科学普及相互依存、同等重要、互为助力、相辅相成的内在关系①，揭示了依托"两翼齐飞"增强知识创新活跃程度、促进创新主体知识交流协同、提升知识传播扩散的系统效率、提升国家创新体系的整体效率和发展质量的内在规律，为创新体系的高效运行提供了新的发展范式。

"两翼理论"深刻阐明实现创新发展的基本规律，只有将科技创新的突破性力量与科学普及的支撑性力量协同形成强大合力，才能实现经济社会迈向全面创新驱动发展。科技创新驱动全球社会变革，对于正处于百年未有之大变局的当今世界，科技创新成为影响和改变未来世界发展格局的关键力量。世界主要国家纷纷加大对前沿探索型新兴科学与技术的投资研发和战略布局，大国间科技竞争博弈更趋激烈。量子计算机获重大突破，量子信息时代加速到来；人工智能广泛应用，元宇宙概念风生水起，深度智能化跃迁迹象初现；太空竞争加剧，大国深空布局竞逐强度增大；能源新技术酝酿颠覆式革新，人类迈向低碳时不我待，终极能源也在目光所及的到来之路上；生物合成与基因技术则令人心惊，生命科学已经初展"上帝"视域。可以看到的是全球正在复合科技创新的巨大叠加浪潮推动下进入一个崭新时代，人类社会发展面临深刻变革，如何在深入交流形成共识和规则的基础上，把握新一轮科技革命的演化，应对人类文明面临的若干重大挑战和困局，打造人类命运共同体，更好造福各国人民，是摆在全球面前的共同课题。

科技创新和科学普及是并列的、相互促进的，两者共同支持创新发展。科学普及是科技创新不可或缺的生长环境。唯有像重视科技创新一样重视科学普及，为创新提供广阔深厚的土壤，我们才能顺利实现从制造业大国向创新型国家的转型。科普根据创新型国家转型的新目标，及时调整、适应，创新、强化科普责任意识，提升科普能力建设，创新科普实施路径。21 世纪的前 50 年，在建设世界科技强国的顶层规划背景下，"两翼理论"突出强

① 全国政协科普课题组：《深刻认识习近平总书记关于科技创新与科学普及"两翼理论"的重大意义　建议实施"大科普战略"的研究报告（系列一）》，《人民政协报》2021 年 12 月 15 日。

调了科普工作的重要性，无疑具有很强的现实针对性。创新的种子，很难在公民科学素质和科学传播水平很低的情况下顺利萌发和生长，从国家布局高度系统加强全民科普，培育全体公民爱科学、懂科学、用科学的肥沃土壤，科技创新之林才能树大根深、枝繁叶茂。

1.3　科普社会化协同与提升创新主体科普能力

21世纪初期，国际环境相对宽松，世界进入了经济全球化、信息化时代，国际主流国家对抗态势相对较弱，我国以经济发展为中心的主轴鲜明，创新型国家建设与社会多元协同发展等重大战略布局及内生理念体系都处于刚刚发育阶段[①]，科技进步在社会发展中的关键动力作用日渐凸显。2006年，国务院发布的《科学素质计划纲要》明确了“政府推动，全民参与，提升素质，促进和谐”[②] 的指导方针，明确反映了此阶段的发展诉求，即通过科学技术的普及化传播来支撑和促进国家经济发展。我国此阶段的国家科普正式转入政府推动、社会参与的公民科学素质建设新时期。

自2006年《科学素质计划纲要》实施以来，我国公民科学素质水平确实获得了大幅提升，从一组对比数据能够非常明显地看出进步。2005年第六次中国公民科学素养调查结果显示，我国公民具备基本科学素质的比例为1.6%，第十一次中国公民科学素质抽样调查结果显示，截至2020年我国公民具备科学素质的比例已达到10.56%。《科学素质计划纲要》发布后的15年间，我国公民科学素质提升迅速，为世界科学素质提升贡献了政府主导、全民参与、多元社会力量协同的中国模式。同时，科学教育与科普培训体系持续完善，科学教育纳入基础教育从小学开始的各阶段；大众传媒科技传播能力大幅提高，科普信息化水平显著提升；科普基础设施迅速发展，现代科技馆体系初步建成；科普人才队伍不断壮大；科学素质测评国际交流协作实

---

① 汤书昆：《全民科学素质是社会文明进步的基础》，《科普研究》2021年第4期，第14~17页。

② 《全民科学素质行动计划纲要（2006—2010—2020年）》，人民出版社，2006。

现新突破；构建国家、省、市、县四级组织实施体系，探索出“党的领导、政府推动、全民参与、社会协同、开放合作”的建设模式，为创新发展营造了良好的社会氛围和基础条件。

21世纪的前20年，我国全民科学素质建设取得了显著成绩，但存在的问题和不足也依然突出。主要表现在：从科学素质提升全局来看，科学素质水平相比创新前沿国家总体水平偏低，城乡、区域发展不平衡；科学精神受经济社会冲击和传统文化缺陷部分制约而弘扬不够，科学理性的社会氛围正处在积极建设中；科普有效供给结构性失衡、社会最基层的科普基础支撑能力薄弱；落实“科学普及与科技创新同等重要”的制度安排尚处于谋划初期而未能系统形成布局。从创新主体科普能力来看，大学系统科普工作运行治理体系尚未建立，缺乏人员机构与制度规范，科普队伍结构不合理，对科普的专项经费投入不足，高端科技成果科普化不足，整体缺少对科普工作的考核与激励机制，科普能力有待系统提升；企业系统科普工作缺乏制度的硬性抓手，企业自身个体差异较大，对科普的认识水平不充分，科普经费投入水平低，科普工作碎片化、不连续，科普产出不显著；科研院所系统的科普专业人才储备不足，科普工作开展缺乏系统性，科普内容的生产与服务能力不足；学会组织系统内部协同不紧密，外部关联体单位联动不理想，科普事业和科普产业的考核与激励机制缺失明显，科普工作机制建设闭环尚未形成。从协同机制建设来看，面对科普需求的日益深化，《科普法》自2002年颁布以来，未对其宣传和落实工作建立实施细则，无论是认识层面还是实际操作层面都存在诸多不足，无法对照《科普法》赋予的科普责任、保障措施进行有效落实，呈现有法可依但实操层面难依、难行的局面；政府与科协向各类科技创新主体之间的延伸不足，科普工作运行治理体系尚未建立，缺乏人员机构与制度规范。

改革开放以来，我国全民科学素质有了很大提高，2022年我国公民具备科学素质的比例达到10.56%[①]，但与实施创新驱动发展战略、建设世界

① 资料来源：第十一次中国公民科学素质抽样调查结果。

科技强国的要求相比，与世界先进国家的国民科学素质水平相比，还有较大差距。今天的中国正全面进入建设创新型国家、实现中国式现代化的全新时代，这个时代横跨从现在起到20世纪中叶的30多年，直接关系建设世界科技强国、实现中华民族伟大崛起的大局。创新大众化是我们必须适应的发展趋势，科学普及是我们必须强化的发展要务。[①] 当今世界，全球科技创新进入空前密集活跃的时期，新一轮科技革命和产业变革正在重构全球创新版图、重塑全球经济结构。[②] 科学问题的范围、规模、复杂性不断扩大，具有多学科、多目标、多主体、多要素等系列融合性特点，其复杂程度、经济成本、实施难度、协同创新的多元性等往往都超出一国一地之力，故需要通过广泛尺度的国际科技合作来实施，例如在粒子物理学领域，从1964年Peter Higgs预言希格斯玻色子的存在开始，到后来CERN高能粒子对撞机的建立，到后来的发现希格斯玻色子，来自世界各地的3000名科学家共同参与实验，不同国家、不同领域、不同视角合作利用各方资源开展研究工作，规避了单一课题组开展科学研究的劣势，形成了有力的协同。

在科普领域，大科学时代的科学研究因多聚焦解决重大前沿科学挑战问题，财政投入巨大，研究目标通常定位高深而宏远，理解和参与的门槛较高，各单一科普主体科普能力和服务资源有限，科普工作逐渐形成政府牵引体系、社会服务体系、市场资源体系等科普主体协同推进的开放化“大科普”局面。科普社会化协同通过机制力量传递知识、提炼方法、养成思维及培育精神等方式，全方位提升全体公众科学素质，强化公众对待事与物的认知，促进公众更好地理解科学、利用科学，影响公众对自然、人文及社会的理解和行为方式，增加公众对科学的需求。同时，以构建人类命运共同体为宗旨，以科学传播为手段，推动各国之间的科学对话、交流与合作，推动人类发展指向的科学共同进步，发挥科技创新福利的最大价值，从而步入为全球发展服务的轨道。

---

① 《让科普这只“翅膀”硬起来》，《科技日报》2016年7月15日。

② 习近平：《努力成为世界主要科学中心和创新高地》，《求是》2021年第6期，第4~11页。

具体到科普社会化协同演化过程中科普功能及效率提升作用的激发、发挥和赋能上，主要体现为以下两方面。一是促进单一主体科普能力的提升。社会科普力量基于不同主体，各主体间因投入、目标、指向和参与方式的不同，彼此之间缺乏协同，自然无法形成资源与能量聚合而取得的效益最大化。而科普社会化协同通过竞合机制与动态平衡调节机制，激活主体间资源的分工互补协同型优化配置，从而系统提升各主体的科普能力。二是促进社会整体科普能力的提升。从科普事业来看，政府强化组织领导、政策支持、投入保障，高校、科研院所、企业以及科技型学会等科技创新主体进行资源配置、优化合作，促进科普事业发展，及时高效地将科技创新成果普及到社会大众，推动科普工作的全方位推进、全覆盖服务、全渠道传播，提升社会整体科普能力。从科普产业来看，上游的高等院校、科研院所、科普产品与服务研发机构，中游的科普产品生产企业，下游的科普产品经营企业和科普服务提供部门合作，在科普产品和科普服务设计、生产、流通、消费的全过程中不断发育出科普产业新的增长点，科普产业链上、中、下游的高效协同和跨界衍生，形成聚合型的科普合力，形成新时代科普工作高质量发展的强大动力。

2021 年 8 月 19 日，根据当前中国发展语境和 2035 年初步建成创新型国家的目标定位，国务院印发《科学素质规划纲要》，明确提出了两个重要创新型社会发展节点新的目标："到 2025 年，我国公民具备科学素质的比例超过 15%，各地区、各人群科学素质发展不均衡明显改善。科普供给侧改革成效显著，科学素质标准和评估体系不断完善，科学素质建设国际合作取得新进展，'科学普及与科技创新同等重要'的制度安排基本形成，科学精神在全社会广泛弘扬，崇尚创新的社会氛围日益浓厚，社会文明程度实现新提高。到 2035 年的远景目标：我国公民具备科学素质的比例达到 25%，城乡、区域科学素质发展差距显著缩小，为进入创新型国家前列奠定坚实社会基础。科普公共服务均等化基本实现，科普服务社会治理的体制机制基本完善，科普参与全球治理的能力显著提高，创新生态建设实现新发展，科学文化软实力显著增强，人的全面发展和社会文明程度达到新高度，为基本实现社会主义现代化提供有力支撑。”[①]《科学素质规划纲要》倡导“突出科学精神引领，坚持协同推进，深化供给侧改革，扩大开放合作”的原则，提出并系统布局了“全民科学素质是社会文明进步的基础”这一核心命题。全民科学素质建设保障功能更加彰显，中国人民作为整体的科学素质建设全球示范开始起步。加强科学普及、夯实创新土壤，需要全体社会人群和政府携起手来、共同努力提升科普能力，构建科普社会化协同的新局面。

1.4　智慧媒体技术与科普社会化协同前景

随着以互联网、大数据、云计算、人工智能、机器学习为代表的信息技术的广泛与快速深入运用，社交媒体正通过各种新技术形式渗入生活的各个方面，对原有的社会结构、传播模式、思维方式都产生了极大的影响。如今，社交媒体不断发育、媒体融合不断深入，传统媒体的全媒体转型进一步升级逐渐走向更高级的智慧媒体时代，智慧媒体即以用户数据、传播内容、信息服务为核心资源，以智慧场景匹配为核心特征，智慧化挖掘用户需求并提供个性化服务的新媒体模式。通过系统的文献梳理发现，学界对智慧媒体的研究集中在媒介特征、运作范式、发展方向等方面，如彭兰将未来媒体发育的趋势描述为“智媒化”，“智媒化”的特征包括“万物皆媒”“人机合一”“自我进化”，即未来，机器和各种物理介质都可能“媒体化”，人与“媒体化”的介质共同作用形成新的“媒介”，新媒介可以自我进化，适应各种场景。[②]喻国明等从新闻实践的角度切入，刻画了“人工智能+媒体”视域下新闻生产发送的具体环节、受众感官与认知体验等角度的变化。[③]胡正荣认为未来媒体发展的基本趋势应该是“共享化”与“智能化”，具体包

① 《全民科学素质行动规划纲要（2021—2035年）》，人民出版社，2021。

② 彭兰：《智媒化：未来媒体浪潮——新媒体发展趋势报告（2016）》，《国际新闻界》2016年第11期，第6~24页。

③ 喻国明、兰美娜、李玮：《智能化：未来传播模式创新的核心逻辑——兼论“人工智能+媒体”的基本运作范式》，《新闻与写作》2017年第3期，第41~45页。

括“以用户数据为核心”“以多元产品为基础”“以多个终端为平台”“以业态创新为重点”的四大特征，传统广播电视媒体的智慧化未来将“以云端化为产品存储平台、以垂直化为内容整合方式、以场景化为需求对接入口、以智能化为行业演进方向”。[①]

在众多的传播内容中，科学普及作为国家的一项战略决策，已经成为与时代同行的文化符号，认知和掌握创新科技是推动实现中国式现代化的关键力量，而科学普及将强有力地提升全民的科学素质，成为发掘更多的科技灵感与潜能、汲取更多科技自主创新持续发育能量的基础支撑。从国家层面来讲，我国非常重视智慧媒体的发展，《科学素质规划纲要》中明确提出实施“科普信息化提升工程”，表述为“提升优质科普内容资源创作和传播能力，推动传统媒体与新媒体深度融合，建设即时、泛在、精准的信息化全媒体传播网络，服务数字社会建设”。[②] 随着近些年智慧媒体的快速成长，智慧媒体对经济社会发展所产生的影响力也日益凸显。

通常良性的科学技术传播链条的建构逻辑为：科学技术信息、知识、精神等传播内容产生于多元生产者，且在生产者、中介者、传播者间不断流动、交换、更新并向社会其他主体持续扩散，传播链条呈网络辐射状态，实现传播内容的开放共享，从而使科学技术本身得到大众化的延续、积累和发展，使远离科学发现的人群积累科技认知与应用能力。然而在这一进程中，作为科技传播载体的技术系统的创新往往会颠覆传统科普传播渠道与效率，会显著促进科普渠道的多样化。如微博、微信、动漫、游戏、微视频等全新的科普形式，在最近的十年左右时间里打造出了中国科学普及的新一代立体空间。同时，20 世纪后期开始的数字化传播技术创新也改变了科学普及的方式和路径，特别是“互联网+”、云计算、大数据、算法推送等技术的出现，意味着科普知识的获取和传播方式发生了历史经验中从未有过的改变，技术创新推动科普由传统媒体传播向智慧媒体融合型的全向互动和深度沉浸

---

① 胡正荣：《智能化：未来媒体的发展方向》，《现代传播》2017 年第 6 期，第 1~4 页。

② 《全民科学素质行动规划纲要（2021—2035 年）》，人民出版社，2021。

转变。从影响规模层面来看，智慧媒体的入驻与使用门槛低，用户基数大、增长速率高，因此辐射范围和影响规模大；从内容类别层面看，在高创作者数量和高用户活跃度的前提下，智慧媒体平台的传播内容分类程度更细化，内容生产者多聚焦于垂直领域。智慧媒体打破了传统媒介的传播路径与时空分布，自然会改变原有的科普格局，科普同样会面临智慧媒体带来的颠覆性挑战。因此，精准地掌握在智慧媒体影响下科普工作规律的颠覆式变化，尤其是一系列生机勃勃、快速演化的新技术有效融入科普平台建设的整体规划当中，是当下从跟上技术进步步伐角度面临的核心任务。

智慧媒体在大众传播中的重要性日益凸显，智慧媒体平台对平台账号分类、传播类别、用户评价、呈现优先级等内容进行创新重构，用户在系统使用智慧媒体平台后会对科普内容、科普账号、科普平台形成多模态的感知框架，逻辑变革直接影响内容的生产与用户的感知，科普内容的传播生态也随智慧媒体平台的发展逐渐演化。从算法层面来看，智慧媒体平台会根据用户的数据获取用户喜好、社交场景等进行算法分析，按需进行推荐，这便引导科普内容要与平台秩序、标签体系、算法规则相适应，符合智慧媒体传播规律的内容则会拥有更高的推荐优先级和用户曝光量。从运行逻辑层面来看，智慧媒体平台重塑了信息的流动机制，智慧媒体的传播逻辑嵌入科普的社会化语境，科普的主题、内容、热点开始与其他社会文化议题逐渐融合，独立话语体系特征开始解构，科普的场域从由内容生产者、传播者主导逐渐演化为更广泛的社会大众。智慧媒体平台的竞争性机制促使科普内容、科普活动等实践活动与公众的需求产生紧密联系，提升科普与社会热点议题的融合能力；智慧媒体平台的算法导向性机制则为政府、高校、科研院所、企业等提供新的发展思路，提高科普内容、科普活动和科普产品的竞争力，促使科普事业与科普产业更好更快发展。例如，“美丽科学”平台由一线科研人员和专业设计师组成，在《科学》（*Science*）、《自然》（*Nature*）、《细胞》（*Cell*）等科技期刊上发表科学可视化作品，根据不同平台的运行逻辑调整传播内容和呈现方式，现已成为科学可视化领域的代表性品牌。

综观智慧媒体平台对科普生态的多因素影响，如公众的公共性科普需求和细分领域的个性化需求，科普内容的科学性与传播性、科学性与趣味性、科学性与互动性，智慧媒体平台辐射规模与科普内容质量，平台的运作逻辑与用户的主动参与等辩证关系，存在积极面与消极面共存的发展局面，从而给智慧媒体平台的科普生态发展带来了明显的不确定性。[①]

本书在参考国际国内已有研究成果的基础上，认为智慧媒体时代科普生态研究的基本思路首先是将生态学作为一种科学构建的思维方法，从生态学思维中的关联性与系统性、动态性与平衡性的基本逻辑出发，将生态学从作为研究生物与生物之间、生物与环境之间相互作用的科学，导引渗透到社会与人群间的人文与人际领域，从而尝试提出智慧媒体时代科普生态的研判和操作维度。科普是一种具有生态学特征的社会活动，运用生态学理论和方法研究科普客观规律和发展逻辑，运用生态系统特征来审视智慧媒体时代科普生态平衡的原则与失衡的原因，可以促进科普研究深度解释发展逻辑，系统促进智慧媒体时代的完整科普生态体系的构建。按照当前中度人工智能技术阶段刚刚启动时对智慧媒体的认知，构建社会化协同运行模式下的科普生态体系，具体的作用主要有以下三点。

一是丰富和发展既有的科普理论与认知模式。科普社会化协同生态是科技传播固有属性和构成要素动态变化的结果，是以其内在本质特征和固有结构属性为深层动因的复杂生态系统。本书结合智慧媒体时代的媒介环境与媒介生态的理论基础，从生态学角度切入当前国家社会发展与全民科学素质提升的基础性议题，探索和构建智慧媒体时代科普生态的理论体系，深层次认识其生态结构、构成要素和生态功能，理解其生态平衡与动态循环机理，拓宽和挖掘科普学术研究在生态学视域下的广度和深度，与时俱进地创新发展出新一代的科普理论。

二是揭示当前智慧媒体环境下科普的实质及运作规律。在基础层面，科普是由政府、高校、研究院所、学会、企业等各要素及要素所属的系统构

① 王黎明、钟琦、易佳：《浅析互联网平台对科普生态的影响机制》，《科技传播》2021年第23期，第17~20页。

成，是具有特定功能并可以产生协同效应的人类社会活动的一类。从生态学的角度入手，将科普从社会活动抽象为系统内部的诸要素之间、要素与环境之间的相互联系、相互作用，并通过能量交换和信息流动形成联结机制，可以使我们更加充分地认识在社会化大科普生态中内在“耗散结构”的特征和运行规律。

三是构建当前智慧媒体时代科普的生态维度。智慧媒体时代打破了传统媒介的传播格局，极大地改变了原有的科普运行规则，科普如何创新生产范式以适应媒介环境的变化则需要深入探讨；在智慧媒体冲击下的科普生态失衡的表现多样，需要分析其主体、技术和社会多维度影响下的失衡原因。但分析提炼科普社会化协同生态的内在规律和若干运行逻辑失衡的根源，提出智慧媒体时代科普生态的研判维度，目前仍然是需要深入探索的空白区。

第二章
科普社会化协同的理论基础

2.1 创新生态系统理论

20世纪后半叶以来，在国际竞争、社会发展、科技进步等因素的驱动下，科技与产业竞争在不断地加剧，创新过程中所面对的问题也越来越复杂，企业、大学和科研院所等的创新活动组织形态和政府创新政策都开始发生重要变化，人们关注创新给国家、区域、人民等带来的活力，创新研究随之兴起。转入21世纪，新一轮科技革命和产业变革正在重构全球创新版图，创新范式不断更替演进并与生态系统理论相互交织，从而聚合成一种新型创新研究范式，创新生态系统理论可被理解为在全球化背景下创新范式的进一步演化。

总体来说，在新的技术、经济、社会背景下，创新研究范式的研究经历了创新理论研究、生态系统理论研究到创新生态系统理论研究的三大阶段。①

第一阶段为创新理论研究范式，对应于新古典学派和内生增长理论的线性创新模式，认为创新的外部性是创新战略和干预的重点内容。1776年古典经济学家亚当·斯密（Adam Smith）从分工的角度对技术进步进行分析②，

---

① Laranja, Manuel, Elvira Uyarra, and Kieron Flanagan, "Policies for science, technology and innovation: Translating rationales into regional policies in a multi-level setting," *Research policy*, 37 (2008): 823-835.

② 〔英〕亚当·斯密：《国民财富的性质和原因的研究》，郭大力、王亚南译，商务印书馆，1972。

1848年卡尔·马克思（Karl Marx）从科学和技术的角度阐释社会生产生活[①]，二者为技术创新领域研究奠定了基础。1912年，约瑟夫·熊彼特（Joseph Alois Schumpeter）将创新（Innovation）引入经济学研究范畴，从创新的角度讨论经济发展的宏观问题，并建构出创新理论的元范式。在熊彼特的创新理论中，“创新”概念具有特定的内涵，是指建立一种新的生产函数，即把一种从来没有过的生产要素或生产条件的“新组合”引入生产体系。[②] 其中包含两个特征：第一，从构成要素的角度出发，创新包含技术、市场、组织制度三大类，各类提高企业资源配置效率的活动均可纳入“创新”的范畴；第二，从创新的实质角度出发，创新是“企业家对生产要素的重新组合”[③]。后续创新理论研究逐渐演化，主要包括从技术创新角度研究创新过程中的技术发展和市场趋势，以及从制度创新角度研究创新过程中的生产要素组织协同和制度发育。[④]

第二阶段为生态系统理论研究范式。生态系统（ecosystem）是生态学研究的重点对象，生态系统为创新系统研究提供了生物学的模型。1866年，德国生物学家海克尔（Haeckel）对“生态学”进行了定义，即研究各生物体、生物体所生存的自然环境及生物体与自然环境相关关系的系统科学。[⑤] 1935年，英国生态学家坦斯利（Arthur George Tansley）创新提出“生态系统”的概念，包含物种（species）、群落（population）、生物部落（biological community）等核心概念，众多概念组成了生态系统中的不同等级。[⑥] 生态系统内部不断进行物质生产、信息传递、能量流动、元素循环等活动，经过简单至复杂、短期至长期的不断演化，具有动态平衡性、协同

---

① 马克思：《资本论》，人民出版社，1975。

② 〔美〕约瑟夫·熊彼特：《经济发展理论》，何畏、易家详等译，商务印书馆，1990。

③ 〔美〕约瑟夫·熊彼特：《经济发展理论》，何畏、易家详等译，商务印书馆，1990。

④ 余泳泽、刘大勇：《我国区域创新效率的空间外溢效应与价值链外溢效应——创新价值链视角下的多维空间面板模型研究》，《管理世界》2013年第7期，第6~20页。

⑤ Haeckel, E., Generelle Morphologie der Organismen (New York: De Gruyter, 1988), p. 286.

⑥ Tansley, A. G., “The Use and Abuse of Vegetational Concepts and Terms,” *Ecology*, 1935: 284-307.

性、竞争性、复杂多样性、个体差异性等特点。此阶段，创新研究从“生态系统”的角度出发，将创新过程中的各主体、要素、环境等视为研究对象，分析创新的特点与趋势。

第三阶段为创新生态系统理论研究范式。20 世纪晚期至 21 世纪前 20 年，高新技术产业迅速大规模崛起，产品迭代速度持续加快，带有普适性特征的个性化需求显著增加了创新难度，组织资源与能力有限性阻滞了组织创新活力，价值创造逐步由以企业为单核心的创新模式转向多元群体协作模式①，创新范式快速从工程化、机械式的创新体系迈向生态化、有机式的创新生态系统。② 作为创新生态构建的先行者，2004 年美国竞争力委员会（Competitiveness Council）发布《创新美国在挑战和变化世界中保持繁荣》，报告中正式提出“创新生态系统”的概念及国家策略。③ 同年，美国总统科学技术顾问委员会（President's Council of Advisors on Science and Technology，PCAST）发布《维护国家的创新生态体系、信息技术制造和竞争力》报告指出：“国家的技术和创新领导地位取决于有活力的、动态的创新生态系统，而非机械的终端对终端的过程。”④ 随后，在《维护国家的创新生态系统：保持美国科学和工程能力之实力》中指出：“美国的经济繁荣和在全球经济中的领导地位得益于一个精心编制的创新生态系统，它来源于几个卓越的组成部分：发明家、技术人才和创业者；积极进取的劳动力；世界水平的研究型大学；富有成效的研发中心（包括产业资助的和联邦资助的）；充满活力的风险资本产业；政府资助的聚焦于高度潜力领域的

① Moore，James F，“Predators and prey：a new ecology of competition，” *Harvard Business Review* 1999 71（1993）：pp. 75-86.

② 李万、常静、王敏杰、朱学彦、金爱民：《创新 3.0 与创新生态系统》，《科学学研究》2014 年第 12 期，第 1761～1770 页。

③ Council on Competitiveness，“Innovate America：Thrivingin a World of Challenge and Change，” National Innovation Initiative Interim Report，2004.

④ President's Council of Advisors on Science and Technology，“Sustaining the nation's innovation ecosystems，information technology manufacturing and competitiveness，” Washington DC：President's Council of Advisors on Science and Technology，2004：1-30.

基础研究。"[1] 两份报告明确表示美国的繁荣与领先得益于一个精心设计的创新生态系统，强调构建创新生态系统的重要性。2011 年，美国国家科学基金会（National Science Foundation，NSF）的黛博拉·杰克逊（Deborah J. Jackson）在《什么是创新生态系统?》一文中认为："一个创新生态系统不是能量动力学，而是复杂关系的经济动力学，这种复杂关系是在经济关系中的行动者或者实体之间形成的，旨在促进技术（或产业）创新。"[2] 不同创新主体间资源分布的不对称使得资源共享成为协同创新生态环境的客观要求。大到一个国家，中到一类产业或区域技术集成体，小到一个企业，都越来越强调构成创新生态系统的重要性。伴随复杂科学的发展，系统科学逐渐发育，研究逐渐拓展至国家、区域、产业、企业等多视角，创新系统研究、开放式创新模式逐渐演化并成为主流，另外也有突破区位限制的产业、技术创新系统研究，改变了传统以企业为单核心的研究模式，转向以用户、顾客为导向的开放创新模式。[3] 同时，社会系统中各要素越发相互依赖，不同行动者间交互作用不断增强，使得系统呈现动态演化的结构性特征，生态学思想因此被引入创新研究，学界多将"创新生态系统"视作第三代创新范式。

目前，创新生态系统领域研究大致分为三类。一是对前人研究的回顾与述评，呈现知识的发展和理论的演进规律，并对创新生态系统概念中的各元素，如主体要素、结构要素、环境要素、功能作用等进行刻画。如曾国屏等在回顾创新范式演进历程后，认为创新系统研究从"生产者—用户"的交互模型逐渐转向"产—学—研三螺旋"研究模型，再转向"创新生态系统"研究范式，创新生态系统内涵与边界暂无统一界定，但相关研究从创新要素

---

① President's Council of Advisors on Science and Technology，"Sustaining the nation's innovation ecosystem：maintaining the strength of our science&engineering capabilities，" Washington DC：President's Council of Advisors on Science and Technology，2004：1-30.

② Deborah J. Jackson，"W hat is an Innovation Ecosystem，" National Science Foundation，2011：1-13. 此参考文献为政府报告，具体地址为：https：//www. nsf. gov/attachm ents/117873/public/InnovationEcosystem-N SF. pdf。

③ 王高峰、杨浩东、汪琛：《国内外创新生态系统研究演进对比分析：理论回溯、热点发掘与整合展望》，《科技进步与对策》2021 年第 4 期，第 151~160 页。

构成和创新主体资源配置问题逐渐演变为强调创新主体关系和作用研究的动态问题，研究对象也逐渐扩展为国家、产业、企业等多层次。① 赵放等从多重视角进行整合，把微、中、宏观各层面要素（见图 2-1）纳入一个“中心—外围”分析框架。② 二是结合具体场景进行个案要素分析。如 2010 年，美国学者罗恩·阿德纳（Ron Adner）等以半导体光刻行业为背景，阐述核心企业在生态系统中面临的风险挑战。③ 三是结合数据进行多因素测度检验研究。如柳卸林等对政策、方针、战略等进行分类，评估不同策略对创新成果的影响并提出建议；④ 刘兰剑等从高新技术产业发展角度，研究创新政策对创新生态发展的综合测度。⑤ 尽管国内外现有的相关研究成果较为丰富，

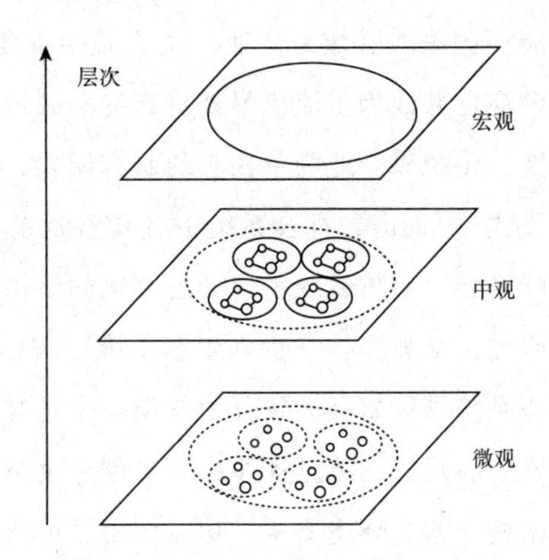

图 2-1　多层次创新生态系统模型

---

① 曾国屏、苟尤钊、刘磊：《从“创新系统”到“创新生态系统”》，《科学学研究》2013 年第 1 期，第 4~12 页。

② 赵放、曾国屏：《多重视角下的创新生态系统》，《科学学研究》2014 年第 12 期，第 1781~1788 页。

③ Adner, Ron, and Rahul Kapoor, “Value creation in innovation ecosystems: How the structure of technological interdependence affects firm performance in new technology generations,” *Strategic Management Journal*, 31 (2010): 306-333.

④ 柳卸林、马雪梅、高雨辰、陈健：《企业创新生态战略与创新绩效关系的研究》，《科学学与科学技术管理》2016 年第 8 期，第 102~115 页。

⑤ 刘兰剑、项丽琳、夏青：《基于创新政策的高新技术产业创新生态系统评估研究》，《科研管理》2020 年第 5 期，第 1~9 页。

但国内外发展模式不同，对不同生态系统类型存在多元理解，导致不同生态系统相关的核心概念界定模糊不清。

在创新生态系统理论研究主题领域方面，早期国内外研究共同关注系统发展过程中的动态演化，国外对创新的研究较长时间集中于开放式创新（Open Innovation）这一视域。20世纪60年代，研究关注企业层面的信息、知识、技术等创新要素的单向流动模式。此后90年代，研究逐渐扩展至政府、高校、科研院所等非营利性组织。2003年，亨利·威廉·切斯布罗（Henry W. Chesbrough）从企业内部实验室入手，提出“开放式创新”的概念，用于探究知识、技术、专利与创新和产业化的关系。与开放创新研究类似，虽然创新生态系统发展过程中存在明显的宏观指引，但国外研究较多集中在产业、企业战略等层面[①]，创新生态系统与企业、区域、国家创新系统并列，被视作开放式创新理论的延伸。[②] 国内研究的指向与重心则向国家战略层面倾斜，即顺应社会发展现状，较多关注国家层面的创新生态系统建构、产业创新生态系统构建等主题，以及“卡脖子”技术创新、自主知识创新等细分领域。

在此后的研究中，国外研究多侧重于开放式创新与社会治理、公共管理等交叉领域，从组织管理切入，研究不同创新主体各要素的流动、调配以及不断迭代形成的创新网络，在理想情况下，削弱组织边界，降低优势资源流动成本，实现组织绩效快速提升。此外，国外研究关注社会、用户、服务等各类创新范式。[③] 国内则继续构建适合中国式现代化发展的国家创新生态系统，2012年党的十八大报告中明确提出实施“创新驱动发展战略”[④]，

---

① Boudreau, K. J., Lakhani K. R., “How to Manage Outside Innovation,” *Mit Sloan Management Review*, 2009 50 (2009): 69-76.

② 在谷歌中无法导出为参考文献，建议改为网络文献的参考格式：Boudreau, Kevin J., Karim R. Lakhani. “How to manage outside innovation.” MIT Sloan management review, 50 (2009), https://sloanreview.mit.edu/article/how-to-manage-outside-innovation/, Last retrieval date: May 14th, 2022.

③ 王高峰、杨浩东、汪琛：《国内外创新生态系统研究演进对比分析：理论回溯、热点发掘与整合展望》，《科技进步与对策》2021年第4期，第151～160页。

④ 胡锦涛：《坚定不移沿着中国特色社会主义道路前进　为全面建成小康社会而奋斗》，人民出版社，2012。

将经济发展转向依靠知识资本、人力资本和激励创新制度等无形要素的创新组合[①]，后续研究则倾向于对创新生态系统演化过程中信息、知识、优势资源等创新要素的探讨。

国内外关于创新生态系统理论的相关研究成果总体而言是颇为丰富的，但在科普社会化协同这一细分领域的研究还很缺乏，多数研究都聚焦于某一具体问题，如科普事业、科普产业等，从整体上思考如何构建科普社会化协同可以更好地进行优势资源互补、提升科普信息流动速率等。本书尝试从创新生态系统构建的本质与规律出发将科普社会化协同视作一种具有生态学特征的社会活动，运用创新生态系统研究的理论和方法研究科普客观规律和发展逻辑，刻画科普社会化协同的原则，构建社会化协同运行模式下的科普生态体系。在科普研究中强调生态学的可持续发展性与多主体协同发育特质，正是科普生态研究的核心所在。因此，在比较科普社会化协同生态与创新生态系统的相似性基础上，从生态学的视角分析科普情境的范围和复杂性，揭示科普社会化协同运行的本质与规律，可以更好地考察智慧媒体时代科普生态失衡与动态调节的若干新问题。

2.2 行动者网络理论

20世纪80年代中期，以法国社会学家拉图尔（Bruno Latour）、卡龙（Michel Callon）和劳尔（John Law）为核心的科学知识社会学的巴黎学派对实验室研究遇到的“内部”和“外部”、“认识”和“社会”、“宏观”和“微观”问题进行了分析，结合实验室人类学研究及法国后结构主义，提出了一种新的研究纲领——行动者网络理论（Actor Network Theory，ANT）。对于这一理论国内多数学者主要是在科学知识社会学（Sociology of Scientific Knowledge，SSK）指引下来完成其评述的。拉图尔批判了以布鲁尔（David Bloor）、巴恩斯（Barry Barnes）为主要代表的爱丁堡学派在解释科学知识成

① 洪银兴：《论创新驱动经济发展战略》，《经济学家》2013年第1期，第5~11页。

因时提出的四条“强纲领”（strong programme）原则。

ANT 打破了主体与客体、自然与社会、人与非人、物与非物的根本界限，重新描述在科学活动中各种存在所起的作用，用“行动者”来代表这些存在。行动者网络理论认为科学与社会是交互演进的，并将科技发展归因于人的因素（人的行动者，human）和非人因素（非人行动者，non-human）共同作用的结果，所有因素统称为“行动者”（actor）。[①] 对于某一技术的接纳意愿和接纳程度与“人的行动者”关联成的网络联盟息息相关，并与“非人行动者”形成互动，重点在于行动者间“转译”（translations）的有效性，吸纳新成员形成目标一致的行动。除了人和非人因素，还存在“物的行动者”和“非物行动者”因素，且将“转译”分为“转译语言”和“转译场所”。[②]

卡龙对 ANT 中“理论”一词的使用提出了质疑，认为正是这一点赋予了它力量和适应性。[③] Alcadipani 等将 ANT 称为一种方法。[④] 正如拉图尔所指出的，ANT 最初是从致力于实验室人类学分析的研究中发展起来的。[⑤] 在《实验室生活》（*Laboratory Life*）一书中，拉图尔将实验室视为许多不同元素（化学物质、小动物、人、打字机、铅笔、复杂机械）聚集在一起的场所，这些元素被转化为包含“真理”和“事实”的科学报告和期刊文章。[⑥] 实验室最初的研究致力于了解在转化过程中发生了什么，是什么“处理”将一系列不同的元素转化为有序的、连贯的合成品。实验室研究通过说明科

① 王明、郑念：《基于行动者网络分析的科普产业发展要素研究——对全国首家民营科技馆的个案分析》，《科普研究》2018 年第 13 期，第 41~47 页。

② 尚智丛、谈冉：《行动者网络理论视域中的科学传播》，《自然辩证法研究》2021 年第 12 期，第 52~58 页。

③ Callon M.，Callon，Michel，“Actor-network theory—the market test，” *The sociological review*，47（1999）：pp. 181-195.

④ Alcadipani，Rafael，John H.，“Actor-Network Theory，organizations and critique：towards a politics of organizing，” *Organization*，17（2010）：419-435.

⑤ Knorr-Cetina，Karin D.，Michael Mulkay，Science observed：Perspectives on the social study of science（Sage，1983），p. 141-170.

⑥ Latour B.，Steve W.，*Laboratory life*：*The construction of scientific facts*（Princeton university press，2013），p. 165.

学知识的社会政治起源来揭露科学知识的主观性。[①] 拉图尔认为这些研究将为社会生活秩序的社会学提供思路，展示科学知识作为一种社会文化产品，从而追溯社会和知识的根源，这些知识被理解为社会秩序的一种影响。拉图尔、卡龙和劳尔试图发展一种新的社会理论来理解科学和技术（科学知识社会学的一条线），他们挑战了围绕人类和非人类分类排列的社会的不对称特征，他们主张从过程的角度分析非人类和人类行动者之间的相互作用，以产生对由异质行动者组成的社会构成的新见解。[②] 这导致了科学知识社会学领域的学者之间的摩擦、分裂。ANT 在应用和翻译过程中被多次修改，导致一些学者质疑 ANT 的基本原则的科学性。[③]

由拉图尔、卡龙和劳尔开发的 ANT 理论为理解社会的构成提供了具体的本体论见解。根据拉图尔的说法，社会是“通过每个人的努力来定义或解释它而实现的”[④]。这与社会学视角不同，后者的分析开始于一个隐含的假设，即社会是构成的，或预先确定的。[⑤] 根据这种方法，社会的组成包括一系列的关联，以及异质元素之间的各类联系。它不是一个特定领域，而是一种“非常特殊的重新关联和重组运动”[⑥]。由于 ANT 假设知识也是行动者排序的结果，它可以成为追踪知识创造政治的有用方法，以理解过去的知识创造作为异质行动者网络的影响。ANT 表明对社会构成的理解可以通过跟踪行动者形成网络的过程，以及跟踪网络成为“行动者”的过程来实现。具体来说，它是关于构成社会结构的要素如何结合在一起创造、复制或改变社会模式的思维方式。ANT 假设社会是由行动者构成的——行动者被定义为那些有能力对他人采取行动或改变他人的人。[⑦] 拉图尔认为，行动者通过

---

① Pickering, A., *From Science as Knowledge to Science as Practice* (University of Chicago Press, 2010).

② Callon, M., Latour, B., "Don't throw the baby out with the bath school! A reply to Collins and Yearley," *Science: as Practice and Culture*, 1992: 343-368.

③ Law, J., "Actor Network Theory: And After," *Sociological Review*, 1999: 1-14.

④ Latour, B., "The powers of association," *The Sociological Review*, 1984 (32): 264-280.

⑤ Latour, B., "On recalling ANT," *The Sociological Review*, 1999 (47): 15-25.

⑥ Latour, B., *Reassembling the social: An introduction to actor-network-theory* (Oup Oxford, 2007: 7).

⑦ Law, J., "Editor's introduction: Power/knowledge and the dissolution of the sociology of knowledge," *The Sociological Review*, 1984 (32): 1-19.

参与、动员和转化其他行动者的利益，不断参与工作，最终招募行动者从事同一事业。当行动者及其利益被转换（即通过一个行动者展示其将角色分配给其他行动者的能力，而使利益趋于一致的过程），事业就会变得更加强大。在某种程度上，构成网络的行动者能够根据一个总体的原因维持极端的利益一致。如果一个网络能够维持其行动者的“极端”对齐，即它能够作为“一个人”行动，它就会被视为一个行动者，而不是一个网络。

根据行动者网络理论，本书将科普社会化协同的主体分为包括各级党委和政府、各行业主管部门、各级科学技术协会、学校和科研机构、企业、媒体、广大科技工作者、公民等“人的行动者”和包括学术交流、政策咨询、项目、报道合作、会议、文献、科普读物、活动参与等“非人行动者”。[①]

政府是科普工作的制定者和协调者。在科普的全流程链中，政府承担着统筹规划、管理监督等方面的职责。其中，科协组织在承接政府转移职能或向政府提供服务和智力支持上起到关键作用。高校、科研院所、科技型学会是科学知识的生产者，为科普内容的生产提供科普知识和科普产品。此外，这三类机构常以科普智库的角色承接政府委托的科普政策咨询项目，开拓并发展科普理论，并以论文、专业书籍等形式进行传播。这些机构具有丰富的科学知识生产的禀赋和与生俱来的公益属性，是学术交流和高端科技资源科普化方面的主要推动力量。企业是科技创新最重要的主体之一，同样也是科普事业建设的主要社会力量。企业是将科学技术转化为应用知识和产品的直接推动者，企业科普大都依托于企业经营活动的开展。企业进行产品推广和提高员工科技技能时，科普便起到关键作用。企业在科普创作之余，通过会议、报告、文献/专业书籍、项目、活动参与、企业科普场馆、科普研学等途径融入高校、科研院所和科技型学会的科普生态圈。此外，企业科协是科协组织与企业沟通联动中的关键抓手。[②]

---

① 汤书昆、郑斌、余迎莹：《科普社会化协同的法治保障研究》，《科普研究》2022 年第 2 期，第 15~20 页。

② 汤书昆、郑斌、余迎莹：《科普社会化协同的法治保障研究》，《科普研究》2022 年第 2 期，第 15~20 页。

媒体是科普过程的扩音器，专注于科普内容的呈现和分发，起到舆论引导和新闻造势的作用。新媒体及不断涌现的智能媒体以高效便捷、精准智能推送、超大容量存储、全流程多元循环互动等特点迅速发展成为颠覆传统媒体的新力量，也快速打造了公众参与科普的全新空间。各种新兴自媒体平台让每个人在法律的界限内紧握传播的自由，主体单向灌输型科普的围墙被彻底打破。媒体从业者和媒体平台是科学家与公众沟通中最重要的桥梁，通过与其他主体的报道合作，将包含专业术语或语言表述的知识、方法、理论、公式等科学知识“转译”成科普读物等科普资源，并通过多种现代化科普方式向公众提供易于理解、接受和掌握的科普内容。公众即科普产品、服务的需求者和使用者。传统媒体纷纷开创新媒体平台，不同新媒体间相互融合，实现了大众传播与小众传播的互相配合。近年来，微视频科普的全民化爆发消费，实质上已经带来了全新的科普内容传播语言体系。[①]

公众是科普社会化协同的推动者和参与者。公众具有最迫切的科学知识产品化服务的消费需求，不同的公众对科普内容需求不同，单一科普主体很难匹配相应需求，政产学研媒各方协作则能起到聚合作用。公众是科普社会化协同的全方位推动者。此外，公众也是科普社会化协同的多元参与者，部分公众具备较强的科普创作与内容供给能力，他们不但能产出通俗易懂的科普产品，而且能运用大众传媒或自媒体工具进行科普内容的高效传播。科普始终处于动态循环交互中。这种嵌套式、多主体的特征使得科普主体间成为一个循环系统，“行动者”间的相互关联与作用，造就了科普高度活跃而复杂的局面。[②]

不同“行动者”组成的完整科普结构是实现科普内容“转译”的基础生态，通过“转译语言”与“转译场所”实现科普价值的创造与增加。首先是“转译语言”的协同。科学知识的形象化与通俗化，一直是高端科技

① 汤书昆、郑斌、余迎莹：《科普社会化协同的法治保障研究》，《科普研究》2022 年第 2 期，第 15~20 页。

② 陈鹏：《新媒体环境下的科学传播新格局研究》，中国科学技术大学博士学位论文，2012，第 54 页。

资源科普化的难点。从科学专业术语到大众科普读物，往往需要借助“人的行动者”对语言进行多次“转译”。科学知识和科技发明经由企业、高校、科研院所、科技型学会等机构的科学家、工程师发现、发明，“转译”成科学专业术语，再经政府、媒体等“转译”为以图文、视频、动漫等媒介形式呈现的生动语言，最终进入公众的视域。政府、企业、高校、科研院所、科技型学会、媒体等“行动者”间通力合作、相互配合，才能在协同链上与生态圈实现科普内容的有效传播。针对社会热点和重大科技事件，多主体加强和媒体的通力协作，有助于引领正确的科普导向和保障科普的真实性。其次是“转译场所”的协同。不同的“人的行动者”在进行科普知识的“转译”时，采用了各具特色的“转译场所”。高校将全国科普日与科技活动周作为向公众开放科普活动的重要窗口，科技型学会则擅长举办会议，媒体以便捷的传媒工具见长。在科普社会化协同的框架下，不同的“人的行动者”相互“借船出海”，实现着对科普场景的重新创造。[①]

2.3　协同创新理论

“协同理论”（Synergetics）起源于20世纪60年代，德国学者哈肯在研究激光理论的过程中提出“协同理论”的基本观点和理论基础。协同是指协调两个或者两个以上的不同资源或者个体，使它们一致地完成某一目标的过程或能力，是一种发挥资源更大效能的方法。协同的范围不仅包括人与人之间的协作，也包括不同应用系统之间、不同数据资源之间、不同终端设备之间、不同应用情景之间、人与机器之间、科技与传统之间等全方位的协同。[②] 1971年，哈肯与格雷厄姆（R. Graham）合著的《协同学：一门协作的科学》中提出：“在统一体内，无论几方是否对立，在同

① 汤书昆、郑斌、余迎莹：《科普社会化协同的法治保障研究》，《科普研究》2022年第2期，第15~20页。

② 杜栋：《协同、协同管理与协同管理系统》，《现代管理科学》2008年第2期，第92~94页。

一目标下，都存在协同发展的可能性和现实性，都可以实现协同发展。”[①]随后，哈肯在《协同学导论》（1977年）和《高等协同学》（1983年）中建立和完善了“协同理论”的架构。协同理论的内容主要包括以下三个方面。

（1）协同效应。协同效应是由协同作用于系统后产生的结果，即系统从无序走向有序，协同正是这一过程的内在驱动力。从协同和有序的关系来看，系统各要素协同是有序的前置条件，有序是各要素协同的结果，有序与协同相互反馈作用并逐渐产生协同效应。

（2）伺服原理。伺服原理从影响系统稳定的各要素特征出发，将变量分为快变量与慢变量[②]，快变量服从慢变量，序参量支配子系统行为。[③]这一原理刻画了系统的自组织过程，当系统处于临界状态时，少数序参量可以揭示系统新结构的形成，支配和制约系统中的其他变量并影响系统的进一步演化。[④]

（3）自组织原理。从系统组织进化的角度来看，组织形式包括自组织和他组织，自组织即为系统演化过程中，在无外界干预、仅按照系统内部规则的情况下，各子系统相互竞争、协作形成一定的结构或功能，使系统从无序状态转变为有序状态。[⑤]该原理揭示了系统内部具有内生性和自生性的特点，解释了系统内部通过协同作用形成有序结构的机理。

“协同理论”源自系统科学领域，以信息论、控制论和突变理论为基础，研究不同学科间存在的本质特征，使用数理统计学、系统动力学的范

---

① Graham, Robert, and Hermann Haken, “Generalized thermodynamic potential for Markoff systems in detailed balance and far from thermal equilibrium,” *Zeitschrift für Physik A Hadrons and nuclei*, 243 (1971): 289-302.

② 在系统临界行为变化中，参量可分为快变量与慢变量两类：快变量是指仅在短时间内起作用，对系统演化、特征、发展不起明显作用的变量，特征是临界阻尼大、衰减慢；慢变量是指系统演化的速度和进程都由它决定，起着支配子系统行为的主导作用，特征是出现时临界无阻尼现象。

③ 白列湖：《协同论与管理协同理论》，《甘肃社会科学》2007年第5期，第228~230页。

④ 李忱、田杨萌：《科学技术与管理的协同关联机制研究》，《中国软科学》2001年第5期，第71~74页。

⑤ 李汉卿：《协同治理理论探析》，《理论月刊》2014年第1期，第138~142页。

式，刻画世界从无序向有序进行演化的过程，成为研究者处理复杂性问题和构建不同系统合作机制的基础性范式。[①]“协同理论”主要研究在非平衡状态下的开放性系统在与外界物质、能量、信息的交换过程中，如何通过内部的协同作用，自发地出现时间、空间和功能上的有序结构[②]，指出复杂性系统中各要素之间以及要素与系统之间的各种联系在协同目标的指导下通过协同机制最终实现协同效应。

协同创新是指在协同理论视域下通过国家意志的引导和机制安排，促进企业、大学、研究机构等多元主体发挥各自的能力优势、整合互补性资源，实现各方的优势互补，加速技术推广应用和产业化，协作开展产业技术创新和科技成果产业化的活动，是当代科技创新倡导的新一代引领范式。[③] 从原理上辨析，在创新系统内部，主体、组织、环境等各子系统若互相协调配合、共同运作，则会产生“N+N>2N”的协同效应。协同创新系统的主要特点有：①整体性。系统内部各要素不是简单线性叠加而是有机结合，系统整体呈现目标、功能、形式的整体性。[④] ②层次性。系统内部分为不同层次，遵循基本规律，不同层次的创新会存在相互作用关系。[⑤] ③耗散性。系统与子系统、外部环境会进行各要素流动，遵循信息、物质、能量流动的基本规律。[⑥] ④动态性。系统整体存在不断演化的趋势。[⑦] ⑤复杂性。系统内部各要素多样，存在复杂的相互作用和相互依赖。[⑧]

协同创新可以理解为一种新型网络创新模式（见图 2-2），该模式以大学、企业、科研院所等创新主体为核心要素，以政府、金融机构、中介组织、创新平台、非营利性组织等支撑服务主体为辅助要素，在多元主体间协

---

① 白列湖：《协同论与管理协同理论》，《甘肃社会科学》2007 年第 5 期，第 228～230 页。

② 白列湖：《协同论与管理协同理论》，《甘肃社会科学》2007 年第 5 期，第 228～230 页。

③ 陈劲、阳银娟：《协同创新的理论基础与内涵》，《科学学研究》2012 年第 2 期，第 161～164 页。

④ 同③。

⑤ 同③。

⑥ 同③。

⑦ 同③。

⑧ 同③。

同互动，以实现系统非线性效用，进而达到更高层次的价值创造。协同创新是各创新主体要素进行系统优化、合作创新的过程，资源共享和优势互补是各主体协同创新的基本前提，并力图在与各自需求相适应的合作期望上达成一致。例如，在产业技术创新的过程中，大学及科研机构为技术的主供给方，企业为技术的主需求方，其协同创新的核心主要包括知识产权的归属、知识转移及过程管理等方面。而协同创新的理论框架可以从整合和互动两个维度来分析：在整合维度上，主要包括经济、技术和知识等资源的整合，而在互动维度上主要是指各个创新主体之间的互惠知识分享，资源优化配置，主体要素行动的最优同步和运行系统的匹配度等。[①] 根据协同创新两个维度上的不同位置，可以说科普产业的协同创新同样是各主体间沟通、协调、合作再到协同的过程。

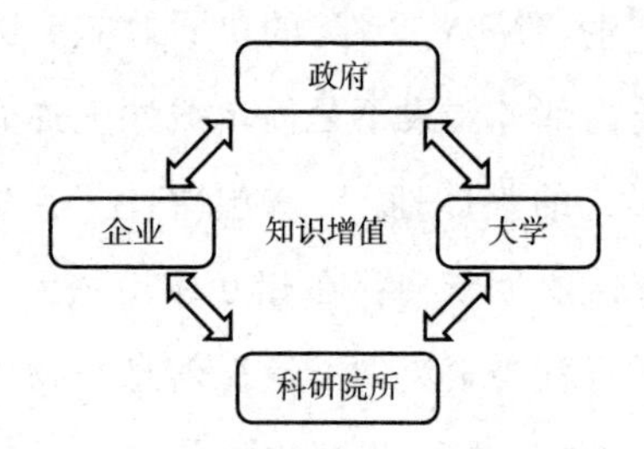

图 2-2 以知识增值为核心的协同创新系统结构

本书将“协同理论”引入科普领域，用于刻画社会层面多元主体参与科普并共同演化的过程，对于解决科普社会化协同系统中的综合性、复杂性的运行问题具有重要意义。科学传播与普及事业的发展离不开多元主体协同创新系统的演化型支撑。在协同创新中不强调谁是创新主体，大学、科研机构、产业、政府各方都可以是创新的组织者、主体和参与者，在面向社会公众提供科普服务的过程中相互影响、协同合作。在协同创新系统内，政府的职能，从目前直接组织创新活动为主，转向以宏观调控、创造良好环境和条件、提供政策指导和服务、促进各组成部分间的交流与合作为主；企业的动

① Dubberly, H, “Toward a model of innovation,” *Interactions*, 15 (2008): 28-36.

力来源于其不断产生和获取超额利润的能力，它的使命主要集中在技术创新、知识创新、技术转移和知识应用方面；而大学具有教学、科研和人才培养三重使命，可以为科普产业提供源源不断的新知识、新技术、新思想以及高素质人才；科研机构拥有一线科研人员和实验室等科普基础资源，科普为科研机构产学研发展奠定基础。

自近代科学革命发生以来，通过数百年螺旋式增强的发展，当代科学文化已经成为社会发展的主导文化之一，这是今日人类文明不同于历史时期的非常重要的标识。作为弘扬科学文化的科普产业，对优化第三产业结构、拓宽就业领域、建设创新型国家和实现智慧中国理念等都有着十分重要的建构性意义。作为国家创新系统子系统，科普事业和科普产业在社会化协同背景下的发展，需要借鉴协同创新理论作为理论基础，深入分析政府、企业、大学、科研机构在科普发展中的重要功能，通过优化资源配置促进科普事业和科普产业的协同创新发展。

第三章
科普社会化协同生态

3.1 科普社会化协同的基本内涵

3.1.1 科普社会化协同的基本内涵

科普社会化的本质是科普工作的多元主体共同参与，按照协同理论的原理，科普社会化协同生态在狭义上具备传统生态的平衡与线性特征，在广义上具有复杂系统的开放非平衡特征。因此，科普社会化协同的内涵既涵盖了科普社会化主体的协同，又涵盖了科普社会化协同生态内部与外部的协同，主要有以下三层内生含义。

一是社会化主体内部的协同性，主要指涉及某一主体的组织体系建设与组织体系协同。2002 年颁布的《科普法》，规定了科学技术协会组织系统作为我国科普事业发展的主要力量；根据 2022 年 5 月中国科学技术协会官网数据，中国科协往下延伸形成了“省级—副省级—地市级—县级—乡镇—街道”的完整科协组织体系。近年来，中国科协的组织延伸也体现出社会化协同的明显趋势，所属单位还涉及全国学会、农村专业技术协会、高校科协、地方科协与企业科协等这样非常丰富多元的外界组织系统。作为联系科技工作者、推动国家科学技术发展的群众组织，中国科协组织体系建设与组织内的协同已发展到较高水平。不同社会化主体之间尽管存在异质性，但同一性质的主体在组织目标上通常会具有高度一致性，具体到科学传播与普及领域，即将普及科学技术知识、倡导科学方法、传播科学思想、弘扬科学精神作为工作指引，为组织目标的实现而共同发力，因此组织系统内部具有高度的协同性。但这种协同发育到当下，仍然具有较为明显的局限性，典型表征为组织体系的建设与影响具有突出的行政色彩与线性约束的惯性特征。

二是社会化主体间的协同性，主要表现为差异化主体之间在某一目标上的协同。尽管不同社会化主体由于历史沿革与现实境遇的差异，其主管单位、组织性质、行为规制与组织功能千差万别，但只要存在某一共同目标，差异化主体之间便存在协作的可能性。在科学传播与普及实践的语境之下，多元主体之间的通力协作，不仅有助于以公民科学素质提升为基本的共同目标的高效、高质量达成，公民科学素质的量变与质变，还将进一步激发公众对于科学的理解与能力提升，从而对建立起宏大的高素质创新大军，实现科技成果的快速转化起到重要的支撑[①]，推动科学技术在创新型社会的深层次发展。社会化主体间的协同，还暗含着构建以多赢与利益共享为核心的协同机制的需要，具备深度融合、开放合作、互利共赢的科普格局，对于激发多元主体的科普活力、实现科普事业的长足发展具有关键作用。

三是社会化协同生态外部的协同性。系统内部只有与外界通过不断的物质、信息和能量交流，才能使协同效应的产生沿着系统有序化的方向进行。仅仅依靠单一主体的组织体系建设与多元主体的联系合作，无法实现科普成效的快速提升，尤其是在当下社会与技术环境均处于快速发展变化的时代，科普社会化协同生态需要构建科普与艺术、科普与金融、科普与技术等多维度的资源协作与体系共建。科普产业联盟是实现科普社会化协同生态外部协同的典型代表，上海、安徽合肥、四川彭州等地都组建了科普产业联盟，其共性特征包含了多元的社会化主体，包括政府、科技场馆、科普产业链的相关企业、高等院校与科研院所，旨在发挥政、产、学、研、用的组合优势，

---

① 《为建设世界科技强国而奋斗——在全国科技创新大会、两院院士大会、中国科协第九次全国代表大会上的讲话》，http：//www. xinhuanet. com/politics/2016-05/31/c_ 1118965169. htm，最后检索时间：2021 年 5 月 14 日。

充分联通科普社会化协同生态内外，构建内外交流合作机制，并由此推动科普事业与科普产业的双维发展。

3.1.2 科普社会化协同生态的基本内涵

科普社会化协同生态形成与建设同一定时期内社会的发展进程和发展阶段有关，它形成于一定的社会历史实践，并作用于社会历史未来指向的发展，有其产生发展的时代需要、基本遵循、目标与原则。

科普社会化协同生态的构建，是中国科普实践发展在新时代经济社会发展下的时代需要。2020年10月召开的中国共产党第十九届五中全会立足于中华民族伟大复兴的战略全局和世界百年未有之大变局的挑战，在新中国历史上第一次把科普工作列入国民经济发展五年规划，充分彰显了新时期科普工作的重要性。[①] 会议通过的《中共中央关于制定国民经济和社会发展第十四个五年规划和二〇三五年远景目标的建议》（以下简称《建议》），在创新发展、科学素质、乡村振兴、文化发展、卫生健康、环境保护以及公共安全[②]等领域均对新时代科普发展提出了新使命新要求。

科普社会化协同生态的发展，需要与时代呼应、与时代共进，在新语境下，中国科普社会化协同应当具有以下实践内涵。

科普社会化协同立足于公民科学文化素养的提升以及人的全面发展。时代的进步与科普实践的发展，使得科普这一概念的内涵从科学知识、方法逐渐拓展为科学思想和科学精神，甚至延拓至科学道德和科技意识；[③] 科普的目的也从民众科学素质的提升转向公民科学文化素质的提高。因此我们认为，在更为广泛的意义上，科普已经进入从营造有利于形成创新创造的良好社会氛围向服务于人的全面发展转变的新阶段。《建议》中指出了这个新阶

---

① 郑念、王唯滢：《建设高质量科普体系　服务构建新发展格局——中国科协九大以来我国科普事业发展成就巡礼》，《科技导报》2021年第10期，第25~33页。

② 郑念、王唯滢：《建设高质量科普体系　服务构建新发展格局——中国科协九大以来我国科普事业发展成就巡礼》，《科技导报》2021年第10期，第25~33页。

③ 高宏斌、周丽娟：《从历史和发展的角度看科普的概念和内涵》，《今日科苑》2021年第8期，第27~37页。

段的总体要求，“社会文明程度得到新提高，社会主义核心价值观深入人心，人民思想道德素质、科学文化素质和身心健康素质明显提高，公共文化服务体系和文化产业体系更加健全”。不难发现，《建议》中也将科学文化素质与思想道德素质、身心健康素质等加以明确区分。从手段上看，身心健康理念、文明理念、科学理念的传播均属于信息收受的过程；从目的上看，不论是何种素养，其最终所指向的是服务于人的全面发展。从宏观层面进行考察，无论是科学知识的习得、科学文化素质的提升，还是创新生态的培育、经济与文化社会的发展，服务的最终指向都是人民的生活福祉。

科普社会化协同的核心原则是必须坚持协同推进。以最近数十年来中国科普实践的实施主体的差异作为中国科普发展阶段划分的尺度，可以将中国科普实践分为单一主体阶段与多元主体阶段。在单一主体阶段中，主要采取的是以政府为主导的科普事业推进模式。早在20世纪末，中国科普实践工作者就提出要通过社会力量的发展共同推动科普事业，由此开始发展为多元主体阶段。近年来，国家在各类科普行动的规划与意见中，也越发鼓励多元主体的介入。如作为国家上位指导文件、2021年由国务院发布的《科学素质规划纲要》中就明确约定：要激发高校、科研院所、企业、基层组织、科学共同体、社会团体等多元主体活力，激发全民参与积极性，构建政府、社会、市场等协同推进的社会化科普大格局。

科普社会化协同的目标是建立高质量的科普体系。尽管科普社会化协同生态仅强调参与主体的多元性与广泛性，从服务于人的全面发展而言，主体的多元性与人的发展之间仅存在单一的促进关系，但在此基础上的具备科普内容高级化、科普手段智慧化、科普资源高效调用、科普产品和服务有效供给，以及人民群众需求精准满足的高质量科普体系①的构成，将能够促成从多维层面协同推动，共同服务于人的全面发展和中国经济社会高质量发展的高水平期待。②

---

① 郑念、王唯滢：《建设高质量科普体系　服务构建新发展格局——中国科协九大以来我国科普事业发展成就巡礼》，《科技导报》2021年第10期，第25~33页。

② 郑念、王唯滢：《建设高质量科普体系　服务构建新发展格局——中国科协九大以来我国科普事业发展成就巡礼》，《科技导报》2021年第10期，第25~33页。

3.2 科普社会化协同的三重维度

在政府力量强、市场力量弱的现实环境下，强调社会化主体的主动参与与介入，促进多元主体间协同关系的形成、协同效应的产生，对驱动社会发展与转型提供了方向性指引。而打造科普社会化协同生态工作目标的提出，则为实施科教兴国战略、人才强国战略和创新驱动发展战略提供了认识论、方法论和价值论。

在认识论层面，科普社会化协同生态要求个体将科学普及观念内化于自身的知识结构，并调节知识建构和知识获得过程。科普社会化协同是当代中国科普事业发展的新要求，围绕着当代中国的科普实践“应当由谁承担”以及“应当如何承担”的问题而展开。对于科普主体而言，在科普社会化协同生态中，社会化主体应当意识到科学普及的重要价值，并形成自我的科普社会责任感。例如在科学家群体中，科学普及不应当被视为附属于科技创新过程中的知识社会化过程，而应当被视为促进科技应用、调节科学与社会关系的基本手段。科普不再只是传统语境下的公益性事业，政府在科普事业发展中往往不计投入与产出的方式要有所转变，基于社会各方的多样化诉求在科普事业社会化参与模式之下应当得到更有效的重视，并纳入社会化协同工作的基本立场。在个体与组织的内在驱动中，个体基于理性“善”的目标下的自发科普行为应当得到承认，各政府职能部门中个人的科普工作绩效应当得到认可与认定。在个体与组织的外在驱动中，企业主体基于经营性科普行为的营利性合理诉求应当被尊重，还要有一定边界约束的鼓励。

对于科普对象而言，个体应意识到科学普及工作对于个体自我发展与自我社会化、组织社会化的意义，科学普及是全社会的职责，包括公众在内的任何群体与个人都拥有平等地成为科学普及主体与对象的权利。

科普社会化协同打破了既有的“政府单一主体”的狭隘认知，将全社会多样化、差异化主体均视为开展科普工作的能动性主体。

在方法论层面，科普社会化协同对既往科普事业政府单极推进的模式予以重新审视与批判。对于科普主体而言，首先，它强调全社会的参与，突出社会化科普主体在公民科学素质提升中的重要作用。其次，它强调科普工作发展要从无序化向有序化迈进，社会化科普主体在科普实践中要有规划、有组织、有合作，在实践中逐渐形成多中心、共驱动的科普协同促进方式。对于科普对象而言，科普社会化协同生态的构建为其打造了无时无刻不、随时随地的场景化科普供给，使其可以在科普需要产生的时刻，能通过多元渠道与多种手段满足自身需求。当前，由政府、事业单位主导建设的线下大型科技类场馆、社区科技馆、科普长廊，社会媒体运营、多方参与内容建设的线上搜索引擎、社交平台等，为青少年、老年人以及青年群体打造了全方位的科普场景，基本能够实时满足不同主体的科普需要。

在价值论层面，科普社会化协同生态的主要价值体现在对多元社会化主体的意义认可。科普社会化协同生态在一定程度上转变了以科学家为主体的知识传播模型，赋予社会多元主体以科普者的角色。在人的价值维度上，科普社会化协同打破了精英主义的知识传播垄断权，将普通公众包含在内的社会单元都视为通过各自的科普方式与手段能够满足科普客体需要的能动主体。这一价值立场转变的过程之中，内含了自上而下与自下而上的双重价值驱动。自上而下的转向中，伦理与道德作为调节人与人之间关系的行为规范，精英阶层开始思考人与人的价值关系，对以公众为代表的社会多元主体价值予以充分尊重，在当代科学传播语境中，典型代表即为缺失模型到公众参与模型的转变。自下而上的转向中，政府逐渐意识到单极驱动模式的弊端，大投入、缓见效、窄范围的科普产出缺陷，既无法与社会的快速发展相适应，也无法满足公民越发丰富的生活需要，因此亟须发动多极力量的聚合性介入。

3.3　科普主体的协同角色定位

3.3.1　生产者：科普内容萃取与创作

在自然生态系统之中，生产者指的是绿色植物，范畴划定在一切能够进行光合作用的高等植物、藻类以及地衣等。在生物化学领域，生产者能够借助可见光，经过光反应和碳反应，利用光合色素，将二氧化碳（或硫化氢）和水转化为有机物，并释放出氧气（或氢气）。在将太阳能转化为化学能、无机物转化为有机物的过程中，生产者不仅为自身提供发育、生长的能量，也为其他生物提供物质与能量。生产者、消费者与分解者形成了一个食物链，生命机体与环境的紧密联系和相互作用构成了完整的生态系统，并围绕一个近似平衡的状态发生周期性波动，存在不断往复循环而又总体稳定的态势。①

若从本质属性层面进行考察，自然生态系统的本质是物质或能量的传递，生产者指向的是这种传递网络的时序逻辑起点。在科普社会化协同生态中，各行动者接受与传递行为所形成的并非物质流，而是信息流，因此科普社会化协同生态的生产者应当指向具有科普信息生产职能的单位。

科普信息生产的最终成果是科普知识，狭义上的科普知识指的是简化的科学知识，主要指涉自然科学相关的基础科学知识，广义上的科普知识则是社会化、人文化甚至时尚化了的科学知识。② 此时，科普不再以传播科学知识为目标，而是希望提升生产与生活能力，将科学内化为人们的生活方式，建立公众与科学的良好互动关系，提高公众的生活质量，满足公众日益提升的对美好生活的需要和向往。

本书将科技创新主体界定为具有科技创新能力、聚集前沿科学技术资源的创新群体，科技创新主体在科学普及领域的主要社会功能是承担科技资源的科普化职能。科普信息生产的行为主体在分类上，可以分为组织主体与个人主体以及组织与个人的统合体。

（1）组织主体

组织主体包括所有具有科普职能并从事一定科普内容生产的组织。其

---

① 〔美〕美国科学促进协会：《面向全体美国人的科学》，中国科学技术协会译，科学普及出版社，2001，第56~57页。

② 高秋芳、曾国屏：《广义科普知识的划界与分层》，《科普研究》2013年第4期，第5~10页。

中，首要的是具有高度集中的科技资源的科技创新主体。从现象层面来看，科技创新主体是以从事科技创新活动的人为基本组成部分的创新群体。[①] 在宏观创新系统中，科技创新关乎国家的科技进步与国家根本利益，因此广义上的科技创新主体指的是以国家为单位[②]、为实现科技目的的行为主体。在组织层面，狭义的科技创新主体包括企业、科研机构、高校、中介和政府等。[③]

在“两翼理论”的背景下，科学普及上升到与科技创新同等重要的战略地位，科技创新主体将自有或公有的科技资源转化为科普资源并面向公众开展科普是其新时期背景下的本体责任。《科普法》第 14 条规定，“各类学校及其他教育机构，应当把科普作为素质教育的重要内容，组织学生开展多种形式的科普活动”；第 15 条规定，高等院校等团体机构“应当组织和支持科学技术工作者和教师开展科普活动，鼓励其结合本职工作进行科普宣传”。《科学素质规划纲要》中对科技资源科普化的主体进行了描述：“增强科技创新主体科普责任意识……支持和指导高校、科研机构、企业、科学共同体等利用科技资源开展科普工作，开发科普资源，加强与传媒、专业科普组织合作，及时普及重大科技成果。”其中，明确提及高校、科研机构、企业与科学共同体的职责所在。

综上可知，我国政府在法律法规上，界定了高校、科研机构、企业与科学共同体等组织系统开展科普工作的责任。具体到具备科技创新属性的主体上，结合既往我国科学普及实践与经验总结，本书将进行科学普及知识生产的科技创新组织主体界定为高等院校、科研院所、高新技术企业与学会组织四个主要大类。[④]

---

① 赵明：《系统科学视域下的科技创新主体复杂性研究》，哈尔滨理工大学硕士学位论文，2014。

② 冯梦黎：《中国经济高质量发展与创新系统研究》，西南财经大学硕士学位论文，2018。

③ 黄鲁成：《区域技术创新生态系统的调节机制》，《系统辩证学学报》2004 年第 2 期，第 68~71 页。

④ 张豪、张向前：《我国科技类协会促进经济发展的价值分析》，《中国软科学》2015 年第 6 期，第 35~44 页。

若以法律界定作为科技创新主体参与科普事业、开展科普活动的外部规定性，那么科技创新主体至少在以下层面存在开展科普工作的必要性。

第一，科技创新主体的内在属性规定了知识的新颖性与前沿性。科学普及的内容需要与时俱进，前沿知识与先进技术作为最新的科普内容，要求科技创新主体及时对新近的科技资源进行适时的科普化传播。

第二，科技创新主体集聚了社会大量优质的科技资源。科技资源作为国家发展和社会进步的高端、稀缺资源，聚集在少数主体之上，这就规定了少数主体需要实现科技资源的普惠性与均衡性。因此，科技资源的稀缺与聚敛从社会责任层面要求科技创新主体开展科普工作。

第三，科技创新与科学普及之间存在互动关系。习近平总书记提出科技创新与科学普及是实现创新发展的“两翼”，其理论基础植根于马克思和恩格斯所确立的辩证唯物主义及唯物辩证法。[①] 在辩证唯物主义指导下，科技创新所产生的科技知识为科普知识的产生奠定了坚实的根基，科学技术的发展与创新催生了在全社会进行科学普及和公众理解科学的广泛需求，带动了全民科学素质的提高。反观之，全民科学素质的提高和公众广泛参与科普，无疑会进一步推动创新驱动发展战略和国家综合实力提升。[②]

以高等院校为例，在外部规定性层面，不论是国际还是国内，均认为高等院校应当开展科普工作。在国外，科学普及作为高校的基本任务已形成共识，如英国皇家学会《公众理解科学》报告指出：“科学进步日新月异，中小学的教育连同大学教育已经不能满足人们的终身需要。”[③] 而在实际的科学教育机制建设上，自20世纪七八十年代开始，瑞典、比利时等欧洲国家已把科学普及列为大学在教学、科研之外的第三任务，奥地利通过“大学，

---

① 王挺：《“两翼理论”的思想源起和内涵认识》，《科普研究》2022年第1期，第5~12、100页。

② 王挺：《“两翼理论”的思想源起和内涵认识》，《科普研究》2022年第1期，第5~12、100页。

③ 〔英〕英国皇家学会：《公众理解科学》，唐英英译，北京理工大学出版社，2004，第63~64页。

远离象牙塔”的口号，强调科学普及是大学的重要任务。[①] 在国内，除了《科普法》对高校科普工作的规定之外，《中华人民共和国高等教育法》（1998 年 8 月 29 日第九届全国人民代表大会常务委员会第四次会议通过）也把“发展科学技术文化”列为高等教育的任务，从法律层面明确了高等院校开展科普工作的责任与使命。在实际操作资源层面，高校具备科技智力储备、科技人才后备人群、科普基础设施等集成优势[②]，高校科普工作已经成为大学通识教育的重要组成部分，成为提高大学生综合素质以及培养创新性人才的重要途径。[③] 在内在规定性层面，高等院校集中了大量的科技人员以及富有学术创新能力的青年科技人才，高校发表高水平科技论文、申请专利的数量呈现明显的递增趋势，知识的前沿性以及人才与知识储备的大量集中，都要求高校响应时代号召、履行本体使命投身于以社会化服务为宗旨的科普事业。

由于组织一般是为了实现一定的行动目标而成立的，或在成立后被指派某种组织目标，因此组织主体的科普知识生产活动具有明显的计划性与目的性，组织主体或主动、或被动地将科普活动视为其组织任务的一部分，也因此其科普知识的生产活动有一定的计划行为特征。例如在当前的科普实践当中，国家级学会通常下设专门的科普职能部门，部分高等院校与高新技术企业则在组织机构中建立了学校科协与企业科协，在常态化科普活动的开展过程当中，一般有目的地进行科普知识的生产，惯常方式有：科技人员将科技资源科普化、科普专职人员将科技资源科普化、学生主体参与科普内容创作和科普知识创造等。

（2）个人主体

个人主体一般散落在异质性的组织主体中，进行无组织化、非建制化的

---

① 〔奥〕乌里克·费尔特等：《优化公众理解科学——欧洲科普纵览》，本书编译委员会译，上海科学普及出版社，2006，第 288~290 页。

② 陈登航、汤书昆、郑斌、齐培潇：《整合 ECM 与 D&M 模型的科普活动持续参与意愿研究——以高校学生为受众的视角》，《科普研究》2021 年第 6 期，第 97~105、117 页。

③ 郎杰斌、杨晶晶、何姗：《对高校开展科普工作的思考》，《大学图书馆学报》2014 年第 3 期，第 60~63 页。

科学知识生产。个人主体与组织主体的明显区别在于以下几个方面：首先是计划性与持续性的欠缺，个人主体一般出于对科学普及的兴趣或热爱而从事科普知识生产，例如若干科学家、非科普职能部门的科技人员，一般利用工作之余的闲暇时间进行自发的科普文字、图片、音视频创作等。在自媒体时代，除少数具有营利诉求、进行持续的科普知识生产之外，通常情况下个人主体的科普创作没有明显的规划，科普创作的频率受到来自实际工作量与工作节奏的影响。因此科普产出的数量与周期性较为不稳定。其次是个体与组织之间协同性的缺乏，由于个人主体不面临来自上级单位或所属部门对于科普的工作职责或绩效考核要求，组织也较少将个体的科普活动纳入工作量认定，因此个人主体与组织主体之间在目标达成上存在偏差。按照常态机制的研判，科普创作一般被视为个人的自发行为，若有一定成效则有可能受到上一层级组织的认可或表彰，倘若产出成果一般，且影响到日常工作，则有可能受到组织的批评与排斥。

（3）组织与个人的统合体

组织与个人的统合体一般出现在市场化的科普创作之中，它的出现受到多元因素的影响与刺激。首先，随着教育发展水平的不断提高，社会上涌现了大量具有专业素养的公民可以作为或已经实际成为科普知识的生产者，这些生产者一般散落在社会各处，等待被有组织地协调与调配。其次，商业性的科普企业在周期性、高频次的科普知识生产中会逐渐乏力，急需大量具备知识储备的个体作为科普知识生产的后备军。最后，信息技术的发展与新媒体环境的迭代，为组织主体与个人主体合作进行知识的生产与传播创造了可能。

根据主体承担功能的差异，组织与个人的统合体分为两类。第一类中，组织主体与个人主体均介入实际科普知识的生产过程，形成了专业内容生产（Occupationally Generated Content）与用户内容生产（User Generated Content）的协作，在一定程度上实现优势互补。第二类中，由组织主体提供传播平台，由个人主体进行内容生产。组织主体的主要功能集中在商业机制的构建，将分散的个人主体资源有效利用起来，并以平台自身为传播主体信度保证。在当前的中国科普实践中，以“知乎”“丁香医生”App为代表。前者聚集了大量的个人作者（知乎称其为“答主”），并邀请视频答主参与科普视频创作，平台提供传播渠道并对科普视频内容与形式进行美化；后者签约了大量的医生作者，邀请其参与健康信息的内容生产与审核，形成了由团队与个人协作的生产合作机制。

3.3.2 分解者：科普服务与转化支撑

自然生态系统中，主要来自高能分子的元素通过食物链循环传送，最后由腐生生物（分解者）再循环分解成矿物质营养物，为植物（生产者）所吸收。[①] 科普社会化协同生态中的分解者有别于自然生态系统的分解者，首先，在科普社会化协同生态中，分解者的生态位置不在消费者后端，而处于生产者之后。其次，分解者不进行元素的传递，而是将大量的、分散的科普知识面向全社会进行输送。

科普社会化协同生态的分解者也包括组织主体与个人主体，涉及科协、高校、高企、科研院所、学会、政府、社会媒体组织、科普工作者以及其他组织与个人。

科普社会化协同生态中的分解者的角色功能，应当围绕为实际科普工作的进行与科普成效的产生提供一切服务展开，主要包括以下三个层面：一是科学技术知识的传播与普及，即科普实践；二是科普理论研究，为科普实践提供指导；三是科普实践服务支撑，涉及科普人才培养、科普工作管理、科普基础设施建设等。

对于分解者而言，首要功能是将大量的、分散的科学知识、科学方法、科学精神和科学思想等内容面向全社会进行传播。这是其核心的社会作用，也是科普社会化协同生态的共同目标。由前沿科学技术知识转化而来的科普知识，经由合适的传播者、以公众易于接受的方式进行传

---

① 〔美〕美国科学促进协会：《面向全体美国人的科学》，中国科学技术协会译，科学普及出版社，2001，第58页。

播与普及。

科学普及目标的实现引出了科普社会化协同生态中分解者的第二大功能，即为了科普知识的传播与普及而提供服务的一切事项，从而完成对实际科普工作进行“分解”、细化与实操化，主要包括科普工作管理、科普人才培养、科普组织建设、科普场所建设、科普渠道搭建、科普方式优化与推广。随着国家科普工作的总体推进，以及国家对各社会单位科普服务的硬性规定与软性要求，社会中多元主体均可以承担部分的科普服务工作并融入科普社会化体系之中，实现一部分的科普服务职能，众多分解者中角色较为突出的当属中国科协。1958 年 9 月，“中华全国科学技术普及协会”和“中华全国自然科学专门学会联合会”合并为全国性的、统一的科学技术团体——“中华人民共和国科学技术协会”。从此，以政府单位组织体系为主、群团组织体系为辅的科普社会化协同格局开始向群团组织为主、政府单位为辅的新协同模式转变。中国科协正式成为推动我国科普事业发展的主力军，由于中国科协承担一部分的政府职能，因此它的成立也奠定了政府推动并以中国科协为主体的中国科普实践基调。①②

在中国的科普实践中，中国科协承担了大量的科普规划制定发布、科普工作实施与事业管理工作。例如在实际科普工作中，需要大量的科普基础设施与科普技术手段作为支撑。其中富有中国特色的是我国科技馆体系的建设，科技馆作为以展览教育为主、以参与互动为辅进行科学知识普及以及科学思想、科学方法和科学精神传播的实体场馆，承担了重要的科普功能。科技馆既作为传播科学知识、科学历史的实体场馆，又涉及了科普展教品、科普影院、科普课程、科普讲座、科普报告等多元科普方式，因此又作为科普手段集合的主要场所。我国科技馆事业起步于 20 世纪 80 年代，时至今日，为了提高公众的科学素质，提升科普效

① 刘新芳：《当代中国科普史研究》，中国科学技术大学博士学位论文，2010。

② 王洪鹏、赵洋、余恒、齐琪：《新中国成立至“文革”结束我国天文科普图书出版回顾》，《科普研究》2018 年第 6 期，第 99~107、114 页。

果，我国有937所科技馆实行免费开放[①]，由国家财政对科技馆运营管理提供经费支持。

以科技馆为代表的科普基础设施建设，为科普信息的传播提供了坚实的物理基础，以中国科协为主、社会力量多方介入的科普社会化协同生态分解者参与了量大、面广的科普基础设施建设工作。根据《中国科普基础设施发展状况评估报告（2009）》[②]与《中国科普基础设施发展状况评估报告（2010）》的分类方式，我国科普基础设施主要涵盖四大类。

——科技类博物馆，主要指以面向社会公众开展科普教育为主要功能，主要展示自然科学和工程技术科学以及农业科学、医药科学等内容的博物馆，包括科学中心（科技馆）、自然类博物馆（自然博物馆、天文馆、地质博物馆等）、工程技术（专业）科技博物馆等。

——基层科普设施，主要指在我国县（市、区）及乡镇（街道）和村（社区）等范围内进行科普展示、开展科普活动的科普场馆（所）和设施，包括科普活动站（活动中心或活动室）、社区科普学校、科普园区、科普宣传栏（科普画廊）、科普大篷车等。

——科普传媒设施，主要指运用现代传媒技术，以媒体为平台向公众开展科普教育与宣传活动的报刊、电视台（电台）栏目、网站等，可以分为传统科普媒体和新兴科普媒体两大类。传统科普媒体包括科普期刊、科普（技）类报纸等平面媒体和电视台科普（技）栏目、电台科普（技）栏目等；新兴科普媒体主要指以个人数码产品（电脑、手机）为传播终端的科普网站、移动电视平台、移动通信平台等。

——其他科普设施，主要指依托教学、科研、生产和服务等机构，面向社会和公众开放，具有特定科学技术教育、传播与普及功能的场馆、设施或场所，包括科普教育基地。

---

① 中国科学技术协会：《中国科协2021年度事业发展统计公报》，https：//www.cast.org.cn/art/2022/8/22/art_ 97_ 195364.html，最后检索时间：2022年12月2日。

② 李朝晖、郑念、李钢：《中国科普基础设施发展状况评估报告（2009）》，载任福君主编《中国科普基础设施发展报告（2009）》，社会科学文献出版社，2010，第5页。

科普基础设施作为一种基础性的科普资源，为科普活动的开展提供了重要的支撑和保障。在科普社会化协同生态之中，科普基础设施作为国家公共服务体系的重要部分，其发展状况在相当程度上反映了国家科普能力建设的情况①，表征着科普社会化协同生态的科普能力。

在我国科技馆体系的建设过程之中，涌现了一批提供科普中介服务的科普产业，这些科普企业为科普分解者的作用发挥提供了强有力的社会力量，实现了科普服务在市场维度的发展。企业的科普中介服务主要涉及三个方面。一是实体科技馆的建设运营，包括场馆设计建设、展品研发、展品维护、场馆数字化与一体化运营、流动科技馆、科普大篷车等实体教育基地、实体教具的开发维护运营。二是以 STEM 为主的科学教育服务，当前，科学教育行业已意识到中小学生科技教育的市场风口，各类科学实验课程、科学体验课程层出不穷。三是数字科技馆建设与数字展品开发，“十三五”期间，我国数字科技馆资源量和影响力显著提升，线上服务能力大幅提升。以中国科学技术馆网站为代表的数字科技馆总量达 15.8 TB，日均页面浏览量（PV）363 万次。以内容建设为中心的数字资源库、交互型学习体验中心、虚拟现实项目共建共享平台等为科技馆体系的建设提供了有效的技术和资源支撑。②

科学普及工作的外部支撑有助于科普社会化协同生态的稳定运转与循环，其中较为典型的支持系统就包括科普人才的培养，科普人才的培养与科普队伍的建设同样是分解者的重要角色功能。科普人才作为从事科普知识传播的实际工作者，常常活跃在各类以科技馆为代表的科普基础设施实体场所以及网络传播平台中。科普人才作为科普知识的传播主体，对于科普实践与科普社会化协同生态的发展具有至关重要的作用。2021 年 9 月，习近平总书记在中央人才工作会议上发表重要讲话时指出：

---

① 李朝晖：《新中国科普基础设施发展历程与未来展望》，《科普研究》2019 年第 5 期，第 34~41、109 页。

② 赵洋、马宇罡、苑楠、莫小丹、刘玉花：《中国特色现代科技馆体系建设：回顾与展望》，《科普研究》2021 年第 4 期，第 80~86、111 页。

“综合国力竞争说到底是人才竞争。人才是衡量一个国家综合国力的重要指标。国家发展靠人才，民族振兴靠人才。我们必须增强忧患意识，更加重视人才自主培养，加快建立人才资源竞争优势。”[①] 作为具备一定科学素质和科普专业技能、从事科普实践并进行创造性劳动、做出积极贡献的劳动者[②]，科普人才的培养与科普队伍的建设在新的历史时期，对于我国科普能力提升、科普事业发展以及实施新一轮全民科学素质提升行动具有重要支撑意义。

在既往的科普人才培养实践中，我国主要以两种模式建设科普人才队伍。

一是学历教育模式，2012 年 8 月，教育部办公厅、中国科协办公厅联合印发了《推进培养高层次科普专门人才试点工作方案》，拟定在清华大学、北京航空航天大学、北京师范大学、华东师范大学、浙江大学、华中科技大学 6 所高校开展高层次科普人才培养试点，并纳入在职研究生和全日制硕士研究生的招生计划，同时拟定中国科技馆、上海科技馆、山东科技馆、浙江科技馆、湖北科技馆、武汉科技馆和广东科学中心 7 家科技场馆作为试点场馆[③]，配合科普人才培养的实践探索。该模式主要通过系统性的理论知识学习与实践进行思维与能力训练，形成了以学历教育为主的培养模式。

二是非学历教育模式，主要以多层次、多形式的短期培训、合作交流等方式进行相关知识更新、补充、拓展和提高。[④] 该模式主要以工作、任务为导向，并作为当前中国科普人才培养实践的主流方式，对于科普人才队伍建设具有重要作用。

---

① 新华社：《习近平出席中央人才工作会议并发表重要讲话》，http：//www.gov.cn/xinwen/2021-09/28/content_ 5639868.htm？jump=true，最后检索时间：2022 年 5 月 16 日。

② 任福君、张义忠：《科普人才的内涵亟须界定》，《学习时报》2011 年 7 月 15 日。

③ 全民科学素质纲要实施工作办公室、中国科普研究所：《2013 全民科学素质行动计划纲要年报：中国科普报告》，科学普及出版社，2014，第 165~167 页。

④ 袁梦飞、周建中：《关于新时代科普人才队伍建设的研究与思考》，《科普研究》2021 年第 6 期，第 18~24、112~113 页。

分解者在科普社会化协同生态中的定位，决定了其需要为实际科普工作提供形而下的服务与支撑，在形而上层面，实际科普工作的开展、管理、规划需要以科普理论研究作为指引与支持。

有学者将英国科学家贝尔纳（J. D. Bernal，1901～1971）视为公众理解科学的理论奠基人，并指出科普理念产生于19世纪初至二战前夕科学的系统化与建制化发展，传统科普组织进行科学传播的自发性、科普内容实用主义的狭隘性、科普方式的机械性，引发了贝尔纳“创新科普理念，建立新科普形式”的呼吁。[①] 从这一视角考量，可以认为科普理论实际上产生于早期科普实践对于科普理念与形式的急迫需要。

在科普实践过程中，绕不开的代表性人物是美国学者J. D. 米勒。基于健康的社会民主制度需要大量有科学素养的公民的基本认识，1979年，米勒在美国发起了一系列全国性调查，尝试着对美国具有科学素养的公众建立一种经验性评估，由此提出公民科学素养概念框架与公民科学素养测评指标体系的三维指标雏形。[②] 并基于公民科学素养概念和指标模型，创立了系统的测量方法，大大促进了国际社会科普的理论研究与公民科学素养的实际测量。

科普理论研究产生于科普实践，又作用于科普实践，促进了科普实践的进一步发展。科普社会化协同是中国一线科普实践工作者的经验总结提炼，科普社会化协同生态是对于科普实践的理论化探索与建构。在这一生态构建之中，科普理论作为科普工作基础与科普实践指南，涉及科普基本原理、科普创作原理、公民科学素质、与科普相关的伦理问题的识别与研究甚至科技体制问题等众多研究主题，这对科普社会化协同生态的长效运行与模式转变具有重要意义。

---

① 刘霁堂：《贝尔纳与西方公众理解科学运动》，《自然辩证法研究》2006年第5期，第31～35页。

② Miller, Jon D.,"Toward a scientific understanding of the public understanding of science and technology," *Public Understanding of Science*, 1 (1992): 23.

3.3.3　消费者：科学知识吸收与社群交互

科普社会化协同生态的消费者一般指向科学知识的吸收，即科学知识传递的末端。

广义上的科普消费者应当包括区域内的所有公民，从科普社会化协同生态的最终目标来看，人的全面发展涵盖所有具备基本权利的合法公民，从权利关系来看，所有公民均有平等地接受国家科普体系建设下科普服务的权利。

此外，科普信息的生产者与传播者在某种程度上也可以被视为消费者。在职业划分越加精细化与越来越强调专业化的背景下，从事科学普及者需要掌握科普的理论知识、科普对象的群体特征、科普信息化的呈现技能以及关键的科普对象化技能，故此，科普社会化协同生态中尽管存在异质性的行动者，但在不同条件下，各行动者的社会功能存在重叠，各行动者的生态似乎也可以互换。

科普事业、科普产业的发展与公民科学素质的提升是一个社会发展的历史进程，因此在不同历史时期中，狭义上的科普消费者有一定差异（见表3-1）。在“十一五”期间，国务院发布的《科学素质计划纲要》中，将未成年人、农民、城镇劳动人口、领导干部和公务员列为科普重点人群，作为当时特定历史时期的科普消费者主体。

表3-1　不同历史时期我国科普主要行动与重点人群

<table>
<tr><th>文件</th><th>实施时期</th><th>主要行动与重点人群</th><th>覆盖对象/重点对象</th></tr>
<tr><td rowspan="4">《全民科学素质行动计划纲要（2006—2010—2020年）》[①]</td><td rowspan="4">2006~2020年</td><td>未成年人科学素质行动</td><td>未成年人，农村未成年人</td></tr>
<tr><td>农民科学素质行动</td><td>农村富余劳动力，农村妇女，西部欠发达地区、民族地区、贫困地区、革命老区农民</td></tr>
<tr><td>城镇劳动人口科学素质行动</td><td>城镇职工，失业人员，农民工，企事业单位从业人员</td></tr>
<tr><td>领导干部和公务员科学素质行动</td><td>公务员和事业单位、国有企业负责人，各级行政院校和干部学院学员</td></tr>
</table>

续表

文件	实施时期	主要行动与重点人群	覆盖对象/重点对象
《全民科学素质行动规划纲要（2021—2035年）》②	2021~2035年	青少年科学素质提升行动	青少年，农村中小学生，大学生
		农民科学素质提升行动	农民，农村创业创新带头人，农村妇女，农村电商技能人才，小农户，革命老区、民族地区、边疆地区、脱贫地区农民
		产业工人科学素质提升行动	女性工人，农民工，进城务工人员，快递员，网约工，互联网营销师
		老年人科学素质提升行动	老年人，老科技工作者
		领导干部和公务员科学素质提升行动	基层领导干部和公务员，革命老区、民族地区、边疆地区、脱贫地区干部

注：①国务院：《国务院关于印发〈全民科学素质行动计划纲要（2006—2010—2020年）〉的通知》，http://www.gov.cn/gongbao/content/2006/content_244978.htm，最后检索时间：2022年5月15日。②国务院：《国务院关于印发〈全民科学素质行动规划纲要（2021—2035年）〉的通知》，http://www.gov.cn/zhengce/content/2021-06/25/content_5620813.htm，最后检索时间：2022年5月15日。

资料来源：由不同时期的全民科学素质纲要整理而成。

当前和今后一段时期，我国发展仍然处于重要战略机遇期，面向世界科技强国和中国式现代化强国建设，需要科学素质建设承担更加重要的使命：培育一大批具备科学家潜质的青少年群体，为加快建设科技强国夯实人才基础；提高农民文明生活、科学生产、科学经营能力，造就一支适应农业农村现代化发展要求的高素质农民队伍，加快推进乡村全面振兴；提高产业工人职业技能和创新能力，打造一支有理想守信念、懂技术会创新、敢担当讲奉献的高素质产业工人队伍，更好服务制造强国、质量强国和现代化经济体系建设；提高老年人适应社会发展能力，增强获得感、幸福感、安全感，实现老有所乐、老有所学、老有所为；进一步强化领导干部和公务员对科教兴国、创新驱动发展等战略的认识，提高科学决策能力，树立科学执政理念，增强推进国家治理体系和治理能力现代化的本领，更好服务党和国家事业发展。在“十四五”期间，我国将青少年、农民、产业工人、老年人、领导干部和公务员作为当前和未来一段时期的重点科普人群。

科普消费者作为一段历史时期内的社会产物，既服务于不同的社会发展目标，也是服务型政府在不同社会发展阶段下的重点科普服务对象。其客体属性依据社会发展阶段的不同既有所不同又有不变之处。

从我国科普人群界定的历时性来考察，青少年作为国家科技人才的后备军，始终是不同历史阶段的重点人群。从政府层面来看，公务员科学素质的提高、学习型政府组织的建设、学习型公务员团队的建设、以现代科技为基础的电子政务的发展、政府决策的科学化等都使得政府对科普产品、科普服务产生了全方位、多层次、宽领域的需求。[①] 农民作为关乎国民粮食生产与粮食安全的保障力量，在以"农业大国"著称的中国也一直作为重点科普对象，尤其是在外部环境存在结构性变化与潜在变化可能的条件下，例如以新型冠状病毒肺炎为代表的全球性突发公共卫生事件以及以"俄乌冲突"为典型的非和平状态，保障农业生产与促进农业增产的意义尤为显著。因此青少年、领导干部与公务员、农民在多个历史时期都被视为重点科普对象，并有可能在很长一段时间的社会发展进程中，占据科普对象的主要地位。

在不同历史时期的科普重点人群划分中，我国的关键科普对象常常另有侧重。在不同时期的农村科学素质行动计划中，农村妇女与西部欠发达地区、民族地区、贫困地区、革命老区农民均作为特殊科普对象，体现了我国公平、普惠的科普理念。与此同时，随着经济社会的发展，农村多类新型经营主体、具有一定农业创新创业经历与能力的人才也随之纳入关键科普消费者网络。

尽管科普消费者一般被作为科普的客体，但其消费者的特殊地位，仍为其赋予了科普社会化协同生态中的特殊职能。首先，消费者在一定条件下可以向知识生产者转化，尤其是在地方性特征较为突出的语境之中，例如在广大的农村地区，科技特派员、专家等群体对地方农业产业的熟悉程度，需要

---

① 任福君、任伟宏、张义忠：《促进科普产业发展的政策体系研究》，《科普研究》2013 年第 1 期，第 5~12 页。

地方农民对其进行“科普”。其次，消费者作为终端存在，可以为生产者和分解者提供信息收集的反馈，在协同互动的关系之下，不断促进科普效果的提升。

不同消费者可以基于现实环境因素，自发形成基于地理、工作、兴趣等不同社群。在媒介技术之于普通民众不断赋权的信息革命下，消费者突破了传统纯粹被动、原子化、分散的群体属性，技术的发展使得具有一定社会关系的消费者集结为消费者群体或消费者社群。交互社群的产生进一步改变了消费者的受众地位与消费者的群体特征，消费者之间信息的多级传播与信息确认成为可能，消费者群体画像的研究为科普提供了便利与支撑。

3.3.4 多元角色的交叠

与自然生态系统不同的是，科普社会化协同生态中的不同主体，既可以实现角色之间的相互转换，也可以形成角色之间的交叠。一方面，生产者、分解者与消费者之间不存在绝对的界限区隔，在合适的条件下，他们之间的角色可以完成互换，例如生产科普知识的科技工作者可以在适当平台发表科普创作内容，转变为传播者主体；承担科普服务功能的主体，可以在实践中积累科普工作经验，并向生产者“科普”如何进行科普，完成角色转换。此外，任一生产者与分解者在总体社会背景下，都可以转变为科普消费者，成为科普服务的对象。另一方面，一个主体往往兼具两种甚至三种角色属性，例如中国科协的领导干部往往由自然科学家担任，作为科普讲座主讲人的他们承担着生产者的功能，从事科普管理工作的他们承担着分解者的角色，作为领导干部他们又成为科普社会化协同生态的科普消费者。

科普社会化协同生态中的多元角色的流动与交叠，在横向维度是由不同群体的多重社会身份决定的，职业变动与岗位职能的变化、岗位要求的变化导致了其生态位置的变化。在纵向维度是由个体的社会化过程所决定的，个体在社会化过程中，不同年龄赋予了其不同的身份特征与角色属性。总体而言，在科普社会化协同生态中，个体或群体的角色流动需要在一定的历史时期与社会背景下实现。

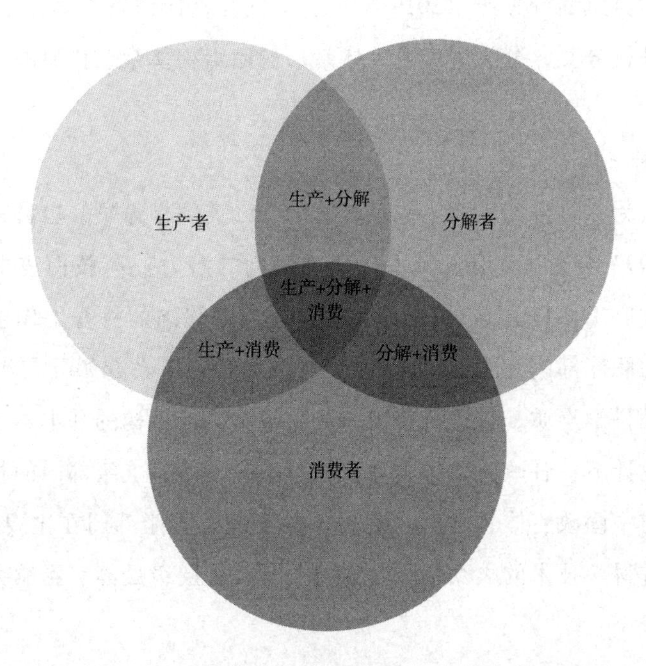

图 3-1　科普社会化协同生态角色的多元交叠

3.4　科普主体的协同网络刻画

3.4.1　基于科普工作主体内部的组织协同网络

不同科普工作主体的网络协同关系体现的是科普社会化协同生态中差异化主体内部的组织协同性。

《科普法》规定，国家机关、武装力量、人民团体、企事业单位、农村基层组织及其他组织都在各自职能范围内开展科普工作。具体到实际的科普工作中，哪些单位开展了哪些科普工作，在统计的完备性上存在很大的困难，而科普统计作为全国性的调查，能有效监测国家科普工作质量，反映现阶段科普工作现状，具有非常好的代表性与公信力。因此，本书对科普工作的多元主体界定划分参照《2019 年度全国科普统计调查方案》[①]，按层级与归属单位进行分类，分为国家机关体系、群团组织体系、科研院所体系与社会化体系。

（1）国家机关体系

一般认为，科普的主要主体是政府部门，英国是最早开启科普活动的国家之一，1993 年英国政府发布了《实现我们的潜力》科技白皮书，首次将科普纳入政府工作任务。[②] 国内学者普遍认为，我国的科普工作主体，是以政府主导的职能部门为主要组成单元[③]，并对科普活动起领导与组织作用。[④] 当提高公民科学素质、推进科普工作成为最高决策机构的基本共识，在科层制的制度设计下，各政府单位无疑会积极响应、落实上级部门的相关精神与指示。当前中国政府体系之中，各式各样的政府职能部门在主要工作之余，都积极推进科学技术的大众化，国家机关是其中层级最高、影响力最大的一支重要力量。

我国自 1996 年成立全国科普工作联席会议制度以来，调动了一些国家机关的力量参与科普工作，结合科普工作联席会议制度与《2020 年度全国科普统计调查方案》发现，现阶段以国家机关为代表的政府科普主体已经构建了“中央—省级—市级—县级”四级科普网络，形成了严密、完整的组织体系（见表 3-2）。

国家机关体系开展的科普工作至少有三点优势。首先，国家机关作为国家与党的组织机构，以国家机关为主体开展的科普工作以高度的政府公信力为背书，政府公信力移植为科普主体的传播者信度，对科普效果的产生与提升有直接的促进作用。其次，国家机关的意识形态传播与科学普及在本质上存在一致性，因此其开展科普工作有其便利条件。最后，国家机关的组织程

① 中华人民共和国科学技术部：《中国科普统计 2020 年版》，科学技术文献出版社，2020，第 123～124 页。

② 王雪：《当代中国社区科普问题及政策研究》，东北师范大学硕士学位论文，2020。

③ 金太元：《创建科协特色科技服务体系》，《科技导报》2015 年第 3 期，第 13～18 页。

④ 刘霁堂：《科学家职业演变与科普责任》，《自然辩证法研究》2004 年第 8 期，第 43～47 页。

度高、体系性强、目标协同性高，其开展科普工作具有组织性强、规模大、范围广的引领动员特征。

表 3-2　科普统计中国家机关单位

中央宣传部（含国家新闻出版署）	生态环境部	自然资源部（含林草局）
发展改革委	住房城乡建设部	国资委
教育部	交通运输部（含民航局、铁路局、邮政局）	市场监管总局（含药监局、知识产权局）
科技部	水利部	国家广播电视总局
国家民委	农业农村部	体育总局
工业和信息化部	文化和旅游部	气象局
公安部	卫生健康委	国防科工局
民政部	应急部（含地震局、煤矿安监局）	共青团中央
人力资源和社会保障部	人民银行	—

在实际的科普工作中，国家机关体系并非专业的科普职能机构，科普工作并不在其主要的职能范畴之内，导致在实际操作中科普工作易被边缘化。此外，由于不同国家机关在工作性质上的差异，其开展科普工作的条件与成效也千差万别。不同单位由于职能范围的差异，因此其在科普内容与方式上不同，例如气象、水利、体育、生态环境相关部门通常着力于传播与其职能范畴相关的科学技术知识，开展相关领域的科普活动。

（2）群团组织体系

群团组织包括人民团体和群众团体，作为党和政府联系广大群众的桥梁和纽带，群团组织的本质规定了其科普职能。中共中央组部、人事部 2006 年联合印发的《工会、共青团、妇联等人民团体和群众团体机关参照〈中华人民共和国公务员法〉管理的意见》中，详细明确了中央层面的人民团体和群众团体名单，包括中华全国总工会、中国共产主义青年团中央委员会、中华全国妇女联合会、中国文学艺术界联合会等 21 家单位。根据《2019 年度全国科普统计调查方案》，21 家单位中承担科普职能的群团组织有：中国共产主义青年团中央委员会（简称“共青团中央”）、中华全国总工会（简称“全国总工会”）、中华全国妇女联合会（简称“全国妇联”）与中国科协。

上述群团组织中，不同群团组织均在全国范围内建立了完善的组织体系，构建了良好的科普工作主体协同关系。由于中国科协作为法定层面的科普工作的主要社会力量，在我国科普事业发展、公民科学素质提升上发挥了至关重要的作用。因此，仅就中国科协的组织内部协同性进行详细阐述。

广义上的中国科协组织建设包括思想建设、组织建设、作风建设、制度建设与文化建设，组织建设作为与其他基本方面相对的狭义概念，在纵向维度涉及全国科协及其所属学会组织建设、地方科协（包括省、市、县科协）及其所属学会组织建设、基层科协组织建设，在工作内容维度包括组织设置与组织指导。[①] 也因此，中国科协体系之中，产生了两大子体系，分别为科协及其所属学会子体系与基层科协子体系。

科协及其所属学会子体系。当前中国科协建立了完备的组织建设体系，形成了以“中国科协—省级科协组织（省科协、自治区科协、直辖市科协）—市级科协组织（地市级科协、地区科协、自治州科协、盟科协）—县级科协组织（县科协、自治县科协、旗科协、县级市科协、市辖区科协）”为体系的系统性组织架构，对于科普规划、政策的执行、落地提供了强力支撑。《中国科学技术协会章程》中对学会的性质进行了界定：全国学会是按自然科学、技术科学、工程技术及其相关学科组建或以促进科学技术发展和普及为宗旨的学术性、科普性社会团体。[②] 这规定了全国学会学术与科普共同驱动的内在本质。全国学会构成了以“国家级学会—省级学会—市级学会—县级学会”为基本架构的组织框架，全国学会、地方学会属于同级科协的团体会员，并接受同级科协的领导。中国科协公布的最新统

① 李森：《中国科协组织建设》，科学出版社，2015，第4~6页。

② 李森：《中国科协组织建设》，科学出版社，2015，第289页。

计公报显示，截至2020年底，中国科协所属全国学会有209个，省级科协所属省级学会有3599个，各级科协所属学会共计23123个。[①] 在学会的机构设置上，尽管划分各异，但总体而言，学会秘书处一般均设有专门的科普职能部门，工作职责如下。①制定学会科学普及工作规划，指导专科分会和地方学会开展科普工作。②承接政府委托科普任务。③联系社会各界，组织广大会员，开展各类科普公益活动。④负责科普项目的组织实施及协调管理。⑤实施科普创作，编辑出版科普作品。部分学会在专业委员会与工作委员会中，还设有与科普相关的专业委员会与工作委员会，由于不同学会在机构设置上存在较大差异，此处不予赘述。

基层科协子体系。《中国共产党章程》明确规定："企业、农村、机关、学校、科研院所、街道社区、社会组织、人民解放军连队和其他基层单位，凡是有正式党员三人以上的，都应当成立党的基层组织。"党的基层组织是中国共产党设立在基层单位的一种基层组织，科协基层组织是中国科协设立在基层单位的一种基层组织，在类型上涉及四大类。[②] 因此，基层科协组织体系也内含四大子体系：一是农村科协体系，包括乡镇科协（科普协会）、村科协小组（科普小组），乡镇、行政村、村民小组等专业技术协会。二是城市社区科协体系，包括街道科协（科普协会）、社区科协小组（科普小组）。三是企业科协体系，企业科协是由各级科协批复并由企业成立的科协基层组织，包括国有企业科协、非公有制企业科协；单个独立法人企业科协、由若干独立法人企业构成的企业集团科协。四是高等院校科协体系，高校科协是由各级科协批复并由高等院校成立的科协基层组织，包括国民教育高等院校科协、民办高等院校科协；普通高等院校科协、高等职业技术学院科协；高等院校科协所属的老教师科协、教师科协、研究生科协、大学生科协等。尽管层级、组成与形态各异，但基层科协组织的主要社会职能一般都聚焦在科学普及上，少数企业科协、高校科协还兼有学术交流、决策咨询等

① 中国科学技术协会：《中国科协2020年度事业发展统计公报》，https://www.cast.org.cn/art/2021/4/30/art_97_154637.html，最后检索时间：2022年5月28日。

② 李森：《中国科协组织建设》，科学出版社，2015，第383~384页。

工作任务。

据中国科协官网的数据统计，截至 2021 年底，全国有科协基层组织 119423 个。其中，企业科协 25692 个，高校科协 1607 个，乡镇（街道）科协 28750 个，村（社区）科协 40710 个，农技科协 22664 个。[①] 这些基层科协组织承担了量大且面广的科普服务，为青少年、农民、老年人、产业工人等多元科普对象的科学素养提升做出了重要贡献。

科协组织设置与组织指导。在机构设置上，中国科协设有科学技术普及部，科学技术普及部最初的设立承担着推动《科学素质计划纲要》的历史使命，并承担各类科普对象的科学素质提升行动，承担科普基础设施、科普信息化建设等工作，并组织实施相关科普政策与规划，协调、推动相关事业单位、全国学会落实完成科普工作任务。

（3）科研院所体系

《科普法》第 15 条规定：科学研究和技术开发机构、高等院校、自然科学和社会科学类社会团体，应当组织和支持科学技术工作者和教师开展科普活动，鼓励其结合本职工作进行科普宣传。对科学技术研究机构的科普责任进行了明确规定。科研院所在狭义层面一般指国务院部委、直属机构所属从事科学研究工作的各类科研院所，即由国务院各部门、直属机构创办，由中央编制部门批复成立，主要从事基础和前沿技术研究、公益研究、应用研究和技术开发的事业单位。广义层面的科研院所还包括转制科研院所、国家重点实验室、企业国家重点实验室和国家工程技术研究中心等。

尽管《科普法》在总体层面明确了自然科学与社会科学社会团体的科普责任，但在实际中，科技部仅对中国科学院和中国社会科学院的相关组织进行科普统计。基于《科普法》中对科普内容偏向自然科学普及的认定，结合科技部年度的科普统计范围，以下就中国科学院的科普组织协同关系进行阐述。

---

① 中国科学技术协会：《中国科协 2021 年度事业发展统计公报》，https：//www. cast. org. cn/art/2022/8/22/art_ 97_ 195364. html，最后检索时间：2022 年 12 月 26 日。

作为国家最高层级的自然科学研究机构，中国科学院在全国设有11个分院，124个科研院所。在战略高度上，中国科学院和科技部联合发布的《关于加强中国科学院科普工作的若干意见》中提及，未来中国科学院要建设科普工作国家队，引领我国科普工作发展，因此其各分院与科研单位均对科普工作相当重视。在院内机关设置上，2014年，中国科学院设立科学传播局，这是全国部委级组织第一个设立的司局级科学传播与科普专门化的主管部门，负责制定中国科学院科学技术普及工作规划、政策并组织实施和推进。传播局下设中国科学院科学传播研究中心，从事科普理论研究并服务于中国科学院科学传播工作。在科普基础设施上，中国科学院的全国各科研院所基于自身学科研究领域，建立起了丰富、多样化的科普场馆体系，截至2022年5月，中国科学院各科研院所累计建立了32个院级科普场馆与教育基地。①

中国科学院在科普理论研究、科普基础设施、科普工作组织实施层面建立了相关实体单位，并服务于全院科普工作与科普服务，不同组织机构不仅在纵向上具有协同性，在横向上，多元组织的合作共进也具有协同关系。

需要说明的是，科技部每年进行的科普统计，仅针对中央和国家有关单位、省级、市级以及县级人民政府及其直属事业单位、社会团体的机构与组织，其背后体现的是以“政府”及其相关组织单位为科普主体的科普统计取向，而大量的非政府单元的科普组织如大众媒体、个人与其他组织未进入统计范畴。

基于某一科普工作主体而产生的协同关系通常具备以下两大特征。

一是组织性、同一性与线性协同。组织性是由某一职能单位本身的组织关系所决定的，组织目标的实现要求个体的共同参与与协作；同一性产生于某一主体自身属性之于科普工作产生的作用，其组织职能、归属以及对科普工作的认识、重视程度决定了某一主体所能发挥的科普成效；线性协同主要表现在同一主体的科普作用发挥，在组织体系内部的协同效应得到最大体

① 中国科学院官网，https：//www.cas.cn/kx/kp/，最后检索时间：2022年5月31日。

现，这是由其组织结构的等级制所规定的。

二是差异性与多样性。在科普内容方面，国家机关体系、群团组织体系与科研院所体系由于组织机构自身特征，对科普内容有一定的偏向。例如国家机关体系中水利部、农业农村部与卫生健康委在其科普工作中，分别倾向于水资源保护与用水健康、农业科普与健康传播等。在科普成效方面，不同科普内容所面向的人群也有差别，如农业科普一般面向基层农村地区，科普对象群体巨大且分布广泛。不同政府单位及相关组织的行政能力、单位从业或管理性质的差异，以及对科普工作重视程度的不同，各部门的科普能力建设水平之间也存在一定差别，加之科普内容、科普对象、科普渠道等方面，决定了不同组织科普成效的差异。

3.4.2 基于科普工作主体外部的组织协同网络

科普工作主体的线性协同体现的是基于政府主导背景下的科普社会化协同生态中的内外部协同。根据不同科普工作主体在科普实践中实现协同的方式，可以将现有的科普协同模式划分为无中介性质的直接协作模式与由第三方主导联结并开展合作的中介模式。

（1）直接协作模式

直接协作模式指的是某两个同质性主体或异质性主体，例如高校与企业或高校与高校之间建立起的科普协作关系。这种协同关系下，双方既可能处于较为平等的地位，在科普实际作用的发挥程度上没有明显的差异，也有可能由某一方主导关系的建立，并在实际科普成效中发挥主要作用，其主导者可能是企业、高校甚至学/协会，但不论此种关系是否存在“主从”地位、主导者是哪一方，其最大的特点在于关系的建立和协作的产生是去中介化的，由协作双方自发形成协作关系。

理论上而言，两个主体之间只要形成合意，便产生协作的可能性。当前中国的科普实践中，直接协作模式较为多见。以下以重庆科技馆馆校结合方案为非主导模式下的代表，以中国航空学会全国航空特色学校作为主导模式的代表进行简要介绍与分析。

案例1：直接协作模式下的重庆科技馆馆校结合方案

重庆科技馆是重庆市内唯一的省（直辖市）级科技馆，占地面积37亩，建筑面积4.83万平方米，布展面积2.99万平方米，于2009年9月9日建成开馆，2015年5月16日面向全社会实行免费开放。场馆整体设计以“生活·社会·创新”为展示主题，设有生活科技、防灾科技、交通科技、国防科技、宇航科技和基础科学6个主题展厅，儿童科学乐园和工业之光2个专题展厅。另设有临时展厅、青少年科学梦工场，以及IMAX巨幕影厅、4D动感影厅和XD互动影厅。

重庆科技馆具有代表性的科普社会化协同案例为馆校结合机制的建立。其基本做法主要如下。一是免费开放，强化自身资源供给与价值优势。科技馆免费开放资金为重庆科技馆的馆校结合工作提供了有力支撑，在这一支持下，重庆科技馆自主培养认证了一批科学教师，科学教师的培养过程不仅需要一定的资金支持，同时还占用馆内一定的基础岗位额度与人力成本。除此之外，重庆科技馆充分利用展厅展品资源，并结合学校学科体系自主编制了《重庆科技馆馆校结合综合实践活动指南》，用于指导馆校结合工作的开展。由于重庆科技馆在前期的资源打造与探索上强化了自身的品牌价值，因此广受重庆市家长与学校的欢迎。据不完全统计，2015~2019年，全市累计186所学校、24万人次学生参与馆校结合综合实践活动。二是馆校结合的标准化机制构建。在前期馆校结合工作的探索基础上，重庆科技馆形成了强力的科普资源供给，包括科普场馆、科普展教品与科普课程体系。为进一步推动馆校合作的体系化与标准化，重庆科技馆与各中小学签订《重庆科技馆馆校结合综合实践活动合作协议书》，并明确双方合作内容、形式、地点、目的与时间，例如以班级为单位、以课时的方式、以展品为依托组织学生开展探究式学习，将学校行课期间每周二至周五（节假日除外）作为馆校结合活动时间，以《重庆科技馆馆校结合综合实践活动指南》为基准，在重庆市科技馆内实现“做中学、玩中学与情景教学”，将馆校结合工作向体系化推进。

在重庆市科技馆馆校结合方案中，科技馆与中小学达成一致协议，双方明确了责任与义务。一方面，将科普资源向公众免费开放，不断扩大科技馆的服务覆盖面与提升服务质量是科技馆的使命所在。另一方面，以更为灵活、有趣的方式，让中小学生学习科技知识、享受科技成果是基础教育工作的育人职责。基于双方诉求的合理达成与合意形成，重庆科技馆馆校结合体现了直接协作模式下双方的平衡地位，以及与科普主体双方的有效协作。

案例 2：直接协作模式下的中国航空学会全国航空特色学校方案

中国航空学会成立于 1964 年 2 月，由武光、王俊奎等科学家发起成立。现有个人会员 11 万余名，专业分会 47 个，工作委员会 14 个，代表中国航空科技界加入国际航空科学理事会、国际喷气模型委员会等国际科技组织。①

中国航空学会在学校协作方面主要连接的是中小学，其主要举措分述如下。首先，中国航空学会与中小学建立合作设立航空特色学校。全国航空特色学校成立的初衷是系统性地面向青少年普及航空科技知识，并培养热爱航空及国防事业的后备人才。航空学校的建立以合格与自愿为标准，在热衷航空素质教育并符合一定条件的全国中小学校，在自愿基础上经办理相关手续，授予其“全国航空特色学校”牌匾和称号，以此为依托，开展普及航空科技知识工作。1990 年至今，中国航空学会现已建成超过 500 所航空特色学校。② 其次，调配自身资源，在全国范围内设立符合条件的航空教育基地，引导航空特色学校学生前往参观学习，构建学校与基地的科普网络。再次，组织编撰航空科普校本课程与教材，包括青少年无人机课程、青少年模拟飞行课程等，以激发学生兴趣提高学生综合科技素质，有针对性地培养青少年航空后备人才。2021 年 11 月，中国航空学会对《航空特色学校评定要

① 中国航空学会简介，http：//www. csaa. org. cn/col/col419/index. html，最后检索时间：2023 年 4 月 4 日。

② 中国科协：《先进典型学会丨中国航空学会：创新引领办强会　筑梦航空争一流》，https：//baijiahao. baidu. com/s？ id = 1730605935769862490&wfr = spider&for = pc，最后检索时间：2022 年 6 月 10 日。

求》和《航空特色课程评定要求》2项团体标准进行立项[①]，进一步推进与中小学协作的规范化与标准化。

在中国航空学会全国航空特色学校的推进过程中，形成了以中国航空学会为主导方的协作模式，各地的中小学均以能够进入特色学校的认定为荣，以此建立学校的品牌特色，并推动学校的进一步建设与发展。

（2）中介模式

直接（无中介）协同模式中，主要是由多方科普工作主体在科普实践中，基于现实境遇与合作诉求自发形成直接性的协同关系。这种关系能够基于组织领导者意愿以及单一诉求快速建立协作关系，但其存在的缺陷也较为明显。一方面，自发形成的关系形成中受随机性与偶然性因素影响较大，领导者一经更换、领导者意愿一经改变就容易对脆弱的协作关系产生致命性影响。另一方面，自发模式下的协作关系只能在一定范围内产生效应，难以形成大规模的协作网络。目前来看，由于科普工作成效追问机制的缺失，我国多元主体建立协作关系的总体意愿有待提高，科普社会化的协同效应在一定程度上受到的限制仍然较为突出。

中介模式的典型特征在于机制的创新形成了多元主体协同，由于中介方在多元诉求与多元利益的平衡中能够发挥有效连接作用，因此形成的协作关系一般比较稳定、长期、可持续，能够在较大范围内形成协同效应。以中国汽车工程学会为典型带动力量形成了中国汽车工程学会大学生方程式系列赛事，是中介模式下的代表性案例，以下就该案例进行简要介绍与分析。

案例3：中介模式下的中国汽车工程学会大学生方程式比赛计划

中国汽车工程学会（China-Society of Automotive Engineers）成立于1963年，是由中国汽车科技工作者自愿组成的全国性、学术性法人团体。经过多

① 中国航空学会：《中国航空学会关于〈航空特色学校评定要求〉和〈航空特色课程评定要求〉2项团体标准立项的通知》，http：//www. ttbz. org. cn/Home/Show/30756/，最后检索时间：2022年6月16日。

年积累与发展，中国汽车工程学会成为国际汽车工程师学会联合会(FISITA)常务理事、亚太汽车工程年会（APAC）发起国之一，并与美国汽车工程师学会（Society of Automotive Engineers)、日本汽车工程师学会(The Society of Automotive Engineers of Japan，JSAE）并称为世界三大汽车科技社团。在科普实践方面，中国汽车工程学会在下一代人才培养方面形成了较为有影响力的科技人才培养品牌活动，相继举办了中国大学生方程式汽车大赛、中汽学会巴哈大赛、中国大学生电动方程式大赛、中国大学生无人驾驶方程式大赛等一系列赛事。

中国汽车工程学会经过汽车知识竞赛（2007年停止)、太阳能汽车大赛(2004年启动，现处于暂停状态)、中国汽车造型设计大赛（2005年启动，现处于暂停状态）等系列项目的持续探索，在中国大学生方程式汽车大赛(2006~2009年）的基础之上，形成了集科普、文化、教育、竞技于一体的中国大学生方程式系列赛事方案。

中国大学生方程式系列赛事（Formula Student China）从2006年发展至今，由起初单一的赛事变为如今四大赛事，从21支参赛车队发展到263支参赛车队。

中国大学生方程式系列赛事通过全方位考核，培养、训练学生们在设计、制造、成本控制、商业营销、沟通与协调等五大方面的综合能力，以比赛、考核、竞争为基本机制，促进汽车专业学生综合素质的提升。通过为国内优秀汽车人才的培养和选拔搭建公共平台，为中国汽车产业的发展设计了长期的人才积蓄池。

方程式系列赛事是由高等院校汽车工程或与汽车相关专业在校学生组队参加的汽车设计与制造比赛，作为顶级的国际赛事，其含金量与社会认可度极高，一般高校都非常鼓励教师带队、学生参与，不少学校还会为学校车队提供一定的资金。随着方程式系列赛事知名度与品牌影响力的提升，社会各界对赛事的关注度越来越高，一些本土企业开始为地方高校车队提供专业试验场地，汽车服务企业也为其提供免费维修保养支持以及赞助合作。易车、西蒙子、汽车之友、中国一汽、上汽集团等众多汽车相关企业与方程式系列赛事建立了冠名与合作关系。

由于赛事受到普遍关注，高校与众多媒体积极介入报道，以新冠疫情突发前的2019年度赛事为例，CCTV、政府网及10余家汽车主流媒体进行报道，18家平台进行网络直播，网络点击量高达5100万。至今，已有196所高校参与中国大学生方程式系列赛事，注册车队达263支，参与企业40余家，累计向企业及社会输送人才3万名。[①]

中国汽车工程学会大学生方程式系列比赛中，形成了以中国汽车工程学会为中介，带动广泛的高校、企业与媒体介入并形成协同机制的科普协作模式。在这一模式下，中国汽车工程学会以国家级学会为背书，以机制创新为载体，链接了政府资源（中国汽车工程学会）、资金资源（企业赞助）、科技人才资源（高校）、科技培训资源（高校指导教师）、媒体传播资源等，并产生了强大的品牌效应与科普协同效应。

3.4.3　基于科普工作分层的非线性协同网络

以科普工作为分层维度考察差异化主体间的协同关系，体现的是科普社会化协同生态中的主体间协同。科普工作的总体发展大致可以分为以下维度：科普理论研究、科普法律法规制定与发布、科普规划制定、科普活动组织实施、科普统计、科普成效评估、科普人才培养以及实际科普工作的推进等。

理论上而言，任意两个及以上工作均可产生交叉协作的可能性。基于协作结果的作用范围，科普工作分层的协同关系可从微观与宏观两个层面进行把握。

微观层面，多元主体所聚焦的是某一具体科普目标的达成或实现，从而构建协同关系，这一目标既可能围绕科普理论的研究，也可能聚焦科普人才的培养。以科普人才的学历培养为例，科普专业硕士需要进行理论知识的学

① 资料来源于中国汽车工程学会内部材料。

习，因此需要高校的介入；专业硕士毕业需要国家学位管理单位的认定，因此需要教育部门的介入；专业硕士培养的特征是面向实践，与社会实际需求接轨，因此实践基地（科技馆、各类科学博物馆等）的支撑需要中国科协等国家部门的介入。

明确而统一的工作目标是合作有效达成的基础与前提，因此微观层面的协作目标聚焦度高，所介入主体的责任清晰、明确，不同主体的多元诉求易于统一。上文科普人才培养的案例中，教育部门与高校均致力于培养国家与社会需要的人才，中国科协与实践基地渴求高层次科普人才的诞生，从而为实际科普工作以及公民科学素养提升提供强力支撑。也因此，尽管不同主体所发挥的功能不一，但其目标的一致性，促使这一学历教育模式下的科普人才培养已存续多年，并为科技场馆、科普企业、科普事业单位、中小学与教育机构等用人单位输送了一批定制型或半定制型人才。微观层面协同关系的高聚焦度，除带来合作机制易形成的优异性之外，也存在其局限性，例如微观协同关系往往在某一节点上产生作用，难以在科普社会化协同生态中产生系统性影响，所发挥的作用会形成一定限制。

宏观层面，不同主体所针对的并非某一具体目标，而是各尽其能以求促进科普社会化协同生态的高效运转与科学普及的最终指向。宏观层面的协同关系最大的特征为非线性，表现为某两个主体或多个主体所发挥的作用之间存在非对称性，在非线性特征下，宏观协同关系有其突出之处，同时也存在弊端。首先，宏观协同关系所产生的效果，往往作用于科普社会化协同中的不同层面，某一合作机制的形成易在协同生态内外产生节点效应，推动科普社会化协同生态的高效运转与生态内外的有效互动。其次，宏观协同关系在多元主体参与上更为开放，主体更为丰富。最后，伴随主体丰富性而来的是主体间的异质性，异质性协同关系中的多元利益较难统一，对协同机制的形成产生巨大阻碍。

总体而言，基于科普工作分层的协同关系在社会网络中具有良好的适应性、可复制性与推广应用价值，对于科普社会化协同生态的良性发展与科普实践具有积极意义。

3.5 促成协同发生的动力机制探究

创新生态系统价值共创概念以复杂适应系统（Complex Adaptive System）与社会交换理论（Social Exchange Theory）为理论基础，认为多元主体在共同愿景之下，将形成一定的配位结构，其中协调者是差异化主体的连接点，阐述了创新生态系统中的动力机制。[①] 复杂适应系统与社会交换理论对于科普社会化协同生态同样适用，在科普社会化协同生态中的不同主体正是根据自身经验，随着外部环境的变化调整自身的适应规则，并期望与其他行动者建立良好的社会交换关系。例如在国家对社会化力量参与科普事业的呼吁之中，一些市场力量积极介入创作科普图书、开发科学教育课程等，不仅在市场机制中获得了相应的回报，也成为我国社会化科普力量的有力补充。科普社会化协同生态由不同历史发展时期的协调者主导该时期协同效应产生的动力机制。

世界银行社会资本协会（the World Bank's Social Capital Initiative）将广义的社会资本界定为政府和市民社会为了一个组织的相互利益而采取的集体行动，该组织小至一个家庭、大至一个国家。在分类上，罗伯特·科利尔（Robert Collier）将其分为政府社会资本（Government Social Capital）和民间社会资本（Civil Social Capital）。前者是指影响人们互利合作能力的政府制度，即契约的实施、法治和政府允许的公民自由范围；而后者包括共同价值、规范、非正式沟通网络以及社团型成员资格等。[②] 在科普社会化协同的动力系统之下，政府社会资本采用罗伯特·科利尔所认为的影响人们互利合作能力的政府制度，包括法律法规的出台、行政化手段的监管等。本章对于社会资本概念的理解，有别于社会资本理论视角中以“结构洞”为理论视

① 孙静林、穆荣平、张超：《创新生态系统价值共创：概念内涵、行为模式与动力机制》，《科技进步与对策》2023年第2期，第1~10页。

② 曹荣湘编选《走出囚徒困境：社会资本与制度分析》，上海三联书店，2003，第272页。

阈将社会资本视为社会关系、网络中实际或潜在的资源集合体的逻辑①，而是更为侧重相对于政府主体而言的市场主体的介入与社会以及公众参与。科普社会化协同语境下的社会资本包含了经济资本与人力资本的复合概念。

由于个人主体的异质性与“原子化”特征所造成的限制，个人主体对科普社会化协同生态的驱动力有限，为科普社会化协同生态体系提供驱动力的更普遍的是具备一定资源与影响力的组织主体。具备从系统层面为协同生态提供强大动力，从而驱动科普社会化协同生态发展的动力系统当属政府与社会资本，由此产生科普动力的两极驱动与三大动力驱动系统，包括政府驱动的科普动力系统、社会资本驱动的科普动力系统以及政府与社会资本协同驱动的科普动力系统。

3.5.1 政府驱动的科普动力系统

政府是当前中国科普实践中科普社会化系统生态的强动力源，在公共性与民主理论的基础之上，政府的模式由管制型政府向服务型政府变革②，在公民本位的理念指导下，政府应当通过法定程序，以服务公民为宗旨，聚焦人民群众的公共服务诉求，承担服务职能与服务责任。③ 面对科普社会化协同背景下科普消费者广泛、多样的科普需求，政府有必要通过各种手段满足公众的差异化需要，例如目标设定、税收与财政、科普工作激励、法律责任设定、科普工作统计与考核等。在这一供给与需求持续动态满足的过程中，政府行为与社会多元主体行为之间必然产生互动关系，可以应用行为科学领域中的“刺激—反应—增强结果”的行为反应链条来理解。④ 若立足政府视角考察社会多元主体的行为动向，可以发现政府行为作为国家发展方向的基

---

① 黄锐：《社会资本理论综述》，《首都经济贸易大学学报》2007年第6期，第84~91页。

② 张铃枣：《服务型政府对马克思主义人民政府本质思想的新发展》，《科学社会主义》2008年第5期，第69~73页。

③ 刘熙瑞：《服务型政府——经济全球化背景下中国政府改革的目标选择》，《中国行政管理》2002年第7期，第5~7页。

④ Carr, Edward G, “The transfiguration of behavior analysis: Strategies for survival,” *Journal of Behavioral Education*, 6 (1996): 263-270.

本遵循，社会多元主体将对政府行为产生积极反应，并在此基础之上或增强、或减弱、或改变、或调整既往行动，并不断强化其行为结果。若立足社会多元主体行为考察政府行为的影响，可以发现政府行为大致通过两条路径来产生调节作用（见图3-2）：一是以促进、提倡为总体行为方向，引导社会各界积极响应的前置驱动；二是以考核、奖惩为总体行为方向，倒逼多元主体纠正行为的后置驱动。

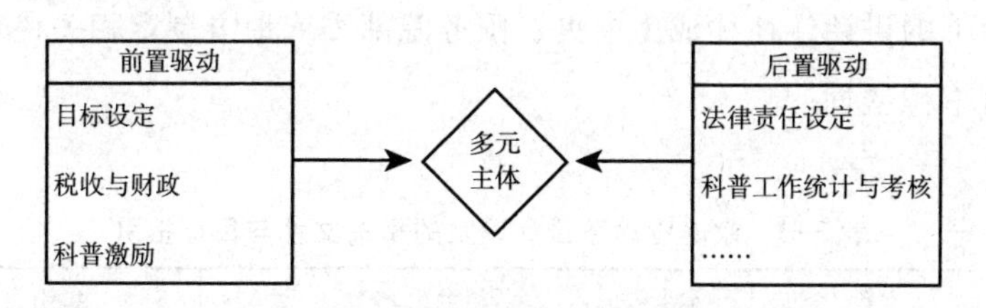

图3-2　政府驱动的调节路径

（1）前置驱动

前置驱动与正向行为支持或积极行为支持（Positive Behavior Support，PBS）有一定相似性，主张“支持”“扩大”与“加强”。科普社会化协同的政府前置驱动行为中，主要以倡导、鼓励与支持等非强制性的公共治理行为方式引导多元主体参与，具体有以下几种方式。

一是目标设定。英国哲学家约翰·洛克（John Locke，1632~1704）在《政府论》中提出，作为管理者角色的政府，其工作的总体目标应当要保障社会的安全以及人民的自然权利，除政治职能之外，政府还承担着经济职能与文化职能，即进行社会经济与文化管理以提升公民的幸福感。① 英国学者边沁甚至提出“14项快乐与12项痛苦”作为个人与社会幸福感的测量指标，并希望政府以之为立法依据，借以实现他“最大多数人的最大幸福”畅想。② 在此前提下，政府的管理行为一般被视为促进公民幸福感提升的措施与手段，因此法律、规章、规划与意见的出台，对于社会各界工作起到导

① 〔英〕洛克：《政府论》，商务印书馆，1996。

② 〔英〕杰里米·边沁：《政府片论》，马兰译，台海出版社，2016，第143页。

向性作用。具体到科普领域，我国政府出台了一系列政策以促进科普事业发展与科普工作推进（见表3-3）。①法律法规：即法律化的科普政策。②政府文件：国家和政府相关部门出台的关于促进科普工作的决定、条例和文件等。③领导人指示及讲话：国家领导人发表的涉及促进科普工作的重要指示和讲话，以及政府相关管理机构负责人发表的关于促进科普工作的指示与讲话等，其中国家领导人在全国科技创新大会、两院院士大会、中国科协全国代表大会上的讲话，往往成为中央、国务院部委或地方制定相关科普政策法规的直接上位依据。[1]

表3-3　政府驱动下目标设定的相关文件与目标指引

类型	文件/会议	相关内容	指引目标
法律法规	《中华人民共和国科学技术普及法》(2002年)	国家机关、武装力量、社会团体、企业事业单位、农村基层组织及其他组织应当开展科普工作。 发展科普事业是国家的长期任务	规定社会各界开展科普工作的责任与义务，阐明科学事业发展的长期性
	《中华人民共和国电影产业促进法》(2016年)	国家支持电影的创作……推动科学教育事业和科学技术普及的电影	发展以电影为传播形式的科学普及工作与产业
	《中华人民共和国教育法》(2021年修订版)	图书馆、博物馆、科技馆……社会公共文化体育设施，以及历史文化古迹和革命纪念馆(地)，应当对教师、学生实行优待	规定公共文化场所之于青少年科技文化教育的重要功能与作用
政府文件	《中国科协印发〈中国科协关于加强科普信息化建设的意见〉的通知》(科协发普字〔2014〕90号)	有效利用市场机制和网络优势，充分利用社会力量和社会资源开展科普创作和传播	引导市场机制运营下科普产业发展
	《国务院关于同意设立"科技活动周"的批复》(国函〔2001〕30号)	自2001年起，每年5月的第三周为"科技活动周"，在全国开展群众性科学技术活动	引导全社会形成良好的科学普及氛围
	《中共中央　国务院关于加速科学技术进步的决定》(中发〔1995〕8号)	坚持研究开发与群众性科技活动相结合，研究开发与科技普及、推广相结合，科技与教育相结合	明确科学技术研究与教育、科普共同进步、发展的原则

① 任福君：《新中国科普政策70年》，《科普研究》2019年第5期，第1~14、108页。

续表

类型	文件/会议	相关内容	指引目标
领导人指示及讲话	2016年全国科技创新大会、两院院士大会、中国科协第九次全国代表大会	习近平总书记提出“科技创新、科学普及是实现创新发展的两翼，要把科学普及放在与科技创新同等重要的位置”	明确科学普及工作的战略性高度，引导全社会的关注与重视
	2021年两院院士大会、中国科协第十次全国代表大会	习近平总书记指出“我国要实现高水平科技自立自强，归根结底要靠高水平创新人才……更加要重视科学精神、创新能力、批判性思维的培养培育”	强调科学精神、创新能力与批判性思维培养建设的重要性

资料来源：部分内容摘录自中国科普研究所编《中国科普政策法规汇编（1949—2018）》（中国法制出版社、科学普及出版社，2019）并整理。

二是税收与财政。满足多层次的科普需要无法完全依靠政府力量实现，而市场力量的介入能够有效、精准地满足科普需求，由此从政府角度与市场角度，促进了科普产业的萌生与发展。为了推动我国科普产业的发展，激发社会力量发展经营性科普产业的顶层驱动力，我国政府围绕文化产业与高新技术产业领域，以减税抵免、税收抵免、出口退税、进口税抵免、投资抵税和加速折旧等方式（见表3-4），为科普产业发展提供有利的政策环境与市场环境。

表3-4　中国科普产业相关税收优惠政策

产业	优惠性质	优惠方式	具体内容
文化产业	直接税收优惠	减税抵免	(1)经营性文化事业单位转制为企业后，相应的销售收入免征增值税；(2)经营性文化事业单位转制为企业，自转制注册之日起免征企业所得税
	间接税收优惠	税收抵免	对企事业单位、社会团体和个人等社会力量通过国家批准成立的非营利性的工艺组织或国家机关对宣传文化事业的公益性捐赠，在其年度应纳税所得额10%以内的部分，在计算应纳税所得额时扣除
		出口退税	出口图书、报纸、期刊、音像制品、电子出版物、电影和电视完成片按规定享受增值税出口退税政策

续表

产业	优惠性质	优惠方式	具体内容
高新技术产业	直接税收优惠	减税抵免	对单位和个人从事技术转让、技术开发业务和与之相关的技术咨询、技术服务业务取得的收入，免征营业税
		进口税抵免	对国内企业为生产国家支持发展的重大技术装备和产品，免征进口关税和进口环节增值税
	间接税收优惠	投资抵税	创业投资企业采取股权投资方式投资于未上市的中小高新技术企业2年以上的，可以按照其投资额的70%在股权持有满3年的当年抵扣该创业投资企业的应纳税所得额
		加速折旧	企业的固定资产由于技术进步等原因，确需加速折旧的，可以缩短折旧年限或采取加速折旧方法

资料来源：魏景赋、桑子铁、郭健全：《中美科普相关产业税收政策比较研究》，《改革与开放》2016年第1期，第49~50页。

三是科普激励。在我国科普实践中的很长一段时间中，组织主体或个人主体开展科普工作的工作量认定，依据工作单位、领导者的不同存在较大差异，但在绝大多数情况下，科普工作属于主要职责之外的范围，边缘化特征明显，科普工作缺乏认定与奖励往往会是常态。

以国务院最新印发的《科学素质规划纲要》为节点，大致可以将我国科普工作激励制度分为两个阶段。在《科学素质规划纲要》发布前，我国的科普激励一般以政府层面设立的奖项为主，例如针对组织主体，有由科技部、中央宣传部、中国科协联合授予的“全国科普工作先进集体”，针对优秀的科普个人与作品等，有由中国科协颁发的“十大科普人物”“十大科普作品”等。此外，还有中国科学院、各级科协、各政府部门、各高校等单位举办的“科普创作比赛”“科普征文大赛”“科普微视频大赛”等。

《科学素质规划纲要》提出要完善法规政策，首次从国家层面提出“制定科普专业技术职称评定办法，开展评定工作，将科普人才列入各级各类人才奖励和资助计划”。这一提法第一次从国家层面对科普工作予以认定与评定，作为我国公民科学素质提升的“十四五”行动计划，预计将迎来科普工作激励的建制化与体系化发展时代。

科普奖项设立的原始出发点，不仅是为了鼓励各单位、个人积极投身科普事业，更是为了树立典型与标杆。因此，科普奖励至少在两个层面对于推动科普工作有积极意义：首先在横向层面，科普奖项作为组织或个人荣誉，是对组织或个人科普工作、科普能力的有效认可，有利于产生趋同效应，吸引广泛主体参与科普，形成科普工作多元参与的横向格局。其次在纵向层面，通过有目的、有计划地选取一些基础好、有特色的地区或机构进行示范，宣传具有普遍性的经验与规律并加以推广，并有组织性地设计竞争机制，有利于带动科普工作向纵深发展。①

简而言之，科普激励制度的顶层设计，能够积极推动科普工作的发展与科普实践的深入。未来科普激励制度的不断完善，将为科普社会化协同生态注入源源不断的动力。

（2）后置驱动

政府的后置驱动有别于前置驱动的软性管理，是以较为刚性、可操作化的手段进行规制与督促。后置驱动的方式如下。

一是科普责任的法律设定。为了避免“法不禁止则自由”的原则成为失范主体的抗辩规制介入科普实践，需要对科普工作进行有必要的限制与约束。除了《中华人民共和国宪法》与《中华人民共和国民法典》中规定的违法行为外，以《科普法》为核心、各地科普条例为补充的科普法律体系对科普法律责任进行了规定。例如，我国《科普法》规定不得以科普为名进行有损社会公共利益的活动；不得克扣、截留、挪用科普财政经费或者贪污、挪用捐赠款物；不得擅自将政府财政投资建设的科普场馆改为他用；不得在科普工作中滥用职权、玩忽职守、徇私舞弊。对科普实践中的违法行为做出基本规定，为违法行为的法律判定提供了基本准则。法律责任的设定能够在一定程度上对有害于科普工作发展与公共利益的行为产生警示作用，并有效禁止科普实践中违法行为的出现，为科普社会化协同生态的有效运转提供把关与管控机制。

---

① 马鸣川：《浅谈政府在科普工作中的作用》，《华东科技》1999 年第 11 期，第 37~38 页。

二是科普工作统计与考核。国家科技部主导的科普统计主要面向国家机关体系、群团组织体系、科研院所体系与社会化体系，针对科普人员、科普场地、科普经费等多维度数据进行统计。一方面，科普统计能够立足国家视角，对全国既往一段时间内的科普工作情况、科普工作质量进行宏观了解与整体把握，以便政府更好地进行科普工作规划、调整与应对。另一方面，科普统计工作的规范性（例如统计时间、统计内容的限定）与科普法律的规制保障了科普统计数据的真实性与有效性，例如《中华人民共和国统计法》第7条、第9条与第25条中对统计调查工作进行了规定，包括“国家机关、企业事业单位和其他组织及个体工商户和个人等统计调查对象，必须依照本法和国家有关规定，真实、准确、完整、及时地提供统计调查所需的资料，不得提供不真实或者不完整的统计资料，不得迟报、拒报统计资料”，有效监督各级单位如实上报数据。科普统计工作除了保证科普统计工作质量和统计结果的可信度，还能够促进各级部门之间的交流与合作，科普统计工作暗含了对科普工作进行监督、对科普工作进行隐性排名的意蕴，因此各级单位为了能够在数据表现中获得一定的现实度，或者避免上报数据过于“难堪”，不得不在做好本职工作的基础上加强与其他部门之间的科普协作。

科普统计还能为科普考核提供支撑数据，科普考核同样作为倒逼多元主体加强科普工作的重要手段。例如2017年全民科学素质行动纲要实施工作办公室颁发了《科技创新成果科普成效和创新主体科普服务评价暂行管理办法》，对高校、科研机构、企业等创新主体面向公众开展科技教育、传播、普及等科普服务所涉及的规划计划实施情况、投入保障、服务成效等进行评价。2021年发布的《科学素质规划纲要》中也明确要对科普工作进行考核管理，提出要“推动将科普工作实绩作为科技人员职称评聘条件”。[①]

科普统计与科普考核均作为一种政府的行政引导措施，从科普工作的工作统计端与成效端，强化科普主体的科普工作与科普能力，尽管这些措施带

---

① 国务院：《国务院关于印发〈全民科学素质行动规划纲要（2021—2035年）〉的通知》，http：//www.gov.cn/zhengce/content/2021-06/25/content_5620813.htm，最后检索时间：2022年5月17日。

有明显的行政色彩。但立足现实情况来看，由于宏观环境下科普工作后置驱动力的不足，科普社会化协同机制与协同生态动力还有待进一步加强。

3.5.2 社会资本驱动的科普动力系统

社会资本介入科普社会化协同生态，形成协同系统动力的结构性背景有两个。一是面向政府端，政府单极推动社会多元主体参与并形成协同效应的能力有限，驱动公民科学素养提升需要社会资本的参与并形成合力。二是面向社会端，社会群体的异质性决定了科普需要的多样化，例如教育市场的不断发展开拓了青少年科学教育的需要，市场的需要催生了社会资本投身科普社会化协同的积极性。由此，社会资本既可以面向政府端，参与公益性科普事业发展建设，也可以面向社会端，发展经营性科普产业。

社会资本驱动科普社会化协同生态的根本原动力是资本增值的需要。在外部条件层面，政府与社会环境为社会资本的介入提供了良好条件。一方面，政府有提升公民科学素质的导向性需求，公民科学素养的建设要求与社会经济的发展需要决定了科普产业发展的巨大空间。另一方面，政府为社会资本的介入提供了相关税收优惠与财政补贴，为科普产业发展提供了良好的政策条件与可持续发展条件。在内部条件层面，社会资本自身特有属性的规定性，决定了其介入科普社会化协同的内在驱动力。首先，社会资本具备的技术资源优势、专业人才优势、资本优势与平台优势，是其投身科普市场化探索与发展的基本推动力。其次，社会资本越早介入，越有助于在垂直领域建立竞争优势，多方力量的共同参与有助于提升科普的行业发展水平并有望拓展行业边界。

3.5.3 政府与社会资本协同驱动的科普动力系统

政府与社会资本作为科普社会化协同生态的两个协调者，为我国科普事业与科普产业的发展做出了突出贡献。与此同时，政府与社会资本撬动之下的科普实践，也呈现出明显的弊端。在政府单极动力的驱动下，往往以社会总体效益为原始出发点，较少对异质性公众群体进行测量与分析，缺少以效率为导向的内在动机，因此其科普成效难以考量，而政府的“垄断性供给地位”也决定了资源配置与协同效益优化驱动力弱。在社会资本单极动力的驱动下，经济效益的内在动力占据主导地位，当经济诉求成为过强指向，极易造成科普发展的不平衡与不公平，例如具备强大经济实力的少数人可以获得更多、更优质的科普供给与科普服务，经济效益强但社会效益低的项目很有可能获得市场力量青睐与支持。

政府驱动下易产生的低效与社会资本主导下易导致的非普惠性，造就了政府与社会资本之间相互协作互补的可行性。其中，政府与社会资本的合作模式（Public-Private Partnership，PPP）是二者规避各自缺陷、形成优势互补的典型合作模式之一。

在我国，PPP 模式始于 2004 年，为了落实党的十八届三中全会关于“允许社会资本通过特许经营等方式参与城市基础设施投资和运营”精神，财政部出台了《关于推广运用政府和社会资本合作模式有关问题的通知》，提出要“尽快形成有利于促进政府和社会资本合作模式发展的制度体系”。[①] 学理层面，PPP 意味着公私部门针对特定项目或资产进行全过程合作，特许经营期内特定目的公司通过收取“使用者付费”，补偿其建设和运营成本并获得合理回报，特许经营期满后将项目移交给政府。[②]

作为一种注重产出标准而不是实现方式的制度安排，政府与社会资本可以形成各种各样的合作方式，具体在科普领域，PPP 管理模式涉及的科普项目主要是由政府部门确立的大型的、一次性的科普项目，如科普基础建设项目等。[③] 近年来，以 PPP 模式建成的科技馆推动了我国科技馆体系的发展，国内一批科技馆，如荆门爱飞客航空科技馆（2009 年投入运营）、驻马

---

① 中华人民共和国财政部：《财政部关于推广运用政府和社会资本合作模式有关问题的通知》，http://www.gov.cn/xinwen/2014-09/26/content_2756601.htm，最后检索时间：2022 年 6 月 19 日。

② 陆晓春、杜亚灵、岳凯、李会玲：《基于典型案例的 PPP 运作方式分析与选择——兼论我国推广政府和社会资本合作的策略建议》，《财政研究》2014 年第 11 期，第 14~17 页。

③ 陈江洪：《PPP 管理模式在科普产业中应用的思考》，《科学对社会的影响》2006 年第 3 期，第 35~38 页。

店市青少年宫科技馆综合体（2020 年运营）、泉州市科技馆新馆（2022 年正式运营）、慈溪科技馆（2018 年投入运营）都相继采用了这一模式。

基于政府与社会资本的协同驱动，主要有以下特征。一是公共领域与市场领域的互相介入，实现本不具备市场投资价值项目的商业化，进一步加强公益性与经营性之间的连接，打破二者之间既往的明确界限。二是政府与社会资本的有机协同，政府以官方形象为背书，并且为企业社会资本提供政策便利条件，同时降低政府自身的投资与运营压力。社会资本凭借自身的先进理念、先进技术与先进人才，实现科普项目的效率最优化，并且实现自身的经济诉求。政府与社会资本的双向协同，得以为科普社会化协同生态提供良性循环、长期供应的持续动力。

第四章
科普社会化协同的功能实现

科普社会化协同生态的建立，最核心的目的在于形成全民科普、全域科普的“大科普”工作格局；而完善科普社会化协同机制，建立科普社会化协同组织体系，应该成为国家科普能力提升中的重要内容。从第三方观察的视域来看，我国当前的科普工作现状仍然是以政府主导为核心的引导发育格局，社会化开放协同处于刚刚起步阶段。究其原因，一方面是缘于新中国科普事业一直以来高度强化的社会公益性，另一方面也是因为社会力量的协同并没有真正落实到位，政府的科普布局始终站在“认为公众应该被科普什么”的视角下，而在市场端真正了解公众日新月异、丰富多样的科普需求时常处于滞后状态。《科学素质规划纲要》明确提出新历史时期科普“四化生态”，着力要解决的正是亟待打破当前的政府端过强主导、社会资源与力量功能发挥普遍不足的科普格局。打造国家层面的科普社会化协同机制是当前走向未来阶段科普工作的必要环境条件，科普社会化协同成为实现“大科普”格局的重要表征就在于其全面服务功能的精准释放，可以从社会效益、经济效益以及制度效益三个方面来解析。

科普社会化协同的社会效益体现在引领科学精神、营造科学文化、传递科学知识、提升公民科学素质以及系统促进科普生态良好发育上，其中蕴含的是从公民个体到科普事业再到社会科学文化氛围层层递进的提升路径，社会力量的协同性贯穿始终。同时，多元主体在科普系统内部形成协同竞争机制，科普工作无疑会大幅增强市场化的势能与发展空间，促进科普产业发展，从而激发创新活力，提升经济效益。从制度层面上来说，科普社会化协同是科普体制改革的明确方向，科普体制从单极化为主的模式走向社会化整体资源协同的模式，其释放出的机制优化效益是非常清晰和可以期待的。

4.1　科普社会化协同的社会效益

4.1.1　引领科学精神传播，促进科学文化传递

所谓“科学精神”是一种浸润于社会的科学文化现象，是在科学发展与传播的过程中不断积累而产生的一种科学态度、价值取向、认知方式、行为规范等。相较于科学方法的具体化和可变性而言，科学精神通常是抽象的且不会轻易改变的。[①] 科学精神最基本的特质之一是质疑与批判的求真态度，核心要义体现在强调理性与实证、追求探索与创新。科学精神的存在是科学发展的灵魂所在，对于科学观念、科学方法、科学活动、科学知识、科学范式等起到统率作用，与人文精神一起共同作用形成完整的科学文化氛围。科普作为科学发展过程中的传递扩散环节，是助推科学文化氛围形成的关键，因此基于科学精神的重要性，决定了科普工作的本质与真谛是培养人们的科学精神，从而塑造良好的科学文化氛围。

本书认为，科普社会化协同可以构建一个包括科普目标协同、科普主体协同、科普资源协同以及科普协同系统内的各要素协同的创新科普体系，实现从系统把握科学文化全局的角度出发来引领科学精神的生发。

首先，科普社会化协同创造了引领科学精神的社会条件。科普社会化协同不仅注重主体间协同，也强调投入体系的广泛社会化。这在一定程度上强化了科学与社会其他领域的密切关联，而科学精神的全民化培育正需要依赖于这种密切性，也即科学精神培育的开放社会条件。因为科学不是悬空的，

---

① 陈勇：《科学精神与人文精神关系探析》，《自然辩证法研究》1997年第1期，第23～28页。

科学研究的价值观念与行为操守均会渗透进社会的其他领域，当科学价值观能够为社会其他领域带来促进收益时，其他领域对其接纳程度就会提高，如果科学的价值观与社会其他领域出现冲突导致被抵触，就会严重影响科学精神的弘扬。

科普社会化协同生态体系中依靠政府、科学技术协会、企业、高校、科研院所、媒体、科技型学会及其他社会组织等在内的社会力量多主体协同推进科普，拉近科学与社会多领域之间的联系，在科普实践中不断实现科学领域与社会其他领域之间价值观念的交流融合，这对为科学精神的弘扬创造优质社会坏境是非常重要的机制支撑。

其次，科普社会化协同营造了引领科学精神传播的文化环境。科学精神是从科学文化中凝练出来的价值规范，科学文化系统作为社会文化系统的子系统，一定程度上受到社会文化系统特定指向的牵引，因而科学精神的培育和弘扬需要在合适的文化环境中才能获得较高品质的呈现。科普社会化协同通过科普资源协同链的不断优化来完善科普资源的配置，转变只重视科技成果、科学知识传播的传统观念，强化培育科学精神的资源链促进与支撑，使科学精神的传播链、教育链更深入地融入社会多层级发展体系，在广泛推进意义上让“科学可以被质疑、讨论、创新、发展”的务实求真精神深入人心，从而在全社会范围形成有利于科学精神弘扬的价值认同与文化环境。

4.1.2 普及科学知识，提升公民科学素质

科学普及的中心任务是传递科学知识、科学方法、科学精神，系统提升公民科学素质。一方面，公民科学素质的提升是增强个人综合能力的重要内涵积累，对于个人发展具有重要作用；另一方面，提升公民科学素质也是社会科学文化氛围形成的基础，同时更是构成国家科技竞争力的必备要素。科普社会化协同机制在聚集社会力量形成协同目标的引领下，通过整合科普资源，拓宽科普内容领域，创新科普表达方式，逐渐形成社会化科普网络，为科学知识与价值文化在社会范围的流动受益构建优质的全向传播渠道。

当前，网络传播与智慧媒体成为最基本的社会交流架构，在如此架构的

社会化科普网络中，知识的流动确实有了新的表征，即日益体现出平等化、增量化、以用户为中心传达的特点。[①] 知识流动的平等化需要基于流动介质，即知识传播的渠道、平台等的开放性及平等性，以及处于流动方向的二者之间的平等性。从科学知识的传播原理上来说，就是指科学知识需要在开放平等的渠道、平台中进行传播交流，并且摒弃曾经很长时间习惯的“自上而下”的传播链流动格局，形成充分了解接受者需求的情况下进行相应的新型科普。

智慧媒体传播牵引下，科普社会化协同机制作用的结果是形成扁平化、去中心化的科普网络结构。“去中心化”的精髓在于每一个节点都是平等的、不拥有整个系统的控制权，系统决策是由参与节点在协作的机制下共同决定的。[②] 这样的科普网络结构确实会彻底打破“自上而下”的线性科普格局，可以更充分地发挥多类型科普主体的个体优势，使多种社会与科学文化资源互为补充。“去中心化”在科普实践中首先构建了一个平等开放的交流平台，其次是解决信息不对称导致的科普内容供需不匹配的问题，“去中心化”将科普主体与公众、公众与公众之间都形成链接，强化了端对端的沟通交流和服务，提高了信息传递交换时的透明度，与智慧媒体时代的匹配度更高、更具有精准传播与直接科普的特色。

知识流动的增量化指知识流动过程中知识的容量和质量的变化。首先，科普社会化协同网络中主体多样性是知识流动出现增量化的关键因素，多元科普主体也就是知识传播主体通过相互之间的知识共享、知识交换等互动行为，不仅能加快科普社会化协同网络中科学知识的流动速度，而且也因多领域科普主体的科学知识交流碰撞而产生更多的新知识流动与交换；其次，知识的增量化不仅仅是知识量的扩充，还体现为冗余知识量的减少，可以将其理解为在社会化协同网络中的知识过滤机制。社会化协同构建的是一个

① 储节旺、吴川徽：《知识流动视角下社会化网络的知识协同作用研究》，《情报理论与实践》2017年第2期，第31~36页。

② 孙国茂：《区块链技术的本质特征及其金融领域应用研究》，《理论学刊》2017年第2期，第58~67页。

“去中心化”的科普网络体系，公众作为“消费者”（科学知识的吸收者）在其中可以通过需求反馈向各节点（科普主体）反馈所需知识，在科普过程中过滤冗杂的知识信息，从而达成精准科普性质的服务。对于科普体系而言，知识的平等化和增量化的核心都是重视科普接受者，即科普社会化协同体系中的“消费者”地位，以满足“消费者”需求为科普目标，无论是科学知识的传播方式还是内容都强调更贴近“消费者”心理显性或隐性诉求，自然会以精准服务宗旨更进一步促进科学知识的有效传递，更加高效率地支持提升公民科学素养的国家事业。

4.1.3 系统促进科普生态发育与优化

科普社会化协同系统的有效运行是当前促进科普生态良好发育的关键机制与基础工程，树立科普社会化系统运行理念，才能有效实践协同联动和资源共享，构建政府、社会、市场等多元体系协同推进的社会大科普发展格局。科普资源优化的内外部协同功能实现引领科普社会化，协同社会各方力量包括科学界、企业界、政府组织、非政府组织、社会公众的广泛参与，深化中国科协领导各部门分工负责联合协作的方式，形成政府推动、科协主导、多部门联合协作、社会和公众广泛参与的格局，多渠道、多途径提升科普资源的供给能力，促进科普资源的合理配置和共享利用，使科普资源覆盖范围越来越广，配置效益越来越高。[①] 科普社会化协同的功能实现使得多元主体协同发挥力量，为科普提供更多的支持，共建良好的科普生态环境，系统促进科普生态良好发育。

目前，建设良性科普生态面临如下较为突出的问题。从社会环境来看，存在社会化主体参与科普的意愿不强、能力有限、效果不佳等问题；从公众态度来看，部分公众对科普的相关认知不清晰，态度评价较为负面，参与科普的行为不充分；从科普生态的整体运行来看，科普供给侧与需求侧匹配度

---

① 危怀安、蒋栩：《协同视角下高校科协科普资源生态圈构建》，《中国高校科技》2018 年第 Z1 期，第 36~39 页。

经常化的不足导致科普整体效率没能充分发挥，投入产出比不高。具体体现在科普囿于其公益性中心一直以来强调过于刚性，发展瓶颈集中体现为资金来源单一造成的事业发展特别是基层投资严重不足、主体结构单一造成的资源不足。公益事业最突出的特征就是投入与产出的不对称性，以追求社会利益为主要目标，公益事业的投入也通常是政府等事业机构出资或通过社会捐赠等方式实现，这就意味着作为公益事业的科普事业发展需要政府以及各种公共部门承担起主要责任。①

在科普事业领域，整个科协系统在一定程度上承接了政府的科普职能，科协是中国科学技术工作者的群众组织，是中国共产党领导下的人民团体，相较于政府部门集中资源的力量而言，承担科普工作的科协系统在资源调配能力以及协调统筹社会力量上，是明显不足以支撑《科学素质规划纲要》要求的科普事业全方位、系统性发展目标任务的。从资源支撑角度说，科普经费是科普事业发展的关键前提，科普事业的成长性与可持续发展离不开匹配度强的资金的支持。目前，我国科普经费主要来源包括各级人民政府的财政支持、国家有关部门和社会团体的资助、国内企事业单位的资助、境内外的社会组织和个人的捐赠等。《中国科普统计（2021 年版）》数据显示，2020 年全社会科普经费筹集规模 171.72 亿元，其中各级政府财政拨款 138.39 亿元，占总筹集额的 80.59%，自筹资金为 24.76 亿元，捐赠资金为 0.62 亿元，其他为 7.95 亿元。② 由此可见，我国科普经费投入中公共财政仍然是主要来源渠道，占全部资金的 4/5，经费来源单一性程度还是相当高的。科普引导型主体结构单一、多元主体轻重失衡，长期以来科普事业一直是政府主导，虽然科协系统在其中也做出了很大的贡献，但多种社会力量的融入机制仍然有待更好发育。仅仅依靠政府及科协系统的科普工作引领推动，无论是科普内容资源、科普人才资源还是科普经费资源等都阻碍了多元

① 刘长波：《论科普的公益性特征与产业化发展道路》，《科普研究》2009 年第 4 期，第 24~28 页。

② 中华人民共和国科学技术部：《中国科普统计（2021 年版）》，科学技术文献出版社，2021。

化供给这一社会化协同生态的有效发育。

针对当下我国科普生态的发育困境，《科学素质规划纲要》最新提出的科普社会化协同机制构建的战略，确实为科普高质量发展提供了新路径的指引，具体可以从如下路径来观察。首先，推进科普资源建设。一是提升科技资源的高效率科普转化功能；二是完善科普产品及服务市场化机制；三是提高企业、事业组织和个人创作开发科普原创作品的积极性；四是推动科学家人群与各类媒体的良性互动。其次，完善科普参与主体的动员及激励机制。最后，进一步优化政策制度和社会环境。在科普社会化协同系统的各主体积极参与的有效发动态势下，依托良好的社会环境和科学文化氛围，通过打造社会化协同、智慧化传播、规范化建设和国际化合作的科学素质建设生态的“新四化”实现高效协同、共建共享，形成动态、开放、共赢的科普生态，最终实现科普服务于人的全面发展、服务于创新社会发展、服务于国家治理体系和治理能力现代化的目标使命。

科普社会化协同通过多主体协同，形成包括科普资金在内的科普资源协同机制，在保持并优化政府对科普事业主导作用的同时，需要重视政府作为发动社会力量的催化剂作用，不断吸取包括企业、高校、科研院所、各社会组织等多元社会力量对科普事业进行人力资源、财力资源、知识资源、创意动能的投入。在具体方式上，诸如政府可以通过政策引导、税收优惠等方式激励企业及产业资本加大投资科普事业的力度，在保证科普事业公益性的同时，向市场筹集更多资金缓解科普经费来源单一困境。正如《科学素质规划纲要》中提出的大力推动科普事业与科普产业发展，积极实践“产业+科普”的协同发育模式。

4.1.4 助力社会治理能力现代化

社会治理能力现代化要求社会治理具有较高的法治化、科学化、精细化水平和组织化程度，以民为本、服务居民的多方参与、共同治理是社会治理能力现代化的题中应有之义。这与科普社会化协同中强调的多元科普主体参与的精神内核不谋而合。无论是城市社区治理还是乡村治理，当前基层涌现的治理新挑战和新形势都进一步明确了社会治理能力亟待提高的诉求。

基层社区治理科学化水平不高、城乡居民参与社会治理的积极性与活力不足、社区治理体系不完善等都是社会治理能力现代化提升的梗阻。而科普社会化协同紧抓参与主体多元化的内核，协同多方社会力量，尤其关注公众参与科普，深入基层，真正将科普功能的实现与社会治理紧密结合，科学普及与社区建设相互促进，公众素质与社会治理能力同频提升，科普社会化协同成为科普撬动社会治理杠杆的重要表现。

融入社会治理能力现代化背景下的科普，其功能体现为：其一，提升基层居民参与社区治理的能力与热情。科普在提高公众科学素质、提升公民参与社会治理能力的同时，也在潜移默化地影响着社会文化氛围，营造了公民参与社会治理的良好文化环境，基层居民在这种文化环境的促使下，会更有热情参与包括政治、经济、文化等多元社会活动。其二，提高城乡社区居民凝聚力。科普社会化协同重视公众的参与度，科普活动的开展将有效遍及基层社区，提高基层科普活动参与度，用丰富多彩的活动拉近居民间的距离，增强凝聚力，强化组织力，进一步深化社会治理能力现代化。其三，融通共建共享的社会治理参与理念。科普社会化协同生态下的科普关注公众科普需求，尊重公众科普意愿，公众不再仅仅是被动的科普接受者，更是科普内容的决策参与者，同时也可能是科普内容的提供者，真正实现社会科普的共建共享，通过科普自主性的提高进一步激发居民参与社会治理的内在活力。

科普社会化协同意在构建全民科普、全域科普的“大科普”工作格局，与社会治理能力现代化中共建共享共治的社会治理目标相得益彰，因而，科普社会化协同生态的建立必然会从全社会视角助推社会治理能力现代化水平的提升。

4.2 科普社会化协同的经济效益

尽管科普投资主体上是一种公益性投资，不以追求经济效益为优先目标，但作为文化服务产业的一种类别，与经济收益仍然息息相关，同时经济效益作为最容易量化的指标也是科普效果评价中不可或缺的构成模块。

科普社会化协同创造的经济效益可以分为直接经济效益和间接经济效益两个层级。直接经济效益主要表现在科普产业的繁荣和获利，而间接经济效益则表现为目前以公益性为导向的科普并未突出直接创造财富来实现经济收益，通常需要中间环节作用于社会经济活动[①]，最终产生经济效益。这一中间环节就体现为能力的获得、技术的习得以及规则的掌握，也就是通过科普实践，科普主体为科普受体提供生产技能、约束规则以及创新思维等具有创造经济价值的个人品质和素养能力，使受体能够运用它们在社会经济活动中更具能力，从而创造更多经济效益。

4.2.1 科普社会化协同的直接经济效益

科普社会化协同创造直接经济效益。科普的经济功能主要表现为它对第一生产力的转化、产业结构的优化和经济可持续发展的推动作用。[②] 科普社会化协同具有经济、社会、文化、教育、科技、环境等多种功能，从整个社会经济系统甚至社会环境系统来看，如果把科普作为一个“准要素”来考虑，这些功能可以集中表现为，提高人的素质，促进人的全面发展，从而促进技术进步，改善系统的功能，提高系统产出[③]，产生直接的经济效益。通过科普社会化协同功能的实现促进科学技术与经济紧密结合，既有利于促进新兴产业的形成，又有利于使传统产业得到改造，有利于实现技术创新和产业升级，获得新的经济增长动力；同时，还可以进一步刺激需求结构的变化，从而拉动产业结构的变化，使产业结构从劳动密集型向技术密集型升级转化。[④] 除此之外，

① 郑念、张利梅：《科普对经济增长贡献率的估算》，《技术经济》2010 年第 12 期，第 102~106、112 页。

② 赵东平、赵立新、周丽娟：《加强科普产业发展研究　推动科普工作社会化》，《学会》2019 年第 3 期，第 57~60 页。

③ 郑念、张利梅：《科普对经济增长贡献率的估算》，《技术经济》2010 年第 12 期，第 102~106、112 页。

④ 马宇罡、苑楠：《科技资源科普化配置——科技经济融合的一种路径选择》，《科技导报》2021 年第 4 期，第 36~43 页。

科普社会化协同通过联合多元科普主体，打造科普产业市场协同竞争发育态势，促进科普产业资本不断增加，从而增强推动科普产业蓬勃发展的基础力量。

科普社会化协同生态的建立能够通过协同机制促进科普产业的发展。由于我国科普事业规划中的公益性要求一直被置于很强的期待和约束，长期以来，科普体制一直以事业建制为主，从近年来的操作实践及成效看，不适应市场运行机制、不利于综合优化与多元化配置资源的缺陷已经相当明显，难以满足市场对科普产业发展的强劲需求。同时，现有扭曲严重的科普产业过分依附于政府主导型科普事业的推进逻辑，而相应的科普事业产业融合协作机制建设的滞后，则严重制约了科普产业的良性发展、损害了科普产业发育的正常生态。

协同型科普产业市场竞争业态主要体现在包括政府、企业、高校、科研院所、社会组织等在内的多种主体，融合多主体资源力量将社会多领域的产业与科普交集，在大型企业与大学等资源体直接下场、金融投资流入、税收政策减免等的作用下，促使科普产业发展融入社会协同大局的目标才能顺利实现。当前统计口径下的科普产业实际上是非常扭曲的，大多数狭义界定的科普企业主要业务领域面向封闭性特征突出的垂直 B 端市场，即为科技馆、科普教育基地、自然科学博物馆等科普场馆提供科普产品或科普应用服务，较少对 C 端用户即社会公众直接提供相应科普服务，仅在若干科学教育领域与社会公众接近性较强，但未形成市场合力，这样的市场发展机制也导致了科普企业无法真正深入了解科普受众的实际科普需求，无法激发市场活力，无法发育成为规模产业。而科普社会化协同强调的主体与公众之间的协同促使科普实践能够顺应公众日益增长与变化的实际需求，各主体在科普市场需求精准适时把握下协同竞争发育，科普产业才有可能改变现在的附属特征过强的缺陷而快速成长起来。

科普产业是为科普系统运行提供资源、产品和服务的各类经营实体的集合，科普产业同时也是基于科学技术大规模社会化利用发展起来的特殊产业，由科普产品的创意、生产、流通和消费等环节组成，在市场机制的基础调节下，向国家、社会、公众提供科普产品和科普服务。[①] 科普社会化协同的作用则是通过技术传播促进生产方式和产业结构变革，推进科普产业融入社会协同为经济社会发展提供高素质人力资源，促进提升现实生产力，从而能够被广泛应用融合于社会各领域的消费促进，从而系统促进生产力发展。从目前《科学素质规划纲要》的明确规定来看，科普社会化协同功能的实现能为优化经济发展的技术环境做出重要贡献，表现在科普与农业、工业、服务业、旅游业等产业融合的趋势愈发明显，如各种智慧农业科普服务平台的建设助力中国走向现代农业发展道路、科普旅游业带动区域文化经济提质增速等。当下，我国科普产业发展较快且具有一定规模的业态主要有科普展教、科普出版、科普影视、科普网络信息、科普教育等。此外，新近异军突起的中国科幻产业也是科普产业创造经济效益的重要部分，据《2021 中国科幻产业报告》数据，2020 年中国科幻产业总值为 551.09 亿元，其中科幻阅读产业产值为 23.4 亿元，同比增长 16.4%。科幻影视产业产值为 26.49 亿元。科幻游戏产业产值 480 亿元，同比增长 11.6%。[②] 中国科幻产业已经展现出细分产业的发育魅力。近年来，面对当前传统产业增长乏力，以科普社会化协同高新技术产业、“互联网+”等为代表的新经济悄然崛起，日益成为支撑经济提质增效的一股关键力量。[③] 科普社会化融合文化、旅游、体育等产业的新业态也如雨后春笋般破土而出，布局蓄势。

4.2.2 科普社会化协同的间接经济效益

科普社会化协同创造间接经济效益。经济社会本体的快速发展为科普工作顺利开展提供了强有力的保障和支撑，而科普赋能多元业态在促进经济社会发展方面发挥了重要助推器的作用。从间接效益上说，科普社会化协同功

---

① 王康友、郑念、王丽慧：《我国科普产业发展现状研究》，《科普研究》2018 年第 3 期，第 5~11、105 页。

② 曹雪苹：《中国科幻电影产业链现状、问题及对策探析》，《四川省干部函授学院学报》2022 年第 2 期，第 57~63 页。

③ 唐菡容：《加快形成“科普社会化”发展新格局》，《华东科技》2022 年第 8 期，第 33~36 页。

能主要通过提高公众科学素质和激发公众创新意识、推动成果转化、营造文化环境以及维系人与自然和谐等机制产生间接经济效益。

首先，科普社会化协同通过提高公众科学素质和激发公众创新意识带来间接经济效益。科学素质是公民素质的重要组成部分，我国公民科学素质建设是坚持走中国特色自主创新道路、建设创新型国家的一项基础性社会工程，是党和政府主导实施、全民广泛参与的社会行动。[①] 而科普社会化协同能够在引导公众建立科学、文明、健康生活方式，弘扬科学精神和民族精神等方面起到关键作用，从而为经济社会健康发展提供基础保障。在我国的科普实践中，各类从事科普工作的组织、机构等在科普实践中向全社会范围内的国民对象弘扬了科学精神、培育着科学理念，提高了公众科学素质，已经显著促进了科学在中国社会被接纳和应用的程度。

科技创新是推动人类社会进步的关键力量，科普事业与产业则通过知识服务在科技创新发展中起到支撑和黏合作用。从思想层面来看，科普通过传递科学思想、科学精神激发公民创新意识，并逐渐扩散而形成社会创新的文化意愿，从思想战略层面为营造经济社会发展最需要的创新生态发挥奠基作用；从行为层面来看，科普工作与实践培训的结合能够帮助公民提高创新创业实践动手能力，让其体验了解最新的科技手段与工具，为创新创业实践提供操作方法与技能支持；从培育社会创新文化氛围来看，科普社会化协同通过前述的思想与行为层面激发公民创新意识，连接科学与公民，强化了科学与社会的互动，从而培育浓厚的创新文化氛围，这也将进一步助推公民创新意识的可持续发展。

其次，科普推动科技成果转化带来间接经济效益。科学技术是第一生产力，通常情况下也是一种潜在的生产力，必须通过工程化、市场化的有效转化，才能变为现实生产力，而科普社会化协同功能的实现则能大大加速这一

---

① 齐培潇、王宏伟：《发挥科普工作助推器作用　促进经济社会高质量发展》，https：//www. crsp. org. cn/plus/view. php？ aid＝3193，最后检索时间：2022 年 10 月 1 日。

转化过程。科普通过多领域赋能，根植于教育产业、制造服务产业、商业服务产业、科学文化产业等渠道，推动丰富多彩的成果转换到国家与民生消费中，科技成果通过科学普及的广延性和外渗性特点，转变为物质形态的生产力和知识形态的潜在生产力。[①]

在促进经济增长的过程中，科技由外生变量逐渐动态化转为内生变量。作为外生变量，科技通过科学普及渗透到经济系统诸要素中；作为内生变量，科技直接促进经济增长。人力资本作为间接促进经济增长的关键要素，通过教育、培训等途径获取科学技术相关知识、掌控操作工具系统，使得这些劳动力自然形成递增收益，并且可以带动其他要素产生递增收益，为经济的发展注入复合增量的动力。

再次，科普通过营造良好的科学文化环境带来间接经济效益。科学文化环境建设是科普的重要内容和高层次目标，可以为科普工作提供科学文化的丰厚资源；而科普本身也是传播科学文化的重要渠道，并能在整个社会范围内为文化环境建设的发展奠定公众基础。

同样，科普社会化协同生态能够提升全社会范围内的科普能力，增强科普氛围，营造优质的科学文化环境，而作为生态系统的重要部分、致力于经济业态创新的科普产业则会加速科学技术与社会的积极互动，为人民生活工作科学化、社会治理科学化等做出贡献，将科学思想普及到社会生活的方方面面，实现在科普社会化协同的过程中加强科学文化环境建设，在普及科技创新成果中对社会观念和制度产生广谱化的影响。在科普事业发展中，针对科技创新的成果、方法、思想、精神在全社会进行广泛深入传播，为大众营造富有创造力、创新观的文化，对推动当代社会生产力的发展，推动中国式现代化道路下经济社会的良性运转和有序运行非常关键。

最后，维系人与自然和谐带来间接经济效益。科普的目的是提高公众科

---

① 田雪：《浅谈科技馆建设对社会经济发展的影响》，《现代经济信息》2013 年第 14 期，第 397 页。

学文化素质，满足人们物质、文化和精神需求。通过科普行为和科普手段系统地开展社会活动，所表现出的效果具有渗透性、广泛性、深远性。[①] 科普通过传播手段对个人、组织、大众等对象产生作用，使其相应的技能、素质、观念、行为等发生良性改变，进而对人类所处的环境产生影响，实现促进经济社会与人文生态可持续发展的目标。

在走中国式现代化道路的“两山”理论中，可持续发展的一个重要方案是，通过全民化的科普，促进经济发展从以单纯经济增长为目标的发展转向经济、社会、生态的综合发展，从有形的物质资源主导推动型的外延式发展路径转向无形的信息和知识资源主导推动型的内涵式发展，对改变传统的以“高投入、高消耗、高污染”为特征的生产模式和消费模式，实现低投入、低消耗、清洁生产和文明消费，对在协同优化的目标下提高经济效益、保持强大的可持续发展能力具有重大战略意义。

4.3　科普社会化协同的制度效益

制度是权利、规则、原则和决策程序的集合。如国家机关、企事业单位在机制设置、领导隶属关系和管理权限划分等方面的体系、制度、方法、形式等，它们引发社会实践，为实践的参与者分配角色，并指导实践彼此间的互动。[②] 机制原指机器的构造和运作原理，借指事物的内在工作方式，包括有关组成部分的相互关系、各种变化的相互联系。[③] 制度之下的机制是解决功能性议题或区域问题的特定制度；而制度效益则是通过制度调节或变迁获得的收益，体现在通过降低交易费用、减少外部性和不确定性等给经济人提

---

① 齐培潇、王宏伟：《发挥科普工作助推器作用　促进经济社会高质量发展》，https://www.crsp.org.cn/plus/view.php?aid=3193，最后检索时间：2022年10月1日。

② Oran R. Young, *Governing Complex Systems: Social Capital for the Anthropocene* (Massachusetts: MIT Press, 2017: 27-28).

③ 陈典松、陈志遐、邓晖等：《民间组织参与科普的体制、机制研究——对广州民间组织科普创新现状的观察与思考》，载中国科普研究所编《中国科普理论与实践探索：第二十六届全国科普理论研讨会论文集》，科学出版社，2019，第194~204页。

供的激励与约束。

当下的中国，科普制度的改革会显著助力科普体系的可持续发展。科普社会化协同这一变革战略方案带来的制度效益体现在科普社会化协同通过联合多元社会力量参与科普，改变单一政府主导的传统科普体制，构建多元科普主体资源融合、协同运行的创新制度，有效实现多元科普主体在组织建设和业务工作上融合发展，推进决策、监督、执行的协同治理机制不断完善。

我国的科普体制长期以事业建制为主导，政府指导科普实践是科普体系运行的主要方式，这种体制就造成了科普工作很强的行政化倾向。行政化当然有资源集中、直接推动力强等有利因素，但行政化带来的问题也较多体现在以下方面。

首先，科普工作的专业性被降低。在我国既往的操作实践中，科普工作长期被视为一种常规性、事务性的工作，体现在主要以科普展览、科普活动的形式出现，追求操作简单化，通过可测可观的数据展示即时效果，其核心目的通常不在于普及知识，而是完成强单一主体安排的科普任务，这也间接导致了对科普从业人员的准入要求不高，难以形成激励科普人才能力提升的科学促进机制。

其次，科普工作的行政化倾向很强。在行政体系中，“政绩观”贯穿已久，影响深刻。科普作为一种为公众服务的政府主导的实践要求，显然也会被视为彰显政绩的手段，在这种观念的影响下开展的科普实践通常注重工作显示度，如建造的科普场馆数量、开展的科普活动场次、发行的科普手册种数等，但其中真正与公众需求相匹配的内容却缺乏深入了解和评价的机制。长此以往的科普行政化体制形成的“自上而下”的科普方式，通常习惯从主体认为的公众应该掌握什么知识出发进行科普，而忽略公众真正需要知识的适时对话交互机制。同时，在事业建制的科普体制下，对社会多元组织的协同管理以及积极利用还是明显不足的，自然也就导致无法充分发挥社会多主体的科普力量。

此外，既存科普体制方面的缺陷带来的最大影响就是抑制科普工作创新性和开拓性，导致这一体制对于社会环境的敏感度与应变能力的不足。行政化色彩强烈的科普体制已经不再适应《科学素质规划纲要》语境下的社会环境[①]，在信息资源获取方式高度多样化与人机交互化的今天，公众关于科学知识的需求越发主动、新鲜、富有探索性，且囿于信息海量和渠道极其多元，对科学知识传播普及与表达方式的要求也越来越高。衡量我国公民科学素质的构成要素包括科学技术知识、科学思想、科学方法、科学精神以及分析判断事物和解决实际问题的能力，建设什么样的科普体制亟须从提高公民科学素质的角度出发，科普工作也需要在科普体制良性改革的引导下系统性思考如何适应新时代的社会科普需求。

科普社会化协同带来的制度效益表现为创新科普体制机制，可归纳为创新科普运行机制、创新科普扩散机制以及创新科普激励机制。[②]

创新科普运行机制方面。科普社会化协同语境下，科普工作的决策过程不再局限于依赖单一的科普主体，而是由以高校、科研院所、企业、社会组织、媒体等各科普主体在政府的政策法规引导下，结合公众丰富新鲜的科普需求，使科普工作的产出符合多层级大众科普市场需求。同时，反馈体系与监督体系贯穿于科普工作实施以至实现多重效益的全过程，各科普主体以及公众的及时反馈不断推动科普主体间的协同，实时监督也能助推科普工作实现及时纠偏，反馈监督体系则会促使科普工作运行保持动态最优状态。如在解决科普社会组织分散性的问题中，对于科普企业追求利益不顾科学或社会价值的行为上，政府等公共机构的参与会对其科普行为形成监管约束等；对于各组织机构科普项目资金是否落实到位、专项资金是否合理使用等情况，政府可以通过科普项目资金使用情况安排制度化的专项调研对科普工作进行现状监督。此外，在科普社会化协同发展到社会化协同生态系统后，各科普主体的边界渐趋模糊，并进行着深层次交流合作，科普主体在发挥自身特殊

① 朱洪启：《从科普体制视角谈科普人员队伍建设》，《科技传播》2018 年第 20 期，第 186~187 页。

② 赵阳、苏周平：《三螺旋视域下科普产业协同创新机制的建构》，《中国市场》2022 年第 18 期，第 73~75 页。

功能优势的同时，也会借助融合扮演其他主体的角色，发挥其他主体的部分功能。如高校、企业、政府之间创新资源和要素实现深度融合与重组，形成交互的组织模式，在这其中企业也可以成为发挥类似高校教育培训的科普主体功能。

创新科普扩散机制方面。在科学知识的生产、适配传播形态、审核科普内容、接收科普内容的科普传播全过程中，科普社会化协同中的高校、企业、科研院所、政府、社会组织、媒体等科普主体均在其中承担着相应的角色，发挥着应尽的功能。同时，在科普社会化协同生态中，“扩散”范围及影响远远超出在某一科普主体范围内的扩散，这样就会实现扩散的多元叠加效应。

创新科普激励机制方面。科普社会化协同能实现科普工作全链运行中各主体的有效联动，而激励机制是实现联动的关键动力因素。科普社会化协同生态下的激励机制强调整体性、协调性与针对性，激励的对象涵盖科普的产出主体、传播主体、科普管理机构，甚至科普的接收主体。[①] 对于不同的主体实施针对性的激励机制，同时处于协同生态中的各主体运行动态更加透明，有助于实现激励机制的灵活性，如具有优质科普资源的社会组织因缺乏财力、人力而出现资源浪费的现象，政府随时可以通过政策激励、税收优惠等提供应有的资金支持。如财政部、海关总署、税务总局三部门于 2021 年 5 月联合出台了《关于“十四五”期间支持科普事业发展进口税收政策的通知》，提出自 2021 年 1 月 1 日至 2025 年 12 月 31 日，对科技馆、自然博物馆等科普单位进口科普影视作品及国内不能生产或性能不能满足需求的科普仪器设备等科普用品，免征进口关税和进口环节增值税。[②]

总体而言，科普社会化协同生态的建立正是应对既有科普体制因不能随

① 李侠、李格菲：《关于科普供给激励机制的一些思考》，《科学教育与博物馆》2016 年第 4 期，第 256~259 页。

② 《财政部　海关总署　税务总局关于“十四五”期间支持科普事业发展进口税收政策的通知》，http：//www. chinatax. gov. cn/chinatax/n810341/n810825/c101434/c5163816/content. html，最后检索时间：2022 年 12 月 3 日。

新时代发展主题重大变迁做深度调整而导致老化的重要途径。通过创新科普运行机制、创新科普扩散机制以及创新科普激励机制，全方位要求科普工作转变运行架构及指导观念，在适应科普工作自身发展规律的基础之上，将全方位、高质量满足公众需求作为科普工作的新导向，调整了过去行政化科普体制“自上而下”逐级传导目标与动力的线性多层级组织方式。

社会化协同机制下的科普一个非常重要的变化是，从基础架构上可以充分发挥事业性和产业性协同及融合的优势，从整个协同系统出发既有利于宏观把握科普现状，又可以深入市场及时了解公众鲜活的科普需求。因此，从提炼反思过去的科普体制带来的问题出发，可以发现科普社会化协同对解决因科普体制老化而产生的多种问题及新形势引发的系列挑战有较强的针对性。同时，科普社会化协同作为《科学素质规划纲要》提出的“打造社会化协同、智慧化传播、规范化建设和国际化合作的科学素质建设生态”的“新四化”中的核心部分[①]，这一协同机制本就是对科普体制的优化，能够使得科普协同更加顺畅，而且系统内部具有的协同性也是对科普体制高质量发挥功能的核心保障。

---

① 李侠、李格菲：《关于科普供给激励机制的一些思考》，《科学教育与博物馆》2016年第4期，第256~259页。

第五章
科普社会化协同的管理机制探究

2002年颁布的《科普法》第6条明确表示："国家支持社会力量兴办科普事业。社会力量兴办科普事业可以按照市场机制运行。"2021年国务院颁布的《科学素质规划纲要》中强调要坚持协同推进，各级政府强化组织领导、政策支持、投入保障，激发高校、科研院所、企业、基层组织、科学共同体、社会团体等多元主体活力，激发全民参与积极性，构建政府、社会、市场等协同推进的社会化科普大格局。凡此种种上位文件，已从国家法律法规层面为科普社会化协同生态的建立提供了合规性保障。从科普事业20多年的发展现状来看，确实呈现了越来越多的社会力量加入科普实践汇聚潮流的明确趋势，但由于社会力量以多元主体形式存在，各主体间性质不同、资源类型不同、工作目标不同、运作方式不同、参与方式也不同。而多主体彼此间欠缺协同的问题一直很典型的存在着，而且在20多年里的实质性改变并不显著，因此在形成最大效益、充分发挥社会力量促进科普的效应方面亟须做重大的转型。[①] 本书需要梳理的科普社会化协同生态管理机制，其中心就是探究如何通过协同管理模式更好地实现科普社会化协同生态的良好运行。

5.1 科普社会化协同管理机制理论与模型构建

研究科普社会化协同生态管理的机制是认识和把握科普社会化协同生态

① 陶春：《社会力量多主体协同开展科普事业机制研究》，《科普研究》2012年第6期，第35~39、51页。

机理的重中之重。任何一个系统的运行机制一旦形成就会作用于整个系统自身，使得系统按一定的运行规律存在并发展演化。构建科普社会化协同生态管理机制的模型是深入探究科普社会化协同运行规律的基础，其必要性源于科普社会化协同生态体系的多层级、多链路构成的运行复杂性。大略而言，科普协同至少包括了科普组织间协同、组织与传媒系统协同、传播主体与环境及传播对象间的协同，以及各系统间科普目标的协同等，需要通过管理机制分析掌握整个体系协同的运作原理及过程，以及各部分协同处于系统中的哪一环节，协同效应在系统中是如何产生的又如何作用于整个系统等关系状态研判。因此，建构出有较高效率的管理机制模型对掌握科普社会化协同生态的运行机理具有核心意义。

协同管理机制作为实现整个系统协同管理的核心，也是协同学研究的重中之重。研究者从原理阐释角度，对协同机制的内涵做了如下阐述：机制是指系统内不同要素之间的相互联系、相互作用，由于这种联系与作用才使得系统以一定的方式运行。从系统的角度出发，机制是系统赖以生存的物质结构、动因和控制方式。① 机制作为系统演化的内部动力，就是系统内部的一组特殊的约束关系，它通过一定的规则规范系统内部各要素之间以及各要素与系统之间的相互作用、相互联系的形式、原理等。白列湖以协同论、管理协同理论以及系统机制理论为基础构建了协同管理机制模型，其分为协同形成机制、协同实现机制以及协同约束机制。其中，协同形成机制表示组织系统具有的目标和管理协同的目标具有一致性，但目标能否实现需要衡量现实发展与理想目标的差距，从而确定协同管理形成的基础与动因；协同实现机制则表示管理协同的基本过程，是由包括协同机会识别、要素协同价值预先评估、信息沟通、要素整合等一系列管理活动构成的；协同约束机制则贯穿于协同管理的整个过程，是协同管理实现的保障。三大协同机制相辅相成，缺一不可。在此基础上其分析了企业协同管理系统的机制。② 陶国根将协同

① 寿文池：《BIM 环境下的工程项目管理协同机制研究》，重庆大学硕士学位论文，2014。

② 白列湖：《管理协同机制研究》，武汉科技大学硕士学位论文，2005。

机制分为协同的形成（动因）、协同的实现（过程）以及协同的评价（结果）三个方面，构建了社会管理的社会协同机制模型。① 胡育波将协同管理过程分为潜在协同和现实协同，潜在协同则指企业进行协同前必须预估协同后的价值，包括评估效益、寻找协同空间、探索协同方法，为实现管理协同效应奠定基础，现实协同则指实现协同管理的基本途径。②

本书借鉴上述企业与社会生态协同研究者的观点，特别是研究者白列湖的协同管理三大机制，结合科普领域特性从中进行详细的维度提炼，将科普社会化协同生态管理机制分为科普社会化协同管理的形成机制、实现机制以及约束机制③，形成如图 5-1 所示的科普社会化协同生态管理机制模型。

5.1.1 科普社会化协同管理的形成机制

(1) 目标共识

构建科普社会化协同生态体系的前提是要认识科普社会化协同的目标，只有在预先把握目标与发展方向的基础上，才能围绕该目标设计如何实现的方式或手段。同时，科普主体也有自身的目标追求，判断各科普主体目标与科普社会化协同目标的关系也是构建科普社会化协同的前提假设。按照《科学素质规划纲要》，科普的目的在于向公众普及科学知识、倡导科学方法、传播科学思想、弘扬科学精神，提高公众运用“四科”处理实际问题与参与公务事务的能力。④ 因此，科普社会化协同的目标应集中体现在整合社会力量协同开展科普实践，促进公众对于科学的理解，提升公众的科学素养。在整个社会范围内提高了科学的信任度也就为科学进一步促进生产力水平提升做出了贡献。

---

① 陶国根：《论社会管理的社会协同机制模型构建》，《四川行政学院学报》2008 年第 3 期，第 21~25 页。

② 胡育波：《企业管理协同效应实现过程的研究》，武汉科技大学硕士学位论文，2007。

③ 白列湖：《管理协同机制研究》，武汉科技大学硕士学位论文，2005。

④ 陈套：《我国科普体系建设的政府规制与社会协同》，《科普研究》2015 年第 1 期，第 49~55 页。

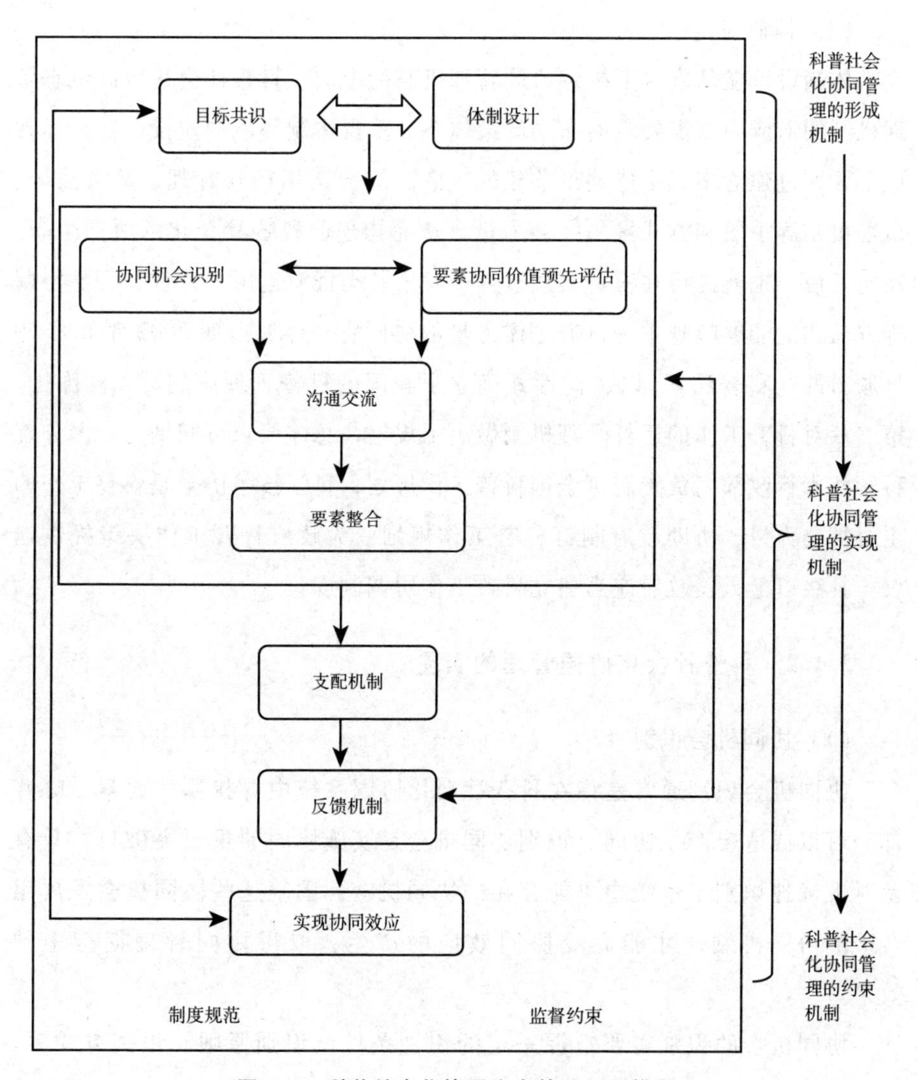

图 5-1　科普社会化协同生态管理机制模型

在科普社会化协同体系的建构中，科普主体大致可概括为企业、高校、科研院所、政府、媒体、科技型学会、社会组织、公众等，这些科普主体在系统中处于不同的生态位，也具有不同的性质、功能，对其在科普生态体系中的目标进行分析，在总结归纳各主体实施科普实践的目的后，才能更清晰地发现各主体目的与协同目的的表层与隐性关系。

（2）体制设计

体制设计能从宏观上推进协同管理机制的形成。科普社会化协同生态管理机制的形成通常需要政府布局政策体系，重视体制环境的建设，在目标共识下，通过建立多元主体共享共建的理念，综合运用行政管理、政策法规、市场机制等手段和方式聚集社会力量，从而构建起科普社会化的协同生态。换句话说，也就是要在科普实践过程中对于各类资源运用、合作、利益协调等方面建立能够超越单一科普主体力量的协同管理体制。如 2002 年 6 月 29 日颁布的《科普法》，以法律形式确立了我国的科普管理体制。《科普法》第二章对科普工作的运行管理机制做出了规定，总体要求可归纳为：国务院科学技术行政部门负责制订全国科普工作规划；科学技术协会是科普工作的主要社会力量，协助政府制订科普工作规划，为政府科普工作决策提供建议；县级以上人民政府应当建立科普工作协调制度。

5.1.2 科普社会化协同管理的实现

（1）协同机会识别

协同机会识别通常是指在科普社会化协同系统中寻找哪些要素、哪些部分可以或适合产生协同。识别协同机会是实施协同的重要突破口，只有及时准确地识别了系统中可能存在的协同机会，围绕这些协同机会发展出合适的协同机制，才能促成协同效应的产生，取得协同管理期待中的效果。

协同机会的识别需要掌握一定的识别条件、识别原则、识别方式等。协同机会的识别针对的是正处于不稳定状态中的组织系统，因此当前处于不稳定、无序状态下的系统是协同机会识别的前提，正是基于此，一系列必备的识别原则成为正确识别协同机会的保障，如适应性原则、互补性原则、利益共生原则以及诚信原则①等。对于科普社会化协同管理而言，协同机会的识别就是协同的管理方、主导者、协调方在具体的科普实践中

① 白列湖：《管理协同机制研究》，武汉科技大学硕士学位论文，2005。

发现协同的机会，识别协同机会的核心方法就是通过识别发展中的制约因素或发展瓶颈来发现潜在的协同机会。在科普社会化体系尚未完备之前正是识别科普社会化协同机会的最佳阶段，通过对外部环境以及子系统内部的状态进行调研反馈从而识别出能够激活更大范围、更深层次的科普社会化协同机会，如当前已经开展的各类科普活动评估、科普能力评估以及科普效果评估等始终同步于科普社会化协同的整个建立过程，在评估中发现协同的问题与困境正是科普社会化协同管理落实识别协同机会的重要表现。

（2）要素协同价值预先评估

进行协同管理的实质就是为了实现协同效应，使得科普社会化协同系统发挥整体功能从而产生更大的价值，本质实际是各要素之间协同会产生的价值增值。所以从运行逻辑看，对各要素协同价值的预先评估能够预判协同管理将为协同系统带来的效应，并且能够助力于挖掘协同要素的潜在价值。需要注意的是，评估的重心并不是在协同过程中各要素本体的价值，而是各要素在协同系统发生关系中发挥协同作用的价值。

协同价值是相对于协同成本而言的，任何一个协同系统在识别协同机会基础上进行协同管理的过程中，协同价值和协同成本都是其必然产物。对要素协同价值的预先评估，最终目的是为了通过比较协同价值和协同成本的大小来确定协同机会的识别是否正确。如果协同价值远远大于协同成本，则说明该协同机会将带来的实际价值是正向的，也就是说协同机会的识别是正确的，是可以进行的；而如果协同成本大于协同价值，则说明协同机会带来的实际价值是负向的，并不能够产生应有的协同增值效应。要素协同价值会受到多方面实践把握及扰动因素的影响，比如各要素之间的配合程度、要素之间的互补性、系统内外的环境状态等。在科普社会化协同体系中，这一影响体现为科普主体之间的配合程度、特性互补以及科普环境发育状态等。尽管要素协同价值预先评估在实际操作中具有很高的难度，但是这一过程是必不可少的，它对于前述的步骤即协同机会的识别具有良好的反馈作用，同时也对后续各要素之间的整合、沟通交流等具有重要的参考价值。科普社会化协同体系，要素协同价值预先评估更多地体现在科普能力建设的评估体系，通过建立科普主体的科普能力建设评价指标体系，针对高校、企业、科研院所、政府、媒体、社会组织等科普主体设计如科普基础投入、科普制度机制建设、科普平台建设、科普活动等评价指标，并综合各主体科普效果，建构影响科普协同效果的要素价值分析体系。

（3）沟通交流

良好的沟通交流功能会促使协同系统中各子系统以及各要素间能够实现协同，使得系统能发挥出整体功能。按照协同理论的原理，实现协同目标最终都要落实到系统中各主体的具体行动方式上，沟通交流对于统一各主体之间的思想以及行为方式能起到桥梁和纽带的作用。无论是协同机会识别还是要素协同价值预先评估，都需要在沟通交流的基础上被系统各主体深入了解、认同并接受，最终才有可能转化为协同系统中的协同行为，产生协同运作生态最终的价值与意义。一方面，沟通交流可以促进系统内部各子系统之间的协同。在科普社会化协同体系中，以高校、企业、科研院所、政府、媒体、社会组织等科普主体通过构建沟通交流平台，形成完备的沟通渠道，逐渐优化沟通话语，实现各子系统之间的需求对话，如高校内部设立的高校科协、高校与企业搭建的产学研平台以及以“科创中国”为代表的资源整合与供需对接的技术服务与交易平台。另一方面，沟通交流机制是促进组织系统与外部环境之间实现协同的必要途径。科普社会化协同能够深入推进社会力量参与科普与当下社会环境高度契合，包括经济环境、政策环境、技术环境以及文化环境等。沟通交流为提高组织系统的黏合度做出贡献。

（4）要素整合

整合即为对事物的结构进行重构并形成新的一体化过程。在科普社会化协同管理过程中，要素整合指的是在协同机会识别、要素协同价值预估和沟通交流的基础上，通过综合、联系、交叉、渗透等方式，把不同要素、部分结合为一个协调统一的有机整体，从而实现协同管理目标，提高协同系统整体性程度，实现协同增值效应。在科普社会化协同系统中，要素整合的本质是对各科普主体具备的功能、资源等进行权衡、选择、协调和配置的过程。整合有利于科普社会化协同系统实现协同目标所需的各种分散功能，具体到科普要素系统，就是在科普社会化协同管理过程中，充分发挥高校、企业、科研院所、政府、媒体、社会组织、公众的功能优势，使得这些主体能够在紧密配合与互补机制的作用下完成系统的协同目标。

（5）支配机制

支配机制是指系统在变革阶段，其各子系统或各要素在协同作用下创造序参量。所谓“序参量”是指某个参量能够反映系统中新结构的有序程度，主要表现为该参量在系统演化中从无到有，并且指示新结构的形成。序参量反过来则会支配各子系统或各要素的行为方式，在“伺服原理”（伺服原理指快变量服从慢变量，序参量支配系统行为）下，又强化了序参量本身，从而使整个系统自发地从变革阶段的无序状态走向有序状态，产生新的功能结构。在科普社会化协同系统中，可以理解为当科普主体间协同作用达到饱和阶段、无法获取突破性协同效应时，根据内外部环境的变化以及各主体拥有的资源，部分要素通过对系统施加影响，在涨落和非线性相干的作用下，形成能够支配系统发展演化的序参量，也就是关键驱动因素，从而促使科普协同系统能够产生整体功能效应。

（6）反馈机制

在以上环节发挥作用的基础之上，才能最终走向实现协同目标的路径，达成“1+1>2”的整体功能效应。但这一走向并不意味着这种整体功能效应就一定会达成协同系统所追求的协同效应，最后一步则是通过反馈机制将最终达成的效果与期望的协同目标进行对比，从而判断是否实现了协同效应。如果没有实现则需要根据前述环节进行重新考虑，由此才最终形成科普社会化协同实现机制的闭环。在科普社会化协同体系中表现为若社会力量协同参与科普最终达成的科普效果与科普社会化协同制定的目标共识一致则说明实现了协同效应，若不一致，则说明尚未实现协同效应，需要综观协同实施过程，依据反馈具体内容，从协同形成阶段开始逐步梳理，自下而上发现问题、解决问题，勘正协同实现的路径。

5.1.3 科普社会化协同管理的约束机制

科普社会化协同管理的约束机制是运用科学的方法、遵循一定的原则和程序，对各类科普工作及科普要素及其产生影响的过程进行监督与约束，从而提升科普工作管理水平和效果的一系列科普管理活动的总称。约束机制贯穿整个科普社会化协同管理的全过程。约束和控制是保证科普社会化协同顺利实施的重要保障，也是科普社会化协同管理机制中不可分割的一部分。缺乏约束和控制的协同机制可能会在实施过程中偏离轨道，使得系统演化方向无法控制。科普社会化协同系统运行中，除了科普主体要素还包括丰富多元的环境要素，虽然并非直接参与科普活动，但这些影响因素始终贯穿系统发展全过程，通过对科普主体行为的规范、监督和制约来影响整个协同作用的产生。从科普社会化协同机制形成过程中的约束来看，可以将约束机制划分为制度规范和监督约束两类。

（1）制度规范

制度规范是科普社会化协同在管理过程中借以约束全体组织成员行为，确定办事方法，规定工作程序的各种规章、条例、守则、程序、标准等的总称。其目的是实现组织的目标。近年来，我国科普社会化协同取得了显著成绩，积累了很多宝贵的经验，但由于各种因素，在社会化协同过程中的一些科普工作还存在效率不高、责任不清等问题，直接影响着科普功能的正常发挥。完善各类科普活动管理制度，明确科普工作人员的职责和任务，定期制订和完善科普工作规范，及时进行总结，保证科普社会化协同有计划、有步骤、有措施、有实效。

在科普社会化协同系统中，制度规范可以理解为促进社会力量参与科普实践的相关政策、法规等。其中既包括激励制度，也包括制约制度。激励制度是给予科普工作更高的定位，建立和完善培养、奖励机制，增加科普工作的获得感。健全科技奖励与激励制度，对科普事业做出杰出贡献的单位和个人，依照相关规定予以表彰；健全人才评价体系，在表彰奖励、人才计划等方面给予扶持。制约制度是对科普组织建设、队伍建设、设施管理等工作的实施过程中加以约束与规范，保证科普工作的有效进行，提高科普工作管理水平，强化管理机制。

科普社会化协同制度规范的主要作用是对科普过程及时加以约束，完善科普工作中存在的不足，指导今后科普工作的规范化发展。因此，建立和完善科普评价系统应该是以问题为中心，最大限度地解决实际问题。① 例如，当前科普社会化协同缺乏战略规划，科普项目重复情况大量存在，科普专业机构缺乏经费和专业科普人员，管理水平长期落后，效率低下，缺乏创新的动力和创新的活力等。针对这一系列问题，科普社会化协同的各主体需要建立科普工作的规范化制度体系，将科普工作制度化、程序化，将实施科普工作管理进行制度化、规范化。

《中国科学技术协会事业发展“十四五”规划（2021—2025 年）》就明确了实施科普规范化建设工程是推动科普服务高质量发展的重要抓手，这也是科普社会化协同管理中的制度规范机制作用的充分体现。科普标准化工作是关系我国科普工作可持续发展的基础性工程，是实现科普社会化协同生态的关键途径。基于“制定‘十四五’科普服务标准修订指南，制定实施科普服务标准化工作指导意见，促进构建包括国家标准、行业标准、地方标准、团体标准和企业标准的多维标准体系。鼓励全国学会和地方科协研究制定科普相关服务标准”等多举措构建系统全面的科普标准体系，同时加快包括青少年科普、应急科普等重点领域标准制订，加强科普标准化建设推广应用，建立科普标准实施信息反馈评估机制，依据评估结果修订标准，进一步优化科普标准化体系。

（2）监督约束

科普社会化协同管理机制的良性运行，需要切实落实监督和约束。监督约束主要体现在科普社会化协同管理中的实现机制中，通过对前述实现机制中各个环节进行监督约束，保障科普社会化协同作用的产生。约束机制还可

① 郭瑜：《建立科普评估制度，提升公民科学素质》，载中国科普研究所编《中国科普理论与实践探索：新时代公众科学素质评估评价专题论坛暨第二十五届全国科普理论研讨会论文集》，科学出版社，2018，第 112~119 页。

以从构建利益相关者的权利约束机制、责任约束机制、利益约束机制出发。保障科普社会化协同系统中的科普质量，需要建立科普质量评估标准、建立科普质量评估的机构平台等。建立科学、合理的监督约束机制，加强对各类科普工作的及时评估，有助于及时阻止潜在问题的产生，为科普社会化协同管理机制的有序运行奠定基础。

科普社会化协同约束机制中监督约束部分可以分成三个子模块：战略规划或计划的事前规范、重大活动或项目的监管、组织及管理范围的约束。在这三个子模块的引领下，再去构建监督约束的具体范围、内容以及方式。监督约束机制的设立需要对思路进行拓宽，在实践中探索科普的组织形式、工作方法、管理办法的运行机制，在现实情况的基础上努力开拓科普社会化工作新局面。同时，监督约束不能过于僵化，需要考虑各方能动性，充分激发高校系统、科研院所系统、企业系统等多元主体的能动性，带动全民参与科普积极性，构建政府、社会、市场等协同推进的社会化科普大格局。[①]

5.2 科普社会化协同管理机制现状

科普社会化协同机制构建中，各科普主体作为协同体系的核心要素，具备不同的特性与优势，与环境之间也存在不同的关系，每一种科普主体在科普社会化协同生态管理的形成机制、实现机制以及约束机制方面均会存在不同的表现形式。当前，科普社会化协同总体仍处于发展起步阶段，以高校、企业、政府、科研院所、社会组织以及媒体为代表的科普主体在协同管理机制上存在既有的若干协同成果，也有较多尚未涉及之处，科普社会化协同管理体系尚未较好地建成运行。

5.2.1 大学系统现状

高等学校是本科院校、专门学院和专科院校的统称，主要分为普通高等

① 《国务院关于印发全民科学素质行动规划纲要（2021～2035 年）的通知》，http://www.gov.cn/zhengce/content/2021-06/25/content_5620813.htm，最后检索时间：2022 年 12 月 3 日。

学校、职业高等学校、成人高等学校几个大类。大学系统强调高校体系的完整性和协同性，从外部来说，大学系统涵盖本科院校、专门学院以及专科院校，从内部来说，大学系统也囊括了高校内部的若干部门、学院或管理系统，如党团、行政、教辅、学工、教务、后勤等多重子系统。[①]

（1）大学系统科普社会化协同管理形成机制

大学科普体系在理想的建制化层面布局，通常以高校科研部（科技处）—学校科协为中心，校内多主体联动开展科普工作。高校与社会科普主体的协同受到高校科普体系协同管理机制的牵制，既包括教育体系、政府、上级科协—科技部门对高校在科普实践方面的体制机制、政策规划、战略部署等的影响，也会基于高校科研部（科技处）—科协及高校其他组织的科普工作规划开展科普社会化协同。其中高校科协作为高校党政部门联系广大科技工作者的桥梁和纽带，是促进科普创新的重要平台。[②]

我国的高校数量众多，归属不一，由于各高校上级管辖部门的不同，对于高校各方面的工作部署也会有所区别，其中必然也包括对高校科普工作的体制规划。目前我国高校的归属大致可以分为教育部直属高校、其他部属高校、省属高校、省教育部门所属高校、省部共建高校、中国科学院直属高校以及军队系统高校。高校的管辖部门对于高校科普工作在目标共识以及体制设计上具有宏观把控的作用。

从教育体系上来说，教学育人是教育体系的核心，科普本身就具有教学内涵及传播知识的形式。我国教育体系对于高校的科普工作部署通常以指导高校进行的学科类创新计划、学科性指导规划等与学科专业密切相关的体制规划，如 2017 年 6 月教育部印发的《普通高等学校健康教育指导纲要》，以及 2018 年 4 月教育部印发的《高等学校人工智能创新行动计划》中，都明确了高校在其中的科普责任。与此同时，2017 年 12 月中国科学院印发了《关于在我院研究生教育中实施科普活动学分制的通知》，推动院属机构开

① 李滔、黄光琳：《基于高校系统管理的大学生社会责任感提升机制研究》，《前沿》2013 年第 24 期，第 115~116 页。

② 马凤芹：《关于高校科协发展的思考》，《江苏高教》2012 年第 2 期，第 38~40 页。

展科普学分制实施工作；2021 年 6 月 25 日国务院印发的《科学素质规划纲要》中提出推动设立科普专业，更明确了高校作为教育体系核心地位的科普职责与使命。对高校的科普实践工作上的部署集中体现在对其教育资源的利用上，多以鼓励、支持高校将相关的教学、科研资源对外开放以参与公众科普实践为主要政策内容，高度重视学生课堂的科普主渠道作用，同时也强调高校中学生社团、博物馆、校史馆、图书馆、实验室、科普基地等的多元科普渠道的辅助。

从政府体系上来说，营造社会整体科学文化氛围以及提高全体公民科学文化素质是其科普工作部署的核心目标。如在国务院颁布的《科学素质规划纲要》中，明确提出了推进高等教育阶段科学教育和科普工作的要求，从科学教育资源、科学教育人才等方面对科学教育的未来发展进行了一系列规划，尤其是立足于高校的学科建设，提出了推动高等师范院校和综合性大学开设科学教育本科专业的设想，进一步将科普深度融入高校职能，明确高校的科普主体责任。

高校科协是在所属地上级科协和校党政领导下的科技群团组织，是中国科协在高校的基层组织，是联系学校科技工作者的重要桥梁和纽带，是发展高校科技事业的重要参谋，是高校科技和教育事业发展的重要组成部分。高校科协一般挂靠于高校的科研部或科技处，业务上接受上级科协组织的指导。

高校科协的主要职能可以分为以下三个方面：服务于科技创新的科学发现和技术发明的创造过程；服务于科普创新的科学和技术的传播过程；服务于自由与自律探索的原始创造的培育过程。[①] 因此，在高校科协的职能定位中，科普就是其中心职能部分。各高校科协在章程上通常也会明确自身的科普责任，如吉林大学科协工作职责第七条明确指出高校科协要“调动广大师生参与科普活动的积极性，利用学校丰富的科普资源，面向社会开展科学技术教育和普及活动，提高全民科学素质”；中国科学技术大学科协章程中

① 靳萍：《论高校科协的发展与责任》，《中国科技论坛》2008 年第 12 期，第 18~21 页。

明确提出高校科协应“依托学校科技教育资源开展科学技术普及，弘扬科学精神，普及科学知识，传播科学思想，倡导科学方法，提高学校师生及社会公众科学素质”。

上级科协对于高校科协的工作部署同样属于社会化协同管理的一部分。如2015年1月发布的《中国科协教育部关于加强高等学校科协工作的意见》中，明确强调了高校科协开展科学技术普及活动以及加强科学道德的工作任务。

高校科协联盟也是推动高校科协协同管理的重要表现形式。中共中央于2016年3月印发的《科协系统深化改革实施方案》中提出，要推动科协组织向高等学校和科研院所延伸，鼓励支持高等学校建立科协，支持大学生科协活动，根据需要建立高等学校科协联盟，促进学科交叉融合。这正是从体制层面上对高校科协融入协同机制的布局。高校科协联盟是由各高校科协基于自身发展联合建立的一种战略性联盟①，是协同高校科协发挥更大力量的平台，有利于开放整合高校科协资源、发挥高校科普资源组织管理的协同效应，从而增强高校科协的生命力、延展高校科协发展空间、深化与社会责任的多维度联系。

以上这些章程以及政策正是从目标共识和体制设计上实现对高校科普实践的布局，是大学系统科普社会化协同管理形成机制的主体内容。

（2）大学系统科普社会化协同管理实现机制

高校科普工作的主体较多，教学、科研、宣传、学工、院系、学生团体等都是校内参与科普实践的主体，各主体具有不同的科普方式、科普渠道及科普资源。多主体的泛科普在校内外科普实践中协同形成高校科普推进体系，在校党政统一领导下的各科普主体通常会基于各自优势全方位开展校内外科普实践，这是高校校内科普力量协同的基础，同时也是发现并扩张社会化协同科普机会的前提。

---

① 冯立超、刘国亮、张汇川：《基于生命周期理论的高校科协联盟的组织模式研究》，《中国科技论坛》2018年第12期，第16~27页。

以吉林大学科协为例，吉林大学科协成立于2016年9月，由个人会员和团体会员组成，涵盖青年科协、大学生科协、老年科协、部分附属医院的科协组织及理论上应该涵盖的校内全部科研人员，按照章程是吉林大学最大的群团组织。该校科协整体工作布局包括六个专门委员会，即学术交流专门委员会、决策咨询专门委员会、科学技术普及专门委员会、科技成果转化专门委员会、学术道德专门委员会以及学术期刊发展专门委员会，其中专门布局了科学技术普及委员会，负责科协的科普工作。该校科普工作校内外协同管理主要以科协为核心，协同学工、团委、研究生部等其他主体开展相关工作，如科技活动周中校科协协调统筹国家重点实验室的开放，校博物馆、科技馆、标本馆的对外开放，以及实现与学生科协和学生科技社团的互动链接，体现了高校联合组织体系内部的协同运作，也为实现科普社会化协同奠定了组织内部一体化的基础。

吉林大学进行校外科普实践时，校科协也通常作为对接沟通的角色，成为校内科技工作者与社会科普受众连接的纽带。从沟通交流机制上来说，一方面，与高校密切联系的校外主体，如吉林大学附属医院，通过医疗下乡、医疗到社区、咨询义诊等活动实现社会化科普服务；同时，校科协科学技术普及专门委员会也接纳了附属医院的成员作为委员，通过校内外组织资源链接整合实现协同管理。另一方面，在教育部高校定点扶贫政策下，吉林大学对接相应的扶贫点吉林通榆县，通过资政服务、公共卫生帮扶、人才培养及培训、科技成果转化、文化交流等方式实现主体拥有的科普资源的社会化扩散。同时，还协同长春市委、市政府构建科技扶贫培训体系，发挥政府统筹社会科普需求的优势与高校科普资源富集的优势，这也是协同实现机制中要素整合机制的实际体现。

（3）大学系统科普社会化协同管理约束机制

高校达成科普社会化协同管理过程中必然会贯穿一系列约束机制，从制度规范到监督约束，具体可以体现在高校对于科普人员的激励机制、高校科普经费的管理、高校科普社会化协同的效果评估等。在当下的高校科普体系中，对科普人员的激励机制的建构还处于探索阶段，大多数高校对于高校教职人员的科普工作并没有涉及相应的评价体系，但也不乏一些早期试探性的尝试。比如，浙江树人大学是由浙江省政协和省教育厅共同主管、实行董事会领导下的校长负责制的全日制普通高等民办本科院校，该学校在对老师的考核体系中构建了三个部分，分别是教学占比 70%、科研占比 25%、育人占比 5%，其中科普工作就包括在育人部分。东北师范大学将科普工作也划为学校的国家教学实验中心的考核部分，考核实验中心对社会科普的贡献程度。对于科普经费的管理约束则普遍体现在一些科协的章程中，科普经费管理的具体规范通常一致，以中国科学技术大学科协章程为例，其中表述为校科协应建立独立的财务账目，执行国家有关财务管理制度，定期向代表大会和委员会报告财务收支情况，并接受会员监督。

高校在科普社会化协同效果的评估尚未实现独立的建制化评价要求，尚未建立起评估制度，高校的科普服务职能也一直未明确。目前来说，由于高校参与科普的主体较多，在现有科普统计口径上有统一的困难之处，主要是必要的界定依据尚未完成提炼厘清，而这正是大学系统科普社会化协同绩效评估亟须解决的问题。

5.2.2　企业系统现状

企业是市场经济活动的最主要参与者，企业系统在商品经济范畴内，作为组织单元的多种模式之一，是按照一定的组织规律，有机构成的经济实体。[1] 企业以赢利为根本目标，通过投入和输出，组织运作产生利润；以公众的利益为目标，以获得收益为目的，以提供商品或服务来获得可持续发展。中国市场在政府鼓励积极创业的背景之下，企业类别繁多，涉及各行各业。就企业规模而言，因企业技术水平和资金、劳动力密集度不同，一般分为大企业、中企业、小企业三种。在全球经济化时代，提高核心竞争力是企业发展的重要目标，而建立学习型人才队伍，形成优秀的企业文化，则是企

① 《科普与创新“双管齐下”提高企业核心竞争力》，https：//m.gmw.cn/baijia/2022-09/14/36024473.html，最后检索时间：2022 年 12 月 3 日。

业实现这一目标的关键。企业科普的任务，是在切实可行的范围内，适时有效地开展科普工作，促进创新人才成长，推动企业高质量发展，提升社会公众的科学认知。[①]

随着科普社会化协同深入企业系统的内涵和外延的不断扩充，有效地改善科普资源同质化的情况，调节科普资源的结构平衡，构建多元化的科普资源开发链条成为当前的新诉求。[②] 这一新的内生性动力与外部要求推动着科普公共服务市场化改革和竞争机制的进一步完善，对增加优质科普产品和服务供给拓展了规模的发育空间。

（1）企业科普社会化协同管理形成机制

在目标共识达成上，企业围绕科普社会化协同思考可行性的方式或者手段是非常引人关注和经常产生争议的。因为一般的共识认为企业实践活动的本质是以赢利为目的，似乎与科普事业公益性的指向有一定的冲突，但企业依存于社会发展，根植于社会土壤之中，以各种形式参与社会实践活动是企业融入社会环境以促进自身更好发展的必要环节，同时也是履行企业社会责任的方式，不去履行这一职责显然也是不合适的。总的来说，企业参与科普的动因包括进行产品营销、树立良好的社会形象、履行社会责任、实现与社会的协调发展几个大的指向。企业科普在满足社会公众获取知识与服务的同时，也在开拓市场，获得经济效益，但从效果来说，企业科普最终的目的仍然是提高公民科学素质，使得企业与社会科普协调发展[③]，并在这一进程中实现企业的经济效益和社会价值。

以浙江欧诗漫集团公司为例。被誉为“珍珠王国”的浙江欧诗漫集团公司专研珍珠养殖、珍珠产业科技开发等领域已逾半个世纪，其开创性设立欧诗漫珍珠博物院对珍珠文化进行宣传和科普，是企业科普社会

① 《科普与创新“双管齐下”提高企业核心竞争力》，https：//m. gmw. cn/baijia/2022-09/14/36024473. html，最后检索时间：2022 年 12 月 3 日。

② 马文丽：《新时代企业科普资源开发策略分析》，《中外企业文化》2021 年第 9 期，第 87~88 页。

③ 康娜：《企业科普主体作用研究》，北京工业大学硕士学位论文，2012。

化协同生态管理机制成功运用的典型案例之一。欧诗漫与政府积极开展合作，以科普社会化协同生态体系打造以珍珠文化为主题的特色旅游小镇。欧诗漫通过德清县政协的牵线搭桥与其他相关企业签约合作，为科普社会化协同生态的进一步推进提供了良好的契机。在此过程中，欧诗漫通过科普社会化协同推动企业系统资源优异的科研进程、科技成果面向社会大众科普传播，繁荣企业产品服务类科普创作多姿多彩，激励企业产出多种媒介形式的优质科普作品与产品，让企业知识与技术创新成果走进科普工作。在科普社会化协同生态管理的形成机制建立上，欧诗漫协同各方主体的目标，设立省级科普教育基地——欧诗漫珍珠博物院，开展承接接待、青少年研学等工作，面向社会公众实现珍珠文化与产品技术知识的科学普惠。这种协同过程不仅是企业系统自身市场变现的需求，也是构建科普社会化协同生态不可或缺的基本宗旨。当然，在这一过程中如何约束与规避企业利润最大化追求面向多对象动态平衡是需要进行制度设计和全程评价的。

（2）企业科普社会化协同管理实现机制

对企业自身具备的科普要素和外部科普资源进行管理开放宗旨的评估，是推进科普社会化实践持续有效开展的重要支撑。[①] 企业参与科普实践可以分为企业内部科普和外部科普。企业内部科普的对象是企业内部成员，对成员进行科技教育以及职能培训，以提高企业内部技术创新和履职能力为主要目的。企业外部科普的对象是社会公众，核心受众一般为企业产品以及服务的消费者，主要科普内容以与企业产品或服务相关的技术咨询、产品使用咨询服务为主，主要目的是提供更优质的企业消费中与消费后服务，树立市场营销与产品消费的良好口碑。企业外部科普的另外一大实践空间是投入一定的资金、人力、物力、技术等支持一般性社会科普。[②]

在企业和科普社会化协同的良性互动发展中，如何智慧地实现科普资源

① 康娜：《企业科普主体作用研究》，北京工业大学硕士学位论文，2012。

② 许金立、张明玉、邬文兵：《企业参与科普的动因分析及引导措施探析》，《科技与管理》2009年第3期，第70~73页。

开发、共享、利用，以及在把握各要素共性和差异的基础上对多要素进行协同和整合，是科普融入企业文化建设的基础路径。随着公民科学素质的持续提升带来的公民追求幸福生活需求的日益升级，科普资源贴近市场化前沿的经营方式有助于不断发掘“价值洼地”，从而能及时将科普开发能力投向最有益于科普市场消费的具体领域。在此基础上，企业面向市场消费的科普新产品的不断丰富才会获得显著的增值效益，而在当前的公民科技化生活与科普产品知识化消费特征突出背景下，数字化、智能化和网络化支撑将更加有力地促进科普与市场前沿需求的衔接。

以重庆植恩药业有限公司为例。在科普社会化协同生态的管理机制运行实践中，该企业整合各要素，将科普组织模式进行项目化。典型做法如由行政部主要负责人牵头项目化科普工作，在每一个部门设有一个唯一的接口人，在公司内部形成一个项目化运作的组织，以项目化组织和兼职的模式做科普，既实现高效运作，又解决企业专门设置科普岗位难的问题。同时，在基础设计时，公司把科普融入企业文化建设，结合药品企业特点，在茶水间、洗手间设有很多药品常识和日常健康小贴士，包括二十四节气或者一些重要节日开展养生、用药健康的提醒和指导，并植入整个企业的产品。在企业科普植入有个细分，比如说这 50 种药由植恩药业做整体科普，相当于有一种侧重，形成统筹规划。通过科普社会化协同提升科普质量、提升科普感知、推进科普落地才更有价值，更有利于企业科普的落地和推广。在科普管理机制项目化的基础上，推进科普产品市场化的进程。植恩药业组建直播队伍，包括创始人和公司各类不同人员，在淘宝、天猫、京东、拼多多都有直播，公司还建有自己的直播平台，开展医药知识科普和药品推介。企业和科普的结合使得新业态不断涌现，通过协同生态管理的实现机制，为保持全域科普活力积蓄了强大动力。

（3）企业科普社会化协同管理约束机制

提高企业科普工作综合管理水平，根据科普工作实际，制订企业科普工作管理制度，其目的是实现组织在激励促进的同时必须保持的管理约束目标。比如，宁夏共享集团股份有限公司对制度规范进行创新，建立了一套新的数字化管理体系，具体包括十六项制度和一个体系手册，分为创新项目、创新成果、知识产权和创新评价四大部分，同时把这一个体系和十六项制度全部实施数字化平台管理。企业的监督约束机制通过对前述实现机制的各个环节进行监督约束，强化企业落实主体责任。通过企业科普社会化协同管理约束机制的有效运行，保障企业科普社会化协同作用的产生。

又如，宁夏嘉禾花语生态农业有限公司提供标准化和规范化的监督约束机制、保障科普社会化协同作用的产生，也是实践中颇为经典的推进方式。宁夏嘉禾花语生态农业有限公司设有企业科协，内部相关的制度、组织机构相对健全，在此基础上发挥企业科协组织协调和监督约束的作用。在该公司，企业科协是联系企业和政府、社会群体之间的桥梁，推进公司科普面向多层级社会界面与人群；同时，企业开设微信公众号以及短视频账号，在视频发布中有公司内部审核机制，确保生产创作内容的科学性和研究性。在制度规范和监督约束的基础上，丰富企业科普内容，创新企业科普形式，共享企业科普资源，助力构建主体多元、手段多样、供给优质、机制有效的体系。

从操作实践的经验看，企业系统的科普社会化协同一方面要充分利用企业资源激发社会的科普内生动力，另一方面要实施管理评估确保系统运作的有效性。企业科普社会化事前的管理评估作用在于推算出值不值得开展该科普活动，开展该科普活动的投入产出比有多大，投入多少效益最佳，等等；事后管理评估则是检验绩效，从而评估科普活动策划人和组织者的相关能力，并初步得出今后还能不能继续支持类似活动项目的结论。

企业系统科普活动效果如何，需要一定的评估手段。[1] 通过分析科普活动的相关因素，建立企业系统管理的制度和评估的标准是十分重要的。比如，重庆两江半导体研究院有限公司主要致力于做产教融合，从学生到岗位存在“最后一公里”问题，解决这一问题是科教融合型社会化科普成功与

① 许金立、张明玉、邬文兵：《企业参与科普的动因分析及引导措施探析》，《科技与管理》2009 年第 3 期，第 70~73 页。

否的关键，半导体研究院按照行业教育做科普的原则，在及时进行管理评估上下了功夫，见到实效。重庆两江半导体研究院有限公司根据科技创新主体科普服务的指标体系进行管理评估与及时考核，指标分为两个部分，不仅包括数据性的指标，还有文本性的指标。考虑到单从数据去考虑的话可能过于机械化，企业纳入一些文本型的数据指标，把可能不太好量化的科普工作内容纳入进来，对科普成效及时评估反馈。特别是科技馆是半导体研究院有限公司产教融合的一个公益的承载体，作为科普教育最重要的阵地、青少年科学教育基地，每年都会多次举办大型科普活动及馆校合作特别教育活动。这类活动效果需要一定的管理评估，特别是科技创新主体科普成效评估具备专业性和公立性，有公平中立的态度。

5.2.3 政府系统现状

政府是指国家进行统治和社会管理的机关，是国家表示意志、发布命令和处理事务的部门，实际上是国家代理组织和官员的总称。政府的概念一般有广义和狭义之分。广义的政府是指行使国家权力的所有机关，包括立法、行政和司法机关；狭义的政府是指国家权力的执行机关，即国家行政机关。[①] 政府系统通常包括政府工作部门、直属特设机构、直属行政机构、直属事业单位、直属经济单位等。政府系统组成部分的完整性与体系化是实现政府系统科普社会化协同管理的组织基础。

（1）政府系统科普社会化协同管理形成机制

按照科普社会化协同生态构建中主体功能分工配合的机制、政府在科普工作大协同中扮演着的角色，可以从科普的管理者、投入者、科普环境的营造者以及具体实施者[②]四个方面分析其参与科普的目的及功能。从政府作为科普管理者而言，政府参与科普实践是为了对科普实践进行规划、协调以及监督，从宏观把控的角度保证社会科普能够顺利进行；从政府作为科普的投

---

① 李鹏：《公共管理学》，中共中央党校出版社，2006。

② 顾万建：《政府在科普中的角色定位》，《学会》2005 年第 6 期，第 49~50 页。

入者而言，政府参与科普实践是为了对科普事业所需资源进行规划、协调、投入，为科普事业的顺利进行提供资源供给的基本保障；从政府作为科普环境的营造者而言，政府参与科普实践是为了通过制定相应的法规政策、奖惩机制等，营造有利于科普事业有序健康发展的社会氛围；从政府作为科普具体实施者而言，政府参与科普实践是为了利用自身资源优势、渠道优势、人员优势发挥科普力量。从目标共识方向上来说，政府基于服务人民的性质，参与社会科普自然是以提高公民科学素质为最终目的，主要是为了实现科普的社会效益，实现全社会范围内的科学素养的提升，提升社会治理与创新发展能力。

政府作为统筹协调科普工作的基础推动与管理者角色，对于推进科普社会化协同的方式较多体现于各种政策的制定、颁布与实施促进。如2021年最新发布的《科学素质规划纲要》以提高全民科学素质为目的，部署全民科普实践，其中明确提出要坚持协同推进，各级政府强化组织领导、政策支持、投入保障，激发高校、科研院所、企业、基层组织、科学共同体、社会团体等多元主体活力，激发全民参与积极性，构建政府、社会、市场等协同推进的社会化科普大格局。[①] 各省份政府也积极通过政府主导的政策规划，明确集聚社会力量构建科普社会化协同的大科普格局。如《上海市科普事业“十四五”规划》中，阐述了科普社会化工作格局已初见成效，科普联席会议协调联动机制进一步优化，在下一步的发展目标和思路中，提出了包括“注重社会化推进”在内的六大工作基本原则，具体工作做法中强调“建立科普社会共建体系”，鼓励社会力量建立科普联盟，旨在提高社会各科普主体共同参与科学普及的积极性和主动性；又如天津市高度重视科普事业，将“全域科普”纳入天津市“十四五”规划建议，市科协在此基础上加快全域科普纵深发展，深化全领域行动、全地域覆盖、全媒体传播、全民参与共享，科普工作质量和水平达到新高度。

---

① 《国务院关于印发全民科学素质行动规划纲要（2021～2035年）的通知》，http://www.gov.cn/zhengce/content/2021-06/25/content_5620813.htm，最后检索时间：2022年12月3日。

（2）政府系统科普社会化协同管理实现机制

政府在推动科普社会化协同的过程中，通过统筹指导或实践参与实现了一系列具体的科普实践成果，其中中国（芜湖）科普产品博览交易会是一个很典型的行动计划案例。中国（芜湖）科普产品博览交易会（以下简称“科博会”）是由中国科协与安徽省政府主办，安徽省科协与芜湖市政府承办的国家级展会。“科博会”截止到2022年已经举办了十届，前九届“科博会”累计有3000多家国内外厂商参展，展示科普产品4.3万件，交易额达45亿多元，观众达175万人次。在2021年10月结束的第十届“科博会”，现场观众达到16.2万人次，交易额高达16.5亿元[①]，再创新高。第十届“科博会”围绕的中心正是“科普中国”和“科创中国”，体现了国家发展战略中科创、科普“两翼齐飞”的要求。在科普的社会需求日渐高涨的社会背景下，科普产业应运而生，“科博会”作为科普事业和科普产业共同融入社会化协同科普的载体，通过集中展示的形式汇聚了来自世界各地的科普主体单元，为各地科普受众带来了科普视觉盛宴及集聚型交易消费。

“科博会”作为在政府指导下创办的科普产业成果交易博览会，可以认为是政府在其中发挥着核心协同管理的作用，也就是充分利用了政府集聚优质科普资源、协调社会科普主体力量的优势，“科博会”已经成为公益性科普事业和经营性科普产业并举体制的新张力体现。[②] 正是通过政府的集中协调，将“科博会”视为推动全民科普、促进社会化协同科普的契机，政府在组织这一大型活动的过程中，持续强化了自身在协同社会力量开展科普服务方面的组织领导力。在当代中国的举国体制特色下以政府为核心主导的活动，在筹办过程中能获得更多的政策支持以及资源保障，从而构建出一个高效协同、社会效果显著的“科博会”。连续多

① 《第十届中国（芜湖）科普产品博览交易会将于10月中旬举办》，http：//www.kepu.gov.cn/www/article/dtxw/245ad075b2e94edb89de7fe4ea68b3d1，最后检索时间：2022年12月3日。

② 高瑞敏、张顺：《建立公益性科普事业和经营性科普产业并举体制的新张力——基于中国（芜湖）科普产品交易博览会案例研究》，《经济研究导刊》2012年第1期，第146~147页。

年持续成功举办的“科博会”，在激发全民参与科普积极性，构建政府、社会、市场等协同推进的社会化科普大格局奠定基础方面做出了显著贡献。

（3）政府系统科普社会化协同管理约束机制

政府在社会化科普协同过程中侧重发挥管理者的角色，在激励机制以及监督约束上则发挥着核心作用。这一方面的具体表现集中在相关的政策条例以及规划。如在国务院印发的《科学素质规划纲要》中，从宏观上提出了科普的相关激励机制，诸如鼓励国家科技计划（专项、基金等）项目承担单位和人员，结合科研任务加强科普工作；推动在相关科技奖项评定中列入科普工作指标；推动将科普工作实绩作为科技人员职称评聘条件；将科普工作纳入相关科技创新基地考核；开展科技创新主体、科技创新成果科普服务评价；等等。其核心在于将科普工作与服务的产出视为一种评价指标来认定科普工作的绩效。

此外在机制保障上，《科学素质规划纲要》强调完善科普工作评估制度，在条件保障上，提出制订科普专业技术职称评定办法、开展评定工作、将科普人才列入各级各类人才奖励和资助计划等举措。这体现了政府系统在科普社会化协同管理中更多作为评估制度的制定者和监督者的角色定位。

5.2.4 科研院所系统现状

科研院所系统主体上是独立于大学系统之外的研究院所系统，但也有少部分属于与高校有关联或协作的复合属性单元。国内的科研院所从事的活动也是各不相同的，大致可分为政府所属科研院所、公益性质的科研院所、从事基础研究的机构、面向市场的科研院所几种类型。[1] 比如，政府所属科研院所、国家计委产业发展研究所、中国原子能科学研究

① 张欣超：《基于 IPD 模式的科研院所研发管理优化研究》，首都经济贸易大学硕士学位论文，2020。

院、中国兵器装备研究院等。科研院所作为产学研联盟的主体之一，通过与高校、企业等不同主体在学术上交流合作，提高科普社会化的协同程度。

（1）科研院所科普社会化协同管理形成机制

科研院所作为科学知识的创新发源地，是社会化科普的中坚力量之一。《科普法》也明确提出："科学机构应当组织和支持科学技术工作者开展科普活动，鼓励其结合本职工作进行科普宣传；有条件的，应当向公众开放实验室、陈列室和其他场地、设施，举办讲座和提供咨询。"科普是科学研究前进的动力组成部分，科学事业需要得到公众的理解、认同和支持，才能实现更加健康可持续的发展[①]；而公众对科学事业的支持和理解又会受到自身科学素质水平的制约和影响，这就需要通过科普提高公众的科学素质，这也是科研院所参与科普实践的重要目的之一。

科研院所参与科普实践的另一个重要目的是保障公众对科学研究的知情权。在对科研院所评估科普社会化协同的目标与发展整体把握的基础上，才能围绕该目标设计如何实现该目标的方式或手段。作为紧密关联的科研院所、高校和科技型学会同为科学知识的生产者，三者达成目标共识能够实现协同联动，为科普内容的生产提供更多的科普知识或者产品的供给。例如，中国公众科学素质促进联合体由中国科协倡导，125个具有重大影响力的科研机构、企业、媒体、高校、学会等共同发起，通过建立一个新型的联盟来探索中国科普研究的新模式，并期望联合打造一个科普社会化协同的新引擎。

（2）科研院所科普社会化协同管理实现机制

科研院所在要素整合机制中，结合自身要素优势，探寻开展科普工作的新方式。科研机构的科技人员通常把科普视为科研工作及成果转化的重要议程，共同推进科研院所建立一种将科学技术研究开发的新成果及时转化为科

① 马金香：《浅析自然博物馆与高校及科研院所的合作——以天津自然博物馆为例》，《自然科学博物馆研究》2016年第2期，第64~71页。

学教育、传播与普及资源的机制，目前已经成为助力科研院所科普社会化工作实施的重要路径。

以国家重要科研院所和天津自然博物馆合作下的科普社会化实践为例，其在管理机制上积极进行要素整合，创新发展协同科普新模式的经验值得思考。首先，建立联合研究基地或中心，主体方之一的中国科学院古脊椎动物与古人类研究所与天津自然博物馆成立了“中国科学院古脊椎所—北疆博物院联合研究中心”，邀请专家现场定向指导，聘任学术委员会馆外专家组成员，参与南开大学等高校的教学和社会实践。该研究中心与南开大学合作完成《中国蜻类昆虫鉴定手册》等著作，与南开大学、河北大学等学术单位组织开展生物多样性调查活动。其次，为了提升博物馆科研力量不足带来的服务水平缺陷，先后又从中国科学院动物研究所等单位引进一批高学历人才，同时还与高校联合，定向培养博物馆急需和紧缺人才，如南开大学有名师讲堂的特聘导师，天津师范大学相关专业培养了优秀的人类学研究者①，将科研院所的内外部资源体做有序协调，致力于发挥科普社会化协同生态管理机制的最大效力。

在科普社会化协同管理的实现机制上，中国科学院西双版纳热带植物园是成功的典范之一。中国科学院西双版纳热带植物园是一所集科研、物种保存、科学与教育于一体的综合性科研院所。西双版纳热带植物园按照协同理论的原理，将科普方案落实到系统中各主体的具体行动上。中国科学院西双版纳热带植物园科学节从科普活动、科普场馆、科学传播等多个方面为广大市民特别是青年学子们进行科普，使他们通过对自然的认识，进而热爱科学，增强保护自然的意识。在科学节开展的前期，利用媒介进行科普和宣传，以吸引科研工作者和学生的积极参加。在科学节的举办过程中，利用网上的实时转播，吸引大众的注意力，并请各大新闻机构进行新闻报道。沟通交流环节对于统一各主体之间的思想以及行为方式能起到

① 马金香：《浅析自然博物馆与高校及科研院所的合作——以天津自然博物馆为例》，《自然科学博物馆研究》2016 年第 2 期，第 64~71 页。

桥梁和纽带的作用，与学校沟通并且展开合作，邀请了当地中学生及家长来到现场，为更多的孩子提供了与科学家面对面交流的机会，提升科学节的地区影响力。同时，根据公众的反馈对活动适时做出调整，达成“1+1>2”的整体功能效应，最终形成科普社会化协同实现机制的闭环。这种协同机会的正确识别和要素协同作用的预估价值是在沟通交流的基础上，被系统各主体深入了解、认同并接受，最终才有可能转化为协同系统中的协同行为，最终在科研院所科普社会化协同管理实现机制上达成多方共赢的良好成效。

（3）科研院所科普社会化协同管理约束机制

研究组在2018~2021年的实际调研中发现，科普社会化工作的监测和评估机制目前相对缺乏，对科普的具体效果缺乏及时的反馈和准确的了解，使得科研院所在内的若干创新+科普主体的科普功效难以得到更充分的发挥。2017年12月中国科学院印发了《关于在我院研究生教育中实施科普活动学分制的通知》，以有一定约束性要求的方式鼓励全体院属研究院所及院属大学的在校研究生参与科普活动。① 据调研，中国科大、国科大、大连化物所、深圳先进院、物理所等5家单位已实施科普学分制。对科普学分制进行评估发现其推行特征如下：高校和研究所的科普学分制组织部门略有差异；科普学分制采取多样化实施形式；研究生存在科普课程需求。科普学分制实施过程中由于缺少有效的管理与约束机制，也出现了一些问题：院属机构性质不同，学分赋予权限存在差异；学分标准与现行教育学分制体系不匹配，融入存在困难；科普学分涉及部门盘杂，缺乏协同推进机制。据调研，科普学分制实施需要多部门协同推进，各院属机构学分认定部门与科普实践组织部门分属不同序列。不同部门在课程开设与实施情况、活动标准制订等方面定期交流不足，缺乏科普学分制协同推进机制。总结而言，应当在计划开始操作前

① 周德进、马强、徐雁龙：《关于研究生科普活动学分制问题的若干思考》，《科普研究》2018年第6期，第81~85、112~113页。

制订可以参照和遵循的制度规范，通过对各个环节的监督约束要求及执行指标的设立，保障科普学分制多元主体与服务对象协同作用的产生，否则几乎难以避免出现各系统要素脱节和难以落实的情况，无法取得预期的新的科普制度实践效力。

科研院所作为科学家和工程技术人员的集合体，其科普效果评价指标、方法的研究和探索对于其他行业和组织开展科普工作效果管理评价具有非常重要的先导性作用和参考价值。[①] 科研院所系统科普社会化协同的管理评估需要聚焦到对科技工作者开展科普工作的评价与认可。以中国气象科学研究院科研院所系统科普社会化协同管理评估机制的建立为例，将科普工作纳入科研院所系统目标考评体系并建立科学严谨的评价指标是对其进行科普效果评价的先决条件。中国气象科学研究院在明确项目科普任务要求后，将科普规范化管理列入具体的考核指标。具体的科普效果评估指标体系如表 5-1 所示，其中一级指标分为科普宣讲报道、科研实验室开放、科普产品、科普信息化、获奖情况五类，下设 9 个二级指标，在二级指标的基础上，又下设 20 个三级指标。[②] 通过全方位的有效评估，让科普成为科技创新工作的有机组成部分。通过建立科学化、严谨化的管理评估考核指标让科普产出与效果衡量具体化、规范化，让科研院所系统科普工作在产出拉动指向上取得更好的社会和经济效益。

5.2.5　社会组织系统现状

社会组织是指在社会转型阶段由不同社会阶层的公民为了实现特定目的、宗旨等自发成立的，具有非营利性、非政府性以及社会性特征的组织。在中国，社会组织通常是以“协会”“学会”“商会”“研究会”等后缀名称表示的会员制组织或者各种基金会、民办培训机构等。社会组织系统则进

① 刘波、任珂、王海波：《科研院所科普效果评价指标与方法探讨——以中国气象科学研究院为例》，《科协论坛》2018 年第 2 期，第 6~9 页。

② 刘波、任珂、王海波：《科研院所科普效果评价指标与方法探讨——以中国气象科学研究院为例》，《科协论坛》2018 年第 2 期，第 6~9 页。

表 5-1　中国气象科学研究院科普效果评估指标体系

一级指标	二级指标	三级指标
科普宣讲报道 A1	科普讲座 B1	内容吸引力 C1
		形式互动性 C2
		受众人数 C3
	媒体采访 B2	采访人次 C4
		播出、见报(刊)量 C5
科研实验室开放 A2	实验室开放 B3	开放次数 C6
		参观人次 C7
科普产品 A3	原创科普产品 B4	图书种类 C8
		文章数量 C9
	集成科普作品 B5	图书种类 C10
		文章数量 C11
		展品和展项 C12
科普信息化 A4	科普频道 B6	更新频度 C13
		访问量 C14
	新媒体 B7	粉丝(关注)数 C15
		传播力 C16
获奖情况 A5	部门内获奖 B8	获奖等级 C17
		获奖人次 C18
	部门外获奖 B9	获奖等级 C19
		获奖人次 C20

资料来源：刘波、任珂、王海波：《科研院所科普效果评价指标与方法探讨——以中国气象科学研究院为例》，《科协论坛》2018 年第 2 期，第 3 页。

一步明确了社会组织组成成分的多样性，在中国社会组织政务服务平台中，将社会组织分为社会服务机构、基金会（慈善组织）、全国性公益类社团、全国性学术类社团、全国性行业协会商会等，截止到 2021 年 2 月，我国注册登记的各类社会组织已经超过 90 万个，且遍布于各行业和各领域。越来越广泛的社会组织的存在彰显了现代中国社会的多元化以及包容力，也是社会组织系统逐渐趋向于体系完备的标志。

(1) 社会组织系统科普社会化协同管理形成机制

社会组织不同于政府或企业等组织形式，相应地也就具备一些独有特征，可将其概括为非官方性、非营利性、独立自治、灵活多元。正是基于这些特征，社会组织在社会发展中承担着不同于其他协同主体的社会角色与功能。并且，社会组织作为社会的重要组成部分，依存于社会，其使命正是服务于社会发展。国家从政策体系上大力支持社会组织建立社会责任标准体系，并通过引导社会资源向积极履行社会责任的社会组织倾斜的激励方式来鼓励社会组织承担社会责任。相关政策法规对于社会组织的科普责任也做了明确的表述，《科学素质规划纲要》的重点工程规划中，提到引导社会组织参与科普的方式，如引导社会组织建立有效的科技资源科普化机制，动员社会组织组建科技志愿服务队，提倡社会组织采取科普资金、资助科普项目等方式支持中国的全民科学素质建设。

多样化的社会组织中，科技社团作为其中一大类组织，以其科技性、学术性突出的特点，在科普实践上形成了先天的优势。科技社团作为一个非机构化的，接收科技相关工作者加入的科学共同体，是社会与科技交织发育到一定阶段的产物，并且也通过自身的组织与功能特质作用于社会与科技的进步。科技社团柔性的组织体系、丰富的学科领域、多元包容的价值共识等组织优势，在助推科技创新发展的同时也对科学普及的事业发挥着孵化作用，作为典型的科普主体在中国科普社会化协同过程中有较大空间发挥组织优势。

在我国，科技社团主要隶属于中国科协及其所属地方科协，通常以“学会”命名，大多数全国性学会由中国科协管理，中国科协将全国性学会按照理科、工科、农科、医科、交叉学科进行分类。中国科协官网显示，截至 2022 年 12 月全国性学会共有 215 家，其中理科 46 家、工科 79 家、农科 16 家、医科 29 家、交叉学科 45 家。

在科普社会化协同生态管理的形成机制方面，从目标共识以及体制设计上明确科技社团追求科普社会化协同的目标以及作为科普主体的职能定位是前置基础。从国家级以及省级的相关政策中可以了解到，对于科技社团在科普实践中应当发挥的作用确实绝大多数都已提出了明确的要求，如在《中国科学技术协会全国学会组织通则》（2019 年 1 月 25 日）中提出，全国学会的主要任务包括弘扬科学精神，普及科学知识，推广科学技术，传播科学思想和科学方法，提高全民科学素质。[①] 在中国科协、民政部联合印发的《关于进一步推动中国科协所属学会创新发展的意见》（2020 年 11 月 26 日）中强调，支持建设一批在学术引领、智库支撑、科学普及、产学融合、国际化发展等业务上具有世界一流水平的“单项冠军”，打造一批世界一流学会，实现学会发展“高位起跳”。[②] 江苏省发布的《省政府办公厅关于进一步加强省科协及所属科技社团科技服务职能的意见》（2013 年 12 月 16 日）中指出，需进一步强化科技社团的科技服务职能，其中包括科普基础设施建设、科普传播能力建设、科普产业发展等。

聚焦于科技社团本身，社团组织内的规章制度中也重点突出了科技社团的科普职能。如中国航空学会发布的《中国航空学会事业发展“十四五”规划（2021—2025 年）》，在学会发展目标中提出了要开创科普工作格局，实现品牌活动科普教育重点突破，并将开创航空科普新局、提高全民航空科学素养水平作为学会的重点工作任务。中国农学会的章程中则规定了学会的业务范围，其中包括开展农业科普教育活动，提高农民科学文化素质。中国药学会每年都会在官网上公布科普工作总结和科普工作计划，已经形成了较完备的科普管理工作制度体系。

（2）社会组织系统科普社会化协同管理实现机制

科技社团能够助推科普社会化协同形成的原因与其自身具备的属性特点有直接关系。首先是柔性的组织体系。科技社团的形成是依赖于某个特定目

---

① 《中国科学技术协会全国学会组织通则》，http://sj.cast.org.cn/art/2022/11/2/art_1917_201550.html，最后检索时间：2022 年 12 月 4 日。

② 《中国科协　民政部印发〈关于进一步推动中国科协学会创新发展的意见〉的通知》，https://www.mca.gov.cn/article/xw/tzgg/202012/20201200031072.shtml，最后检索时间：2022 年 12 月 4 日。

标，由科技工作者自愿组织建立的，不存在人事上的隶属，不存在纳入的强制性，因此科技社团的组织边界是动态的[①]，这也就奠定了与外界协同更宽更柔的机会状态。其次是丰富的学科领域。在中国科普实践中，隶属于中国科协下的全国学会涵盖理、工、农、医、交叉学科在内的5种学科大类，五大类下截至目前则是细分了215个学科，学科的多元性为科普社会化协同生态带来的则是异常丰富的科普资源、科普人才资源，非常有利于在整合链接资源的同时实现要素的整合与融合。如中国自然科学博物馆协会秉持着“协同共享、场馆互惠”的宗旨，通过整合全国的科技馆、博物馆等科普设施资源实现协同效应；此外，学会整合跨学科资源的优势明显，如中国物理学会在2021年7月组织召开的医工结合创新合作对接交流会，邀请工学、医学领域多名专家学者座谈交流，融通多学科，促进医工结合。最后是整个大体系和单元组织多元包容的价值理念。这不仅促使组织内部形成开放平等的交流机制，促进内部思想交流的活跃，同时也带来了与外界沟通交流的机会持续涌现。如在中国汽车工程学会章程中，将贯彻“百花齐放、百家争鸣”的方针作为学会的宗旨之一，在开放包容的氛围下，促进学术交流、思想碰撞，突破学科和行业局限思维，拓宽与外界沟通交流的渠道。

在科技社团以上特点发挥作用的基础上，科技社团更容易实现与其他科技社团、高校、企业、科研院所、媒体等科普主体的协同机制。如中国汽车工程学会与高校合作开展的中国大学生方程式汽车大赛，截至2022年12月，系列赛事注册院校已达244所，包括清华大学、北京理工大学、同济大学等多所知名院校，企业合作伙伴涵盖蔚来汽车、华为、麦格纳、中创新航等。到2021年已成功举办十二届，成为全国标志性的科技赛事，直接参与学生26532名，参与学生超4.7万名，学生独立自主设计制造赛车1600余台，出国参赛58队次，获得国际奖项35项，撰写技术论文上万篇。再如中国药学会以“科海扬帆，梦想起航”为主题的品牌科普活动是纳入中国药

---

① 刘松年、李建忠、罗艳玲：《科技社团在国家创新体系中的功能及其建设》，《科技管理研究》2008年第12期，第42~44页。

师周系列活动中的重要部分，截至 2021 年已经成功举办二十一届，其中合作高校包括中国药科大学、苏州大学、重庆医科大学、福建医科大学等多所高校，正是通过走进高校、组建大学生科普志愿服务队的方式实现了与高校科普资源的整合。中国人工智能学会举办的中国人工智能大会创办于 2015 年，是我国最早发起举办的人工智能大会，目前已成为我国人工智能领域规格最高、规模最大、影响力最强的专业会议之一，聚集包括政府、科研院所、高校、科技企业的领导、专家、科技工作者等进行学术思想的碰撞，通常在中国科协以及中国科学院的指导下，由中国人工智能学会和举办地人民政府主办，举办地指定高校以及相关科技社团等机构组织承办，从学术研讨到产业论坛，搭建政企学研一体化高端交流平台，2022 年 10 月已成功举办第八届人工智能大会。

（3）社会组织系统科普社会化协同管理约束机制

在约束机制方面，各科技社团通过规范化的组织章程以及评估机制等来实现在科普社会化协同过程中的约束。从制度规范上，中共中央办公厅 2016 年印发的《科协系统深化改革实施方案》提出，要深化学会治理结构改革，建立负责且可问责的中国现代科技社团，通过《中国科学技术协会全国学会组织通则（试行）》指导学会加强组织建设，规范学会组织体系。同时将科技社团的党建工作作为规范科技社团建设的重要方面，以较为刚性的要求推动科协设立科技社团党工委，通过组织建设加强对科技社团成员的政治引领，从而在思想主导方面起到约束规范的作用。

科技社团的评估机制也是实现约束机制的重要组成部分。为贯彻在建立共建共治共享的社会治理格局中发挥社会组织作用的精神，推动社会组织的自我管理和规范发展，民政部在 2021 年印发了《全国性社会组织评估管理规定》，规定中明确了评估主体的责任、细化了评估工作程序、加强了评估专家管理、确定了动态监管要求。相关的评估资料以及评估结果自 2015 年起也按照公开、公平要求在中国社会组织政务服务平台上公布。其中全国学术类社团的评估指标分为“基础条件”“内部治理”“工作绩效”“社会评价”4 个一级指标，“基础条件”一级指标下涵盖“法人资格”“登记管理”

2个二级指标；“内部治理”一级指标下涵盖“组织机构”“党建工作”“人力资源”“档案证章管理”“财务资产”5个二级指标；“工作绩效”一级指标下涵盖“学术活动”“建议咨询”“科普公益”“人才建设”“信息公开”“宣传和国际交流合作”6个二级指标；“社会评价”一级指标下涵盖“内部评价”“外部评价”2个二级指标。这就是对科技社团的评估内容的基础架构。而更重要的一种建设性关联是各社团的评估结果将成为优惠税收政策制订的依据以及政府职能转移的参考。

5.2.6 媒体系统现状

媒体通常有两重含义。媒体是信息传播的一种媒介，人们通常通过工具、渠道和载体来实现信息的传播；媒体是具有承载信息的物体以及储存、呈现、处理、传达信息的实体。媒体作为传播信息的媒介，指人借助用来传递信息与获取信息的工具、渠道、载体、中介物或技术手段；[①] 媒体通常有承载信息的物体以及储存、呈现、处理、传递信息的实体。人类社会在信息交流中已经发生了四次重要的变革。前三次的传播革命，形成了以报纸、广播、电视为主的传统媒体格局，智慧媒体则是四次传播革命演化和增殖的新的媒介形态。[②]

通过构建科普与媒介的协作，包括改变科普与媒介的关系，将科普社会化协同系统转变为有序的控制结构，以自我组织的形式构成宏观的空间、时间或功能的有序的体系。[③] 在信息时代，传媒融合是一种新的媒体发展观念，它是基于网络的飞速发展而形成的一种新型的媒体融合。融合传播不仅表现为媒介形式的融合，如报纸、电视、广播、网络等，还表现为媒体层面的整合，包括媒体与地方媒体、公共媒体、商业媒体等。

---

① 卢迪、林芝瑶、庄蜀丹：《从5G+融合媒体到媒体融合+5G——先进技术驱动下的媒体深度融合发展》，《中国编辑》2022年第8期，第87~91页。

② 曾祥敏、刘日亮：《“生态构建”：媒体深度融合发展的纵深进路》，《现代出版》2022年第1期，第50~63页。

③ 陶春：《基于知识生产新模式的科普与新媒体协同发展研究》，《湖北行政学院学报》2013年第1期，第47~50页。

科普事业与媒体的革命性、颠覆性发展密切相关，科普社会化系统中媒体系统中的各要素间的非线性相互作用，成为推动系统协同发展的动力。值得高度关注的变化是近 30 年颠覆性演化的新兴媒体可以令人惊异的力量扩大科普传播的声量，全方位拓展抵达受众的声域，让声音传得更开、更广、更深入、更新鲜。在新技术催化下，媒介的传播载体和方式发生深刻变化，媒体系统的丰富实践，使新兴媒体的叙事更为通俗、便捷、多元化。

（1）媒体科普社会化协同管理形成机制

媒体整体把握科普社会化协同目标，在对现实水平与期望水平的差距进行有效评估的基础上形成发挥自身优势的空间域，同时以共享共建的理念进行合理化的体制设计，实现协同生态管理机制理论构建。在达成目标共识上，媒体从国家、社会和大众层面协调各方利益，在媒介融合与技术创新的基础上发挥出新兴媒体的前沿引领作用，构建起全媒体科普传播体系。

在国家层面，大众传媒在国家现代化治理中扮演了重要的角色，网络强国战略、国家大数据战略、“互联网+”行动计划、数字中国建设等部署为科普社会化管理机制的建构提供政策与基础资源平台支撑。在社会层面，以移动化、社交化、可视化为特征的新兴媒体崛起，为科普传播提供非常丰富多样的新的渠道和方式，使得科普的影响力渗透到社会生活的方方面面变得更加容易。在公众层面，媒体的发展使科普的叙事更为通俗、便捷、多元化，更有益于公众接受和传播科学知识。新时代科普事业肩负着提高全民科学素质的重任，而媒体为量大面广的普通公众了解科学、认识科学、提升科学素质创造了较以往丰富和宽广得多的机会。

在体制设计的实现上，媒体综合运用各类资源，协调各方利益，聚集社会力量构建科普社会化协同生态。比如，哔哩哔哩与中国自然资源部门和新华社新闻总编中心携手举办了第一个“南极科普日”主题活动，与南极中山连线，公布了南极科学研究的最新成果；哔哩哔哩联合高校开展了“知识光年·青少年科普计划”，邀请 21 位专家学者、诺贝尔奖获得者以及知名 UP 主等进行科普教育；在第十六届公众科学日上，哔哩哔哩与物理所进行战略合作，共同打造了一场 Z 世代专属的大型科普展区，吸引了大量观众。通过与不同主体积极合作，实现科普社会化协同，以流量数据直观化评估科普成效，共同探索对新媒体、自媒体、智能媒体的科普社会化协同管理形成机制，指引媒体系统以科学、公正、客观、全面的方式进行科普宣传与教育。

（2）媒体科普社会化协同管理实现机制

在协同生态管理的实现机制上，媒体正面临新、旧媒体系统的转换与融合发展，因此要充分考虑内外部变革与颠覆因素，使新兴媒体的生产关系有利于整个生产力发展，实现融媒体部门与科普社会化发展的良性互动，构建科普社会化协同生态。通常建设与设计的逻辑路线是：媒体对科普环境、科普人员、科普作品、科普机构、科普受众、科普效果等科普社会化要素进行专业化评估①，通过深入分析各要素评估研究的内容、指标及方法，从中发现目前媒体进行科普相关工作的优势与不足，提出完善特定受众对于科普媒介需求的可行性方案，加强社会反馈指标研究的针对性建议。

在媒介环境上，新媒体的发展给科普带来了机遇和挑战。信息技术的高速发展投射在媒介领域，造就了独特的新媒体科普景观群。传播内容的丰富、传播渠道的多样、传播形式的多元为科普带来新的无限可能。人民日报、环球时报等一大批主流媒体开始进行积极的探索，在移动端占据舆论高地，实现科学普惠，丰富科普宣传和媒介实践。

在沟通交流机制上，新媒介体系以形式非常丰富的媒体实践，借助通俗化、便捷化和多元化的叙事，占据科普高地。比如，“知识分子”是典型的科技类自媒体公众号，重点传播各个学科领域的科技信息知识和科技研究成果，重视科技人物事迹，积极讨论科学问题。② 微信公众号“知识分子”的创办，借助自身的自媒体传播特性与科学家叙事有机融合，有效借力优质科学家社群资源支撑起“知识分子”关于科学知识的专业权威判断，辅以经

① 张伟、夏志杰：《科普视频在不同网络社交媒体平台的扩散模式对比研究——以“回形针PaperClip”新冠肺炎科普短视频为例》，《图书情报研究》2021年第2期，第108~115页。

② 林欣、甘俊佳、林素絮：《科普期刊新媒体运营现状及提升策略》，《中国编辑》2023年第Z1期，第85~89页。

过专业学习的科学记者保证传播力。[1] 该媒介空间以深入浅出、通俗易懂的方式进行科学专业知识的普及，充分发挥新兴媒体的放大、叠加、倍增作用，在构建系统化的科普社会化协同生态管理机制的示范方面可圈可点。

另外，央视网积极拓宽科普渠道，与科研院所协同合作，丰富了央视网的节目内容。央视网携手南亚所向公众普及热带作物领域的科学知识，宣传了科学家精神，增强公众热爱自然和保护自然的意识，提升了央视网的科学知识传播能力，取得了良好的社会效益和经济效益。在科普社会化协同的体制设计的实现上，媒体能够更方便地综合运用各类资源，协调各方利益，聚集社会力量构建科普社会化协同生态。

除此之外，媒体与政府、企业、高校、科研院所等不同主体参与科普社会化协同的成功案例不胜枚举。需要注意的是，媒体在要素整合机制上对科普资源等进行权衡、选择、协调和配置，以实现科普社会化效益的最大化也是很重要的方式。比如，作为西部边远少数民族聚居区的新疆阿勒泰地区，持续强化“科普+融媒体”协作的方向，发挥主流媒体的权威宣传与自有平台的流量优势。2020 年，阿勒泰地区充分发挥媒体在科普社会化协同生态中的主要作用，搭建起“科普+地区广播电视台”“科普+阿勒泰日报社”等主流媒体科普信息化方阵，开创了“科普+公共场所”播放站点平台宣传工作模式，为边远地区的科普媒体协同注入了新的机制探索活力。

（3）媒体科普社会化协同管理约束机制

新媒体环境下媒体科普水平参差不齐，科普社会化协同生态管理约束机制的进一步加强是引导性减弱这种差异的重要手段。鉴于传媒经济学中特定区域容纳媒体数量的有限性，媒体在管理约束机制的设立上应该充分评估自身优劣势，探索形成协同高效的全媒体科普传播体系。随着 2017 年以“抖音”为代表的短视频平台的出现和大流行，科普开拓了新的渠道、创新出了与以往有巨大不同的表达方式，比如“科普中国”“地球村讲解员”等账

① 张一弛：《新媒体环境下科学家参与科学传播的实践及反思》，南京师范大学硕士学位论文，2019。

号，活跃在媒体平台，传播科学知识，加速科普社会化协同生态的建构。但是由于新媒体环境下媒介把关的不足，一些自媒体科普资源积累与科普水平欠缺，其中还包括伪科普和虚假失真信息，而虚假伪造的科普内容，也需要政府主导的官媒或科学共同体传播平台构建不断辟谣的机制，开辟专门渠道，及时调动优质资源提供科学权威的信息。因此，在媒体的科普社会化协同生态管理机制的制度规范上，媒介应当履行信息内容管理主体责任，加强自身科普内容发布和传播管理，健全科普内容生产、审核、发布等管理制度。制作、发布和传播的原创科普信息应经由相应领域的专家参与编写并进行审核，以保证符合媒介传播的基本要求。

在已经进入初级智慧媒体传播的当今社会，亟须发挥新型媒体在科普领域的宣传渠道和科学传播阵地作用，集合多主体科普人才与资源库优势，打造科普类新兴媒体的航母，实现科普宣传的权威性、专业化和去伪存真的可控性。媒体坚持“导向为魂、移动优先、内容为王、创新为要”的标准，实现传统媒体和新兴媒体在科学普及上的优势互补。扩大科普传播的声量抵达每一个需求端点的受众之所在，打通科学普及和服务人民群众“最后一公里”是媒体系统参与科普社会化协同的新起点。

通过科普社会化协同管理评估机制，细化媒体单位、媒体工作者的科普职责和科普效果评定，是新要求下充分发挥媒体系统科普作用的必由之路。在媒体系统科普传播实践中，多元化的传播效果评价体系的构建必不可少。基于媒体系统科普社会化协同管理带给受众的体验性和交互性，将“网上网下同心圆”作为全媒体传播效果评价的核心导向，形成各媒体形态同一舆论场的合力①，并以此提升媒体大系统内科普的多向互动沟通能力。媒体系统在科普社会化协同的管理约束机制中要进一步明确各方主体的科普职责，将科普主体责任具体化、清单化，使之可评估、可考核，确保科普的主体责任落到实处。比如，深圳食品科普宣传工作充分依托多元化的媒体宣传

① 孙玉超、师文淑：《全媒体环境下中国科普影视发展的基本特征和推进路径》，《科技传播》2022年第15期，第20~24页。

手段和渠道，立足“全媒体互动、全方位联动、全行业行动、全方面启动”，创新食品安全科普宣传生态和宣传形式，开发“食安快线”平台，建立健全食品安全科普宣传渠道矩阵、科普宣传内容体系和行业科普培训体系，积极构建多层次、立体化的新型科普宣传体系，在监管中宣传，以宣传促监管。[①] 通过信息发布、宣传策划、科普交流、市民互动、企业参训、学校联动等，极大提升市民食品安全的认知程度。充分发挥媒体的科普作用，在管理约束机制中细化媒体单位及工作者的科普职责，积极探索对新媒体、自媒体、智能媒体科普的鼓励、支持、规范机制，培育适应新时期要求的新型科普主体，推动形成全社会、全产业、全媒体等多元主体协同发力的“大科普”格局。

---

① 《全媒体互动、全方位联动、全行业行动、全方面启动创新构建食品安全科普宣传体系》，http：//www.sz.gov.cn/szzt2010/spsfcs/dxjy/content/post_ 9685507.html，最后检索时间：2022年12月3日。

第六章
科普社会化协同展望

图 6-1 中，第一层含义是紧扣中国树立的国家创新战略目标，即从现在起，到 2035 年进入世界创新型国家前列，到 2050 年建成世界科技创新强国；第二层含义是中国式现代化道路树立的目标，即从现在起到 2035 年基本实现国家现代化，到 21 世纪中叶建成有世界示范意义的现代化强国。

在上述的宏大实践议程中，科技创新与科学普及两翼并重并举作为最新的国家顶层决策快速推进，相比科技创新，在地位上曾长期处于弱格局的科学普及被要求更广泛、更深入、更均衡地融入整个创新型社会的构建，以迎接中华民族伟大复兴和建设世界现代化强国需要的能量蓄积和国民素质。随着科学技术发明发现迅速融合迭代引发的颠覆式创新不断涌现的新生态，科学普及全面接上创新社会的资源系统也成为另一方面的紧迫需求，“科普社

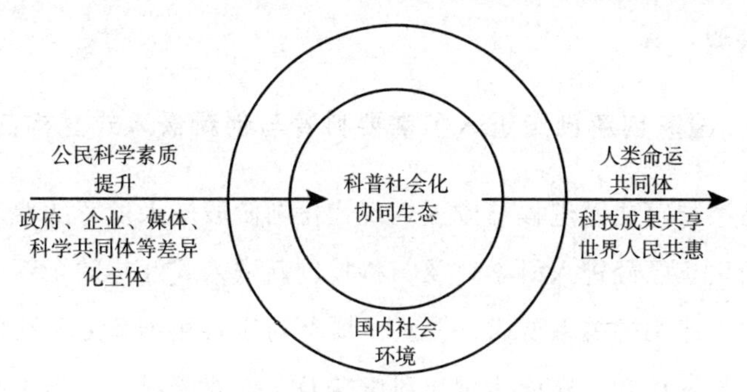

图 6-1 科普社会化协同的发展转向

会化协同”因此在更高标准要求下被提出，并确立为创新型国家建设的新内容，开始因应近未来阶段的新环境、新局面、新要求与新问题。

6.1 新环境

2021年，国务院发布的《科学素质规划纲要》中非常清晰明确地提出，要“着力打造社会化协同、智慧化传播、规范化建设和国际化合作的科学素质建设生态”（以下简称“四化生态”），为我国近未来阶段的国家科普大格局和新生态的营造提供了基本遵循。作为国家科普的纲领性建设目标，“四化生态”的要求预示着科普事业新的运行环境即将诞生，概括来说，主要包含以下四个维度：从科普主体来看，全社会的共同参与、有机协作并产生协同效应，明确了以人民性为宗旨的科学素质建设生态的构建立场；从传播渠道与方式来看，人工智能与算法推送、沉浸式交互空间等新技术孕育的科普传播矩阵与智慧化、精准化的传播要求，回应了在近未来阶段如何有效提升公民科学素养、以创新引领应对风险社会的技术布局；从科普能力的体制化来看，宏观层面的科普法制化建设、微观层面的科普标准、科普工作评价体系与全民数字素养等评价体系建设，系统性回答了如何加快科普工作体制走向公共治理的实践路径；从科普工作的实质归属来看，以科技传播和科学教育促进文明交流和互鉴、立足中国式现代化推进人类命运共同体建设，为我国科普工作规划了人类文明完整意义尺度上的展望目标。

6.1.1 国家创新已经进入了需要科普与创新嵌入式互构的阶段

在创新型国家建设进程与中国式现代化新阶段嵌入发育的要求下，中国的国家创新生态已经进入科学普及与科技创新嵌入式互构的全新阶段。这一相互深度嵌入建构的关系要求，脱离了既往对于科技创新之于科学普及起决定性作用的传统认知，转而表现出科学普及工作对于科技创新更高期待的支撑与促进。

在实践层面，科普已经越来越鲜明地融入政府、产业、科学家与科学共同体、媒介与新型传播空间、科学教育系统、公众等多元主体间的互动交流进程中，“网络社会”的科普已经处于一种全时、全向、动态循环的交互形式，而作为基础支撑的中国社会运行系统也已被构造成一个高度互联互通的网络。①

6.1.2　全球博弈中国家科普能力成为重要软实力

2017年，习近平总书记在中国共产党十九大报告中强调，我国社会主要矛盾已经转化为人民日益增长的美好生活需要和不平衡不充分的发展之间的矛盾，中国特色社会主义实质性地进入了新时代。当前，我国发展处于重要战略机遇期，国内外形势正在发生深刻、复杂、剧烈的变化，科技创新是保持国家实力和创新活力的重要源泉，全球围绕原创性科学研究和重大技术应用创新的封锁与反封锁、垄断与反垄断、脱钩与反脱钩逐渐展开，并成为大国竞争的“新常态”。作为经济社会发展的重要引擎，科技创新已成为各国竞争发展的主战场，并深刻影响着社会生活，随着科技创新中的知识流动、技术扩散与创新要素的转移，科学创新过程中蕴含的科学精神、科学方法、科学伦理深刻影响着人们的思维方式、生活方式与观念形成。

社会环境的变化促使系统性科普需求的产生，科学普及则将科学方法、科学知识、科学精神转化为公众能够理解的知识、思想、文化，公民更加能够理解科学，科技创新与科学普及作为创新的一体两面，两者价值链条不断叠加融合。随着人类社会加速向知识创新型社会转变，超越意识形态和社会制度的科普国际交流合作广泛开展，科学普及已逐步成为展现国家科技和文化软实力的重要载体，科学普及在提升全球科学共识、应对全球性挑战、推进全球可持续发展和人类命运共同体建设方面的作用日趋重要②，科普逐渐转化成为创新生态系统构建中的一种重要的软实力。

① 汤书昆、郑斌、余迎莹：《科普社会化协同的法治保障研究》，《科普研究》2022年第2期。

② 高宏斌、周丽娟：《从历史和发展的角度看科普的概念和内涵》，《今日科苑》2021年第8期，第27~37页。

6.1.3 风险社会催生科普需求深化与快速演化

1986年，德国社会学家贝克（U. Beck）提出“风险社会”的概念，随着现代性特质社会的发展，人们对风险问题的争论不断向深层次扩展，如何规避、减少以及分担风险是个人、组织、国家以及人类文明体维持存续与发展必须解决的首要问题。[①] 科学普及通过对全社会公民科学文化价值观、科学知识体系理解能力、科技知识应用能力的培养，提高全社会公民的科学素质与综合能力，提升社会整体的抗风险能力。风险社会催生出的科普需求在这一情境下不断深化。

对于技术风险的科普需求包括对于技术的复杂化和技术应用的不确定性的认知。科学技术的快速发展，提升了技术的复杂性，而对科学技术对应的科普能力的需求也不断深化。如在生物科学领域，基因技术的快速发展导致基因编辑问题频出，公众缺乏对技术的了解会产生大量“谣言”及恐慌等情绪，因此产生了大量关于生物科学知识的科普需求。在互联网领域，“网络暴力”“谣言”等网络技术风险产生于网络用户间的交互行为，公众对于社会转型过程中风险的无序释放缺乏了解是催生网络风险等的现实动因。从社会风险来看，例如2020年初开始，新型冠状病毒肺炎疫情蔓延全球，各国在进行病毒防控、协同治理的同时，作为抗击疫情的第二战场，各类谣言传播、舆情问题的出现更是对全球科普工作的一次突击大考，推动了应急科普需求的进一步演化。

从科普的广义需求端来看，随着社会经济的发展，人民对于科普的热情日渐高涨，从传统科普的灌输式科普模式演变为全民参与的“大科普”格局。国家创新能力依赖于国家公民整体科学素养的提升，技术的快速更迭和社会的快速发展催生科普服务供给水平的不断深化，科普新需求面临一轮又一轮涌现的形势，因此，坚持全民参与的“大科普”与“科学普及和科技

① 杨雪冬：《全球化、风险社会与复合治理》，《马克思主义与现实》2004年第4期，第61~77页。

创新嵌入式发育”十分重要。从科普的广义供给端来看，中国社会正加速步入高质量发展阶段，创新社会推动的科技创新持续产出大量的新科技成果，亟须将前沿的科技成果向公众型传播的科普资源转化，在这一基础上，才能通过全社会的“大科普”实践，系统提升公众的科学素养，完成创新型国家建设的近未来目标。

6.2　新发展

人工智能、量子态等新兴科学技术引起的变革，将在科普创作、推广、传播、教育、展示等层面产生重要影响。以《科学素质规划纲要》明确的五大科普重点人群中的产业工人为例，这是2021年规划新增加的科普服务重点人群，在此前15年的国家科普规划中一直没有成为重点对象。如果按照以往的思路，面向农村的基层科普自然要全面以农民为对象，而农村常住居民与劳动力的现状是老年、中老年与留守妇女儿童为主要人群，再加上5~6类农业新型经营主体代表新力量还在初期发育中，农业产业的第一产业属性依然很典型，农村科普似乎与面向产业工人人群关系不大。然而，近未来阶段的实际情形发展恐怕并非如此，农村五大产业体系融合发育没有规模数量的新产业工人人群的支撑显然是立不住的，而《科学素质规划纲要》明确的下一个15年五大重点服务人群之一的产业工人科普毫无疑问需要全面进入乡村振兴五大体系。

6.2.1　智慧社会背景下产业工人科普的新面向

从近五年的趋势看，以城市为中心的产业链已开始从低端的劳动密集型向高端制造和智慧制造转型，数字化/智慧化/自动化成为2021~2035年发展阶段的主流。作为世界工厂的中国对都市产业蓝领工人的需求只会越来越少，普通工人就业的机会将被大幅压缩。按照原重庆市市长黄奇帆等研究者的预判，可以预计《科学素质规划纲要》建设时段的15年里，低端制造业/房地产业/基础建设业/低端服务业这几大板块，要释放出这几大产业50%

以上的产业人口。中国工程院院士蒲慕明表示，科学家估计到2075年人工智能可以替代人类90%的工作。[①] 花旗银行2016年的一项研究报告则显示，在中国有77%的工作可能将被人工智能取代[②]，其中的主体应该是城市的产业工人岗位。

人工智能和数字经济的蓬勃发展，会给下一步的就业形势和社会公平带来巨大冲击和新的机会。[③] 在近未来阶段，城市与都市圈会挤出一大部分的建筑和建设工人，尤其是与房地产相关行业的几千万白领和蓝领工人，基本不太可能再从事这个行业，尤其是这个行业里超千万量级存在的建筑农民工。[④] 城市昂贵的居家成本/教育成本/生活成本，将倒逼这一部分人群中的很多人主动或被动重新回归农村。未来10~15年里，自主选择在农村居住或者在农村创业的人员数量会大幅增长，这些人中会有一部分因为在城市社会和现代产业体系历练过，回归乡村属于有眼界、有技术、有思路、有创想的人群，这部分人的回归，会成为中国式乡村现代化五大产业非常需要的优质人才供给源。同时，在新的创业技能科普服务体系平台与培训机制促进下，这部分来自产业工人为主背景的中青年人群，也有很大概率会成为创造新型农村发展生态的骨干集群。

但是，还有数量更大的重新走入乡村或城乡边缘社区的城市产业工人人群，因为现代社会生存发展能力储备的不足，以及科学素质的相对低下，在乡村五大产业史无前例的现代化发育中会明显陷入弱势、面临被动适应的挑战。党的二十大确立的“中国式现代化是人口规模巨大的现代化，是全体

---

① 中国科协：《〈未来中国〉神经生物学家蒲慕明揭秘“科技创新2030重大项目——脑科学与类脑研究”》，https://baijiahao.baidu.com/s?id=1729100371621939314&wfr=spider&for=pc，最后检索时间：2022年12月5日。

② Citi GPS：《*TECHNOLOGY AT WORK v2.0*：*The Future Is Not What It Used to Be*》，https://www.oxfordmartin.ox.ac.uk/publications/technology-at-work-v2-0-the-future-is-not-what-it-used-to-be/，最后检索时间：2022年12月5日。

③ 翟东升、王雪莹、黄文政：《未来起点收入——共同富裕时代的新型再分配方案初探》，《文化纵横》2022年第5期，第112~123、159页。

④ 新华社：《2025年我国中级工以上建筑工人培育目标达1000万人以上》，http://www.gov.cn/xinwen/2021-01/19/content_5580902.htm，最后检索时间：2022年12月5日。

人民共同富裕的现代化”，在这一进程中，除了政府与其他社会体系面对这一重大变迁的联合发力，主导科普政策与资源配置的中国科协、科技部系统在面向乡村基层科普的制度调整及操作机制设计时，如何能够针对下一步即将大规模走入乡村生存创业的产业工人人群，以及新的农工服贸深度融合的绿色智慧产业，并在近期制订出具备承载重大服务职能转型的新实践方案，已经是当下急需考虑的基层科普战略要务之一。

6.2.2　深度老龄化社会逼近背景下社区科普新的目标

作为基层科普服务另外一个量大面广的领域，城市社区科普的下一步同样需要按照中国式现代化新阶段的要求，在以往的工作理念与模式上做深度思考及重要调整。其中，特别需要引起战略关注的是《科学素质规划纲要》新确定的科普工作五大重点人群中的老年人与产业工人人群，因为这两大人群在2006年颁布实施的《科学素质计划纲要》覆盖的15年里没有作为重点人群布局。

2021年《科学素质规划纲要》颁布一年后，社区发展在党的二十大新精神指引下，已经明确提出在全国范围系统打造“完整社区”的新要求。我国的“完整社区”概念最早由吴良镛院士提出，其基本含义为：人是城市的核心，社区是人最基本的生存与活动空间。社区建设不仅以居住的空间为基础，更重要的是包括治安、卫生、健康、教育、科技、商业、娱乐等各类以人为本的品质化服务供给，以及生态景观、文化景观、交通设施、商业设施、医疗设施、公共利益、友邻关系、共同意识等系列公共生活的软硬件打造。由此形成能够安居乐业、能够全面实现对“社区人”基本生存生活关怀的“Integrated Community”，即中央最新文件所说的“完整社区”。

“完整社区”作为国家重大布局战略的提出，不仅关联到中青年人群显著缓解生存压力、少年儿童社区化教育托养等重要诉求，而且与当前中国开始进入中深度老龄化社会、老年人群数量大增的紧迫诉求息息相关。第七次全国人口普查数据显示，我国65岁及以上老年人口达到1.91亿人，占我国人口的13.5%，相较2010年老年人口增长了4.63%。[1] 因为数量巨大且快速增加的老年人群的康养医疗、娱乐交际、知识消费、现代生活技能的赋能，相当程度上是期待依托长期安居的基层社区来实现落地承接的。城市基层社区服务功能的建设在老龄社会到来时，成为影响绝大部分城市家庭和谐生存的重大挑战。"完整社区"作为下一阶段中国式现代化的重要内容，将成为城市基层社区数亿人群追求和获得美好生活的希望空间。

以"完整社区"中老年人群的科普服务体系构建而言，以社区科普大学、养老服务机构、社区老年人日间照料中心、科普园地、党建园地等互为补充的社区科普阵地有待服务功能融合提升，以信息素养和健康素养培植为重点内容的科学实践有待进一步开展，老年人群体适应社会发展的能力，对生活获得感、幸福感和安全感的急迫诉求需要在社区科普工作中得到持续深化。展望近未来阶段社区科普职能的系统创新，当下老年人群社区科普的国家专项规划与实施方案需要专项细化，并能有效进入"完整社区"国家重大行动布局。

6.3 新现象

在科普社会化协同生态的新时代，本着"科技创新与科学普及同等重要"为基本原则，科普成为全社会的共同责任，成为各行各业、各个部门的共同工作，全社会"大科普"的格局日益显现，初步出现了全社会、全产业、全媒体协同"大科普"的新现象。

6.3.1 社会科普氛围逐步增强

自《科普法》《科学素质计划纲要》颁布实施以来，科普工作取得显著成效，表现为大众传媒科技传播能力大幅提高，科普信息化水平显著提升；科普基础设施迅速发展，现代科技馆体系初步建成；科普人才队伍不断壮

① 第七次全国人口普查统计截至2020年11月1日零时。

大；科普国际化实现新突破；建立了以《科普法》为核心的政策法规体系；构建了国家、省、市、县四级组织实施体系；探索出“党的领导、政府推动、全民参与、社会协同、开放合作”的公民科学素质建设模式，公民科学素质水平大幅提升，2020年具备科学素质的比例达到10.56%，进入了创新型国家行列。[①]

在科普社会化协同生态演变中，公民的科普理念由过去被动地接受科学知识、了解科学方法演变为主动树立科学观念、培养科学精神，整个社会呈现对科普的热情，全民科普成为一种价值观在社会中传播推广，公民了解科学成为公众理性思维和行动的自觉逻辑。[②] 科普服务均等化将逐步实现，不同地区、不同人群的公民主动参与科普服务，公民和科技工作者作为科普社会化协同生态中的生产者和消费者互相切换，社会总体呈现崇尚科普、崇尚科技创新的氛围。

6.3.2　科普需求充分激发，科普服务市场主导

公众对于科普理念的认识，对于科学普及与科技创新关系的认知，有助于引发公众主动寻求科普信息的行为，从而将既往公众隐性的科普需求充分激发，使之转变为显性的科普需要。与之相适应的前景广阔的科普服务市场的出现，要求市场主导科普服务的发展，并成为科普服务发展的决定性力量。

2002年颁布的《科普法》规定，“科普是公益事业，是社会主义物质文明和精神文明建设的重要内容。发展科普事业是国家的长期任务”，明确了政府要承担起发展科普事业的主要责任。政府每年在科普领域投入的人力、物力、财力有序增长，但依然无法满足人民日益增长的物质文化需要，必须

---

① 全国政协科普课题组：《深刻认识习近平总书记关于科技创新与科学普及“两翼理论”的重大意义建议实施“大科普战略”的研究报告（系列二）》，《人民政协报》2021年12月16日。

② 全国政协科普课题组：《深刻认识习近平总书记关于科技创新与科学普及“两翼理论”的重大意义　建议实施“大科普战略”的研究报告（系列三）》，《人民政协报》2021年12月17日。

调动政府组织以外的其他社会力量共同参与。政府通过立法、减税等机制鼓励科普主体探索科普事业与科普产业融合发展的有效路径，提倡科普事业向科普产业转化，利用市场调节科普产业的发展以满足公众精神文明需求和提升公众科学文化素质的需求。

科普社会化协同生态逐渐演变成科普事业一枝独秀向科普产业快速发育转变，政府主导向政府与市场协同主导转变，达到公益性科普事业与经营性科普产业并举发展共同推动科普社会化繁荣发展的新现象。

6.3.3 媒介技术的高度发展已引发科普形态变革

21世纪以来，知识经济时代的到来和全球化的快速发展推动媒介从移动互联网时代向智能媒体时代跃迁，媒介技术的变化带来信息传播方式的变化、科普对象存在形式的变化。

（1）交流沟通赛博化

技术可以被定义为人为了满足需求而强加于自然的改造。[①] 从信息技术发展的角度来看，技术的快速发展致使信息的存在方式、传播方式都发生了改变。信息的载体变为“0/1”，信息存储介质变为了“云空间”，传播行为也逐渐演变为赛博空间的链接行为，媒介不再是信息的载体。媒介技术拉近了媒介与人的关系，媒介环境成为人的“生存环境”，技术与人的关系愈发紧密，成为“身体的延伸”。从社会发展的层面来看，第五代移动通信技术、社会化媒体应用技术、互联网技术、大数据处理及存储技术、云计算技术等为媒介的智能化提供基本的技术铺垫，而人工智能技术、物联网技术等为媒介的智能化提供了新的动力，区块链、元宇宙等泛媒介化的概念不断涌现，出现了“万物皆媒”“人机合一”“自我进化”的新趋势。[②] 环境的变化导致信息传播方式的变化，而科普信息传播的格局也发生改变，我们的身体也越来越多地投向媒介，将媒介的呈现内容和呈现方式默认为我们自己身

---

① 吴国盛：《技术哲学经典读本》，上海交通大学出版社，2008。

② 彭兰：《智媒化：未来媒体浪潮——新媒体发展趋势报告（2016）》，《国际新闻界》2016年第11期，第6~24页。

体的感知。[①]

科普的传播渠道逐渐数字化，传播方式的变化引发传播的形式与内容发生改变，新的科普协同化生态中科普内容的生产者更多借力新媒介形式，利用新媒体的优势，打造一个更先进、更开放、更具有时代特征的科普平台，获得更好的科学传播效果。如中国科协构建的“科普中国”平台，聚合政府部门、高校、企业、媒体、公众等多元主体，新媒介平台建立，科学团体及科研工作者等科普内容生产者可以实时发布科学信息向公众进行科普，可以迅速通过平台获取科普消费者的反馈并予以解释，科普消费者科学知识获取成本降低，公众也可以参与科学传播的讨论过程，在交流中发表意见提出观点。就科普社会化生产者而言，不仅仅是科学精英、政府机构，“草根”也成为科普内容生产的重要参与者。

（2）全新科普场景的出现

麦克卢汉曾提出“媒介即讯息”，新媒介的出现预示着社会的变革，从媒介发展史的角度来看，每一次新兴媒体的出现都会导致社会的变化，造就基于媒介形态的“社会人”。从“电视人”到“低头族”再到“互联网原住民”，随着元宇宙技术与元宇宙媒介环境的出现，新一代的技术使用与规训者将成为“元宇宙原住民”。如今，互联网时代逐渐向元宇宙时代演化，元宇宙是一个虚拟与现实高度互通且由闭环经济体构造的开源平台[②]，具有四大核心特征：第一，与现实世界的同步性与高拟真度；第二，开源开放与创新创造；第三，永续发展；第四，拥有闭环运行的经济系统。元宇宙通过沉浸感、参与度、永续性等特性的升级，激发多元主体采用诸多独立工具、平台、基础设施、各主体间的协同协议等来支持元宇宙的运行与发展。[③] 元宇宙时代的媒介形态将为科学普及的未来应用场景和表现形态增添无穷的想

---

① 芮必峰、孙爽：《从离身到具身——媒介技术的生存论转向》，《国际新闻界》2020年第5期，第7~17页。

② 喻国明：《元宇宙的一种世界观：我们对未来媒介与社会的基本观点》，《南方传媒研究》2023年第1期，第11~18页。

③ 喻国明：《未来媒介的进化逻辑：“人的连接”的迭代、重组与升维——从“场景时代”到“元宇宙”再到“心世界”的未来》，《新闻界》2021年第10期，第54~60页。

象力与实践空间。

从应用场景来看，在元宇宙中，科普消费者的存在方式逐渐转向数字化和虚拟化，科普消费者通过数字替身的方式进入元宇宙，元宇宙中的场景可以由科普内容生产者、消费者共同决定，场景的最终目标是基于特定场景提供信息或服务，在元宇宙科普中，科普内容的生产者可以依据消费者的需求主动切换场景，科普内容的消费者可以通过碎片化的时间、自身所处的情境自由切换视角与内容，达到更好的科普效果。

从表现形态来看，元宇宙科普给予科学普及活动更多的可能性，由于元宇宙与现实世界高度的仿真性，可以在元宇宙中建立元宇宙科普基础设施，将单一信息化的科普资源转变为元宇宙式科普资源。现实世界由于时间和空间的阻碍，科普消费者无法亲身参与，但在元宇宙中，可以通过场景切换迅速进入并参与科普活动。科普内容也可以与元宇宙环境相匹配，通过数字建模、人工智能等方式获得现实世界无法满足的科普需求，如火灾科普、疫情科普、核泄漏科普等。

6.4 新要求

基于社会科普氛围逐步提升、科普事业空间开始向科普产业演化让渡、媒介创新技术高度发展引发科普场景从要素型、线性化、条块状的社会跃迁转变为融合化、交互型、协同性的“新生态”。《科学素质规划纲要》中指出：从生产者层面来说，需要深化科普供给侧结构性改革，提高供给效能，推动科普内容、形式和手段等创新提升，提高科普的知识含量，满足全社会对高质量科普的需求。从分解者层面来说，需要通过科技资源科普化工程、科普信息化提升工程、科普基础设施工程、基层科普能力提升工程、科学素质国际交流合作工程 5 项重点工程的开展，构建主体多元、手段多样、供给优质、机制有效的全域、全时科学素质建设体系。从消费者层面来说，应激发公众参与科普活动的热情，构建政府、社会、市场等协同推进的社会化科普大格局。

6.4.1　对生产者的要求

科普社会化协同生态中的生产者是指具有科普信息生产职能的主体，生产者具体包括高校、企业、科研机构等科技创新主体与公民科学传播者。科普社会化协同生态演化中要求生产者从观念到行为层面进行具备颠覆性的变革。

在科普观念层面。首先，生产者要以“科技创新与科学普及同等重要”为基本原则，在相同的要素基础和主体格局下，把科学普及摆在与科技创新同等重要的位置；其次，顺应社会发展规律，将传统科普观念转变为全民参与的社会化“大科普”观念；最后，明确未来科普市场将起主导性作用，优先发展具有社会需求的科普产业。

在科普能力层面。生产者角色泛化，所有参与前沿科技创新的主体都应具备科技资源科普化的能力，科研人员在开展前沿科学领域探索的同时，科技资源科普化的能力也作为考核科技创新的指标。

在科技知识科普化层面。进行科技创新的主体都期望投身于科普实践活动，将科学知识顺应社会的媒介环境进行科普转化。

科普生产者需要解决的问题是解决科学普及与高质量发展相匹配的问题，需要解决科普创新发展的难题，要求普及在满足大众普遍认知需求的基础上实现个性化发展。[①] 上述要求包含四层含义：第一层含义，研究科普社会化的内容、形式、渠道，在科普信息化的背景下适应媒介变化。第二层含义，常态监测公众科普需求的内容、形式、目的和变化，探索如何引导和激发人民群众的科普需求，让群众有更多的科普获得感。[②] 第三层含义，探索公众与科普社会化协同生态系统生产者与分解者的供给机制，促进科普服务供给与公众需求有效耦合[③]，保障科普服务供给的精准性和公平性。第四层含

① 刘浩冰、邱伟杰：《高质量背景下科普期刊的发展思考》，《出版广角》2022 年第 9 期，第 23~27 页。

② 王康友：《以习近平新时代中国特色社会主义思想为指导，开启科普研究新篇章》，《科普研究》2017 年第 6 期，第 5~9、104 页。

③ 谢小军：《以“大科普”开启新时代科普事业新篇章》，《科普研究》2022 年第 5 期，第 15~17 页。

义，探索如何更好地推进科普事业与科普产业并举，更好地满足公众科普需求。①

6.4.2 对分解者的要求

科普社会化协同生态的分解者是指将科学知识分解再通过适当的方式进行科普，分解者的主要职能包括进行科学普及和提供科普相关服务。在社会“大科普”的格局下要求科普者具有全媒介的转化能力，要求科普服务与科普需求精准链接。在新生态中对于分解者的要求包括科普人才培养、科普基础设施建设、科普渠道搭建与科普方式推广优化。

科普社会化协同生态的分解者从事科学普及实践工作和提供科普相关服务。在科学普及层面，新阶段下的科普社会化协同生态要求分解者具备专业或习得一定的科普能力，包括科普理念、科普方法与科普伦理，具备科普产品的全媒介形式转化能力。在科普服务层面，社会“大科普”的格局下要求分解者提供科普实际的基本方法，面向市场培训专业的科普人才，基于政府工作提供基础性科普服务需要。

首先，接受系统性科普能力培训成为未来专业科普者的必要性通道。从我国当前的科普实践来看，大量的科技人员进行科学普及之时，并未经过专业的科普能力训练，缺乏对基本的科普方法的了解，也缺乏对形而上学层面的科普理论的了解、对科普伦理与道德的认识。市场主导下科普需求的满足，要求科普者所具备的技能能够满足市场模式下的科普需要。因此，科普能力的专业训练是未来科普人员与当前科普人员之间存在的显著差异。

其次，未来社会媒介形态的多样化，要求科普人员具备将某一形式的科普知识转变为任一其他媒介形式的能力。媒介形式的特性往往与一定的受众群体相关联，传播渠道的多元建设有助于形成媒体矩阵以尽可能最大化扩展

---

① 王康友：《以习近平新时代中国特色社会主义思想为指导，开启科普研究新篇章》，《科普研究》2017年第6期，第5~9、104页。

媒介渠道，而媒介载体的不同，会对媒介内容的呈现形式提出不同的要求。例如，视频化的呈现方式可以在未来仅仅针对某一部分群体，年轻的受众群将往更为新颖的媒介平台迁移，因此视频内容的二维呈现就有可能需要向多维度甚至沉浸式转化。

再次，面对科普市场的人才需要，科普专业人才培养需要在高等教育体系中得到体现。在以信息化、智能化为基本特征的新科普环境中，科普市场需要多元化、层次化的科普人才，高校不仅作为连接社会需要与人才培养的桥梁，同时也作为科普社会化协同生态的分解者，承担着系统化、批量化培养科普人才时期作为分解者的重要角色功能。不仅如此，在多元化的科普人才市场需求下，需要将科普人才进一步细分，包括科普研究人才、科普创作人才、科普教育人才、科普管理人才等不同培养方向。

最后，政府需要发挥基本的科普服务功能。政府作为撬动社会多元力量的中介，面对市场需要营造良好的科普产业发展环境。面对科技创新主体，需要引导形成科技资源科普化的良性机制。面对公众，在应对如公共突发事件中，政府需要紧急调动资源进行应急科普。此外，面对科普服务的结构性不均衡，政府还要通过政策或行政措施，引导科普资源向薄弱地区与重点人群倾斜。

6.4.3　对消费者的要求

科普社会化协同生态的消费者一般是指科普知识传递的末端的所有公民，在社会大科普的环境中，科普内容的消费者逐渐转变为科普内容的生产者，观念与角色发生的变化也导向理念与行动层面的变化。

从理念层面看，应树立社会“大科普”的意识，坚持“科技创新与科学普及互为鸟之双翼”的原则，相信市场在科普活动中占主导作用的逻辑。

从行动层面看，在社会“大科普”的氛围下，科普基础设施建设完善，公民科学素养显著提高，全社会积极参与科普，消费者与生产者之间的界限逐渐模糊并开始相互转换，消费者可从各类信息化平台中积极主动获取信息，参与科普内容的传播和科普服务的提升，并在社会变动与社会风险产生时，主动寻求信息，降低自身环境的不确定性。

6.5 新问题

复旦大学教授、原重庆市市长黄奇帆在长期观察中国经济发展的基础上，阐发了对中国式现代化的思考，他认为一个社会的科技创新包含着三个方面，按照流行的一种比方来说，第一个阶段是 0~1，原始创新、基础创新；第二个阶段是 1~100，将科技成果转化为生产力；第三个阶段是 100~100 万，是指转化为生产力的科技成果，经过大规模的生产工业化的发展形成巨大的独角兽、新兴的产业体系。[①]

德国文化学派认为，文化就是我们为了自身与子孙后代的幸福所做出的一切设计。以此为基点观照科技发展，我们不禁发问：以科技发现、创造与造福人类而诞生的科学文化在打造创新中国进程中应该关注什么？

当代中国的总体科学技术观，发生了从“科学技术是第一生产力”到“建设创新型国家”再到“两翼论”的认识变化，就最直接的关联说，在研究中国式现代化所需要的科创体系和现状的基础之上，当下的科学文化需要重点关注科技创新与科学普及这宏大事业中的短板所在。

（1）短板一

尽管中国的研发费高居世界第二，其研发总量超过第 3 名到第 10 名全部研发费的总和，但当前在合理地集中用于基础开发，尤其 0~1 的原始创新开发方面还存在短板。在这一方面，我们的研发费只占全部研发费的 5%~6%，2000 年的时候仅占 5%，2021 年达到 6%左右。放眼世界上的一些发达国家，G20 国家用于基础开发经费即 0~1 的原始创新的比例高达 20%。[②] 可以

---

① 《黄奇帆：中国式现代化具有五个特点》，http：//www.china-cer.com.cn/zhonghong/2022112122229.html，最后检索时间：2023 年 4 月 20 日。

② 《黄奇帆：中国式现代化具有五个特点》，http：//www.china-cer.com.cn/zhonghong/2022112122229.html，最后检索时间：2023 年 4 月 20 日。

发现，在人类科学探索发现前沿阵地的研发投入上，在国民经济迫切需要解决的问题上研发费投入明显不足，因此，真正的原创和大的创新创造产出不良。

这里就涉及价值理念和科学文化操守问题：是做真正的科学和技术（所谓科学精神与科学家精神，以及创造型工程师体现的工匠精神）还是做功利导向、随机变通的科学和技术。

（2）短板二

科技成果转化为生产力是我们推崇的目标，但实际上我们的生产力体系、科研创新体系的转化率却始终不那么高。美国 20 世纪 50 年代初出台《拜杜法案》规定，在美国任何创新发明的成果，1/3 的效益归投资者，1/3 的效益归发明者，剩余 1/3 的效益归转化者，如果转化者就是发明者，那么这 2/3 归这个发明人。发明人智商高能够在点上发明突破，但转化更多需要的是情商，是需要了解社会与人文、了解消费者与市场需要、了解高科技怎么能转化为生产力的能力，需有各种跨学科交叉的知识背景。①

实际上，很多科技转化并不是由发明人完成的，发明人要发挥他的长处，就要持续创新，继续投入新的发明创造中去，转化人则顺势不断地把发明人的成果转化为生产力。这里涉及科学文化不只是科学家与发明家的文化，科技创新的第二段需要中介服务的观念与操作，这无疑有商业与跨界包容的价值观与行为方式在内。

（3）短板三

转化为生产力的科学技术，如何大规模投资，形成大规模的企业、大规模的生产力以及“独角兽”企业②，这方面我们的缺陷是曾经很长时间处于发育严重不良的状态之中（阿里、腾讯等一批“独角兽”大股东都不是我

① 《黄奇帆：中国式现代化具有五个特点》，http://www.china-cer.com.cn/zhonghong/2022112122229.html，最后检索时间：2023 年 4 月 20 日。

② 《黄奇帆：中国式现代化具有五个特点》，http://www.china-cer.com.cn/zhonghong/2022112122229.html，最后检索时间：2023 年 4 月 20 日。

们本国的，而京东大股东是腾讯、三股东是沃尔玛）。从科技成果到新兴的产业体系需要科创板之类的资本市场，需要各类私募基金（以及公募基金）、风投基金（产投基金）持续多轮投资这个过程。近几年我们国家科创板已经出台，各种私募基金和风投基金已经形成接力棒。①

这里的科学文化问题是，大众对一批科学技术发明人成为资本家的宽容、认同以至推崇赞许态度应当如何培育，所涉及的是科技创新的第三段如何成为社会风尚。

一个社会的科学普及的链条包含着科技知识获取、科技知识对象化的普及转化，以及科技知识的规模化传播和公共对话，尽管由于对象人群的科学素养差异，客观上存在高、中、低多种层次的科普。但立足于科普公平、普惠，以及建设人类命运共同体的目标指向下，我们对科普社会化协同的近未来有以下期待。

（1）短缺与期待一：新科技生存能力的科普供给已成全体国民的必备

全民关注科学新发现、技术新突破，这已经成为生存发展新知识基础的主要部分，也标志着这个社会在科学文化认同上进入了强关注的良性状态。

新技术快速普及应用，带来生存能力的挑战不断前移：互联网、智能手机、大数据、人工智能、基因技术、量子计算技术……由此带来中国科普新五大人群中的老年人与低端产业工人人群的大范围生存能力提升问题。

（2）短缺与期待二：科学与技术已成全民共享的成长福利

快速涌现的新技术亟须普及，全民都在“新技术生存焦虑”的浪潮中，而成长的机会非常鲜明地向科技发明与快速应用的前沿倾斜，创新带来无限生机。

生存和发展的自由一步步向持续学会使用新技术的人群开放，科学教

---

① 《黄奇帆：中国式现代化具有五个特点》，http：//www.china-cer.com.cn/zhonghong/2022112122229.html，最后检索时间：2023年4月20日。

育+科普教育带来了新生活的机会，因此，科学文化中增进大众福利的科普指向已经需要融入基础价值观和伦理准则。

（3）短缺与期待三：持续的颠覆式创新已形成“反哺型”文明雏形

“Z世代”及“后Z世代”闪亮登场，作为经验与智识象征的“老世代”陷入生存之困，经历与经验的活态延续模式面临颠覆型冲击，因此，需要树立新的科学文化：具备前景认知与前景构建能力才能形成创新素质，用社会化大科普格局让前沿科技覆盖性走进公民教育才塑造得出创新社会的理念及行动计划。

（4）短缺与期待四：社会化协同已成为新的科普发展需要

面向国民的科普事业长期以各级科协及其管理和挂靠的科技馆、自然博物馆、科技学（协）会以及外挂志愿者组织为主导，这一建制化色彩很强的工作体系确实对此前阶段国民科学素质提升起到重要作用。

但是，作为科技知识生产和科技创新的主体，高新技术企业、研究型大学、科研院所（也包括科技型学/协会）汇集了最丰富的科技人才与成果，具备非常强的科普输出能力，但长期以来却一直缺少对履行科普社会责任的明确要求和评价制度，导致科普职责履行处于自发、自觉、自由这样一种奇怪的状态。

面对如此情境，将科技创新主体科普社会责任的履行纳入绩效考评是非常重要的举措，不如此难以释放中国社会蕴藏的全民科普巨大能量，难以高效支撑建成创新型国家的国民科学素养和优质创新文化。[①]

在以新冠疫情为代表的突发公共卫生事件中，科普之于人的全面发展、社会治理体系与治理能力现代化、服务创新发展的功能受到空前的挑战，科普服务人类命运共同体建设的价值使命得到充分体现。[②] 总体而言，当代中国科普社会化协同生态体系的构建中，我们仅仅思考了中国的国内实践，

① 汤书昆：《观点》，《中国科技教育》2019年第11期，第64页。

② 全国政协科普课题组：《深刻认识习近平总书记关于科技创新与科学普及“两翼理论”的重大意义 建议实施“大科普战略”的研究报告（系列一）》，《人民政协报》2021年12月15日。

《科学素质规划纲要》中提出要令科学素质行动建设服务于构建人类命运共同体。如何在科普社会化的中国实践中形成对外开放新格局，以科普作为深化科技人文交流、增进文明互鉴的重要桥梁，使中国人民的科学素质建设全球示范并融入人类科技文明的发展进程之中，是未来科普社会化协同生态发展与科普社会化实践要进一步思考的方向。

实践篇：中国科普社会化协同的实证研究

科普理论的要义在于为科普实践提供理论指导工具，而科普实践的发展又将为科普理论研究提供源源不断的动力与研究素材。应当说，科普理论与实践作为我国科学素质建设的一体两翼，二者不可偏废。本书在对科普社会化协同的理论进行探讨之外，尝试在科普实践层面，对以科技创新主体为代表的社会力量进行科普试点评估，尝试发现科技创新主体介入国家总体科普能力建设以及科普社会化协同生态建设过程中呈现的基本现状与典型问题，并阐发相关思考。

中共中央办公厅、国务院办公厅印发的《关于新时代进一步加强科学技术普及工作的意见》中，明确了以各级党委和政府为代表的八类主体的科普责任。其中，科技创新主体作为具有科技创新能力、聚集前沿科学技术资源的创新群体，在科普社会化协同生态中肩负着前沿、高端科技资源科普化的职责。在社会化、多元化主体加入我国科普能力协同建设的过程中，科技创新主体在外部规定性（法律与社会责任）与内部规定性（科技前沿性与科技资源聚集性）上均应成为科普能力建设的先锋力量，并在科技创新主体与社会的多元互动中发挥关键作用。

理论篇中构建了宏观视角下我国科普社会化协同的生态结构，我们认为在微观层面各主体内部也形成了社会化协同生态，实践篇将沿着理论逻辑，对大学系统、科研院所系统、企业系统与学会组织系统开展科普工作情况调查。基于“调查—分析—总结”的研究思路，本书结合前人研究，尝试设计了针对具体类别的科技创新主体的调查评估工具，充分掌握一手的定性与定量资料，把握其科普工作开展的现状，分析其科普社会化协同生态的内部网络结构，通过专家询证、反复探讨得出科技创新主体介入国家科普社会化协同生态建设的阻碍与建议。

受研究广度与深度的限制，本书在不同类型的科技创新主体中选取了部分样本进行试点的评估与调查，虽难以概览科技创新主体的科普能力建设全貌，但作为一项探索性与开创性并存的工作，对学界与业界或有一定的启发意义。更具统计意义的样本、更为系统全面的调查评估有待科普研究人员持续跟进与完善。

第七章
中国科普社会化协同的实证研究概论

新中国成立后，中国立足于本国的国情和社会主义现代化建设的不同阶段，不断探索和丰富科普的方式与方法，科普参与者的角色持续不断深入，呈现由政府组织协调、各类专业学术团体作为科普主力军、社会参与的单一向度到政府、社会、市场深度协同的演化趋势。本章在系统梳理中国“科普社会化协同”相关的实证研究后发现，随着社会主义现代化阶段的不断发育，“科普社会化协同”的研究重心不断转移，从以“科普对象社会化”为重心，逐步转向以“科普主体社会化”为重心，最终转向以“社会化协同”为重心的研究，相关实证研究的主题也从地震、气象、医学等某一具体议题的社会化科普向社会化协同的机制研究、要素研究方向转变。

1949 年 6 月，在中国人民政治协商会议上通过了具有临时宪法性质的《中国人民政治协商会议共同纲领》（以下简称《共同纲领》），提出“努力发展自然科学，以服务于工业、农业和国防建设，奖励科学的发现和发明，普及科学知识”。新中国成立后，根据《共同纲领》的规定，1950 年 8 月中华全国自然科学工作者代表会议宣布成立中华全国自然科学专门学会联合会（以下简称“全国科联”）和中华全国科学技术普及协会（以下简称“全国科普协会”），1958 年 9 月全国科联与全国科普协会合并为中华人民共和国科学技术协会（以下简称“中国科协”），此后中国科协作为科普事业的主要社会力量，推动科普事业不断发展。改革开放以来，中国共产党的工作重心逐渐转向国家现代化建设，我国科技事业发生了历史性、整体性、格局性重大变化[①]，科普工作也迎来了发展和繁荣的中国式现代化社会建设的启动新阶段。1982 年 8 月，中国电机工程学会提出“要培养、壮大科普工作积极分子的队伍”和“要积极开展社会化的科普活动”。[②] 1983 年，江西科协发布全省科协系统“倡议书”提出：“我们要大力推进科普工作沿着群众化、社会化的方向发展。”[③] 1984 年，中国煤炭学会在工作要点中提出，要面向社会传播科学技术，实现科普工作的群众化与社会化。[④] 科普工作的社会化、群众化逐渐成为各级科协和各类专业学会开展科学普及工作的共识。

为适应国内国外形势对科普的新要求，进一步加强和改善科普工作，1994 年 12 月，中共中央、国务院发布《关于加强科学技术普及工作的若干意见》（中发〔1994〕11 号），明确提出：“要动员全社会力量，多形式、多层次、多渠道地开展科普工作，传播科技知识、科学方法和科学思想，使科普工作群众化、社会化、经常化。”[⑤] 国家政策法规第一次明确提出科普“社会化”发展的方向，“社会化”这一概念内核呈现由一元主体到多元主体、由单一群体到泛在群体的变化过程，相关研究也逐渐丰富。

“科普社会化”明确提法的出现在中国有 30 多年的历史，最早见于 1989 年胡文的《建立科普社会化服务体系的构想》中，文章立足于农村农业科技，指出“在科技成果的消化—应用—推广之间建立一种衔接的链条使三者之间的转化不断得以实现，这种链条就是完备的科普社会化服务体系”[⑥]。胡文指出科普社会化服务网络应该向横向、纵向多层次的三维方向

---

① 中华人民共和国科学技术部：《中共中央宣传部举行“实施创新驱动发展战略建设科技强国”发布会》，https://www.most.gov.cn/xwzx/twzb/fbh22060601/，最后检索时间：2022 年 6 月 6 日。

② 《中国电机工程学会科普读物、创作学术会议》，《电力技术》1982 年第 11 期，第 78 页。

③ 《出席全省科协系统先进集体、先进工作者表彰大会的全体代表倡议书》，《江西林业科技》1983 年第 2 期，第 62 页。

④ 《中国煤炭学会 1983 年工作小结和 1984 年学会工作要点》，《中国煤炭学会会讯（第 37 期）》1984 年 2 月 10 日，第 8~18 页。

⑤ 科学技术部政策法规司：《中国科普法律法规与政策汇编》，科学技术文献出版社，2013。

⑥ 胡文：《建立科普社会化服务体系的构想》，《学会》1989 年第 5 期，第 29~30 页。

发展，并提出由科协举办的科普经济实体、由各类学会及农村专业技术研究会组成的科普经济实体、由科技示范户自办或联合办的科普经济实体三类科普社会化服务组织形式。早期的“科普社会化”主要指向科普对象、科普受众的大众化与群众化，即开展社会化的科普工作。沈定基提出应利用现代化的大众传播媒介，在记者、编辑、科普作家的基础上培养专业的科普创作团队，并且使用适应新时期、新形势的科普宣传的方式、方法，潜移默化地宣传科学思想、科学知识与科学方法。[①] 余敏恩和刘胜法等人从灾害学入手进行防震知识科普社会化研究并指出，首先，需要完善地震科普管理体系，明确干部、学校和群众不同群体的科普目标，采取不同形式进行多渠道宣传；其次，将防震知识科普纳入社会宣传总体规划，建立以省地震局、市（县）地震办（台）、市直属宣传点、未设地震机构的科委为主要的防震科普抓手，面向科室、乡、学校、街道、村、班、组、居委会、家庭开展社会化科普工作。[②③] 李刚从医学科普入手，将科普社会化的目标人群分为以广大人民群众为代表的群众性科普和以医务人员为代表的高级科普。[④] 关春芳以《北京晚报》“健康快车”专栏的“感觉统合”系列为例，探究科技成果科普化、社会化的关键，指出科普栏目需要把握热点，用“短平快”的新闻文体迅速将前沿科技成果科普化并向社会传播。[⑤] 20 世纪 90 年代后期，科普对象的社会化、泛在化成为科学传播界的基本共识，在中国科普的历史实践语境与现实实践语境下，“科普社会化”这一概念本身经历了由“社会化科普”到“科普社会化”这一非常有翻转意义的转变。

1999 年 12 月，科学技术部、中共中央宣传部等九部门发布的《2000~

---

① 沈定基：《利用现代化大众传媒　推动科普工作社会化》，《科协论坛》1995 年第 12 期，第 22~23 页。

② 余敏恩：《论地震科普宣传信息社会化》，《华北地震科学》1993 年第 4 期，第 51~56 页。

③ 刘胜法、赵冬峥、马谦云：《制定宣传目标　提倡社会化管理——对地震科普防震知识宣传的探讨》，《山西地震》1996 年第 1 期，第 58~62 页。

④ 李刚：《医学科普是实现医学科研成果社会化的重要途径》，《中国健康教育》1996 年第 3 期，第 22~24 页。

⑤ 关春芳：《科技新成果科普化社会化的桥梁——〈北京晚报·健康快车〉的实践与探索》，《新闻与写作》1997 年第 12 期，第 19~21 页。

2005年科学技术普及工作纲要》（国科发政字〔1999〕582号）（以下简称《科普纲要》）明确："重点围绕广大农民、青少年和干部的需求，努力普及科学技术知识，大力宣传科学思想、倡导科学方法、弘扬科学精神。"[①]《科普纲要》为推动科普工作的社会化指明了方向并刻画了阶段性的目标，后续研究逐渐由"科普对象的社会化"转向"科普主体的社会化"。黄丹斌立足于我国科普事业的发展现状，从科普宣传和科普产业化的角度切入，提出加大科普宣传力度，营造社会化科普氛围，并提出拓宽科普发展思路，加快科普产业发展，科普事业与科普产业共同推动科普社会化进程。[②] 王凤飞以科协为研究对象，提出"社会化大科普"的概念，即科普是利用多种方式面向全社会传播科学技术，实现科学知识的扩散、转移和形态转换，以达到具有社会、经济、教育和科学文化效果的科学活动，并点明"大群团—大协作—大宣传—大科普"的工作基调。[③] 武红谦从科普教育基地建设入手，提出政府应协同大专院校、科研院所、农林基地、外资企业、省直单位、各类公园和自然保护区等建立科普教育基地，丰富青少年、领导干部、企业职工、群众居民、科技人员等参与科普的机会和渠道，促进科普工作社会化由被动转向主动，激发公众的科普意识。[④]

21世纪初期，国际环境相对宽松，世界进入了经济全球化、信息化时代，我国以经济发展为中心的主轴鲜明，中华民族的伟大复兴、创新型国家建设与社会多元协同发展等重大战略布局及内生理念体系都处于刚刚发育阶段[⑤]，科技进步在社会发展中的关键动力作用日渐凸显。2002年6月，我国颁布世界首部科普法《中华人民共和国科学技术普及法》（以下简称《科普法》）明确："科普是全社会的共同任务。社会各界都应当组织参加各类科

---

① 科学技术部政策法规司：《中国科普法律法规与政策汇编》，科学技术文献出版社，2013。

② 黄丹斌：《科普宣传与科普产业化——促进科普社会化雏议》，《科技进步与对策》2001年第1期，第106~107页。

③ 王凤飞：《科协与社会化大科普》，《科协论坛》2001年第3期，第23~25页。

④ 武红谦：《谈科普基地对科普社会化的作用》，《科协论坛》2001年第3期，第31~33页。

⑤ 汤书昆：《全民科学素质是社会文明进步的基础》，《科普研究》2021年第4期，第14~17、30、105页。

普活动。”[①]《科普法》对政府、科协、高校、各类学术团体、大众传媒等社会各主体的社会责任做出了明确规定，确立了科普社会化工作的法律地位，为科普社会化提供了基础法律保障。唐芹等结合《科普法》的出台，提出此阶段卫生科普社会化面临认知误区、重视不足、投入不足、社会性力量参与不足等问题，认为要加强卫生科普人员队伍建设与培训，并建立积极有效的社会卫生科普组织体系。[②] 王奉安从气象科普切入，基于《科普法》出发，从社会保障、依靠广大气象科技工作者的中坚力量和发挥学会组织的主力军作用三方面论述了实现气象科普社会化的必要性和可行性，指出：通过立法将科普纳入法治轨道，使实现气象科普社会化有法律保障；广大气象科技工作者在实现气象科普社会化的进程中有责任和义务挑起重担；各级气象学会在发挥自身作用的同时，更要发挥社会方面的力量；实现气象科普社会化，乃是学会一项重要的、高度集成的系统工程。[③]

2006 年 2 月，国务院印发《全民科学素质行动计划纲要（2006—2010—2020 年）》（国发〔2006〕7 号）（以下简称《科学素质计划纲要》），《科学素质计划纲要》是我国历史上第一个以提高全民科学素质为内容的纲领性文件，明确了“政府推动，全民参与，提升素质，促进和谐”的指导方针。[④] 此后，我国科普正式转入政府推动、社会参与的公民科学素质建设新时期，相关实证研究也不断深入，逐渐向科普社会化协同政策研究、协同机制研究、协同要素研究等方向转向。

王月冲以 2006 年第二十一届昆明市青少年科技创新大赛为例，在比赛中政府有关部门和地方科协推动，企业和相关院士、专家等多主体参与，刻画了“科协牵头、部门合作、社会参与、齐抓共管”的科普工作格局，并提出“社会化是科普工作的必由之路，品牌化是科普工作的有效途径，市

---

① 《中华人民共和国科学技术普及法》，科学普及出版社，2002。

② 唐芹、宋广霞：《关于卫生科普社会化趋势的几点思考》，《中华医学科研管理杂志》2005 年第 4 期，第 252 ~ 254 页。

③ 王奉安：《实现气象科普社会化浅论》，《辽宁气象》2005 年第 4 期，第 45 ~ 46 页。

④ 《全民科学素质行动计划纲要（2006—2010—2020 年）》，人民出版社，2006。

场化是科普工作的努力方向”。[①] 黄丹斌等以广东省汕头市科协为例，提出将“共建共享”嵌入科普社会化协同实践中，利用社会各界的知识资源、科技资源、创新资源、示范资源、人力资源，建设科普教育基地、科普示范基地、科普培训基地、科技特色学校，努力将科协建成科普资源开发中心、集散中心和服务中心。[②] 王延辉等从我国科普志愿者队伍建设入手，提出应多渠道、高标准地发展高素质科普志愿者队伍，建立科普志愿者队伍的管理与培训机制，积极举办各种类型的科普活动并搭建各类科普平台，在实践中提高科普志愿者素质。[③] 周立军等通过深入调研了解北京市企业、科研院所、科技场馆、各类学会及社区科普志愿者参与科普的现状，发现各类社会力量都将科普工作的公益性视为开展活动的目标，提出应转变思想观念，充分整合科普资源，利用多媒体信息化手段大力发展科普产业。[④] 随后，周立军等进一步提出较为系统的“社会化科普”概念，他强调法律保障、政策引导和市场配置资源的作用，也突出公民的科普主体地位、各种社会力量参与科普的积极性、完善的科普联动工作机制、公益性科普事业和经营性科普产业等科普资源合理配置的重要性。[⑤] 陶春针对我国社会力量协同开展科普事业机制落后，造成社会力量开展科普事业分散、杂乱、弱小、无序的现状，提出动员社会力量协同开展科普事业建设，重点是加强社会力量的多主体协同：第一，建立和完善多主体协同的运行机制，使社会力量多主体协同成为科普事业建设的重要形式；第二，建立社会力量多主体投入科普经费的协同机制；第三，科普建设要善于运用新兴社会力

① 王月冲：《科普工作社会化的实践与思考》，《科协论坛（上半月）》2010 年第 1 期，第 14~15 页。

② 黄丹斌、姚小明：《共建共享科普理论在创新科普基地的实践应用》，《科协论坛》2010 年第 8 期，第 14~17 页。

③ 王延辉、刘荆洪：《怎样打造高素质的科普志愿者队伍》，《海峡科学》2012 年第 3 期，第 13~15 页。

④ 周立军、刘深：《关于北京市社会力量参与科普工作的调查报告》，《科普研究》2011 年第 S1 期，第 21~25 页。

⑤ 周立军：《社会化科普：无边界的科学传播》，《中国科技奖励》2013 年第 10 期，第 76~77 页。

量协同传统社会力量共同发挥作用。[①] 袁汝兵等从科学普及发展与科学研究进程相结合的角度切入，分析高校、科研院所、科技型学会等科技创新主体协同参与科普的现状，提出科普和科研的政策规定多为鼓励性、倡议性的语句，缺乏刚性约束和纵深的配套支持，在人才队伍建设、经费保证、评价机制等方面的细则不充分，缺乏评价机制与激励机制。[②] 陶春结合知识生产的新模式，提出加强科普理念和新媒体理念的协同、科普产业与新媒体产业全产业链的协同、科普发展和新媒体发展体制机制的协同，构建了新媒体和科普协同发展的格局和路径。[③] 杨维东等结合社交媒体的快速发展，提出细分科普受众群体，满足受众差异化需求，完善科普宣传创新和运营机制，加大社会化媒体科普宣传力度，促进科学与媒体互动，引导科普宣传转向传授互动模式，走全媒体发展之路，逐步实现宣传手段现代化。[④] 何丹等从科普工作的有效形式、科普人员与机构的规模、科普经费投入规模、科普活动组织规模、外部环境五个维度构建了科普社会化评价体系，并以北京市科研院所的科普工作为例，通过数据分析和实证研究提出，科普社会化协同需要充分调动、整合社会资源，发挥社会力量的整合优势，利用新媒体革新科普形式，协同社会各界建设科普示范社区，建立科普资源信息服务平台，政府建立健全科普经费保障制度和优惠税收政策，拓宽科普经费的社会来源，以保障科普工作稳定长效的开展。[⑤] 陈套梳理了科普工作的物质要素、人才要素、制度要素三个方面，提出我国科普规制配套政策缺乏，可执行性不足，科普工作在社会事业发展中受重视程度不够，资源整合力度不强，社会各方

---

① 陶春：《社会力量多主体协同开展科普事业机制研究》，《科普研究》2012 年第 6 期，第 35～39 页。

② 袁汝兵、王彦峰、郭昱：《我国科研与科普结合的政策现状研究》，《科技管理研究》2013 年第 5 期，第 21～24 页。

③ 陶春：《基于知识生产新模式的科普与新媒体协同发展研究》，《湖北行政学院学报》2013 年第 1 期，第 47～50 页。

④ 杨维东、王世华、李勇：《社会化媒体时代科普宣传的路径厘析》，《重庆工商大学学报（社会科学版）》2013 年第 6 期，第 93～98 页。

⑤ 何丹、谭超、刘深：《北京市科普工作社会化评价指标体系研究》，《科普研究》2014 年第 3 期，第 29～33 页。

力量参与科普工作的积极性还没有充分调动等问题，明确我国科普体系建设在政府规制和社会协同方面存在的不足，并提出应进一步加强政策的制订完善，修订科普法规，明确各类科普力量的职责和要求，协调社会各方力量推动共建机制的有效落实，建立动态反馈的闭合系统，加强科普能力建设。[①]刘萱等以国家重点实验室参与科普为研究对象，对科研团队开展的科普工作进行梳理分析，发现互联网的发展增强了公众在科普中的角色，科研团队能借助互联网平台进行低信息成本的科普，科研团队参与科普的模式正在由原来科研团队与政府间的协同运作转变为科研团队与公众间的协同运作，基于任务的被动式传播向基于责任的主动式传播转变。同时，在转变过程中，由于科研团队的核心价值、成本结构、协同主体和 IT 应用等方面存在显著差异，可以采用重构式科普转型路径以及渐进式科普转型路径实现转变。[②]

任福君、郑念、张志敏等在综述国内外科普活动效果评估的研究进展，深入研究科技馆[③]、科普活动[④]、科普基础设施[⑤]等科普要素的效果后，从公众、组织与服务者、专家和宣传等角度，构建了三个层级，包括 4 个一级指标、12 个二级指标和 36 个三级指标的评估指标体系。[⑥] 危怀安等从协同理论视角切入，将高校科协看作一个开放非平衡系统，从系统内部协同、外部协同和内外部协同三个维度对科普资源进行优化：内部协同方面，高校科协的科普资源优化要从主体出发，以自组织为先展开内部协同，建立高校科协—省级高校科协联合组织—全国高校科协联合组织体系，建立科普资源数

① 陈套：《我国科普体系建设的政府规制与社会协同》，《科普研究》2015 年第 1 期，第 49~55 页。

② 刘萱、李心愉：《科研团队参与科普的模式与实现路径——国家重点实验室参与科普的案例研究》，《科普研究》2017 年第 6 期，第 16~24 页。

③ 郑念、廖红：《科技馆常设展览科普效果评估初探》，《科普研究》2007 年第 1 期，第 43~46 页。

④ 张志敏、任福君：《科普活动作为一种社会教育资源的价值探讨——基于科普活动效果评估案例的分析》，《科技导报》2012 年第 Z1 期，第 98~102 页。

⑤ 李朝晖、任福君：《从规模、结构和效果评估中国科普基础设施发展》，《科技导报》2011 年第 4 期，第 64~68 页。

⑥ 张志敏、郑念：《大型科普活动效果评估框架研究》，《科技管理研究》2013 年第 24 期，第 48~52 页。

据库，利用新媒体传播；外部协同方面，积极构建以多赢与利益共享为核心的外部协同机制，跨界与互联网公司建立合作伙伴关系，有效借助企业的大数据云计算技术、尖端研发能力，激发科普的内在价值和动力，实现科普资源的外部协同优化，形成深度融合、开放合作、互利共赢的科普新格局；内外部协同方面，引领科普社会化，协同社会各方力量包括科学界、企业界、政府组织、非政府组织、社会公众的广泛参与，深化中国科协领导，以各部门分工负责、联合协作的方式，形成政府推动、科协主导、多部门联合协作、社会公众广泛参与的格局，多渠道、多途径提升科普资源的供给能力，促进科普资源的合理配置和共享利用，使科普资源覆盖范围越来越广，配置效益越来越高，建立一个政府、企业、高校大协作的科普资源共建共享生态圈。[①]

当今世界，新一轮科技革命和产业变革正在重构全球创新版图。2017年，习近平在党的十九大报告中指出："我国社会主要矛盾是人民日益增长的美好生活需要和不平衡不充分的发展之间的矛盾。"[②] 主要矛盾已经发生改变，国家发展的目标已经转向，2021年7月1日，习近平再次强调指出："推动物质文明、政治文明、精神文明、社会文明、生态文明协调发展，创造了中国式现代化新道路，创造了人类文明新形态。"[③]"五大文明"创建和协调发展成为这一新阶段的内涵核心要求，这与上一历史阶段"以经济建设为中心""科学技术是第一生产力"的提法在内涵上有了更多的拓展、丰富和调整，其中与全民科学素质建设最相关的变化是：从科技创新引领角度来规划上述五大文明的深度协同，已经构成了未来国家发展的基本蓝图。[④] 2021年发布的《全民科学素质行动规划纲要（2021—2035年）》（国发〔2021〕

---

① 危怀安、蒋栩：《协同视角下高校科协科普资源生态圈构建》，《中国高校科技》2018年第Z1期，第36~39页。

② 习近平：《决胜全面建成小康社会，夺取新时代中国特色社会主义伟大胜利——在中国共产党第十九次全国代表大会上的报告》，人民出版社，2017。

③ 习近平：《在庆祝中国共产党成立100周年大会上的讲话》，《人民日报》2021年7月1日。

④ 汤书昆：《全民科学素质是社会文明进步的基础》，《科普研究》2021年第4期。

9号）（以下简称《科学素质规划纲要》）[①] 根据当前中国发展语境和2035年初步建成创新型国家的目标定位，明确了“坚持协同推进，各级政府强化组织领导、政策支持、投入保障，激发高校、科研院所、企业、基层组织、科学共同体、社会团体等多元主体活力，激发全民参与积极性，构建政府、社会、市场等协同推进的社会化科普大格局”[②]。社会多元主体在科普中的角色和参与的程度又发生了深刻演化。

《科学素质规划纲要》发布后，黎娟娟等从政府和社会两大主体的角度，分析当前我国以政府为主导的科普投入结构面临的问题。政府投入的问题表现为中央和地方财政投入不平衡导致地方财政压力大；区域财政不平衡导致科普投入的区域不平衡；科普行政管理部门投入相对分散，难以形成合力。社会投入的问题表现为企业、社会组织、科研工作者和公众投入不足。科普的长期性和公益性特质、我国社会发展的现实决定了构建多元协同的科普投入体系具有可行性。在此基础上，结合政府、企业、社会组织、科研工作者、公众等各个主体自身的特性，提出了构建多元协同科普投入体系的可能路径。[③] 汤书昆等从科普社会化协同的法治保障切入，提出随着科普对象、科普主体和科普环境在近20年的快速演化，《科普法》等法律的制定、修订工作已经滞后于科普实践进程，科普社会化协同的理念未在《科普法》中予以贯彻，明显阻碍了公民科学素质提升工作。结合科技馆、自然科学博物馆等科普基地的快速发育，明确了现有科普法律法规缺失科普评价标准，现有科普评价缺乏对科普社会化协同机制的评估等问题，并提出科普主管部门应制订各类科普主体共享科普资源的实施细则、开展常态化科技创新主体科普评价等，建议完善科普社会化协同法治保障。[④] 后续研究从社会科学普及切入，基于政策研究法与文本分析法，系统梳理了我国科学普及立法的现

---

① 《全民科学素质行动规划纲要（2021—2035年）》，人民出版社，2021。

② 《全民科学素质行动规划纲要（2021—2035年）》，人民出版社，2021。

③ 黎娟娟、高宏斌：《构建多元协同科普投入体系的现状和思考》，《科普研究》2021年第3期，第81~90页。

④ 汤书昆、郑斌、余迎莹：《科普社会化协同的法治保障研究》，《科普研究》2022年第2期，第15~20页。

状与历时性走向，提出《科普法》中应明确社会科学普及工作的主要力量、重要力量等多元主体，建立自然科学普及与社会科学普及工作的联席会议制度，明确社会科学普及的内容，并在责任划分中做到“软硬并济”。[①]

综上，国内的实证研究已注意到科普社会化的演化趋势以及多元主体参与的重要意义，《科学素质规划纲要》发布后，基于新的国内外环境和社会主要矛盾的变化，中国式现代化建设新阶段的科普社会化协同实证研究仍较为缺乏，缺少对科普社会化协同理论及应用的系统性研究。因此，实践篇部分基于前期实地调研，从大学、企业、科研院所和学会组织四类科技创新主体的实践入手，梳理我国科普社会化协同的实践经验，刻画科技创新主体投身科普社会化协同发展的路径，以期形成科普社会化协同的中国模式。

---

① 陈登航、汤书昆、郑斌：《〈科普法〉修订背景下我国社会科学普及的立法特征、向度与入法探讨》，《科普研究》2022 年第 4 期，第 88~95 页。

第八章 大学系统科普社会化协同实证研究

8.1 大学系统科普社会化协同行动者网络建构

在我国，具有一定教学与科研实力的本科院校单位通常被冠以“大学”之名，与之形成差异的则是主要培养学生某一专业技能的职业技术学校，如果将“大学”狭隘地理解为本科层次以上的普通高等院校（University）[①]，大学系统则形成一个较为系统、内涵广泛的概念，覆盖了普通高等教育的所有机构，包括综合大学、专科和学院。[②]

从资源配置的视角来看，大学系统集聚了大量包括科技人员、科学装置、科学知识等科技资源，因而高校有必要发挥其独特的科技资源集成优势，面向社会公众开展多样化的科普活动，发挥科技创新主体在科技资源共建共享方面的特殊价值，辐射社会、履行高校的社会责任。

科普资源是大学为支持科普工作所需要的一切有用资源[③]，涵盖了科普人员、科普部门或机构、科普经费、科普制度、科普奖励、科研诚信、科普场地、传媒与活动等。[④] 既有的研究，发现高校的科普资源丰富多元且涉及

① 顾明远：《教育大辞典》（第三卷），上海教育出版社，1991，第 60~61 页。

② 中国社会科学院语言研究所词典编辑室：《现代汉语词典》，商务印书馆，2016，第 247 页。

③ 尹霖、张平淡：《科普资源的概念与内涵》，《科普研究》2007 年第 5 期，第 34~41、63 页。

④ 杨玲、汤书昆、齐培潇：《基于扎根理论的中国高校科普服务评估指标研究》，《科普研究》2021 年第 5 期，第 76~84+103 页。

面十分广泛，在人的行动者方面，高校科普的行动者包括高校科协、教师[①]、学生（志愿者等）、科普人才[②]，非人行动者涉及了图书馆、科普图书[③]、科学装置与实验设备[④]、地方科技馆[⑤]、科普基地（博物馆等）[⑥]、科技期刊[⑦]、科普讲座[⑧]等多个面向。

前人的研究为我们提供了丰富的研究材料，然而科普作为一种实践导向极强的工作，高校科普行动者网络的构建离不开对高校科普实践的考察与支持。在文献研究的基础上，我们开展了对多地不同高校的试点实地调研工作，结合对高校科普工作的非结构化访谈，基于对理论研究与高校科普工作实际的总体把握，按照与高校科普工作关联紧密程度划分，可以分为核心行动者与外围行动者。

高校科普工作的核心行动者是高校的科学技术协会（以下简称高校科协）。在我国，科学技术协会是科技工作者的群众组织，肩负着科技创新、科技智库与科学普及的主要任务。高校科协作为高等学校和科研院所成立的科协基层组织，兼具大学系统的人才优势与科协系统的组织优势，在调动广大科技工作者、学生的积极性与创造性方面具有不可比拟的优势，是高校开

---

① 吴君、李洋：《高校教师对科普创作态度的调查与分析》，《科普研究》2014年第2期，第66~72页。

② 万群、杨湘杰、沈琼：《中部地区高校科普人才培养研究》，《科普研究》2009年第3期，第18~22页。

③ 郎杰斌、杨晶晶、何姗：《对高校开展科普工作的思考》，《大学图书馆学报》2014年第3期，第60~63页。

④ 于川茗、赵盈盈：《高校大型仪器设备开展科普教育的探索与实践——以电子显微镜为例》，《化学教育（中英文）》2021年第18期，第140~143页。

⑤ 金旭佳、吕海军、宋泓儒：《科技馆与高校科普互补合作的新模式——以黑龙江省科技馆和哈尔滨工程大学开展的活动为例进行分析》，载高宏斌、李秀菊、曹金主编《科学教育新征程下的馆校合作：第十三届馆校结合科学教育论坛论文集》，社会科学文献出版社，2021，第132~142页。

⑥ 林春丹、李秋真、杨东杰：《“新工科”背景下高校科普基地的建设与实践》，《科普研究》2022年第6期，第75~80、104页。

⑦ 贾建敏、丁敏娇、毛文明：《新媒体时代高校医学期刊实施健康科普的意义及举措》，《编辑学报》2020年第3期，第334~337页。

⑧ 陈素纯：《高校科普讲座效果评估指标体系的构建》，华中科技大学硕士学位论文，2015。

展科普工作的主要组织单元。[1] 以高校科协为核心，大学系统自身形成了以大学为主体的核心行动者，主要包括大学团委、科研管理部门、实验室/中心、学生科技社团等，由于不同高校在行政单位与行政职能划分上的差异，有的高校还可能涉及宣传部、教务处、学工部等。以高校所在地为主的一些单位或组织，构成了大学系统开展科普工作的外围行动者，包括地方政府、地方科协、地方科学技术类场馆等。例如，高校科协成立之初，一般由地方科协协助高校科协的建设，通过一定流程将高校科协吸纳到中国的科协体系之中，并在高校科协的发展过程中开展业务指导，有条件的还可能拨付适当的科普工作经费。近年来，随着“大科普格局”“科普社会化协同”的工作布局，以科技馆为代表的地方科学技术类场馆与高校科协之间建立了良好的协作关系、各种各样的合作机制。例如一些高校将大学生志愿者学分作为评奖评优的考量因素之一，鼓励大学生利用空余时间前往科技馆开展志愿工作。

大学系统行动者网络中的非人行动者覆盖了高校科普工作的其他方面，主要分为两大方面。一是与高校科普工作高度相关的显性资源，包括以开放性实验室/博物馆/校史馆/科学装置等为代表的实体科普场地，线上科普渠道、科普工作的制度（激励制度、绩效认定制度等）、科普经费等。二是对高校科普工作产生非直接影响的隐性条件，包括高校领导人对科普工作的重视、高校的科技创新能力、学时、行动者的组织能力以及导师的支持意愿等。

综合上述分析，在对大学系统科普工作进行调查之时，依据行动者网络关于人类行动者与非人类行动者的约定，我们构建了大学系统科普行动者网络，包括高校科协、科普管理人员、教师、学生、科普专/兼职人员等人的行动者，科普制度、科普奖励、科研诚信与科技伦理、科普场地、科普传媒和各类科普活动等非人行动者，并以此为基本工具，开展对大学系统科普工作现状的调查（见表8-1）。

---

① 靳萍：《科普创新模式探索——中国高校科协理论与实践》，《科普研究》2007年第1期，第6~9、14页。

表 8-1　大学系统科普行动者

基础条件	科普部门或机构 科普人员 科普经费
制度与机制建设	科普制度 科普奖励
科普平台	科普场地 科普传媒
科普活动	学术交流活动 师生科普活动 公众科普活动

8.2　大学系统科普工作调查

为摸清不同类别、不同层次的高校科普工作现状，我们在东部、中部、西部、东北部分别选取了江苏省和浙江省、安徽省和湖北省、重庆市、吉林省共41所高校为研究样本（重庆5所、江苏9所、吉林8所、浙江9所、安徽8所、湖北2所）。同时兼顾“高校隶属”的差异，将高校分为部属院校（11所）、地方本科院校（23所）、地方高职院校（7所）。考虑到“高校类型”与评估主旨的差异，选取与科技创新关联度高的综合类（18所）、理工类（10所）、农林类（4所）、医药类（6所）、师范类（3所）作为“高校类别”这一分析维度的子维度，最终确定具体实施调研的高校样本（见表8-2）。

为了对高校科普能力建设有较为完整、系统的认知，我们综合了质化与量化的评估方法，结合半结构化访谈与调查问卷的形式开展调查，调查内容主要为2020年度湖北省、江苏省、重庆市、吉林省、浙江省、安徽省高校开展科普工作的基本情况。其中，科普能力建设评价以量化为主，并从基础条件、制度与机制建设、科普平台与科普活动四大维度进行评价。

表 8-2　大学系统科普能力试点调查样本

高校归属	单位类别	高校名称
部属院校	综合类	吉林大学
		南京大学
		浙江大学
		重庆大学
		西南大学
		中国地质大学（武汉）
	理工类	合肥工业大学
		中国科学技术大学
	农林类	南京农业大学
	师范类	东北师范大学
	医药类	重庆医科大学
地方本科院校	综合类	吉林化工学院
		江汉大学
		绍兴文理学院
		延边大学
		扬州大学
		浙江树人大学
		浙江万里学院
	理工类	安徽信息工程学院
		安徽理工大学
		东北电力大学
		长春工程学院
		浙江科技学院
		浙江理工大学
	农林类	安徽农业大学
		吉林农业大学
		浙江农林大学
	医药类	安徽医科大学
		安徽中医药大学
		吉林医药学院
		温州医科大学
		徐州医科大学
	师范类	重庆师范大学
		江苏师范大学

续表

高校归属	单位类别	高校名称
地方高职院校	综合类	安徽粮食工程职业学院
		常州信息职业技术学院
		江苏航运职业技术学院
		扬州市职业大学
		重庆青年职业技术学院
	理工类	扬州工业职业技术学院
		浙江机电职业技术学院

8.2.1　基础条件

8.2.1.1　科普部门或机构

1. 高校科协的工作模式

被调研高校科协覆盖率高，一定程度上表明中国科协在高校科普组织化建制落地性较好，但专业人员等科普配套资源不完善。从院校隶属上看，超过一半的部属院校“有高校科协且有专职人员”，地方本科院校和地方高职院校均不足 30%，多数部属院校高校科协专人专职，科协工作独立运作（见表 8-3）。经调研，多数高校科协工作由校科技处等其他部门兼职管理。科协兼职模式下可能带来人员工作量负荷难以兼顾科协与其他部门工作的问题，且科普工作范围不明确、工作量无法考察、工作绩效难以考核等问题降低了兼职人员的科普热情。

高校科协组织已覆盖大部分主流高校，全面组织建设是高校科协制度建设的保障，建议中国科协加强与高校科协的联系与沟通，推进高校科协制度建设、人员匹配、工作模式的不断优化与调整，调动、激发校园内外创新活力和创造热情。

无专业人员的高校科协中，针对兼职人员的绩效考评体系难以建设，兼职人员以本职工作为核心，对科普工作重视程度不够。已有专业人员的高校科协中，在评价全年工作量时，科普工作占的比重较小，科协内工作人员更

表 8-3 高校科协的工作模式

类别	无高校科协频数	占比(%)	有高校科协且有专职人员频数	占比(%)	有高校科协但无专职人员频数	占比(%)
总　计	6	17.14	11	31.43	18	51.43
部属院校	1	12.50	5	62.50	2	25.00
地方本科院校	3	15.00	4	20.00	13	65.00
地方高职院校	2	28.57	2	28.57	3	42.86
综合类	3	18.75	6	37.50	7	43.75
理工类	2	25.00	2	25.00	4	50.00
农林类	0	0.00	1	25.00	3	75.00
医药类	1	20.00	1	20.00	3	60.00
师范类	0	0.00	1	50.00	1	50.00

注：东北电力大学数据缺失，本项统计总数 35 所高校。

偏向学术交流等工作，忽视科普工作的重要性。同时部分高校科协推行的体制、起草的文件，在其他部门认可度较低，存在体制建设方面难以推动的问题，增强科普的社会认同感和价值感成为迫在眉睫的工作。

2. 科普部门或机构小结

被调查的高校在涉及科普工作或承担科普职能的部门或机构数量、高校科协的建立情况上均取得较明显的成效：目前高校科普工作已初步形成校内部门或机构的支持和协作基础。高校在科普部门或机构建设方面，应进入由量到质的转化：需意识到“遍地开花”的组织方式在管理、合作方面固有的弊端，如科普经费的分散管理导致的效果提升受限、工作分散至各部门导致的科普统计难度大等，而这些制度性矛盾恰恰是能否有效提升高校科普服务绩效的核心；工作模式尚不完善，高校科协作用未能充分发挥，专人专岗固然是理想状态，但受人员编制限制较大，准确的方式和方向才是工作更有效的保证。

建议从国家层面逐步探索如何量化高校科普工作成果以及带来的社会效益，通过在评价体系中的排序来体现科普工作的重要性，逐步引导社会性的大学评价机构将科普社会服务作为高校发展的重要评价标准，从而倒逼高校领导层重视科普工作，优化内部科普评价体系。①

8.2.1.2　科普人员

1. 参与科普工作的管理人员数

被调研高校科普人员数量与我国创新发展阶段所需的科普人才数量严重不匹配，科普人员不足已成为多数高校科普工作有序开展的普遍性问题（见表 8-4）。科协本身就是部分高校的边缘化部门，科普工作受制于多种因素。科普编制人员较少，且多挂靠于其他部门单位，一方面高校从业人员对无编制下的科普工作就业热情不高，另一方面办法与制度的缺失降低了科普从业人员对职业的认同感和归属感。经调研，多数高校科协内的规章管理制度在地方科协基础上未做个性化处理，缺少科普人才培养和使用机制、奖励与荣誉机制、考核与评价机制。目前由于科普文章与学术文章难度差异性巨大和评定科普文章质量高低存在困难等现实，全国高校存在科普人员职称评定困难问题、科普成果纳入科研评价体系的权重难以界定等问题。

表 8-4　参与科普工作的管理人员数

类别	0~5 人频数	占比（%）	6~10 人频数	占比（%）	11~15 人频数	占比（%）	16 人及以上频数	占比（%）
总　计	18	54.55	5	15.15	3	9.09	7	21.21
部属院校	2	25.00	3	37.50	1	12.50	2	25.00
地方本科院校	12	66.67	2	11.11	1	5.56	3	16.67
地方高职院校	4	57.14	0	0.00	1	14.29	2	28.57
综合类	7	50.00	3	21.43	0	0.00	4	28.57
理工类	5	62.50	1	12.50	2	25.00	0	0.00
农林类	2	50.00	0	0.00	1	25.00	1	25.00
医药类	4	80.00	1	20.00	0	0.00	0	0.00
师范类	0	0.00	0	0.00	0	0.00	2	100.00

注：绍兴文理学院、浙江万里学院、东北电力大学数据缺失，本项统计总数 33 所高校。

① 张士林：《高校科普实践的困境及突破路径》，《百科知识》2020 年第 21 期，第 17~19 页。

在高校科普工作体系中，专职科普人员数量并不是重点，如何更高效地发挥专、兼职科普人员的力量才是破局的关键。建议建立有效的协调和激励机制，加强科普人员的新技术应用与媒体平台的技术培训。高校拥有较为丰富的人才资源，建议将发展科普志愿者队伍作为解决科普人才短缺问题的突破口，动员教师、学生和科研人员力量。为充分保障志愿团队力量，应强化志愿服务管理，定期对科普志愿者队伍进行科学教育，确保志愿者科学素质水平不断提高。各高校科普工作管理办法差异化明显，部分高校科普工作管理办法完善，且科普取得较好成效，如中国地质大学（武汉）科普中心是相对独立的二级单位，挂靠于科学技术发展院，负责全校科协组织建设、科普管理等工作。因此，可借鉴部分高校优秀的科普方针，从顶层设计层面出台更具针对性、引导性和包容性的政策尤其是科普人才政策。

2. 参与科普活动的教师数

被调研高校教师参与科普活动的数量较少，以科学研究为主的理工类院校尤为突出（见表8-5）。高校教师以科研和教学为主要任务，一方面相较于充足的科研经费支持和丰富的科研项目支撑，科普工作在资金和项目保障上与科研严重不平衡；另一方面科普尚未纳入高校教师工作考核和职称评选的评价因素，且部分高校以科普为研究方向的教师身份定位不明确，工作尚未得到校内认可，甚至是社会认可，教师从事科普的积极性和主动性动因不足。同时科普是一项需长期投入且难度较大的事业，高校教师难以平衡科研与科普的关系。

科研与科普并不是互相割裂的关系，科学研究的最终目的是提高全体社会成员认识自然的水平，而这一目的需通过科学普及来达到。[①] 目前科普物质与财力资源薄弱，应借助科研力量推进科学传播工作，建议以中国科协为主导，联合科技部、教育部等单位，借鉴《深圳经济特区科学技术普及条例》，规定运用财政性资金扶持科技创新和技术改造的项目，应当结合项目特点以多种方式承担科普义务，该项规定有利于广大科技工作者走向社会开

① 袁勇：《高校教师科普激励机制的建立与完善》，重庆大学硕士学位论文，2006。

表 8-5　参与科普活动的教师数

类别	0~50 人频数	占比 (%)	51~100 人频数	占比 (%)	101~150 人频数	占比 (%)	151 人及以上频数	占比 (%)
总　计	22	66.67	3	9.09	2	6.06	6	18.18
部属院校	4	50.00	2	25.00	1	12.50	1	12.50
地方本科院校	12	66.67	0	0.00	1	5.56	5	27.78
地方高职院校	6	85.71	1	14.29	0	0.00	0	0.00
综合类	9	64.29	2	1.43	2	14.29	1	7.14
理工类	8	100.00	0	0.00	0	0.00	0	0.00
农林类	2	50.00	0	0.00	0	0.00	2	50.00
医药类	3	60.00	0	0.00	0	0.00	2	40.00
师范类	0	0.00	1	5.00	0	0.00	1	50.00

注：绍兴文理学院、浙江万里学院、东北电力大学数据缺失，本项统计总数 33 所高校。

展科普工作。

部分高校教师依靠自身科普热情，利用专业优势参与科普创作，如中国地质大学（武汉）董元火教授等团队经多年野外科学考察和标本整理后编著而成的《赤龙湖国家湿地公园植物彩色图谱》。部分高校教师甚至通过科普实现赢利，成为科普网红，以意见领袖的身份达到较好的科普效果。如中国科学技术大学袁岚峰老师打造科普品牌“科技猿人”。针对此部分教师群体，建议各级科协通过奖励机制与荣誉机制鼓励和支持，通过国家级、地方各级科普荣誉建设，提高科普工作的社会地位。如湖北省每年评选“湖北省科普先进工作者”，董元火教授曾获“第五届湖北省科普先进工作者”称号。同时也可通过工程项目形式保障科普人才工作，可借鉴常州市科协开展的“科普人才托举工程”，培养 35 周岁以下的优秀青年科普人才。

3. 参与科普活动的学生数

相较于高校学生资源总量，参与科普活动高校学生较少，且参与的学生数量差异明显，农林类和师范类高校呈现两极分化现象，一半高校学生参与率为 0，一半高校学生参与科普活动的数量超过 400 人（见表 8-6）。经调研，志愿服务与社团活动是学生参与科普活动的主要形式，其中志愿服务注册机制规范缺失，宣传科普活动信息的平台建设不足，学生志愿科普的服务空间有限。社团一定程度上为高校学生开展科普活动提供了资金支撑，如江苏省高校在科协组织结构建制上以社团形式设置学生科协，社团有利于学生将实践学习与科普工作结合，发挥自主科普的积极性。

表 8-6　参与科普活动的学生数

类别	0 频数	占比（%）	1~200 人频数	占比（%）	201~400 人频数	占比（%）	401 人及以上频数	占比（%）
总　计	11	33.33	12	36.36	2	6.06	8	24.24
部属院校	2	25.00	3	37.50	1	12.50	2	25.00
地方本科院校	8	44.44	5	27.78	0	0.00	5	27.78
地方高职院校	1	14.29	4	57.14	1	14.29	1	14.29
综合类	3	21.43	7	50.00	2	14.29	2	14.29
理工类	2	25.00	5	62.50	0	0.00	1	12.50
农林类	2	50.00	0	0.00	0	0.00	2	50.00
医药类	3	60.00	0	0.00	0	0.00	2	40.00
师范类	1	50.00	0	0.00	0	0.00	1	50.00

注：绍兴文理学院、浙江万里学院、东北电力大学数据缺失，本项统计总数 33 所高校。

学生是高校数量最大的群体，是高校科普可利用的中坚力量。高校尚未充分利用学生资源参与科普工作，且已有的学生科普工作面临巨大的挑战。首先，高校科学传播专业性人才不足，学生参与科普活动专业性指导缺失，建议高校邀请校内外科普专业人才，对学生进行专业培训与科技教育，甚至高校可开设科学传播相关选修课程，如中国地质大学（武汉）开设了科普专业硕士课程，同时高校科协应在学生科普工作中充分发挥指导与支持工作。其次，学生参与科普以进社区、小区、下乡等服务活动为主，科普形式单一。建议推进科普创作与实践的工作，发挥高校学生知识资源优势，高校科协可联合各级科协和教育部等单位，借鉴中国地质大学（武汉）实施的科普创作与实践激励办法，推进人文与科学的结合。最后，部分高校忽视科普工作在学生科学素养提升中的助力作用，建议强化高校领导人尤其是科普工作管理层的科普责任意识，改善学生科普的校内氛围。

4. 科普专职工作人员数

相对于高校人力资源总量和科技人才数量，被调研高校中科普专职人才是高校人才的稀缺资源（见表8-7）。高校科普专职人员多属体制内，受编制约束，难以快速壮大。此外，高校有限的编制资源降低了人才从事科普的积极性，且科协人员编制多挂靠在科技部等其他部门单位，极少数高校有独立建制的科协单位，调研中发现南京航空航天大学科协具备独立建制，约有20个编制专职人员和2~3个社会招聘人员，科协与科技处平级。科普专职人员是科普主体职业化的重要体现，当下以科普为职业的社会认同感较低，高校人才专职从事科普工作的主动性不足。经调研，科普专职人才一定程度上限制了高校科普职能发挥，如西南大学因专业人员缺失导致其科普基地申请失败。

表8-7 科普专职工作人员数

类别	0频数	占比（%）	1~10人频数	占比（%）	11~20人频数	占比（%）	21人及以上频数	占比（%）
总　计	20	60.61	9	27.27	2	6.06	2	6.06
部属院校	2	25.00	3	37.50	1	12.50	2	25.00
地方本科院校	12	66.67	5	27.78	1	5.56	0	0.00
地方高职院校	6	85.71	1	14.29	0	0.00	0	0.00
综合类	9	64.29	4	28.57	1	7.14	0	0.00
理工类	4	50.00	4	50.00	0	0.00	0	0.00
农林类	2	50.00	1	25.00	0	0.00	1	25.00
医药类	4	80.00	0	0.00	1	20.00	0	0.00
师范类	1	50.00	0	0.00	0	0.00	1	50.00

注：绍兴文理学院、浙江万里学院、东北电力大学数据缺失，本项统计总数33所高校。

在科普专职人员普遍匮乏的科普环境下，高校领导人对科普的重视程度一定程度上影响了科普建设，如南京航空航天大学科普已成为系列化、职业化和常态化的工作，其负责人表示，因南航科协历史悠久，历届高校领导人为传承科协优秀品质，对科普的支持力度较大。目前高校科普人才专业化进程对编制依赖性较高，建议各级科协应联合高校科协制订人才培养标准和科普职业标准，通过引进社会招聘人才进而优化科普岗位。同时高校科协普遍缺少科普考核指标，科普工作疏于管理和考评，工作成效难以判断，建议组建科学传播专家人才队伍，建立并完善高校科普成效考评指标体系，考核体系应同时兼顾专职与兼职人员的适应性。在专职科普人才职业化推进中，科普职业的内涵与外延模糊是重要问题，应进一步完善科普界定，明确科普职业范围与职业资格，增强科普人才对职业的认同感与归属感。

5. 科普兼职人员数

高校有科普兼职人员，但各高校间人员数量差异明显，最少的有 2 人，如南京大学、浙江科技学院和重庆青年职业技术学院；最多的有 600 人（见表 8-8），如徐州医科大学，该校设立了多个志愿服务团队，包括大爱急救志愿服务队、青春公卫志愿服务队、生命之约志愿服务队、科技志愿服务团队等。经调研，多数高校科普人才队伍的总量与结构仍不能满足现实需求，科普人才管理的体制不能适应“两翼理论”形势需求。首先，尚未形成科普人才合理的发展通道，兼职人员以情怀支撑科普热情是不可持续的。其次，针对兼职人员的考核评价难以建立，超本职负荷的工作量影响科普质量。最后，高校科普兼职人员缺少专业人才的管理与引导，科普专业化程度不高。

表 8-8　科普兼职人员数

类别	0~50 人频数	占比（%）	51~100 人频数	占比（%）	101~150 人频数	占比（%）	151 人及以上频数	占比（%）
总　计	21	63.64	3	9.09	1	3.03	8	24.24
部属院校	3	37.50	2	25.00	1	12.50	2	25.00
地方本科院校	11	61.11	1	5.56	0	0.00	6	33.33
地方高职院校	7	100.00	0	0.00	0	0.00	0	0.00
综合类	10	71.43	1	7.14	0	0.00	3	21.43
理工类	6	75.00	1	12.50	1	12.50	0	0.00
农林类	3	75.00	0	0.00	0	0.00	1	25.00
医药类	2	40.00	0	0.00	0	0.00	3	60.00
师范类	0	0.00	1	50.00	0	0.00	1	50.00

注：绍兴文理学院、浙江万里学院、东北电力大学数据缺失，本项统计总数 33 所高校。

科普专职人员不足是亟待解决的问题，以科普兼职人员推进高校科普工作仍将是未来主要科普模式。目前，科普兼职人员职业定位与工作职能模糊，建议为科普兼职人才建立科学合理的人才发展通道，明确人才的职业发展规划，完善人才培养体系，推进科普兼职人员规范化。经调研，以志愿活动投入科普事业是兼职的主要方式，建议完善科普志愿人才管理机制，规范志愿注册、选拔、培训等一系列流程。高校为志愿科普提供了优质的科学人才基础，但专业科普人才普遍缺乏科学传播的技能与方法，为有效发挥人才科学力量，实现科学普及效果最大化，建议提高科普兼职人员的质量与层次，加强对兼职人员的科技教育，构建科普兼职人员科学传播培训体系。

与此同时，高校应当探索培育具有社会影响力的科普工作者。具有社会影响力的科普工作者是指为公众所知的具有较大社会影响力的（教师、学生、员工）个人或者常态化协同开展科普工作的团体，他们大多是自媒体大 V、知名科普文学作品创作人员、知名科普影视作品创作人员、知名科普理论研究人员等，如中国科学技术大学的袁岚峰、梁琰，浙江大学的唐建军、沈立荣。从一定程度上来说，这类群体是高校科普的“社会名片”，影响范围不再局限于高校内，而是以高校风格、高校面貌向社会公众进行科普担当展示。据调研，这部分科普工作者（团体）多是由师生自发组织和运营，与高校科协的联络不够紧密，管理者也未能充分意识到其作为高校科普品牌的社会效用。高校科协应充分发挥平台作用，利用中国科协的媒体宣传资源，进一步推广其优秀科普作品；积极推荐其作品参与评比、竞赛，在调动积极性的同时，提升曝光度。

同时，将“科普网红”纳入绩效评估，这在实际操作中仍有许多问题需进一步考虑，如“具有社会影响力”这一标准应如何准确定义、受众有多大规模才可以定义为“具有社会影响力”；具有社会影响力的科普工作者多为自主活动，与高校管理层联络不够紧密，在实际填报中存在统计上的困难。另外，针对填写数据真实性的核实工作，如对“科普网红”所制作的互联网内容、出版读物等进行一一核实，也存在较大难度。

6. 与科普相关的学生社团数

从高校归属来看，被调查的地方高职院校与科普相关的学生社团数较少（见表 8-9），这一现象可能是因为相较于其他类别高校，高职院校学生主要以很窄的实用技术支持、帮扶实践等方式参与科普实践，且学校在科普社团上的组织、引导意识比较薄弱。从高校类别来看，综合类、农林类、医药类这三类高校相对表现较好，可能是因为学科在科研和科技推广上更具优势，带动了学生科普类社团的发展。师范类和理工类高校的学生因学科特色性较强，更注重小而精式的科普，因此在学生社团组织发展方面相对局限。

表 8-9　与科普相关的学生社团数

类别	0~5 人频数	占比（%）	6~10 人频数	占比（%）	11~15 人频数	占比（%）	16 人及以上频数	占比（%）
总　计	22	73.33	4	13.33	1	3.33	3	10.00
部属院校	6	75.00	1	12.50	0	0.00	1	12.50
地方本科院校	11	73.33	1	6.67	1	6.67	2	13.33
地方高职院校	5	71.43	2	28.57	0	0.00	0	0.00
综合类	10	71.43	2	14.29	0	0.00	2	14.29
理工类	4	66.67	2	33.33	0	0.00	0	0.00
农林类	3	75.00	0	0.00	1	25.00	0	0.00
医药类	3	75.00	0	0.00	0	0.00	1	25.00
师范类	2	100.00	0	0.00	0	0.00	0	0.00

注：浙江科技学院、绍兴文理学院、东北电力大学、浙江理工大学、浙江树人大学、安徽医科大学数据缺失，本项统计总数 30 所高校。

高校大学生人数众多，群体科学素养相对较高，对未知事物有强烈的求知欲，与科普想要达成的目标比较契合。[①] 通过学生社团来进行科普活动，能够壮大科普队伍，将科普的范围最大限度地扩大。而且对于大学生来说，参与科普活动不仅可以增长见识、丰富阅历，更是对自身能力进行了锻炼。对于高校来说，应对学生科普社团的发展做好引导支持工作。比如建立一套

① 王慧琳、梁智娟：《高校开展科普活动的现状研究》，《科技视界》2020 年第 30 期，第 1~4 页。

完善的科普社团管理机制，学校层面提供一定的活动经费，对学生社团进行激励，可以学习中国科学院的做法，将科普工作列入学分考核等。学生社团可以依托“公众科学日”“科学活动周”打造一批特色科普品牌活动，组织大学生社团走向社区、农村、中小学进行科普宣传，充分利用学校学院丰富的展教资源和各学科的专业特色，促进活动的顺利开展。

7. 科普人员小结

作为科技创新主体的高校科普工作人员数量普遍较少，专职从事科普工作的人员更是少之又少，这与现阶段高校科普体系制度化现状有着密不可分的关系，高校的主要精力聚焦于科研与教学，对科普工作的重视程度明显不足，与“两翼理论”要求相距较远。高校应明晰科普工作对科学研究的助力作用，正确的科学世界观对科研人员工作具有重要的引导作用，建议推进科学精神与科学思想的科学传播工作，优化高校内的科普氛围。

所调研高校中人员科普工作与绩效考核分离，尚未形成有关科普工作效果的绩效评价体系。相关量化指标认定的缺失导致科普工作人员工作得不到制度性认可，科技工作者缺乏科普工作积极性。调研发现，囿于科普文章与学术文章难度差异性和评定科普文章质量高低困难等现实，全国高校存在科普人员职称评定困难问题、科普成果纳入科研评价体系的权重问题。建议中国科协联合教育部、科技部等相关部门，针对科普成果评价问题讨论有效方案，如部分高校提出将科普工作纳入专业学科评级“社会评价”的重要部分，也有部分高校提出科普应纳入科研项目考核当中的社会贡献部分，提高教师科普积极性。并采取试点工作，逐步向全国推广。

科协与校内其他部门之间的联系较少，难以统计全校科普人员工作量，调研所统计的数据并不能完全代表各高校科普真实现状。建议中国科协加强与教育部、科技部等相关部门的合作与交流，推进高校科协与其他部门的联系。同时，高校内科普人员工作量统计主要服务于工资与绩效考核，不同院校统计方式上的差异将产生巨大差别。建议实行科普人员的岗位分级制，工作量统计则应当由行业内的专业学会或协会来评定，第三方协会在人事隶属关系上并不参与薪资与福利的发放，能保障评定结果的公平客观。

8.2.1.3 科普经费

1. 上一年度所获科普经费的主要来源

科普需要一定的经费支持，以保障组织活动、吸纳人才，但高校科普经费不足、不固定、无来源，一直是困扰高校开展科普工作的关键问题。[①] 无论是哪一种高校分类方式，单位自筹均是被调查高校上一年度所获科普经费的最主要来源，这一定程度上反映了我国高校科普经费来源方式较为单一的现状。从高校归属来看，被调查的地方高职院校经费获取方式最为单一，部属院校、地方本科院校的经费获取方式较为综合。总体来看，被调查的三类高校在“科普项目拨款”一项上的差异最大，而在其他各类经费来源方式上的占比差异不大，这一定程度上是我国高校科普经费拨款不均的体现。从高校类别来看，被调查的师范类和理工类高校的主要经费来源分别体现为政府拨款（科普专项经费）和科普项目拨款，农林类、医药类高校经费来源不够多元（见表 8-10）。

表 8-10 上一年度所获科普经费的主要来源

类别	单位自筹频数	占比（%）	科普项目拨款频数	占比（%）	政府拨款（科普专项经费）频数	占比（%）	社会捐赠频数	占比（%）	其他频数	占比（%）
总　计	26	86.67	7	23.33	5	16.67	1	3.33	1	3.33
部属院校	6	75.00	5	62.50	2	25.00	1	12.50	0	0.00
地方本科院校	14	87.50	2	12.50	3	18.75	0	0.00	1	6.25
地方高职院校	6	100.00	0	0.00	0	0.00	0	0.00	0	0.00
综合类	9	90.00	2	20.00	2	20.00	1	10.00	0	0.00
理工类	7	77.78	4	44.44	1	11.11	0	0.00	1	11.11
农林类	4	100.00	0	0.00	1	25.00	0	0.00	0	0.00
医药类	5	100.00	0	0.00	0	0.00	0	0.00	0	0.00
师范类	1	50.00	1	50.00	1	50.00	0	0.00	0	0.00

注：绍兴文理学院、浙江万里学院、安徽粮食工程职业学院数据缺失，本项统计总数 33 所高校。统计总数大于 33 的原因在于部分高校上一年度科普经费来源多样化，通过多渠道筹措经费以支撑科普工作开展。

① 李文艳、陈军：《加强高校科普工作的实践探索——以吉林大学为例》，《学会》2020 年第 1 期，第 49~53 页。

高校应拓宽经费来源，依靠多元的社会捐赠和项目拨款机制的再设计等形式提升经费额度。首先，应在科普需求快速增长的新趋势下推动制度性建设，加大对高校科普经费的投入规划。农林类、医药类等学科划分较为精细的高校对科普活动的资金支持不足，但恰恰又是对接一般大众广泛需求的重要科普主体。政府和高校直属管理单位应充分发挥财政调节作用，通过资金向高校科普工作的合理倾斜来发挥未能充分参与科普的储备力量，合理规划科普预算分配结构，以财政支持引导高校科普工作良性循环。其次，需鼓励高校自筹科普经费，活化自身的科普经费来源机制，减少对财政拨款的依赖，拓展经费来源至企业等渠道。除此之外，高校可基于校企合作等方式，进一步争取高校与科技型企业在科普方面的协作，进一步扩宽科普经费来源。

2. 上一年度主要科普经费总额

从高校归属来看，部属院校、地方本科院校科普经费投入总额整体高于地方高职院校（见表8-11）。在各类经费总额方面，高职院校本身就与其他两类院校存在差距，这在一定程度上限制了该类高校科普经费的加大投入。从高校类别来看，被调查高校的科普经费投入普遍较少，说明高校在科普经费投入力度方面差别不大，也说明了高校对开展的科普活动投入资金的意识和意愿有待加强。师范类高校可能是受抽样对象少这一因素影响，表现相对突出。被调查的理工类高校的科普经费投入较多，一定程度上体现了理工类高校对科普投入的较高关注。总的来说，被调研高校的科普经费投入略低，相较高校的经费规划而言，尚有较大的提升空间。

多渠道经费来源是获取充分科普经费总额的重要保障。应倡导高校进行规范形式的单位自筹，将科普经费纳入高校资金分配管理的年度计划，促使高校主动承担科普工作。单位自筹包括设立专项资金、校友会捐赠等形式，不仅可以体现高校开展科普工作的自主性，也可以在一定程度上体现校内外师生对科普活动的认同感和责任感。高校可重视校友会捐赠在此方面作用的发挥。一方面，捐赠高校科普有利于学生素质、高校形象的提升，符合校友会捐赠的前提要求，可以通过设置高校科普专门捐赠项目，或以捐赠款设置

表 8-11　上一年度主要科普经费总额

类别	0~25万元频数	占比（%）	26万~50万元频数	占比（%）	51万~75万元频数	占比（%）	76万元及以上频数	占比（%）
总　计	25	75.76	3	9.09	2	6.06	3	9.09
部属院校	4	50.00	1	12.50	2	25.00	1	12.50
地方本科院校	15	78.95	2	10.53	0	0.00	2	10.53
地方高职院校	6	100.00	0	0.00	0	0.00	0	0.00
综合类	11	84.62	1	7.69	1	7.69	0	0.00
理工类	5	55.56	2	22.22	0	0.00	2	22.22
农林类	3	75.00	0	0.00	1	25.00	0	0.00
医药类	5	100.00	0	0.00	0	0.00	0	0.00
师范类	1	50.00	0	0.00	0	0.00	1	50.00

注：绍兴文理学院、浙江万里学院、安徽粮食工程职业学院数据缺失，本项统计总数33所高校。

专门的科普实践项目与奖学金，同时及时进行信息公开；另一方面，校友会捐赠可依法获得免税降息等优惠政策，能极大地调动社会力量，有利于实现科普经费的优化配置。

3. 常态化科普活动专项金额

常态化的科普活动包括科普日、科普进社区和科普讲座、科普扶贫等形式。积极探索科普工作常态化机制，促使科普教育长效化是一种大众化的科普惠民活动。访谈中发现，存在被调查高校未设置常态化的科普专项资金（见表8-12）。调研情况显示，除科技厅每年划拨高校的科技活动周专项支持经费外，部分高校科普活动支出由院系或部门承担，而没有针对性的预算。应倡导高校合理科学地分配科普经费，鼓励高校设立常态化的科普专项经费，实行经费专款专用模式，不仅可以提高资金的利用效率，而且可以激励科普人员的积极性。总体来看，被调查的多数院校缺少或完全没有安排常态化的科普活动专项经费。从经费数额来看，高校常态化科普活动经费总额较低。从高校归属来看，部属院校在常态化科普活动专项经费上的中高区间分布数量较多，说明了部属院校对定期开展专项科普活动、营造科技氛围等方面的相对重视。从高校类别来看，被调查的理工类高校的常态化科普活动专项资金投入较大，说明理工类高校设置的专项资金数额整体较高，综合表现情况较好。

表 8-12　常态化科普活动专项金额

类别	0频数	占比（%）	1万~10万元频数	占比（%）	11万~20万元频数	占比（%）	21万元及以上频数	占比（%）
总　计	12	36.36	17	51.52	2	6.06	2	6.06
部属院校	2	28.57	1	14.29	2	28.57	2	28.57
地方本科院校	8	42.11	11	57.89	0	0.00	0	0.00
地方高职院校	2	28.57	5	71.43	0	0.00	0	0.00
综合类	6	46.15	6	46.15	1	7.69	0	0.00
理工类	1	11.11	6	66.67	1	11.11	1	11.11
农林类	2	50.00	1	25.00	0	0.00	1	25.00
医药类	2	40.00	3	60.00	0	0.00	0	0.00
师范类	1	50.00	1	50.00	0	0.00	0	0.00

注：绍兴文理学院、浙江万里学院、浙江大学数据缺失，本项统计总数 33 所高校。

高校应注重提升科普经费的投入—产出效率，需将科普经费列入校年度预算专项，并进一步设置考核、验收标准，有条件的高校可以成立科普的专项基金，固定投放于科普工作，这不仅有利于资金利用效率的提升，也有利于提升师生参与科普的积极性。增加常态化科普经费额度，也应注重资金分配的合理性。常态化科普活动需要一定的场地和人才，这些都是科普专项资金支出的必要项目。高校应加强与科技馆、企业展馆等科普场所的固定合作，保证场地资金投入的稳定性。除此之外，也可探索高校科普工作的有偿机制。高校科普工作虽然属于高校社会服务职能的范畴，理应是公益性、无偿性的；但在科普工作过程中，前期需要花费科普工作者巨大的精力，为了实现更好的科普效果，也需要对科普道具进行升级改造，面向公众开放的科普形式可能会加快仪器损耗，如果将这部分成本机械地摊派给高校承担，在某种程度上会造成经济成本不公平，从而给科普工作者带来困扰。但应注意，高校科普工作的有偿制不能改变高校科普服务公益性、非营利性的本质，要明确有偿制作为补偿性的属性。①

4. 高校运营的科普场馆上一年度运维资金

从高校归属来看，部属院校和地方本科院校上一年度科普场馆运维资金

① 张士林：《高校科普实践的困境及突破路径》，《百科知识》2020 年第 21 期，第 17~19 页。

投入较高，地方高职院校科普场馆运维资金投入相对不足（见表8-13）。科普场馆运维资金数额较高，这可能是因为评价指标未将科普用途的运维资金支出（如场馆讲解人员薪资、开放接待耗材与维护、科普展品保养与升级）与场馆的日常运维（日常清洁、翻修重建等）所需金额区分开。调研资料显示，各类院校在科普工作上的侧重点不同，如理工类院校侧重于科普竞赛，师范类和农林类院校侧重于科普场馆建设。从高校类别来看，综合类、师范类、农林类院校上一年度科普场馆运维资金投入相对较多，这可能与本次调研将校史馆等场所列入统计，而以上三类学校在此方面建设较为完善有关。

表8-13 高校运营的科普场馆上一年度运维资金

类别	0 频数	占比 （%）	1万~50 万元频数	占比 （%）	51万~100 万元频数	占比 （%）	101万元及 以上频数	占比 （%）
总　计	7	25.00	14	50.00	2	7.14	5	17.86
部属院校	1	12.50	4	50.00	1	12.50	2	25.00
地方本科院校	4	28.57	6	42.86	1	7.14	3	21.43
地方高职院校	2	33.33	4	66.67	0	0.00	0	0.00
综合类	3	27.27	5	45.45	1	9.09	2	18.18
理工类	3	42.86	4	57.14	0	0.00	0	0.00
农林类	0	0.00	1	25.00	1	25.00	2	50.00
医药类	1	25.00	3	75.00	0	0.00	0	0.00
师范类	0	0.00	1	50.00	0	0.00	1	50.00

注：江汉大学、扬州大学、绍兴文理学院、浙江万里学院、浙江树人大学、浙江机电职业技术学院、安徽信息工程学院、温州医科大学数据缺失，本项统计总数28所高校。

高校为了开展理论实践教学和科学研究工作，都建有图书馆、科研中心、校史馆、陈列室等，这些都是高校科普的重要场馆。综合类院校具有专业的陈列室、展览馆；农林类、医药类院校具有专业的标本室；理工类院校的实验实训室具有前沿科技、智能科技成果等。但调查发现，被调研高校存在缺少科普场馆运维资金的常态安排。在已有的运维资金中，多数高校在科普场馆运维资金中的投入数额较小。科普场馆经费一般源于学校自筹，在科普经费调研中，高校科普经费以政府拨款为主，单位自筹所占比例较低，表明在科普场馆运维中缺少多来源的专项资金。多数院校虽有科普场馆，但缺少固定的运维资金，可能会产生馆内设施陈旧、科普展品更新落后、缺少专业管理人员和讲解员等问题，导致场馆接待能力和开放能力下降，最终科普场馆无法达到预期的科普服务成效。从现状来看，高校应重视科普场馆运维经费的投入，鼓励有条件的高校（包括院系或实验平台）设置专门的科普场馆运维经费，增加场馆设施和内容的更新频率，使得场馆发挥应有的科普作用，有效提升科普场馆的利用效率。

5. 科普经费小结

我国高校存在科普经费来源方式较为单一、科普经费拨款不均的普遍情况。在被调查的33所高校中，过半数的高校采用单位自筹作为其所获科普经费的最主要来源，并且不同高校归属在科普项目拨款的数额方面差异较大。因此，高校应拓宽经费来源，依靠多元的社会捐赠、校企合作和项目拨款机制的再设计等形式提升经费额度。高校科普经费投入确实在一定程度上存在宏观短缺的共性问题，因此需要从宏观上合理调度与高校自筹创新方面有效拓展经费入口。除此之外，经费配置在中央新的平衡发展战略下的合理优化与调度可能是政府主管部门在下一阶段的管理中要考虑的问题。

高校对开展科普活动投入资金的意识和意愿亟待加强，需要通过合理的体制机制进一步激励高校对科普活动的关注度提升。鼓励高校设立常态化的科普专项经费，实行经费专款专用模式，更加合理科学地分配科普经费。总体来看，从建设路径来说需要多管齐下：高校应注重提升科普经费的投入—产出效率，将科普经费列入校年度预算专项，并进一步设置考核、验收标准；政府和高校直属管理单位应充分发挥财政调节作用，可以通过资金向高校科普工作的合理倾斜等方式，优化科普预算分配结构；鼓励高校自筹科普经费，活化自身的科普经费来源机制，减少对财政拨款的依赖。

8.2.1.4　基础条件小结

从科协组织建设看，高校科协覆盖率高，但仍存在以下问题：一是在机构设置、人员编制和力量配备上发展极不平衡，机构挂靠不独立，有机构无编制、只有兼职没有专职等现象普遍存在，这种挂靠、兼职模式造成科普工作职责范围不明确、工作难以兼顾；二是科协部门边缘化，缺乏行政管理权力，工作协调推动不顺畅。上述问题足以说明高校对科普工作重视不够，建议加强高校科协组织建设，理顺科普工作机制，明确职能职责定位和发展规划，推进高校科协机构设置、人员匹配、工作模式的不断优化与调整，为高校开展科普工作提供组织保证。

从科普力量建设看，高校科普力量与新时代我国创新发展对科普人才需求严重不匹配，已成为多数高校科普工作中存在的普遍性问题。原因如下：一是受编制和制度缺失等因素限制，科普从业人员对职业的认同感和归属感不高。二是科普工作激励评价机制不科学不合理，部分科研人员凭兴趣和热情开展科普难以持续常态化。三是高校科普人才资源挖掘不够，没有充分发挥高校优势。如何更高效地发挥专、兼职科普人员的力量才是破局的关键，建议在科普力量建设上构建主体多元的格局，充分发挥高校科研人员专业性强、学生志愿者人数多、社团服务项目全、兼职科普人员热情高等优势，健全科普激励机制和科普评价体系，为培养专、兼职科普人员提供制度支撑，为科普工作提供强有力的人才支撑。

从科普经费保障看，经费不充足、未列入预算、无来源，科普场馆、科普设施的建设、运行费用无保障，高校科普投入不足；自筹经费是高校科普经费的主要来源和重要渠道；国家的科普专项经费和科普项目经费，不同高校也存在很大差距。充足的经费是高校开展常态化科普工作的重要保障，建议高校构建渠道多元的经费供给机制，不断拓宽经费来源，依靠多元的社会捐赠和经费预算编制机制的再设计等形式提升经费供给，增强“造血”功能；同时国家要加大对高校的财政支持并明确科普经费的投入比例，各级科协组织要加大对高校科普项目的扶持，为科普工作持续发展提供财力支撑。

8.2.2 制度与机制建设

8.2.2.1 科普制度

总体上，高校已存在初步建设实行的科普制度，与理想要求——科普制度全覆盖有差距，这在一定程度上说明多数高校的科普制度建设不够完善和体系化。仅有1所院校选择“科普五年规划”，表明被调研高校都缺少针对科普工作的中长期规划安排；选项多集中在“科普年度工作总结”和“常态化科普工作统计”（见表8-14），而此两项工作皆为科协、科技或教育（部门）下派的常规统计工作，表明大多数高校科普制度建设的自主性不足。科普制度建设对科普工作有基础性的重要影响，但可能在现阶段不是起决定作用的因素。

表8-14　科普制度建立情况

类别	科普规章制度频数	占比（%）	科普五年规划频数	占比（%）	科普年度工作计划频数	占比（%）	科普年度工作总结频数	占比（%）	常态化科普工作统计频数	占比（%）	其他频数	占比（%）
总　计	13	43.33	1	3.33	16	53.33	22	73.33	18	60.00	1	3.33
部属院校	2	28.57	0	0.00	6	85.71	6	85.71	4	57.14	0	0.00
地方本科院校	8	44.44	0	0.00	7	38.89	12	66.67	11	61.11	1	5.56
地方高职院校	3	60.00	1	20.00	3	60.00	4	80.00	3	60.00	0	0.00
综合类	7	53.85	0	0.00	7	53.85	9	69.23	8	61.54	1	7.69
理工类	4	57.14	1	14.29	5	71.43	6	85.71	4	57.14	0	0.00
农林类	1	25.00	0	0.00	1	25.00	3	75.00	2	50.00	0	0.00
医药类	1	25.00	0	0.00	2	50.00	2	50.00	4	100.00	0	0.00
师范类	0	0.00	0	0.00	1	50.00	2	100.00	0	0.00	0	0.00

注：南京大学、重庆青年职业技术学院、绍兴文理学院、浙江机电职业技术学院、安徽信息工程学院、安徽医科大学数据缺失，本项统计总数30所高校。部分高校建立多种科普制度，如扬州工业职业技术学院建立了科普五年规划、科普年度工作计划、科普年度工作总结与常态化科普工作统计，故总计数量大于30。

推进科普制度建设是实现科普活动常规化、秩序化和长效化的关键。各高校应推进科普制度体系内容建设、重视科普运行机制改革，实现高校科普的可持续发展。科普制度建设的主要问题在于制度建设完善度方面，如何建立健全科普制度内容建设体系是高校科普主管部门应该考虑并重视的问题。

在科普制度建设中，各高校普遍缺少中长期的科普规划工作，这不利于科普教育在制度化建设下长效开展，因此对完善科普内容建设是必要的。高校应树立长远思维，组织中长期的科普规划建设工作。

8.2.2.2 科普激励

1. 是否对教师从事科普工作给予职位晋升激励

多数高校缺少科普工作的教师激励机制，激励机制未受到充分重视。同时，现存教师激励机制多属于精神奖励，缺乏职位晋升等发展战略目标的长期性深度激励。从高校隶属上来看，地方本科院校激励工作现状优于地方高职院校，在科普工作的教师激励机制改革上小有成效。这与地方本科院校在科技创新和往高层次人才教育方向提升的意愿和动力大有关。部属院校受评估影响，主要的奖励和激励多集中于科研领域，对科普激励覆盖面较窄（见表8-15）。

表8-15 是否对教师从事科普工作给予职位晋升激励

类别	否频数	占比(%)	是频数	占比(%)
总　计	24	80.00	6	20.00
部属院校	7	100.00	0	0.00
地方本科院校	13	76.47	4	23.53
地方高职院校	4	66.67	2	33.33
综合类	10	76.92	3	23.08
理工类	6	75.00	2	25.00
农林类	4	100.00	0	0.00
医药类	2	66.67	1	33.33
师范类	2	100.00	0	0.00

注：绍兴文理学院、延边大学、浙江大学、浙江机电职业技术学院、温州医科大学、安徽医科大学数据缺失，本项统计总数30所高校。

教师作为高校科普的重要参与者，其从事科普工作的积极性毫无疑问影响着高校的整体科普成效。就现状的明显不足而言，激励高校教师从事科普工作的机制方案应在近期进一步完善。在已制订与实施教师激励机制的高校当中，“奖金”和“奖状/奖章/荣誉证书”是多数高校当前的选择，缺乏实质性的物质奖励与长期的晋升通道。建议采取物质价值激励和精神价值激励相结合的方式，建立健全高校科普工作和科普项目的评估机制，如设计将科普绩效纳入职称、职位聘评体系当中的因地制宜方案，激发教师对科普工作的重视情况。

2. 是否对学生从事科普服务给予奖励（含各类奖学金、研究生推免等）

数据表明，被调研高校对科普工作的学生激励机制的重视仍明显不足。在已存在学生激励机制的院校当中，大多是院校以“评奖评优”为主要激励形式，缺少与科普有关的激励机制。多数学校将学生类科普活动视为学生个体活动，缺乏系统性的指导与支持（见表 8-16）。

表 8-16　是否对学生从事科普服务给予奖励（含各类奖学金、研究生推免等）

类别	否频数	占比(%)	是频数	占比(%)
总　计	12	38.71	19	61.29
部属院校	3	42.86	4	57.14
地方本科院校	7	41.18	10	58.82
地方高职院校	2	28.57	5	71.43
综合类	7	58.33	5	41.67
理工类	1	11.11	8	88.89
农林类	3	75.00	1	25.00
医药类	0	0.00	4	100.00
师范类	1	50.00	1	50.00

注：绍兴文理学院、浙江万里学院、延边大学、浙江大学、安徽医科大学数据缺失，本项统计总数 31 所高校。

学生是科普工作中最年轻、最有活力的主体，系统提升学生参与科普工作的积极性是从长远角度考虑科普教育可持续发展的重要建设目标，重中之重即是有效激励机制的建立。将学生科普工作纳入学生综合素质评估，或设置科普学分，或纳入研究生推免，各高校应结合实际情况积极创新激励内容和激励形式，满足不同层级、学科、职业理想学生的激励需求，激发更多学生群体参与科普工作。

3. 科普激励提示

大部分高校在科普激励机制上多设计为证书或其他精神奖励，部分高校会给予少量的物质奖励。科普激励对科普人才的培养具有相当大的促进作用，应适当给予奖项获得者一定的物质和资源激励，增强奖项吸引力。高校可自主设立科普基金或者科普专项经费，或在科研项目中设立一定比例的科普专项支出。

多数高校也将与科普相关性较高的奖项纳入了科普奖励统计。一方面说明在调研的高校中科普奖励的匮乏，另一方面也说明多数高校并未针对科普设计体系化的科普评价体系。

诸多高校工作者将科普奖励视为精神褒扬，表示承担科普工作出于情怀而非科研“主业”，这与科普激励“形式化”有很大关系。

8.2.2.3　制度与机制建设小结

通过调查了解，目前高校的科普工作人员绝大多数身兼数职，多数人员隶属于教务工作或学术成果转化处。专门的科普制度体系设计上相对分散，未成体系。

在地方高职院校中，可能受学术研究能力或学校领导重要程度影响，科普制度设计缺失。理工类、医药类院校由于科学探索和新技术的使用导向较强，对科普诉求不高，因此科普制度与机制建设也相对薄弱。

由于统计口径的问题，部分高校对科普制度和机制存在理解分歧与疑惑，部分高校以出台的条例为主，部分高校将涉及科普相关的均罗列上去。因此统计数据只能在一定程度上反映真实情况。

综合类院校和医药类院校指标得分表现较好，这是由于这两类院校对科普有更高的需求，其在日常活动举办的过程中即开展了科普活动，因此得分较佳。

8.2.3　科普平台

8.2.3.1　科普场地

1. 上一年度运营正式授牌的科普教育基地

仍有一部分高校尚未建设科普教育基地，可能是因为现阶段高校的资源还没有得到充分的转化与利用。科普教育基地在省份的分布较为平均，说明当下科普资源的配置在样本选择的省份层面上较为均衡。数据显示，在高校类别中，农林类和医药类高校建设科普基地数量较多，理工类次之，这与学校性质所决定的强科普需求有关（见表 8-17）。

表 8-17　上一年度运营正式授牌的科普教育基地

类别	0~3 个频数	占比（%）	4~6 个频数	占比（%）	7~9 个频数	占比（%）	10 个及以上频数	占比（%）
总　计	26	83.87	3	9.68	1	3.23	1	3.23
部属院校	6	75.00	0	0.00	1	12.50	1	12.50
地方本科院校	14	87.50	2	12.50	0	0.00	0	0.00
地方高职院校	6	85.71	1	14.29	0	0.00	0	0.00
综合类	10	76.92	2	15.38	1	7.69	0	0.00
理工类	7	100.00	0	0.00	0	0.00	0	0.00
农林类	3	75.00	0	0.00	0	0.00	1	25.00
医药类	4	80.00	1	20.00	0	0.00	0	0.00
师范类	2	100.00	0	0.00	0	0.00	0	0.00

注：绍兴文理学院、浙江万里学院、延边大学、长春工程学院、安徽信息工程学院数据缺失，本项统计总数 31 所高校。

科普教育基地是高校对外开展科普教育类活动的重要支撑平台，高校应当充分发挥科普教育基地的作用，开展常规科普教育、有影响力的大型科普活动，做好科普工作的长远发展规划。国家级科普教育基地是社会优质资源，在科普工作中具有示范和引领作用，应制订近期、中期和长期发展规划，设立专门的管理与科普人员，并给予科普人员一定的职称与薪酬激励。科协应加强对当地科普教育基地的管理，促进互相交流学习，如每年召开一次基地经验交流会，每两年进行一次评比表彰等。省级科普教育基地在全省范围内有一定的示范效应，应当充分发挥科普教育基地的作用，开展常规科普教育、有影响力的大型科普活动。对于尚未落实科普教育基地的高校，建议高校结合自身的强势学科，挖掘自身的科普资源，将科普工作社会化由被动转为主动，获取更多单位部门支持。

2. 上一年度运营的创新创业基地

在高校隶属中，地方本科院校在创新创业基地建设上较为重视，不少地方本科院校配备了相关场地，地方高职院校为我国技能创新体系和技能型人才培养发挥了重要作用①，但创新创业基地建设相对滞后，其原因可能是高职院校缺少专项的创新创业资金，缺乏与大型企业和企业集团的交流合作渠道(见表8-18)。

表8-18　上一年度运营的创新创业基地

类别	0频数	占比(%)	1个频数	占比(%)	2个频数	占比(%)	3个频数	占比(%)	5个频数	占比(%)	7个频数	占比(%)	10个频数	占比(%)
总计	6	23.08	11	42.31	3	11.54	3	11.54	1	3.85	1	3.85	1	3.85
部属院校	1	33.33	1	33.33	0	0.00	0	0.00	0	0.00	0	0.00	1	33.33
地方本科院校	3	17.65	8	47.06	3	17.65	2	11.76	0	0.00	1	5.88	0	0.00
地方高职院校	2	33.33	2	33.33	0	0.00	1	16.67	1	16.67	0	0.00	0	0.00
综合类	3	27.27	4	36.36	1	9.09	1	9.09	1	9.09	0	0.00	1	9.09
理工类	2	28.57	3	42.86	1	14.29	1	14.29	0	0.00	0	0.00	0	0.00
农林类	0	0.00	1	33.33	1	33.33	1	33.33	0	0.00	0	0.00	0	0.00
医药类	1	25.00	3	75.00	0	0.00	0	0.00	0	0.00	0	0.00	0	0.00
师范类	0	0.00	0	0.00	0	0.00	0	0.00	0	0.00	1	100.00	0	0.00

注：江汉大学、南京农业大学、扬州大学、绍兴文理学院、东北师范大学、安徽粮食工程职业学院、吉林大学、合肥工业大学、中国科学技术大学、安徽医科大学数据缺失，本项统计总数26所高校。高校可能还存在其他的创新创业平台未被统计。

高校应积极寻求在地资源（如政府、企业）的合作并发挥其对高校创新创业基地建设的促进作用，鼓励学生参与创新创业类竞赛，并在校内对于获得相关奖项和资质的学生给予一定奖励，重视学生就业问题，

① 钟世潋：《基于技术技能型人才培养目标的高职院校应用技术文化培育研究》，《职教论坛》2016年第5期，第41~44页。

真正实现以创新创业教育促进学生能力提升。此外，创新创业基地的申请与落地对高校科普及其他活动的开展有一定的支撑作用，在申请与建设上高校须投入一定的精力，设立专门负责的行政职务岗位，维护其基本运行并谋求发展。相较于国家级创新创业基地，省级创新创业基地相对比较容易申请与落地，被调查高校建设省级基地的占比仅有64%，说明高校对学生创新创业的重视程度相对不足。建议高职院校建设校企合作平台，制订相关的优惠政策以吸引企业的加盟，解决资金不足的问题，将研发、教学和服务高度融合在一起。同时，校企可以共建技术研究中心，通过合作的方式，大型企业可以在技术研究中心进行产品研发，高校可以对产品进行后续研究与追踪。此外，校企也可以共同建设一个研究工作室，学校通过研究工作室对学生进行教学，培养学生的实践能力与专业技术。①

3. 省（市）是否有校史馆/博物馆

高校建立校史馆/博物馆与属地财政支持关系密切，在占比100%的类别中，农林类和医药类院校有一定可能是受样本量的影响，综合类院校建有博物馆/校史馆受样本选取偏差影响的可能性较小，本次调查中的地方本科院校数量明显大于部属院校，而调查的地方本科院校大多数建立了校史馆/博物馆，造成了部属院校比例上偏低的情况（见表8-19）。

校史馆/博物馆是对大众进行科普的重要场所，在提高公众素养上发挥重要作用。高校可以适当拨款建立校史馆/博物馆，此举有益于学生了解母校的历史沿革与发展，激发学生的集体荣誉感和凝聚力。具体到操作层面，高校可以适当借助不同主题和节日，丰富学生的校园生活，并形成对校内科普的有效手段，同时还可以达到对外科普和自我宣传的目的。高校要建立常

---

① 于斐玥、郭媛媛、赵一等：《工作室模式下的创新型人才培养实践——以人居建筑环境与形态结构设计研究工作室为例》，载中共沈阳市委、沈阳市人民政府、国际生产工程院、中国机械工程学会《第十六届沈阳科学学术年会论文集（经管社科）》（电子出版物），2019，第79~82页。

表 8-19　省（市）是否有校史馆/博物馆

类别	否频数	占比(%)	是频数	占比(%)
总　计	6	18.18	27	81.82
部属院校	1	14.29	6	85.71
地方本科院校	3	15.79	16	84.21
地方高职院校	2	28.57	5	71.43
综合类	3	20.00	12	80.00
理工类	2	25.00	6	75.00
农林类	0	0.00	4	100.00
医药类	0	0.00	4	100.00
师范类	1	50.00	1	50.00

注：绍兴文理学院、中国科学技术大学、安徽医科大学数据缺失，本项统计总数 33 所高校。

态化的管理机制，一方面设置专职科普人员，从工资绩效和职称等方面激发员工参与科普工作的积极性；另一方面成立学生社团，举办相关的讲座、科普展板宣传和科技活动周，让有科学基础知识的学生担任校史馆/博物馆的志愿者，科普的效果会有更好体现。

4. 科普场地小结

科普教育基地和创新创业基地为科普活动提供平台，创新创业基地通过校企合作的方式为科普提供场地，是科普工作市场化运作的体现，促使科普活动在迎合市场需求的条件下健康长效开展。相较于创新创业基地，科普教育基地更具公益性和社会性。开放天数在一定程度上能体现科普的传播效果，开放天数越久，科普的传播效果通常越好。但开放天数与科普效果之间并不是充分必要关系，科普效果的影响因素是综合的、多方面的。

高校拥有丰富的科普资源，如何将科学知识、方法与思想传递给普通公众，实现科学惠民，是科普工作的关键。目前科普场地建设数量不足与经费和创建动能有限有关，在场地建设的初期需要耗费大量资金，场地建设后在运维上也需要人力资源费用和基础设施维修维护费用。高校应在依靠省级和国家级政府部门的支持之外，创新性地考虑运营资金周转。一方面积极自筹资金，另一方面努力实现资金再创造，比如创新创业基地本身就是校企合作单位，可以以营利为目的进行科普活动，但把控不好也可能带来负面的科普影响，高校应在开放科学的新环境中正确对待商业性的科普活动，发挥其积极作用。

科普场地建设应与时俱进。当下，前沿科学与高新技术更新速度快，落后的科普设施建设不能满足人们日益增长的科学与生活知识需求。在调查中，多个高校反映科普场地固定化的展品和展示方式以及科普知识缺少更新，群众参观过一次后就不会再去，吸引力越来越弱，应做相应改进。比如，除实体的科普场馆建设以外，应加强网络新媒体形态的科普场馆建设，通过新媒体（如短视频、H5、AR 等）方式宣传相应的科普内容，创造新空间、新接触方式，吸引年轻受众了解并参观科普场馆，发挥更好的边际开放效用。

8.2.3.2　科普传媒

1. 高校上一年度出版科普图书数量

高校上一年度出版科普图书的数量较少，这可能是因为相当一部分高校目前无法提供出版科普图书所需要的资源、运营成本和管理条件。部属院校可能由于综合学术能力较强和财政基数较大，在出版图书上有优势；地方本科院校和高职院校表现相当。医药类和师范类高校上一年度均未出版科普图书，师范类高校可能不具备出版科普图书的条件，而医药类高校未能充分利用高校资源进行科普，这可能与高校缺少社会科普责任意识和经费支持有关（见表 8-20）。

高校作为创新主体之一，应当集合多重渠道力量开展科普工作，利用多元化的科普手段致力于科普工作向全民科普演进。科普图书作为向公众普及知识的重要载体，应当纳入高校的科普工作。高校可以建立常态化科普图书出版运营机制，在公众的阅读方式有所变化的电子时代，可以考虑在传统纸质图书的基础上，增加电子科普的获取渠道，并改进阅读体验。各种类型的院校应发挥自身优势，结合学科特色出版科普图书；高校之间还可以开展合

表 8-20 高校上一年度出版科普图书数量

类别	0 频数	占比(%)	1~20 种频数	占比(%)	21 种及以上频数	占比(%)
总 计	19	67.86	6	21.43	3	10.71
部属院校	2	28.57	3	42.86	2	28.57
地方本科院校	11	78.57	2	14.29	1	7.14
地方高职院校	6	85.71	1	14.29	0	0.00
综合类	7	58.33	4	33.33	1	8.33
理工类	4	57.14	1	14.29	2	28.57
农林类	2	66.67	1	33.33	0	0.00
医药类	4	100.00	0	0.00	0	0.00
师范类	2	100.00	0	0.00	0	0.00

注：南京大学、绍兴文理学院、浙江万里学院、延边大学、浙江农林大学、浙江理工大学、安徽信息工程学院、安徽医科大学数据缺失，本项统计总数 28 所高校。

作，整合现有的资源与渠道，建立合作关系，致力于打造更加优质的科普出版物。

2. 高校员工上一年度出版科普图书数量

高校员工上一年度出版的科普图书大部分在 15 种以内（见表 8-21），这可能是因为高校员工对出版科普图书兴趣不大，所得资源支持不足，缺乏时间、精力和经费。部属院校和地方本科院校可能由于学术能力较强，员工接触到的科普平台和资源较多，表现较好。师范类院校员工可能对科普工作相对忽视，上一年度均未出版科普图书，而农林类院校均有员工在上一年度出版了科普图书，这可能与高校硬性规定和资源、经费支持有关。

高校教师、科研人员在学术研究之余，应利用高校多重渠道和资源开展科普工作。高校可以将科普工作纳入高校教职工的绩效考核，设立科普相关奖项奖金，鼓励支持高校员工出版科普图书。除传统纸质图书外，高校工作者可以开通自媒体，将科技成果转化为大众可以理解接受的科普内容，通过个人渠道进行传播，扩大知识传播面，减少大众的获取成本。

3. 高校上一年度运营微信公众号数量

高校大部分运营有微信公众号，且数量集中在 1~10 个，可以看出各

表 8-21　高校员工上一年度出版科普图书数量

类别	0 频数	占比(%)	1~15 种频数	占比(%)	16 种及以上频数	占比(%)
总　计	11	40.74	12	44.44	4	14.81
部属院校	3	42.86	3	42.86	1	14.29
地方本科院校	5	35.71	6	42.86	3	21.43
地方高职院校	3	50.00	3	50.00	0	0.00
综合类	3	27.27	7	63.64	1	9.09
理工类	4	57.14	1	14.29	2	28.57
农林类	0	0.00	2	66.67	1	33.33
医药类	2	50.00	2	50.00	0	0.00
师范类	2	100.00	0	0.00	0	0.00

注：南京大学、江苏航运职业技术学院、绍兴文理学院、浙江万里学院、延边大学、浙江农林大学、浙江理工大学、安徽信息工程学院、安徽医科大学数据缺失，本项统计总数 27 所高校。

院校重视新媒体运营，并将微信公众号作为主要传播阵地之一，还有部分院校拥有 11 个及以上的微信公众号，可能已形成公众号传播矩阵。相当一部分的地方高职院校没有公众号，可能是校宣传部门没有对建立公众号的明确要求，未能引起重视。从类别来看，有一半师范类院校运营的微信公众号数量在 11 个及以上，这可能与师范类院校将公众号作为教育实践平台有关(见表 8-22)。

表 8-22　高校上一年度运营微信公众号数量与关注人数

类　别	微信公众号数量			微信公众号关注人数		
	0 频数	1~10 个频数	11 个及以上频数	0~20000 人频数	20001~40000 人频数	40001 人及以上频数
总　计	3	18	3	13	3	1
部属院校	0	5	1	5	0	0
地方本科院校	1	10	2	5	2	1
地方高职院校	2	3	0	3	1	0
综合类	2	6	1	6	1	0
理工类	0	7	0	4	1	0

续表

类别	微信公众号数量			微信公众号关注人数		
	0 频数	1~10 个频数	11 个及以上频数	0~20000 人频数	20001~40000 人频数	40001 人及以上频数
农林类	0	2	1	2	0	0
医药类	1	2	0	0	1	0
师范类	0	1	1	1	0	1

注：①微信公众号数量中，江汉大学、南京大学、江苏航运职业技术学院、绍兴文理学院、浙江万里学院、延边大学、安徽农业大学、吉林化工学院、温州医科大学、中国科学技术大学、安徽医科大学数据缺失，本项统计总数 24 所高校；②微信公众号关注人数中，江汉大学、南京大学、徐州医科大学、江苏航运职业技术学院、绍兴文理学院、浙江万里学院、安徽中医药大学、延边大学、安徽农业大学、浙江农林大学、安徽粮食工程职业学院、浙江理工大学、浙江树人大学、吉林化工学院、合肥工业大学、浙江机电职业技术学院、温州医科大学、中国科学技术大学、安徽医科大学数据缺失，本项统计总数 17 所高校。

高校微信公众号关注人数大多在 2 万以内，说明高校公众号吸引粉丝较少，这可能与公众号缺少专职人员运营有关，高校公众号内容大多为信息发布、最新科研进展、校园活动等，粉丝多为高校内部师生，受众范围较窄。部属院校的公众号关注量都在 2 万以下，可能与其公众号数量较多，受众分散有关。一半的师范类院校公众号有 4 万以上的粉丝，可能是因为师范类院校公众号较多，已形成公众号矩阵，公众号之间互相关联引流，但被调查的师范类院校总数较少，数据不具备代表性。

应用新媒体平台进行科普知识传播是当今社会化科普的发展趋势。目前，微信公众号已成为各企事业单位进行传播的主要平台之一，它可以承载丰富的形式与内容，并且极具传播效率，是适合院校进行科普的传播工具，各高校的机构、部门、院系都可以创办微信公众号，打造高校的公众号传播矩阵，扩大院校的传播范围和影响力，可以在微信上进行科普内容传播，一方面推广最新科研成果，另一方面也为师生提供新媒体运营的实践平台，培养科普网红教师或者网红学生社团，打造高校的科普文化名片，利用粉丝效应吸引更多受众关注科学知识。

多数高校都建有微信公众号，甚至部分高校的公众号已超过 10 个，它们在传播校园动态和科研进展中起到重要作用，是高校进行宣传推广的主阵地，但是微信公众号的传播不仅仅只是创办账号，后期的运营管理对于增加公众号的粉丝黏性具有重要作用，在内容为王的时代，要对公众号运营人员进行培训，搭建交流分享平台，确保公众号内容丰富、形式多样，紧抓热点，增加内容吸引力，使公众号不仅拥有校内师生粉丝，也要力争“出圈”，获取社会公众的流量。院校拥有丰富的学术资源和科研成果，是原创内容生产的仓库，能为文章提供源源不断的思路和材料。发布原创内容是吸引优质粉丝、增加粉丝黏性的必然要求，院校在运营公众号时要集思广益，充分利用校内资源，组建公众号团队，通过考核激励方式进行管理，同时在校内外进行选题、文章征集，也为院校师生提供科普实践的平台。各院校各具学科特色，结合专业特色打造网红科普团队，推出科学系列原创文章，提升高校品牌专业形象。

4. 高校上一年度运营微博数量

高校对于微博的运营并不重视，没有将微博纳入院校媒体传播矩阵，这可能与各院校缺少专职科普部门与人员有关。被调查的地方本科院校上一年度运营了5个微博，属于农林类高校，这可能是因为该校填写统计表时算入了学生会、协会、社团等微博号。从高校类别上看，各院校运营的微博数量没有明显差距，大部分没有运营微博，可见院校没有意识发挥专业特色在微博上进行科学传播（见表8-23）。

表8-23　高校上一年度运营微博数量与代表性微博粉丝数量

类　别	运营微博数量			代表性微博粉丝数量		
	0频数	1个频数	5个频数	0频数	1~20000人频数	20001人及以上频数
总　计	14	7	1	4	4	2
部属院校	4	1	0	1	0	1
地方本科院校	6	5	1	0	3	1
地方高职院校	4	1	0	3	1	0
综合类	5	3	0	3	2	1

续表

类 别	运营微博数量			代表性微博粉丝数量		
	0 频数	1 个频数	5 个频数	0 频数	1~20000 人频数	20001 人及以上频数
理工类	5	2	0	1	1	0
农林类	1	0	1	0	0	0
医药类	2	1	0	0	1	0
师范类	1	1	0	0	0	1

注：上一年度运营微博数量统计项中江汉大学、南京大学、南京农业大学、扬州大学、江苏航运职业技术学院、绍兴文理学院、浙江万里学院、延边大学、安徽农业大学、吉林化工学院、浙江机电职业技术学院、温州医科大学、中国科学技术大学、安徽医科大学数据缺失，仅统计 22 所高校。代表性微博粉丝数量统计项中江汉大学、南京大学、南京农业大学、徐州医科大学、扬州大学、江苏航运职业技术学院、浙江科技学院、绍兴文理学院、浙江万里学院、安徽中医药大学、延边大学、安徽农业大学、浙江农林大学、吉林农业大学、东北电力大学、东北师范大学、安徽粮食工程职业学院、浙江理工大学、吉林化工学院、吉林大学、合肥工业大学、浙江机电职业技术学院、长春工程学院、温州医科大学、中国科学技术大学、安徽医科大学数据缺失，仅统计 10 所高校。

部属院校运营的微博粉丝量不高，关注人数甚至少于地方本科和高职院校，可能与微博的推广力度不足有关，因为微博不作为通知公告的唯一发布平台，部属院校师生没有关注微博的意识，同时微博发布的内容较为单一，没有足够的吸引力。唯一一所运营微博的部属院校获得了超过 2 万的粉丝量，这可能与院校自身品牌与影响力有关，也与高校体量较大、学生人数较多有关。

运营的自媒体平台情况可以在一定程度上反映高校与时俱进做科普的能力，通过微博平台传播科学知识将是当代科普的重要形式之一。部分高校存在学术化的科技知识难以通俗化进入微博平台的问题，或者是转化表达积极性不足的问题。高校微博也可以与合适的企业平台联动，助力学校科研与企业技术创新共同发展，同时作为与企业联动的渠道，帮助院校师生获得科研、科普平台。

微博平台能在大众层级扩大影响力，增强曝光率，并容易紧跟热点，与时事联动。但目前，大部分院校没有将微博纳入院校媒体传播矩阵，也没有对粉丝进行维护运营的意识。要把握微博的媒体特性，通过图文视频结合，将艰涩的科学知识传播通过通俗易懂的形式表达出来。部属院校要充分利用自身品牌优势，维系好“天然粉”“路人粉”，积极承担社会科普的责任；地方院校要结合专业特色，将微博打造成当地科普的重要平台之一，扩大院校影响力。高校中不乏具有科普兴趣的科研人员，他们可能在微博上具有自己的科普号，高校官微要做好这类微博的联动工作，发挥出新媒体矩阵的最大效益。

5. 科普传媒小结

多数高校和员工个人未出版与科普相关的图书，部属院校可能由于综合学术能力较强和财政基数较大，在出版图书上略显优势。这可能是因为相当一部分高校目前无法提供出版科普图书所需要的资源、经费、运营成本和管理条件。

从媒体宣传来看，部属高校占有更多的媒体曝光率，但传统媒体如报纸报刊、电视广播的科学传播受众面广、互动性差，可能带来的传播效果较弱。高校也在寻求以新媒体为载体的传播渠道，但从调查情况来看，各高校的媒体宣传更多是通过校园官网，微信公众号、微博、短视频等新媒体的传播效果较差，未能吸引较多的受众，其中科普内容也较为缺乏，未能较好地运营校内自媒体。

高校应当培养新媒体思维，探索更多的媒体宣传形式，增加科普传播的多感官体验，如以语音、视频等形式进行科普，加强与大众的互动性；发挥科技创新主体资源优势，增加科学传播内容，塑造科普网红形象，打造科普品牌。打造科普网红，一方面可以提高高校的影响力、促进高校科普效果的提升，另一方面也可利用“粉丝文化”影响相当一部分群体。网络时代下，具有影响力的科普红人或团队在科普工作上的影响力不容忽视。

8.2.3.3　科普平台小结

科普平台包括科普场地和科普传媒，科普场地为线下科普活动奠定基础，科普传媒则可以联动线上线下科普活动。各高校在科普平台建设方面的差异较为明显，吉林省的科普平台体系建设较为完整，科普场地上，吉林实现了省内科普场馆由点到面的建设，打造省内部全方位的科普场馆空间体系；科普传媒方面吉林省多所不同隶属类型的高校都采取新媒体方式进行科技传播，树立学校形象的意识强烈，且新媒体传播的效果很好。从高校归属而言，部属院校和地方本科院校在科普场地建设中承担着主力角色，这与科普场地建设需要大量资金有关，国家对高校的资金投入主要集中在部属院校和211类地方本科院校当中，并且这两类院校在自主筹集资金和获得国家、省级政府资金的能力高于地方高职院校。

目前高校科普平台构建存在以下问题：科普平台构建的途径较少、所涉及的科普内容不全面、群众的参与性不强、忽视了群众对科学知识的体验需要。[①] 另外，高校普遍存在缺乏专项资金建设平台和维持平台后续发展工作的问题等。

首先，高校应加强公益科普服务平台的建设，利用新媒体的优势在网络平台举行公益比赛，组织学生和教职工将自己的科普优秀作品展示在网络平台上，一方面方便群众了解一定的科学知识，另一方面以奖金奖励的方式鼓励师生积极参与比赛，选拔后期组织和举办科普活动的人才。其次，构建网络传播平台，包括网站、手机端、微信端以及网络科技馆等，需要注意网络科普平台构建是以广大人民群众为主要对象，宣传推广优质的科普内容后进一步吸引资源注入，促成线下科普场地场馆的落地开放。最后，建设体验型科普平台，各高校可以结合本校的特色建设个性化科普平台，如设置综合科技馆、交通安全体验馆、消防体验馆以及新媒介文化体验馆等，建立多类型的体验馆，或者以快闪的方式，建立线下科普巡展，方便参与者更加清晰有条理地进行体验。[②]

---

① 郑霄阳、吴娟：《重视网络科普功效建设多媒体科普平台》，载中国科普研究所编《中国科普理论与实践探索——2010科普理论国际论坛暨第十七届全国科普理论研讨会论文集》，科学普及出版社，2010，第674~679页。

② 闫剑利：《浅析新媒体时代的科普理念与科普平台建设》，《科技传播》2016年第23期，第116~117页。

8.2.4 科普活动

8.2.4.1 公众科普活动

1. 科技活动日

高校的科技活动日开展情况并不理想，从高校归属来看，部属院校、地方本科院校和地方高职院校在科技活动日的开展情况上差异不大。但从高校类别而言，农林类和师范类高校在科技活动日的开展上表现较好，农林类高校以丰富且具有大众普适性的特色科普基地为载体，在科技活动日的开展上具有资源优势，例如南京农业大学有湖熟花卉基地、中华农业博物馆等，吉林农业大学有菌菜基地馆。师范类高校中，东北师范大学将科技活动日作为公众科普活动中最重视的部分，已经成为常态化科普活动（见表 8-24）。

表 8-24　科技活动日

类别	否	占比(%)	是	占比(%)
总　计	8	24.24	25	75.76
部属院校	2	25.00	6	75.00
地方本科院校	4	22.22	14	77.78
地方高职院校	2	28.57	5	71.43
综合类	2	14.29	12	85.71
理工类	4	50.00	4	50.00
农林类	0	0.00	4	100.00
医药类	2	40.00	3	60.00
师范类	0	0.00	2	100.00

注：绍兴文理学院、浙江万里学院、东北电力大学数据缺失，本项统计总数 33 所高校。

高校内多建有校史馆、博物馆、实验基地等可开展科普活动的平台，充分利用此类场馆资源实现科技活动日常态化是高校应积极履行的社会服务职责。理工类院校因其专业门槛高，在开展公众科普活动上受限，可通过与地方中小学或相关行业内企业合作开展科技活动日，将专业性知识转化为分众化科普。每年9月的第三个公休日是全国科普日，社会科普氛围浓厚，是高校集中开展科技活动日的最佳时期，各大高校应该发挥自身资源优势，融入科技科普日浪潮，借势打造高校特色科技活动日。

2. 科技活动周

高校开展科技活动周的情况良好，绝大部分高校都积极开展科技活动周，且科技活动周已经具有固定项目，例如江苏航运技术学院每年的航模比赛。高校科技活动周的经费基本由单位自筹和企业赞助，部分高校的科技活动周是上级组织要求开展的。从高校归属来看，无论是经费还是科普资源，部属院校更占优势，在科技活动周的开展上表现更佳。从高校类别来看，综合类、农林类和师范类院校开展科技活动周的积极性更高，医药类和理工类院校稍弱，但其充分利用自身学科特色开展科技活动周，如安徽医科大学在科技活动周前往扶贫点义诊（见表8-25）。

表8-25　科技活动周

类别	否	占比(%)	是	占比(%)
总　计	3	9.38	29	90.63
部属院校	0	0.00	8	100.00
地方本科院校	2	11.76	15	88.24
地方高职院校	1	14.29	6	85.71
综合类	0	0.00	13	100.00
理工类	2	25.00	6	75.00
农林类	0	0.00	4	100.00
医药类	1	20.00	4	80.00
师范类	0	0.00	2	100.00

注：扬州大学、绍兴文理学院、浙江万里学院、东北电力大学数据缺失，本项统计总数32所高校。

科技活动周相较于科技活动日具有时间上的连续性优势，且科技活动周是全国范围内重要的科技节事活动，时间为每年5月的第三周，每次都具有特定的主题。高校要善于利用社会科普氛围浓厚的科技活动周，通过与各大高校、中小学、企业、科技馆等的合作实现优质特色的科普活动。科技活动周不应局限于场馆开放、科普讲座等传统科普活动，可充分利用高校的学生创新资源优势，征集具有创造性的特色科普活动，积极打造高校品牌科技活动周。要重视校内外媒体资源在科技活动周中的作用，积极进行现场报道或者在线直播，扩大科技活动周的影响力。

3. 科技下乡/科技扶贫

高校开展科技下乡/科技扶贫的意识参差不齐，其中开展过科技下乡/科技扶贫达到21次及以上的高校分别是延边大学、南京农业大学和扬州工业职业技术学院，其中最为突出的是延边大学，其朝鲜族较多，因语言不通的客观因素，科技下乡的需求更强烈，且下乡的科普活动集中于基层医疗培训、健康素养教育以及动物疫病防控等关乎基层人民日常生活的重要内容。从高校归属而言，地方本科院校和地方高职院校因其地方性更强，更善于与基层接触，在科技下乡上表现更优，而部属院校则没有很好地将更多的资源转化为服务基层的优势。从高校类别来看，医药类院校在科技下乡/科技扶贫上有更强烈的基层科普刚性需求优势，该类高校也都充分利用优势贡献了更多的基层服务（见表8-26）。

表8-26　科技下乡/科技扶贫次数

类别	0频数	占比(%)	1~20次频数	占比(%)	20次以上频数	占比(%)
总　计	6	20.69	20	68.97	3	10.34
部属院校	2	33.33	3	50.00	1	16.67
地方本科院校	3	17.65	13	76.47	1	5.88
地方高职院校	1	16.67	4	66.67	1	16.67
综合类	2	20.00	7	70.00	1	10.00
理工类	1	12.50	6	75.00	1	12.50
农林类	2	50.00	1	25.00	1	25.00
医药类	0	0.00	5	100.00	0	0.00
师范类	1	50.00	1	50.00	0	0.00

注：江汉大学、中国地质大学、南京大学、江苏航运职业技术学院、绍兴文理学院、浙江万里学院、东北电力大学数据缺失，本项统计总数29所高校。

科技下乡/科技扶贫作为高校实现社会服务职能的重要方式，应该成为各高校常态化科普活动中的一部分。各院校要充分发挥学科特色优势，立足实践，不仅需要普及各类健康、生产知识，也要引导和支持科技人员进入扶贫一线，因地制宜围绕当地产业发展提供科技服务，组织学校科研团队开展科技扶贫集中攻关，致力于精准解决制约产业发展的技术性难题①，让科技下乡真正实现惠民利民。同时，要加强与基层干部群体的交流，将科普宣传资源嵌入当地组织工作，以点带面，通过基层干部的力量辐射更多人群，提高农民的科技素养和科技致富能力。

4. 科技进社区

高校对科技进社区的重视程度不够，未开展过此类活动的院校几乎过半。从高校归属来看，部属院校中各院校科技进社区的开展情况差异较大，开展过 10 次以上的高校分别是中国地质大学、南京农业大学和吉林大学，其中吉林大学在科技进社区中与省科协合作，高校作为科普资源的提供者，省科协作为社区与高校的协调者，形成了更优质的科技进社区机制。从高校类别来看，医药类院校仍是科普下沉社区的主力，但活动缺乏创新性，多为组织学生向社区居民开展健康知识普及等，也有部分高校逐渐立足实践，将实操技术带入社区，如吉林医药学院在社区开展心肺复苏急救技术普及（见表 8-27）。

科技进社区是科普下沉基层的重要方式，且可操作性强。社区作为人口集聚地，有着科普服务对象多元化、需求差异化等特点，高校在开展科技进社区时也应提前做好前调，了解社区居民痛点，实现精准科普。同时，高校应当积极建立与社区的常态化合作，组建社区科普志愿服务团队，形成定期科技进社区机制，深化校社科普共建共享，真正实现科技惠民可持续化。在高校社区科普团队建设中应注重组织建设，既需重视招募传播人才，也需强调协调者的角色地位，搭建好高校与社区的沟通桥梁，为实现优质的科普活动奠定基础。

---

① 王蓓金、沈强：《高校科技扶贫的途径与策略——以西安电子科技大学为例》，《新西部》2020 年第 Z6 期，第 67~69 页。

表 8-27　科技进社区次数

类别	0 频数	占比(%)	1~10 次频数	占比(%)	10 次以上频数	占比(%)
总　计	13	41.94	13	41.94	5	16.13
部属院校	4	50.00	1	12.50	3	37.50
地方本科院校	7	41.18	9	52.94	1	5.88
地方高职院校	2	33.33	3	50.00	1	16.67
综合类	3	25.00	5	41.67	4	33.33
理工类	6	75.00	2	25.00	0	0.00
农林类	2	50.00	1	25.00	1	25.00
医药类	1	20.00	4	80.00	0	0.00
师范类	1	50.00	1	50.00	0	0.00

注：扬州大学、江苏航运职业技术学院、绍兴文理学院、浙江万里学院、东北电力大学数据缺失，本项统计总数 31 所高校。

5. 科技进中小学校园

科技进中小学活动尚未在各个高校形成共识，部分学校从未开展过类似活动。部属院校开展科技进中小学活动的频次最多，部属院校拥有更多的人才团队优势，尤其是可以充分运用优质的学生科普力量。地方本科院校和地方高职院校开展科技进中小学情况相当，同时也存在优质特色的科技进中小学活动，如重庆职业技术学院开展了“四点半”课堂，利用四点半放学的中小学生等待父母下班的一个小时内开展科普讲座。另外，科技进中小学的范围已经不断扩大，科普对象开始延伸至幼儿，如西南大学走进幼儿园举办科普讲座。整体而言，各院校更多的是通过“引进来”的方式向中小学开展科普，“走出去”的意识不够强烈（见表 8-28）。

中小学生是科普的重要对象之一，且因其知识水平的限制，对于科普也提出了更高的要求。高校在开展科技进中小学活动中，不仅需要遴选合适的科学知识，还需要简化科学知识的展示方式，例如动画短片的制作、科普游戏的设计等，让中小学生甚至幼儿更容易接受。另外，对于中小学的科普更应重视科学素质、科学精神的培养，在高校设计中小学科普活动时，需注重在潜移默化中培养学生的探索意识。

表 8-28　科技进中小学校园次数

类别	0 频数	占比(%)	1~10 次频数	占比(%)	10 次以上频数	占比(%)
总　计	14	45.16	13	41.94	4	12.90
部属院校	3	37.50	3	37.50	2	25.00
地方本科院校	9	56.25	6	37.50	1	6.25
地方高职院校	2	28.57	4	57.14	1	14.29
综合类	4	33.33	6	50.00	2	16.67
理工类	5	62.50	2	25.00	1	12.50
农林类	2	50.00	1	25.00	1	25.00
医药类	2	40.00	3	60.00	0	0.00
师范类	1	50.00	1	50.00	0	0.00

注：江汉大学、扬州大学、绍兴文理学院、浙江万里学院、东北电力大学数据缺失，本项统计总数 31 所高校。

6. 科普展览

举办过科普展览的高校占据多数，且有 3 所高校举办科普展览达到 100 次以上，分别是江苏师范大学、扬州大学和延边大学。各高校丰富的科普基地资源是其举办科普展览的主要载体，部属院校和地方本科院校资源更为丰富，在科普展览的举办上明显更占优势。从高校类别来看，综合类和农林类院校科普展览举办次数较多，尤其是农林类院校依赖其学科接地气的特点在面向公众的科普展览上更具有接近性，而理工类院校受学科的专业性强且可展览性弱的阻碍而较少举办科普展览（见表 8-29）。

科普展览是最常见的科普活动，随着互联网技术的不断发展，科普展览的形式也应逐渐实现转型升级和创新发展。高校具有丰厚的科研资源，更要积极探索如何将成果以更新颖的方式展出，如通过利用 VR、AR 等先进技术实现趣味性展览。同时，全媒体时代的到来也开启了线上展览的新趋势，作为最具创新活力的高校更应积极打造线上展会新平台，促进线上线下办展融合发展，通过交互图像、视频影像、模型展示等实现在线科普展览已是大势所趋。

7. 高校上一年度举办的科技夏（冬）令营次数与规模

举办过科技夏（冬）令营的高校不多，且高校间举办科技夏（冬）令

表 8-29　科普展览次数

类别	0 频数	占比(%)	1~100 次频数	占比(%)	100 次以上频数	占比(%)
总　计	10	33.33	17	56.67	3	10.00
部属院校	2	28.57	3	42.86	2	28.57
地方本科院校	5	29.41	11	64.71	1	5.88
地方高职院校	3	50.00	3	50.00	0	0.00
综合类	2	18.18	8	72.73	1	9.09
理工类	5	62.50	3	37.50	0	0.00
农林类	0	0.00	2	50.00	2	50.00
医药类	2	40.00	3	60.00	0	0.00
师范类	1	50.00	1	50.00	0	0.00

注：江汉大学、南京大学、重庆青年职业技术学院、绍兴文理学院、浙江万里学院、东北电力大学数据缺失，本项统计总数 30 所高校。

营的次数存在两极差异，其中举办过 20 次以上的高校是吉林农业大学和浙江理工大学。部分高校表示科技夏（冬）令营的举办需要综合考虑食宿、安全等问题，高校往往会承担较大的风险，因此举办的次数较少，更多的则是短时间的参观游览。从高校归属来看，部属院校和地方本科院校举办科技夏（冬）令营次数多于地方高职院校，高职院校各类资源的相对匮乏是阻碍其开展此类大型科普活动的关键因素。从高校类别来看，医药类院校在开展以体验为主的科技夏（冬）令营存在专业限制，且由于医药口的特殊性，此类活动的对外吸引力不足。从调查结果来看，高校举办的科技夏（冬）令营的规模都有待提升，这表明高质量、大规模、覆盖面广的科技夏（冬）令营仍然是少数，目前多数高校受场地限制、人力物力缺乏等客观条件制约，加上科技夏（冬）令营的不可控因素较多，高校并没有过多精力付诸此类活动。从高校归属来看，部属院校开展的科技夏（冬）令营规模更大，这与部属院校的知名度、影响力密不可分，其中规模达到 1000 次以上的高校是浙江大学。从高校类别来看，理工类院校虽然开展的次数不多，但规模较大，说明理工类兴趣指向性强的科技夏（冬）令营受众吸引力大（见表 8-30）。

表 8-30 高校上一年度举办的科技夏（冬）令营次数与规模

类别	科技夏(冬)令营次数			科技夏(冬)令营规模			
	0 频数	1~20 次频数	21 次及以上频数	0 频数	1~500 人频数	501~1000 人频数	1001 人及以上频数
总计	13	10	2	10	10	2	1
部属院校	1	4	0	1	2	1	1
地方本科院校	8	4	2	6	5	1	0
地方高职院校	4	2	0	3	3	0	0
综合类	4	7	0	4	5	0	1
理工类	4	1	1	3	1	2	0
农林类	2	0	1	1	1	0	0
医药类	3	1	0	2	2	0	0
师范类	0	1	0	0	1	0	0

注：①科技夏（冬）令营次数中，江汉大学、南京大学、南京农业大学、绍兴文理学院、延边大学、东北电力大学、东北师范大学、安徽粮食工程职业学院、长春工程学院、安徽信息工程学院、安徽医科大学数据缺失，本项统计总数 25 所高校；②科技夏（冬）令营规模中，江汉大学、南京大学、南京农业大学、扬州大学、绍兴文理学院、延边大学、浙江农林大学、东北电力大学、东北师范大学、安徽粮食工程职业学院、长春工程学院、安徽信息工程学院、安徽医科大学数据缺失，本项统计总数 23 所高校。

科技夏（冬）令营作为体验式科普的重要方式，受众人群集中于青少年群体，科技夏（冬）令营规模受院校本身的知名度影响较大，但未有院校影响力光环加持的科技夏（冬）令营则更需要通过活动自身的特色建立起品牌。高校在开展该类活动时，应重视受众人群特点，设计合理的科技夏（冬）令营参与方式，对于保障参与人群的安全问题，可通过活动前的安全评估、购买保险等方式建立一套完备的规避风险制度。专业门槛高的院校可精准定位科技夏（冬）令营的受众，实现更具针对性的科技夏（冬）令营，例如可借鉴温州医科大学面向高考完有意愿报考医学专业的考生开放医学生体验营的方式。在活动形式方面，可以学习杭州模式，推动建立第二课堂科普基地，将高校科普展馆与科技馆结合形成互补系统，采取年度打卡机制，中小学生可通过参与夏（冬）令营获取第二课堂学分。在活动内容方面，拟订每次科技夏（冬）令营的主题，根据主题开发设计课程和路线，可设计关卡通关模式，增强青少年的获得感，同时增加实践性和体验性更强的活动环节，避免让青少年走马观花式参观。同样也需要告知参与者相关的风险规避机制，减少因安全问题而产生受众参与意愿下降的情况。

8. 高校上一年度开展/参与的科技/科普竞赛次数

高校开展科普竞赛的意识相对较强，这与高校一直以来的竞争培养模式有关。同时，部分高校也将科普竞赛与科技进中小学相结合。从高校归属来看，三类院校开展科技/科普竞赛的次数差异不大。从高校类别来看，综合类、理工类和农林类院校开展科技/科普竞赛频次较多，理工类院校通常在科技竞赛上较为突出，专业性赛事多，在竞赛的开展上更有经验，农林类院校面向“三农”大体系的专业实践性强，相关科普知识繁多且广泛，更易于以科普竞赛的方式开展科普活动（见表8-31）。

表8-31　上一年度开展/参与的科技/科普竞赛次数

类　别	开展的科技/科普竞赛次数			参与的科技/科普竞赛次数		
	0频数	1~10次频数	10次以上频数	0频数	1~100次频数	100次以上频数
总　计	6	17	5	9	17	3
部属院校	0	5	0	1	5	0
地方本科院校	4	9	4	5	9	3
地方高职院校	2	3	1	3	3	0
综合类	2	7	2	3	9	1
理工类	2	6	1	4	5	0
农林类	1	0	2	1	1	1
医药类	1	3	0	1	2	0
师范类	0	1	0	0	0	1

注：上一年度开展的科技/科普竞赛次数统计项中江汉大学、南京大学、南京农业大学、江苏航运职业技术学院、绍兴文理学院、浙江万里学院、东北师范大学、安徽医科大学数据缺失，仅统计总数28所高校。上一年度参与的科技/科普竞赛次数统计项中南京农业大学、徐州医科大学、江苏航运职业技术学院、绍兴文理学院、浙江万里学院、东北师范大学、安徽医科大学数据缺失，仅统计总数29所高校。

参与科普竞赛是进行科普活动成本最低的方式，而各高校并没有形成全国范围内参与科普竞赛的氛围，仍有部分高校从未参与过科普竞赛。从高校归属而言，地方本科院校参与科普竞赛频次最多。从高校类别来看，五类高校参与科普竞赛的差距不大，相较而言仅医药类高校参与科普竞赛较少，医药类高校更偏向于社会实践类的科普活动，对科普竞赛这种知识性竞赛活动的重视不够。

高校开展科普竞赛可以通过激发竞争意识提高在校师生甚至公众参与科普的积极性。科普竞赛应具有全民性，高校举办的科普竞赛不应仅局限于校内，部属院校应该做好带头作用，联动地方本科院校和地方高职院校开展科普竞赛活动，在合作竞争中交流发展。同时可以积极开展设计科普竞赛的活动，共享资源，合力开发全新竞赛模式。加大竞赛的宣传力度，在竞赛期间充分利用校内外媒体对竞赛进行造势宣传，逐渐树立良好口碑，形成品牌效应。对于已经达成一定品牌效应的科普竞赛活动，高校可以积极向教育部申请将其认定为全省或者全国的竞赛活动，利用官方力量扩大影响力。通过访谈发现，目前地方高职院校对科普的认识较为狭窄，认为高大上的科普工作才算科普，因而诸如科技竞赛等活动并没有纳入科普系统。建议高职院校构建更为完善的科普统计工作，为参与和开展科普竞赛做好后续的工作支持。

参与科普竞赛相较于开展科普竞赛更具有可操作性，尚未开展过科普竞赛的高校可以积极参与地方省市或者其他高校组织的科普竞赛，在参与中学习借鉴科普竞赛的开展模式，为高校未来自发开展科普竞赛奠定基础。高校应该在全校范围内形成竞赛氛围，通过招募热爱科普的学生组建科普竞赛团队，配备专业指导教师，建构有力的管理与激励机制，提高团队参与科普竞赛热情，由点及面，通过小范围的专业性团队逐渐影响全校参与科普竞赛的积极性。

8.2.4.2 科普活动小结

各高校科普活动丰富，形式和渠道多样化，以科技下乡、科技进社区、科技进中小学、科普展览等常规活动为主，但其中也不乏具有创新力的科普模式，如重庆大学开展的科普讲解大赛已经成为一个品牌特色活动，重庆师范大学初等教育学院开展了科技运动会以及科学表演大赛，均是十分具有特色的活动。

但是在实地入校访谈过程中发现，大多数高校的科普活动更多聚焦于校内师生，这既与开展面向公众科普活动缺少资金有关，也与服务社会人群的制度促进力度不大导致意愿不足有关。多数院校表示科普活动日缺少固定经费，在资金有限的情况下，院校开展公众科普活动的积极性并不高，访谈中也有若干高校工作者觉得科普是在做“额外”的工作。从高校归属而言，高职院校各类资源的相对匮乏是阻碍其开展大型科普活动的关键因素。从高校类别而言，部分高校类别由于专业性门槛高，组织的科普活动吸引大众的力量不足。

对于高校科研压力大、教学任务重的阻碍，科普工作者可以转变思路，把科普转化为科研成果，实现科研科普共享共建。对于科技活动日、科技活动周等活动，应实现常态化、可持续化，其中的科普活动形式也不应局限于场馆开放、科普讲座等传统科普活动，可充分利用高校的学生创新资源优势，征集具有创造性的特色科普活动，积极打造高校品牌科技活动周。重视校内外媒体资源在科技活动周中的作用，积极进行现场报道或者在线直播，扩大科技活动的影响力。

在科技下乡、科技进社区和科技进中小学这种具有针对性的科普活动中，要充分做好受众前调，了解他们真正的需求，实现精准科普。高校应当积极建立与社区、中小学等的常态化合作，组建针对性强的科普志愿服务团队，形成定期科技下乡、科技进中小学、科技进社区的机制，真正实现科技惠民可持续化。在互联网快速发展的时代，对于科普最传统、最经典的科普展览，也应逐渐实现转型升级和创新发展，如利用 VR、AR 等先进技术实现趣味性展览，或者打造线上展会新平台。在科技夏（冬）令营和科普竞赛的开展中，更应加大媒体的宣传力度，逐渐树立良好口碑，形成品牌效应。

8.3 大学系统科普社会化协同典型案例

大学拥有丰富的科学技术资源、设施资源、人力资源以及环境氛围资源①，形成了一套相对完整且可循环的科普资源配套体系。不管是从理论层面还是实践层面来看，大学都存在科普的可能性和适用性。作为科普建设体系中的关键一环，大学对科普事业的发展起到重要的推动作用。再加上其作为科普社会化协同的重要创新主体之一，大学系统的科普建设能力自然显得十分重要。

从调研的41所高校的情况来看，高校的科普建设虽然卓有成效，但也存在明显短板，如科普平台建设薄弱、科普资源分散、科普工作覆盖范围小、科普能力有待提升等。本节根据调研情况选取了徐州医科大学和中国科学技术大学这两所高校，对其科普社会化协同的内部情况进行详细陈述。

8.3.1 徐州医科大学

1. 基本信息

徐州医科大学是江苏省与徐州市共建的省属高等医学院校，设17个学院（部）、36所附属医院（临床学院），有全日制在校生17000余人，教职工1400余人。该校设置29个本科专业，涵盖医、理、工、管4个学科门类，拥有1个博士学位授权一级学科和1个博士专业学位授权点，8个硕士学位授权一级学科和8个硕士专业学位授权点，2个博士后科研流动站和1个博士后科研工作站。②

2. 科普社会化协同实践

从参与科普活动的人员来看，截至2019年12月31日，徐州医科大学

① 翟杰全、任福君：《大学科普的动力、优势、途径和价值——对大学科普相关问题的一个经验分析》，《科技导报》2014年第32期，第78~84页。

② 徐州医科大学：《医大简介》，https://www.xzhmu.edu.cn/xqzl/xxjj.htm，最后检索时间：2022年9月10日。

参与科普活动的教师共计 600 人，参与科普活动的学生有 6000 人，从事科普专职工作的人员有 12 人，科普兼职人员有 600 人。在调研的 35 所高校中，徐州医科大学参与科普活动的人数位列第一，充分调动了校内的人力资源。

从组织科普活动的团体来看，该校设立了多个志愿服务团队，包括大爱急救志愿服务队、青春公卫志愿服务队、生命之约志愿服务团队、科技志愿服务团队等。以大爱急救志愿服务队为例，它成立于 2014 年 10 月，始终秉承“以人为本、专业医疗、抢救生命、减少伤亡”的救援理念，以中国医学救援协会、江苏省卫生应急研究所、徐州医科大学第二临床医学院急救与救援医学系、徐州医科大学医疗卫生应急救援研究中心为依托，持续开展并承担了多项国家、省及地市急救科普培训、急救救援演练、急救教育体系打造、卫生应急调研、行业专家义诊、急救科普文创产品制作等志愿服务工作。在成立至今的近八年时间内，大爱急救志愿服务队累计开展大型技能培训课程 400 余次，组织、参加大型公益类项目 51 项，累计服务人群 35000 余人次。①

从举办的常态化科普活动来看，徐州医科大学设有科普宣传周系列活动。活动内容主要为：一是麻醉学科普教育基地、生命科学馆、赤脚医生博物馆等科普基地面向全校师生开放；二是校内高水平科研平台面向全校师生开放，供师生观摩、学习；三是举办“科研诚信与学术规范”专题展览。②

徐州医科大学科普经费的主要来源为单位自筹，2018 年度科普经费总额为 10 万元。其中，常态化科普活动专项金额为 4 万元，校内科普场馆的运维资金为 6 万元。徐州医科大学共设有 6 个科普教育基地，其中 1 个国家

---

① 谢诗涵：《急救科普“下基层”，徐医大医者仁心“佑生命”》，https：//jnews. xhby. net/v3/waparticles/7fda002d5708436da67a57947ffc4b06/0/L40V6KngnFVsOLkw/1，最后检索时间：2022 年 9 月 20 日。

② 徐州医科大学学生工作部：《关于举办 2022 年全国科技活动周暨徐州医科大学科普宣传周活动的通知》，http：//suo. nz/1NwsQx，最后检索时间：2022 年 9 月 20 日。

级科普教育基地、2个省级科普教育基地，具有代表性的科普教育基地分别为科普中国—灾害医学救援及公众自救互救科普基地、生命科学馆和麻醉学科普教育基地。

8.3.2 中国科学技术大学

1. 基本信息

中国科学技术大学是中国科学院所属的一所以前沿科学和高新技术为主、兼有医学和特色文科的综合性全国重点大学。学校现有31个学院（学部），含8个科教融合学院；设有苏州高等研究院、上海研究院、北京研究院、先进技术研究院、国际金融研究院、附属第一医院（安徽省立医院）。[①]

截至2021年6月，在学博士研究生6522人，全日制学术型硕士研究生5620人，全日制专业学位硕士研究生5540人，非全日制专业学位硕士1797人，中国科学院代培研究生844人。学校现有32个一级学科博士学位授权点，8个一级学科硕士学位授权点以及15个专业学位授权点。截至2020年12月，学校共有教学与科研人员2621人，其中教授817人、副教授903人。其中，两院院士等高层次人才共有496人，占固定教师总数的37%，青年人才占高层次人才的60%。[②]

2. 科普社会化协同实践

从具有社会影响力的科普工作者或团体来看，中国科学技术大学主要有《科技袁人》袁岚峰、《美丽化学》梁琰、石头科普工作室等较为出名的科普工作者和团体。《科技袁人》是由袁岚峰博士与观视频工作室合作出品，以科学、工业、技术等领域为话题打造的一款科普短视频节目[③]，自2018年诞生至今全网播放量已超过1.5亿次。2018年，袁岚峰当选为“年度十

① 中国科学技术大学：《学校简介》，http：//www. ustc. edu. cn，最后检索时间：2022年9月20日。

② 中国科学技术大学学位与研究生教育：《研究生教育概况》，https：//gradschool. ustc. edu. cn/，最后检索时间：2022年9月20日。

③ 科普中国：《观视频工作室系列节目——科技袁》，https：//www. kepuchina. cn/zt/2018/jz/04/201812/t20181220_ 854139. shtml，最后检索时间：2022年9月20日。

大科学传播人物”。《美丽化学》是由中国科学技术大学先进技术研究院和清华大学出版社联合制作的一个原创数字科普项目，从宏观和微观两个角度展现化学的独特之美。①

石头科普工作室则成立于2016年11月，由时任中国科学技术大学地球和空间科学学院执行院长汪毓明教授牵头成立。工作室是一个具有公益性质的团队，主要由中国科学技术大学在校学生负责运营，致力于地球和空间科学的科普工作。工作室构建了微信公众平台、知乎、B站等多平台新媒体运营矩阵，其中微信公众号的粉丝数已破万，日常文章阅读量在400~1000人次。2019年，工作室的科普作品《如果你可以一直往上飞，你会看到什么?》在首届“DOU知短视频科普知识大赛”中获得二等奖。

中国科学技术大学在科普的社会影响力层面表现较为突出，受众辐射面较广，但未充分动员校内师生广泛参与科普工作和实践。截至2019年12月31日，中国科学技术大学参与科普活动的教师共计20人，参与科普活动的学生有100人，从事科普兼职工作的人员有150人。

调查数据显示，中国科学技术大学科普经费的主要来源为单位自筹和科普项目拨款，2018年度主要科普经费总额为200万元。其中，常态化科普活动专项金额为50万元。中国科学技术大学设有国家同步辐射实验室、火灾科学国家重点实验室和博物馆等3个国家级科普教育基地，中国科学院宇宙星系学重点实验室和化学实验教学中心等2个安徽省级科普教育基地。自2000年以来，该校已经成功举办了20届全国科技周活动，以多种形式普及科学知识，2021年以前每年接待公众均达10万人次以上，在促进公众尤其是广大青少年认识科学、关注和参与科技活动方面发挥了重要作用。②

---

① 《科学人专访〈美丽化学〉：纯粹化学，纯粹美丽》，果壳网，https：//www. guokr. com/article/439465/，最后检索时间：2022年9月20日。

② 中国科学技术大学网络科普：《科普基地》，http：//kepu. ustc. edu. cn/2020/0701/c21310a435229/page. htm，最后检索时间：2022年9月20日。

8.4 问题与障碍

8.4.1 对科普工作的内涵和边界认识不明晰

不同省份、不同隶属关系和层级、不同学科和专业类别的高校（包括相对独立二级机构），对高校科普工作的内涵和边界多数都缺乏深入细致的思考，存在概念不清、认识模糊、理解不足的共性问题。被调查者对科普的概念认知普遍停留在科普统计年鉴中对科普的定义和统计口径，没有认识到随着当今社会科技飞速进步和高校自身建设能力不断提升，许多新的科普方式、科普内容不断涌现，且已经融入师生的教学、科研和社会实践中，例如网络科普、"三下乡"社会实践等。在以传统方式为主的学校科普统计中，往往疏于对这些方面进行常态化的关注与汇总整理。

在创新引领发展的今天，高校的责任、使命和价值对国家和民族复兴的意义空前凸显。大学不仅要肩负起培养人才、传承学术的责任，更要担当起服务社会、引领社会向前发展的使命。[①] 建设创新型国家，迫切需要强有力的人才支撑和智力支持，然而调查中大部分高校的现状是将科普工作边缘化，缺乏顶层设计和积极有效引导，这导致了一个明显的倾向：教师和科技工作者更多地关注学术人才培养、教学科研与学科建设，而对科普服务和科技知识扶贫扶弱的重视程度明显不足。因此，愿意在科普工作上持续投入精力的教师数量极为有限，甚至在一些学校，缺乏有影响力的科普达人和显著的科普成果。

8.4.2 各级科协向高校基层的延伸存在不足

各级科协作为党委领导下的群团组织，在高校开展科普工作中的宣传动

① 杨树政：《大学的责任、使命和价值——院校研究视野下的美国高等教育考察报告》，《西南交通大学学报（社会科学版）》2010 年第 2 期，第 13~19 页。

员、组织指导、支持帮助、监督评价能力都存在制度设计带来的能力有限的问题；科协的“科技工作者之家”和“科普工作者之家”的作用在高校系统内没有真正发挥好。

被调研高校的科普工作普遍缺乏专人专岗，基本以兼职为主。科协作为当前模式下承担科普职能的主要社会力量，向高校的延伸和调动能力不足，导致科协对高校开展科普工作的宣传动员和约束力也不足，对部分高校的科普工作缺乏指导、监督以及实施评价的有效路径。限于自有资源的当量和行政权力的不足，科协对高校主办或承办“科技活动周”等品牌科普活动的支持力度有限，针对科普业绩突出的师生和管理人员的考核和奖励机制也一直难以系统出台。

科协的重要职能之一就是把高校范围内的广大科技工作者和科普志愿者团结起来，而且这一类人群数量大且科学文化素质较高，更易在大范围内广泛动员起来成为科普工作的重要力量。科协不仅要成为“科技工作者之家”，也更应该打造成“科普工作者之家”，然而现实中的科协在工作上具有一定程度的行政化色彩，存在与科技创新主体以及科普基本群众疏离的倾向，而且聚拢利用高校优质科普资源的效能不足。调查结果反映的突出问题是目前的运行机制缺少基本“抓手”，虽然意识层面想推动，但在实践层面“抓不住”和“拉不动”高校。

目前，各个高校几乎都有各类挂靠的科普类学生社团，少的 4~5 个，多的有 20~30 个。根据《中国科学技术协会全国学会组织通则》有关规定，科普类学生社团的业务主管为中国科协及各省科协，同样肩负弘扬科学精神、普及科学知识、推广科学技术、传播科学思想和科学方法、提高全民科学素质的任务。

但实际上，各类学会、协会和研究会作为独立法人单位，其主要发起者在相关领域都有重要建树和影响，并有一定的方向代表性，具体的活动开展都由各方自行组织，高校只起到提供一个办公场地和挂靠常设机构的作用。它们对这些社团组织既没有实质性的业务指导，也缺乏经费、人员等支持保障制度设计，因此高校在组织科普活动时通常会较少把这类组织安排进来。此外，这类组织一般也不会主动参与进来，导致“两张皮”的资源浪费局面。

8.4.3 科普工作运行治理体系尚未建立

各高校科协组织情况不尽相同，大致分为有专职机构有专人、无专职机构无专人和有专职机构无专人三种情况。但不管这些高校有没有成立科协，每个学校都在不同层面、不同范围内做了一定数量、分散进行的科普工作。高校在进行科普工作时，普遍缺乏针对科普工作的工作章程、管理制度、工作计划、工作总结以及参与科普工作的统计申报等。高校科普工作的事前、事中和事后缺乏统筹指导，缺失监督考评机制，宣传报道影响力也不足。

高校的优势在于科普资源蓄积丰富，劣势在于科普资源较为分散。由于高校的科普资源散落在各职能部门、二级学院、三级系所与实验室（甚至不少散落于课题组）和基地场馆等校内各地，涉及科普的部分包括科技处、教务处、团委（包含学生会与社团）、学工与招生就业部门、宣传部、出版社（包含学报与其他刊物）、二级学院、实验室等众多部门。原则上来说老师和研究生（包含研究型大学本科生）以及专职科研人员都是科普的重要实施主体，但这些力量是分散而缺乏凝聚力的。

当前绝大部分高校尚未建立起对科普工作的资源调配和统筹运行系统，高校科协的作用对于一些大体量或超大体量的高校而言，它们的科普工作目前难以被完整真实地统计上报。高校科普工作普遍存在资源重复利用、组织之间沟通不顺畅、资源共享率不高等问题，难以形成良好的组织化的科普工作氛围与机制。

高校科普活动在宣传和策划方面普遍缺乏力度，较少能形成品牌效应，因此其影响力也相对受限。高校的科普活动以传统内向形式为主，包括科普日的短时间开放入校，形式单一且缺乏新意，受众面比较狭窄，导致新旧媒体对此类新闻的报道丧失积极性，在无形中削弱了高校科普工作的社会影响力和受益面。

8.4.4 缺乏科普实践的具体指导

《科普法》自 2002 年颁布，但在此后的十几年间，未对其宣传和落实工作建立实施细则。尤其是近年来在中国转型进入“创新驱动发展”的国家发展新模式拉动下，日益凸显的科技向全民开放的趋势、公共资源与市场资源一体化转型、移动互联网和信息服务业的快速覆盖、科技普惠和科学普及的全民需求快速倍增态势，在短时间内对科普工作提出了更高的要求。然而高校的科普工作无论是在认识层面，还是在实际操作层面，都存在诸多不足，无法对照《科普法》赋予的科普责任、保障措施进行有效落实，呈现有法可依但实操层面难依、难行的局面。

以经费投入为例，《科普法》第二十三条明确要求各级政府要将科普经费列入同级财政预算，逐步提高科普投入水平。[①] 然而在具体执行中，各地政府根据自身实力或重视程度不同，在财政层面有面向大众的或强或弱推动，但包括高校在内的三大创新主体，却几乎没有在预算中单列出公益指向的科普专项经费，这成为制约高校科普事业服务国家和民生事业发展的重要阻碍因素。

目前国家级科普奖励属于“国家科技进步奖”二等奖，尽管从2005年开始，国家科技进步奖专门设立了科普组，但此后基本上每年仅有不超过5部科普作品能够获得二等奖，占比不到2%，而科普理论、实践研究的成果和有影响力的科普工程都不在奖励范围。因此，当前迫切需要建立可实际感知到的科普奖励激励体系，从而系统地调动起各社会组织、创新主体和人民群众广泛参与科普的积极性，提升全体国民层面的科普水平和工作实效。

以深圳施行的《深圳经济特区科学技术普及条例》为例，该条例明确建立科学传播首席科学家制度，并开展科普专业技术资格、专业技术职务评聘。上海市在《上海市科学技术奖励规定》中，明确设置了科学技术普及奖，获奖者将在政府公报上公布，并颁发证书和奖金。此外，上海科普教育发展基金会从2012年起设立上海科普教育创新奖，每届授予科普杰出人物

① 全国人民代表大会常务委员会：《中华人民共和国科学技术普及法》，https：//flk. npc. gov. cn/detail2. html？MmM5MDlmZGQ2NzhiZjE3OTAxNjc4YmY2MTQ5MTAyYTM，最后检索时间：2023年4月7日。

奖2名（可空缺），每位奖金10万元，还设置了科普贡献奖、成果奖、传媒奖等，除荣誉外均授予集体或个人1万~5万元奖金不等。①

8.4.5 专项经费投入与考核激励存在不足

调研中发现，只有少量高校设有常态的专项科普经费，其余高校一般是每年给予一定经费用于支持校内的一项品牌科普活动，或是将科普涉及的费用融入各个部门已有的经费，采取实报实销的方式。各高校已有的科普场馆和基地实验室等场所，因为参观、接待而产生的损耗以及日常维护经费通常从实验室建设经费里拨划，有些甚至从科研项目经费里扣除。从费用的角度而言，由于缺乏专项经费预算和支持，难以常态化支持科普活动的整体谋划、有序推进和有效激励，使得多数高校的科普工作最终沦落为尴尬的“打酱油”式局面。

高校普遍没有将科普工作明确列入教师岗位的职责考核和学生培育体系，没有建立起相应的奖励激励机制，不利于调动师生参与科普工作的积极性。各高校对科普工作的定位主要是公益和志愿，对高校教师是否做科普没有硬性要求和引导性评价。高校作为全社会的科学技术研究与知识的传播中心，拥有大量优质科普资源和大批科学家及科技工作者，本应为国民科普教育和全民族科学文化素质提升做出巨大社会贡献，却因种种操作层面的原因而使其效果大打折扣。

由于没有建立奖励激励机制，教师们主要依靠热情、兴趣和奉献精神去做科普，其开展的科普工作多数无法在校内获得相匹配的认可度。例如各高校人事部门组织的年终考核、评优、职称晋升等，都缺少对科普贡献的评定指标，只有少部分高校表示在条件同等的情况下会考虑科普的产出成果，这在一定程度上挫伤了教师参与社会科普的积极性。同样，对于学生社团自发组织的科普服务或科普志愿活动，绝大多数高校不会将其计入学分、第二课堂学时，也没有在评奖评优中予以体现。

---

① 李平、郭建斌、万志红：《社会科普奖励工作现状及建议——以梁希科普奖为例》，《学会》2020年第11期，第38~42页。

8.4.6 高端科技成果科普化能力有待系统提升

尽管高校拥有大量科学家、科技工作者、丰富的科学技术成果，具备科普功能的实验室和场馆基地等丰富的科普资源，但高校在高端科技成果的科普化方面大多做得不够到位。从高校的现状来看，校内面向师生的科普活动主要依托学术交流、科研合作、网站宣传、成果评奖等方式进行，但研究进展和研究成果的信息交流、发布以及推广的平台渠道仍然需要改善。突出的问题是同一个学校的研究和教学人员，被按照科层制分割在不同学科单元和专业单元里，大多数并不相互了解彼此的研究领域和状况，导致科技知识科普化扩散出现较为普遍的“灯下黑”现象。高校内这种符合新科学知识科普化的机制基本未能建立，导致内部资源浪费严重。

另外，面向社会大众普及高校的科研成果和新科学知识更弱。尽管各个学校都有科研横向课题、产学研合作模式等向社会延伸的渠道，但高校整体的科研成果和科技资源重点在服务国家重大需求和地方经济建设发展，直接面向改善公民科学文化素质的作用发挥得不到位。而这与高校基本职责中对科技资源服务普通公众的制度化认同和促进不足有关。

现有的高校科普队伍结构不甚合理。科普工作存在人员数量不稳定、科普专职人员所占比重太小或没有、科普兼职人员总体规模较小等问题。大部分科普基地（包括国家级科普基地）中参与管理的教师数量过少，同时又兼顾其他工作，因此无法在科普活动中投入较大的精力。高校学生的主要任务为学习专业知识，科普活动仅作为丰富课余时间的个人体验，难以在科普领域进行深耕。即便是有意愿参与科普工作的人员，由于缺乏专业的前置培训，难以将专业科学知识转化成公众能普遍理解的科普内容，科普效果欠佳。

8.4.7 面向乡村和基层存在影响力不足

目前高校开展的中小学生科普教育、开放日和研学游等活动，基本上都是面向城市学生且以“守株待兔”式的开放为主。城市孩子从小就能享有较多的科普教育机会，接触丰富多样的科普资源，但是农村和乡镇孩子由于地处偏远、教育资源匮乏、教育设施落后以及师资力量短缺等，无法接触系统的科普教育。高校优质科普资源供给与需求最强人群的对接出现较大的裂缝，不利于更均衡性地提升全民科学素质水平。

尽管目前高校通过“三下乡”社会实践、高校定点精准扶贫等工作在一定程度上局部缓解了这种矛盾，但是从全国整体城乡发展不平衡不充分的现状而言，高校科普资源下沉，向乡村和基层延伸的力度明显不够。特别是对乡村的留守儿童而言，他们接触先进的科学文化知识的机会更少，在全社会关心留守儿童健康成长的大背景下，作为教育主体的高校的科普工作应该更加体现出它应有的社会担当和温度。

8.5 思考与建议

8.5.1 制订科普实施细则，推动高校科普工作落地

《科普法》第十四条规定，“各类学校及其他教育机构，应当把科普作为素质教育的重要内容，组织学生开展多种形式的科普活动”；第十五条规定，“应当组织和支持科学技术工作者和教师开展科普活动，鼓励其结合本职工作进行科普宣传；有条件的，应当向公众开放实验室、陈列室和其他场地、设施，举办讲座和提供咨询。科学技术工作者和教师应当发挥自身优势和专长，积极参与和支持科普活动”。[①]

相较于法律条文，上级部门的行政命令和奖惩举措可能更有效果。本书建议加快制订高校类科技创新主体科技传播与普及实施细则，将现有《科普法》中高校地位不突出、对高校多以鼓励性为主的规定条例，转变为要求高校作为国家主要科技创新主体在科技传播、提升公众科学素质中承担起责任，并在科普基地、科普人才、科普作品、科普活动等方面发挥

---

① 全国人民代表大会常务委员会：《中华人民共和国科学技术普及法》，https://flk.npc.gov.cn/detail2.html?MmM5MDlmZGQ2NzhiZjE3OTAxNjc4YmY2MTQ5MTAyYTM，最后检索时间：2023年4月7日。

出更大作用。

例如，杭州市在制定《科学技术普及和全民科学素质提升行动实施方案（2016—2020年）》中，明确依托杭州师范大学开展科普教育与培训基础工程和科普人才建设工程。重庆市则在《重庆市科技传播与普及专项管理实施细则》中，明确提出由市科委利用市级财政科技发展资金设立科普专项，面向高校等科普主体设立科普活动、科普基地能力提升、科普作品（产品）研发等项目，经费5万~30万元，成果用于全市科普性活动。如此一来，不仅极大地调动了科普主体参与的积极性，也从政策和经费等保障层面给予了大力支持。

8.5.2　明确责任主体，完善内部运行机制

高校要从意识本源上明确自己的使命担当，纠正现存于高校中轻视科普、矮化科普的思想。建议在高校中树立正确的科学传播理念和思想，防止出现“萨根效应”。高校应开展增强师生科普意识的宣传教育，加强科普能力的学习培训，推动场馆基地的常态化开放，积极组织科普力量，建制化开展科普教育、科技扶贫、科普活动，鼓励激励师生广泛参与。在日常教学科研等中心工作中，突出科普工作的目的性和靶向性。推动落实科普工作不仅仅是高校反哺社会的重要渠道，同时也是提升高校社会声誉、促进高校科学技术研究合法性、提升高校社会服务能力的重要方式，对高校自身的建设发展同样具有重大的意义，努力让“两翼”真正在高校担当中“并驾齐驱”。高校自身要增强作为科技创新主体所承担的社会服务和责任担当意识，将科普职能作为科研和人才培养的重要内容纳入统筹谋划。同时，高校还要加大对科普专职机构、人员的专项经费支持和保障。

从政府主管层面来看，首先，要加大对高校科普场馆建设、科普专项活动的经费拨款，并建立相应考核机制；其次，在高校内部的部门经费预算中，要为校科协、团委、二级单位等主要参与科普的部门增设一定比例的专项经费；再次，在科研项目经费中，应当考虑设置科普工作经费比例，并将其纳入结项的考核标准；最后，鼓励高校面向社会、企业等多元主体，协同

开展科普活动。

按照中科协2017年高校建设工作要点要求，要尽快实现省、市级50%以上的理、工、农、医和综合类高校成立科协，而现有的部分高校无人无岗、有岗无人的科普工作模式完全不能满足创新型国家建设的需要。高校的校、院两级科协组织以及有序的内部运行机制，是保障高校科普工作顺利开展的基础。因此，建议将科协纳入高校科研管理必备机构，赋予其更多的职能和权责，并考虑以某种权重将科普成果纳入学校综合竞争力排名及“双一流”建设指标。

8.5.3 建立激励机制，注意合理与适度

高校应尽快建立科普服务奖励激励办法，可以借鉴北京、深圳等城市的做法，开展科普职称、科普学分、年终科普绩效奖励等有力举措，充分肯定师生在科普服务方面的付出，对优秀的科普成果参照科技成果奖励办法，给予恰当的认定，以此来不断提升师生参与科普工作的认同感、获得感和荣誉感。

此外，要充分考虑到高校类型、层次、地域以及科普竞争力等方面的差异，制定的科普奖励激励政策应分类分级，不能搞简单化、“一刀切”。奖励激励不到位，不利于激励科普能力强的高校，而奖励激励门槛过高，会挫伤一些科普工作尚在起步和发展阶段的高校的积极性。另外，还要平衡好科普奖励与科研奖励的关系，避免过分强调某一方面而导致单极考评的弊端。

8.5.4 成立高校科普联盟，拓宽服务领域

创新高校科普服务模式，按照区域、专业等方式，加强高校之间、高校与省市科协之间的协作联合。针对高校数量较为集中的城市，可以按照所属行政区划、专业类别等，在省市科协的指导协作下，成立高校科普联盟。调研发现，目前江苏省与浙江省高校科协之间组织了“江湖论建”联盟，正在吸纳其他省市高校科协，这对增进高校间交流学习、统筹规划资源具有很

大的帮助。建议以省级高校科协联盟为抓手，指导部分条件成熟的省（区、市）科协以本地区重点高校科协为龙头，动员其他高校科协积极参与，建立省级高校科协联盟。引导各地以高校科协联盟为推动工作的重要力量，吸纳更多尚未成立科协组织的高校进入联盟，通过联盟使各高校了解科协组织的职能定位和资源优势，提升高校科普活动号召力和参与积极性，带动更多高校成立科协组织，构建区域高校科协组织网。

高校科普服务的对象是广泛的，要从社会责任和教育本意出发，将科普资源、力量、教育等向经济文化落后地区的人群（如农民、偏远地区的孩子）倾斜，践行教育公平。同时结合精准扶贫、“三下乡”“科普进校园”“科普进社区”等活动科普课程，更加充分地开放科普基地、实验室和各类场馆，提升高校利用科普动能辐射带动地方的影响力。

8.5.5　建立“互联网+科普”的立体工作格局

现代社会中的各类网络形态与人们的生活日渐紧密，因而高校的科普工作不能仅仅停留在讲座报告和参观展览等传统形式，要积极利用网络信息化的资源优势，顺应互联网发展视频化、移动化、社交化、游戏化的新态势①，创新科普传播和体验手段②，以此吸引受众的“眼球”并提高“黏度”。

高校要以开放的姿态加强与互联网企业和平台的信息化合作，搭建智慧平台下的“互联网+科普”工作格局。这既是趋势，也是创新主体做好科普的必选路径。以西南大学为例，其结合自身优势专业，利用校内外多渠道普及蚕学知识，将校内实验室一楼作为科普场所，并在线下组织幼儿进行汇报、走进中小学校园开展讲座；同时还创办了“丝国传奇”微信公众号，定期发布原创科普文章，还申请经费开发明信片、装饰品等文创产品。

---

① 吴祖赟、李思瑾、汤书昆等：《新需求视角下农村科普供需匹配及路径优化研究》，《科普研究》2023 年第 1 期，第 34~41、106~107 页。

② 汤书昆、郑斌、余迎莹：《科普社会化协同的法治保障研究》，《科普研究》2022 年第 2 期，第 15~20、98~99 页。

高校可以通过互联网来明晰师生和公众的科学诉求，集聚多元科普力量，借助大数据分析科普趋势、活动参与、效果评估等，科学指导师生和公众开展线上线下有针对性的科普活动，与权威科普网站平台建立合作、分享，共同开发、推出VR/AR等数字化科普产品。

高校要加强各类宣传平台和网络传播渠道的建设，充分发挥校园官网、新媒体平台的作用，与当地公交移动传媒、户外公益广告等非营利性媒体共同合作，定期发布并宣传科普活动。此外，高校还应加强对各类科普网络平台建设的统筹和管理，针对信息发布、审核以及影响力统计建立专门管理办法。

8.5.6 发挥人才优势，建立专业科普团队

科普活动的质量水平是影响科普活动受欢迎程度的关键因素。科学家作为“科学知识的生产者”，本身具有很强的权威性和号召力，鼓励科学家积极参与科普活动、促进公众理解科学是顺应当代社会以及现代科技发展的时代要求。在调研访谈中发现，部分高校科研人员热衷科普并产生了一定的社会影响力，如中国科学技术大学的科普网红——袁岚峰博士。但采样的绝大部分高校都没有或很少有社会公认度较高的科普达人，这极大地影响了新媒介环境下高校科普活动的吸引力和影响力。

以“两微一抖”等平台为依托，当前互联网涌现了很多科普网红。一方面满足了大众的科普知识获取需求，另一方面由于其中不乏伪科学误导大众，因此影响了科学在传播中的真实性和权威性。高校可以充分发挥自己的人才优势，积极动员并协助科学研究人员和职业科学传播者共同参与当代科普事业的发展，鼓励在科普创作和宣传方面有专长、有兴趣的科研人员加入科普队伍，建立体系化、专业化、分工明确化的科普团队，从而将“象牙塔”内的学术成果转化为普通公众能接受并理解的科普作品，以提升全民族的科学文化素质。

第九章
科研院所系统科普社会化协同实证研究

9.1 科研院所系统科普社会化协同行动者网络建构

行动者网络理论包含了三个核心概念，分别是行动者、网络以及转译。所谓行动者是指任何通过制造差别而改变了事物状态的东西，行动者既可以包括人类，也可以涵盖技术、观念等非人类的一切存在和力量；转译则是行动者不断地把其他行动者感兴趣的问题用自己的语言转换出来的过程；只有通过转译，行动者才能被联结起来形成网络①，此处的网络是一种描述联结的方法，强调工作的交互过程。在这一过程中，任何行动者都是转译者，具有能动性。科研院所作为科技资源最为丰富的科技主体之一，聚集专业科学知识和专业科技人员，能为科普工作的开展提供强有力的科技支撑，在构建全民科普、全域科普的“大科普”工作格局的目标下，构建科研院所科普能力的行动者网络模型，系统性梳理科研院所科普实践的社会协同案例，是研究科研院所融入“大科普”格局的重要途径。

9.1.1 构成：科研院所系统中的科普行动者

在科普社会化协同语境中，可以将科普主体分为包括政府、企业、高校、科研院所、科技型学会、媒体、公众等“人的行动者”和包括学术交

① 徐天博：《“后真相”时代的真相建构——基于行动者网络理论的分析》，《安徽大学学报（哲学社会科学版）》2019年第2期，第135~140页。

流、政策咨询、项目、报道合作、会议、文献/专业书籍、科普读物、展览讲座、活动参与等“非人行动者”。[①]

科研院所首先作为“人的行动者”在科普社会化协同中发挥作用，它们是科学知识的生产者，主要承担着为整个社会科普内容的产出提供科普知识和科普产品的角色，科研院所不仅具备产出科学知识的专业能力，且与生俱来的公益性属性[②]也成为其能够高效高质推进科普社会化协同的关键因素。科研院所通常以科学智库的角色承接政府委托的科普政策咨询项目，开拓并发展科普理论，并以论文、专业书籍等形式传播，近年来科研院所也积极转变严肃的科学传播形象，融入新媒体科普环境，探索全新的科普渠道、活泼的科普形式。科研院所是产学研联盟的主体之一，通过与高校、企业的联盟，在进行学术交流合作以及探索科技成果产业化的同时，也提高了与这些科普主体的协同程度。科研院所在政策驱动下开展相应的科普活动，如中国科学院系统中规模最大的科普活动“公众科学日”就是政策推动的产物。因此，科研院所在科普实践中充分发挥了主体优势，联结了包括政府、高校、企业、媒体及其他科研院所在内的“人的行动者”以及学术交流、政策咨询、合作活动、科普读物等“非人行动者”。科研院所不仅是科普社会协同的行动者要素之一，也在其中通过集中多元主体力量扩大自身的科普影响力，并学习掌握相应的科普技能。

在科研院所内部，同样聚合着丰富多元的行动者要素，包括科研工作者、科普部门、行政管理部门、基层党组织、基层科协等在内的“人的行动者”。科研工作者通常是科学知识产出的主力，是科研院所系统中专业科普内容的提供者；科普部门则是科研院所顺应社会科普发展的需求设立的专门承担科普工作的机构，如中国科学院设立的科学传播局，下设综合处、新闻联络处、网络安全与信息化处、科学普及处、学术期刊与出版处，负责对

① 汤书昆、郑斌、余迎莹：《科普社会化协同的法治保障研究》，《科普研究》2022 年第 2 期，第 15~20、98~99 页。

② 汤书昆、郑斌、余迎莹：《科普社会化协同的法治保障研究》，《科普研究》2022 年第 2 期，第 15~20、98~99 页。

国内外宣传的组织管理、进行宏观指导与综合协调、负责网络安全与信息化建设管理、负责舆情监测与应对管理工作、承担科学普及与科学文化传播工作、承担学术期刊与出版管理工作、承担院领导交办的工作，打通科研院所内外科研与科普的壁垒，是发挥协同作用的关键行动者；而部分科研院所囿于规模不大，尚未设置专门的科普工作部门，科研院所中的行政管理部门兼顾了科普的职能。

此外，科研院所基层党组织也是科普实践中的核心行动者，以党组织统筹、引领、凝聚的先天优势在科研院所内部发挥先锋模范作用。一方面，党组织作为精神引领的角色，引导科研院所上下形成积极正确的科普观念，是一切科普实践成功落实的基础，明确科普不仅仅是公益性的政治任务，更是时代与社会发展的必然要求①，且科普工作能够为科研院所自身的发展创造良好的环境，能够通过科普争取政府以及公众的理解与支持，利用科普也能通过公众的参与监督进一步推动科研发展。另一方面，基层党组织具有面向基层、承上启下、统筹资源②的特点，处于工作落实的重点，承担着具体的服务任务，在科普实践落实中发挥着举足轻重的作用。中国林业科学研究院湿地研究所正是充分发挥基层党组织的作用，按照“围绕科研抓党建，抓好党建促发展”的原则，在党建工作和业务工作之间寻找契合点，以科普为载体，进行大胆尝试，举办多种湿地知识科普讲堂、科普展览等众多科普实践。

基层科协同样也是科研院所承担科普职能的行动者之一，科协的工作在于反映科技工作者的建议与诉求、提供面向大众的科普、推动跨学科领域的学术合作以及通过科技成果评估等激励科技人员③，尤其是可以全方位地梳

① 连彦乐：《加强农业科研院所科普工作的思考》，《农业科技管理》2017 年第 6 期，第 31~34 页。

② 李伟、武高洁、张曼胤、庄春艳、梅秀英：《谈科研院所基层党组织在科普工作中如何更好地发挥作用——以中国林业科学研究院湿地研究所为例》，《国家林业局管理干部学院学报》2017 年第 4 期，第 44~48 页。

③ 彭涛、李士：《科研院所科协基层组织建设初探》，《科普研究》2010 年第 5 期，第 19~23 页。

理相关科技政策，营造科普氛围。

科研院所系统中的“非人行动者”以学术交流、合作活动、科普讲座、科技智库等为主，通过“转译”实现与“人的行动者”之间的链接，形成科研院所系统科普能力建设的行动者网络。

9.1.2 转译：科研院所系统中科普行动者的协同互动

转译可以用来解释行动者能动性及信息流转的基本过程。[①] 不同“行动者”组成的完整科普结构是实现科普内容“转译”的基础生态，继而才能通过“转译语言”与“转译场所”实现科普价值的创造与增加。[②] 而在科普场域中，由于科学知识具有专业性、晦涩性，“转译”则是形成行动者网络的关键。在科研院所系统中，知识的产出更是与科学前沿相关，如何通过“转译”实现社会化科普成为科研院所科普能力提升的重点突破方向。

从转译过程来说，通常分为四个环节。一是问题化，即提出实现各方利益必须要解决的关键问题；二是角色化，即核心行动者根据其他行动者的目标赋予其相应的角色；三是招募，即尽可能地把其他行动者纳入相关网络；四是激活，即所有的行动者在即将构建的网络中能发挥自身的作用。[③] 只有通过这几个环节，才能定义关键行动者和其他行动者的角色、权益、地位和功能，并逐渐吸纳更多的新成员来构建网络。科普社会化协同生态下，各科普主体处于不同的角色，拥有不同的功能，相辅相成，科研院所在其中是科学知识产出的角色，是高端科学知识科普化的主要推动力量。在科研院所内部系统中，也存在整个“转译”过程：首先，明确“科普社会化”这一问题的重要性，这不仅仅是公益性的任务，更是顺应社会进步的必然要求，是应承担的社会责任，并且也是推动科研院所发展的重要途径；其次，科研院

---

① 张学波、马相彬、张利利、郭琴：《嵌入与行动者网络：精准扶贫语境下扶贫信息传播再思考》，《新闻与传播研究》2018 年第 9 期，第 30~50、126 页。

② 汤书昆、郑斌、余迎莹：《科普社会化协同的法治保障研究》，《科普研究》2022 年第 2 期，第 15~20、98~99 页。

③ 刘楠、周小普：《自我、异化与行动者网络：农民自媒体视觉生产的文化主体性》，《现代传播（中国传媒大学学报）》2019 年第 7 期，第 105~111 页。

所系统中各部门的利益相关者角色化，科研部门、管理部门、科普部门在科普社会化过程中都有着明确的角色定位，有实现科普的共同利益追求和驱动力；再次，吸纳更多成员加入，包括科研院所中的多个职能部门；最后，动员各方的力量发挥自身优势实现目标。

从“转译”要素上来说，可以分为“转译语言”和“转译场所”，即科学知识的通俗化以及通过什么途径向公众传递科学知识。在科研院所系统中，科学知识的通俗化需要以科研人员为核心的产出者和以科普人员为核心的输出者通力合作，相互配合，并借助系统外部力量，如政府、媒体等其他科普主体，实现科普内容的有效传播。不同的科普主体实现“转译”的场所也有所不同，科研院所以学术会议、科技活动周、科技小院等为主要场所。

9.2　科研院所系统科普能力建设典型案例

9.2.1　中国科学院大连化学物理研究所

1. 基本情况

中国科学院大连化学物理研究所（以下简称大连化物所）创建于1949年3月，大连化物所是一个基础研究与应用研究并重、应用研究和技术转化相结合，以任务带学科为主要特色的综合性研究所。[①] 大连化物所重点学科领域为：催化化学、工程化学、化学激光和分子反应动力学、近代分析化学和生物技术。

在组织机构上，大连化物所拥有包括学术委员会在内的5个学术机构；研究系统涵盖催化基础国家重点实验室等7个国家级实验室，中国科学院化学激光重点实验室等5个院级实验室，以及仪器分析化学研究室等21个所

① 中国科学院大连化学物理研究所：《中国科学院大连化学物理研究所所况简介》，http://www.dicp.ac.cn/gkjj_1/skjj/，最后检索时间：2022年12月5日。

级研究室；职能部门包括办公室、科技处、党委办公室、科学传播处[①]、研究生部在内的13个部门。其中科普实践集中于科学传播处，同时联合研究生部落实科普学分制。科学传播处下辖的新闻宣传和科学普及部门，以国内国际媒体宣传、中英文门户网站管理、新媒体管理、科学普及、展馆管理、舆情管理、重要活动摄影摄像、视觉识别系统管理、信息公开为主要职能。在科普实践方面，与学校、公众、媒体形成良性交互，开展科普巡讲进小学、开放公众科学日等活动；策划“大咖采访记”品牌栏目，传播科学家精神；发挥科普动画清晰简洁的优势，以科普动画视频为载体向大众传播科研成果；重视科学传播培训，制作教学视频如“科研人员如何和媒体打交道”“如何在新媒体时代让科普‘动’起来”等，充分重视科研人员科普技能的培养。此外，大连化物所的科普实践最为突出的方面在于科学传播处积极联合研究生部落实科普学分制。

2. 科普社会化协同实践

(1) 协同高校落实科普制度——科普学分制

2017年12月，中国科学院印发了《关于在我院研究生教育中实施科普活动学分制的通知》（传播字〔2017〕5号），推动院属机构开展科普学分制实施工作，通知设计了6学分的科普实践课程，包括开发和实施科学教育类课程（3学分）、开展科普创作/组织科普活动（2学分）、参与科普志愿服务（1学分）等三类，鼓励研究生参与科普工作。科普学分制的实施在科普社会化协同语境中正是协同多主体实现科普的典型，而大连化物所落实科普学分制的相关做法较为突出。

大连化物所的科普学分制从2018年开始实施，主要的实施单位是研究生部和科学传播处。科普学分设置为1个选修学分，16个学时。科普学分制推行包括5个自选项：完成2篇达到发表水平的原创科普文章，字数不少于1500字；完成3~5分钟可以公开发表的原创科普视频；进小学完成3次科普讲座；制作科普短剧，并组织2次公开演出；在科普展馆提供5次讲解

① 注：至本书出版时，或因机构调整，官网已无该处室名称。

服务。科普学分制由研究生部和科学传播处共同推动，科学传播处组织并记录科普活动，研究生部进行认定赋分。大连化物所的科普学分属于社会实践学分之外的部分，具有独立性。科普学分制实施中通常会依托一些志愿服务项目，招募志愿者，开展科普活动后计入相应的学分。

在大连化物所的科普学分制实施过程中，站在整个科普社会化协同的视角来看，是科研院所和高校这两个科普主体作为主要行动者，学分的赋予在高校教育系统中具有相应的规则，在高校学分认定的规则中，科研院所以赋予部分选修学分的方式纳入高校的学分认定系统，通过学分的获取激励学生利用科研院所丰富的科技资源参与科普实践。在科研院所系统内部，则是通过科学传播处和研究生部作为核心行动者，共同推动科普学分制的实施，科学传播处组织并记录科普活动，研究生部进行认定赋分，通过“科普学分制”达成学生作为行动者落实科普实践的目的。这一过程中，也涉及落实科普实践的载体如志愿服务活动等非人行动者。

（2）广泛链接公众的科普品牌活动——“公众科学日”与“DICP 科学节”

大连化物所在链接公众、实现社会化科普方面，已经成功形成了“公众科学日”经典品牌科普活动和“科学节嘉年华”新秀科普活动，此类科普活动的形式丰富、内容充实，同时也是协同政府、媒体、公众的典型代表。

截至 2022 年，大连化物所的“公众科学日”已经成功举办了 23 届，“公众科学日”是以开放科研院所为主要方式，承载多种科普活动，面向公众开展的大型公益性科普盛宴，旨在向社会全面展示科技创新成果，每届公众科学日都会拟定科学日主题，在主题框架下实施丰富多元的各类科普活动。以第二十三届大连化物所公众科学日为例，此次公众科学日的主题为“爱科学　向未来”，同时也是中国科学院第十八届公众科学日和大连市科技活动周的组成部分，实现了与其他科研院所以及当地政府的通力合作。第二十三届大连化物所公众科学日在游览展馆、举办科学实验秀等经典科普形式之外，创新性地尝试了以“今夜，我们关心科学”为主题的连麦直播活动，借力直播媒体协同科学家与科普达人实现全开放式的科学知识探讨交流活动，连麦直播活动的播放量高达 64.7 万人次，以有趣且接地气的谈话方式畅聊科学，成为广大网民们喜闻乐见的科普方式，也为公众参与科学提供了全新途径。

此外，2019 年以线下方式举办的第二十届大连化物所公众科学日，吸引了包括政府及企事业单位、各大高校、中小学、幼儿园、社会团体以及社会各界人士共 1.3 万余名观众前来参观，同样有很多可圈可点的创新活动，如“元素探秘”活动，以儿童视角营造了一个个拟人化的“元素精灵”，还以快闪活动展示了科学家们别样的风貌。除了形式丰富，在参与科普实践的主体上同样多元，“科普讲座”团队成员包括院士、研究员、青年博士和研究生，丰富立体的科普团队成员站在不同的视角向公众传递科学知识，知识与趣味并存，严谨与活泼同频。

除了自 1999 年开始贯彻至今的“公众科学日”，大连化物所近几年还开拓了全新的科普活动栏目，即“DICP”科学节，面向对象以青少年为主，是激发青少年科学兴趣的重要途径，无论是为青少年提供科学讲解的舞台，还是融入科学元素的趣味互动游戏，都是站在科普对象的特点上开展的活动。此类分众化的科普活动正是使用恰当的“转译语言”，通过适宜的“转译场所”，达成了高效科普。

首先，中国科学院大连化物所从管理机制上就明确设立了科学传播处这一职能部门，其成为该所科普社会化实践的指挥部，站在发挥科研院所社会科普功能的基础上，协同各个职能部门开展科普社会化协同实践，真正将科普职责落实到位。其次，在协同多主体力量开展科普实践上，一方面是化物所内部职能部门的协同，如科学传播处联合研究生部落实科普学分制，在高校相应的学分赋予制度基础上，开发合适的科普学分赋予机制；另一方面是与社会力量的协同，不论是与当地政府合力举办的公众科学节，还是与媒体联合开展的科普连麦直播活动，抑或是高校以及科研院所的院士、研究生组建的科普讲座团队，都充分彰显了中国科学院大连化物所在协同多主体社会力量开展科普实践中做出的突出工作。但是不可忽视的是，该所在落实相应的科普实践中仍会面临沟通渠道不顺畅的问题，这既与科研院所本身的性质有关，也与整个科普社会化协同系统生态尚未成熟有关，需要从多方面努力，建构科研院所更好地参与科普社会化协同的生态机制。

总体而言，中国科学院大连化物所的社会化协同科普实践仍是科研院所系统中相对出色的一部分，尤其是在落实科普学分制方面做出的努力，也为其他科研院所以及高校实践科普学分制提供了参考。

9.2.2　中国科学院物理研究所

1. 基本情况

中国科学院物理研究所（以下简称物理所）成立于1950年8月15日。[①] 物理所是以物理学基础研究与应用基础研究为主的多学科、综合性研究机构。研究方向以凝聚态物理为主，包括凝聚态物理、光学、原子分子物理、等离子体物理、软物质与生物物理、理论和计算物理、材料科学与工程等。[②] 物理所现有3个国家重点实验室，6个院重点实验室，3个所级实验室，8个研究中心[③]，在超导、拓扑、纳米等多个学科领域成果丰硕。

物理所与高校、企业通力合作，积极探索所外协作模式，在多个平台运营科普自媒体账号，举办科技志愿服务活动和科技文化活动，向公众普及最前沿的科学知识。

2. 科普社会化协同实践

物理所与中小学、媒体平台等主体开展合作，发挥物理学基础研究与应用基础研究的学科特色，以及组织协调和多元主体动员作用，形成了以物理所为核心、社会多元主体共同参与科普的新模式。

（1）交互协同中小学——科普活动进校园与中小学生走进物理所

物理所积极探索与学校协作的科普模式，与中小学合作开展各类科普活

---

① 中国科学院物理所：《中科院物理所2022年面向全球高薪诚聘岗位博士后研究人员》，《物理》2022年第51期，第893页。

② 中国科学院物理所：《中国科学院物理所2023年面向全球高薪诚聘博士后研究人员》，《物理》2023年第52期，第155页。

③ 中国科学院物理所：《中国科学院物理研究所简介》，http：//www. iop. cas. cn/gkjj/skjj，最后检索时间：2022年12月5日。

动。物理所紧抓中小学生群体的切实需求，与北京等全国各省市的学校合作，开展光学科普活动进校园、中小学生走进物理所等丰富多彩的科普活动。

物理所依托与学校协作的科普模式，开展科普活动进校园。与北京大学附属中学等学校开展合作，把科普活动带进了北京大学附属中学、北京师范大学三帆中学朝阳学校等。光学科普活动进校园活动主要针对高一、高二学生。物理所的在读研究生们在活动中向高中生们展示各种关于色散、散射等光的实验；解释为什么选择红色作为交通警示信号等与日常生活相关的光学现象；介绍了光的色散原理。在北京师范大学三帆中学朝阳学校，物理所纳米物理与器件实验室的陈辉副研究员和郭辉老师以“神奇的物理世界——从科幻电影说起”为题，为初中部的同学们带来了一场精彩纷呈的科普进校园活动讲座。科普活动进校园一方面成为研究所面向社会科普科技创新成果和科学进展的窗口，另一方面能帮助中学生感受浓厚科学文化，激励中学生奋发向上，实现了物理所与学校的协作共赢。

物理所依托与学校协作的科普模式，开展中小学生走进物理所活动。与北京十九中学、北京师范大学三帆中学朝阳学校、中关村第一小学等中小学协作，中小学组织本校学生利用节假日等课余时间进入物理所参观，而物理所为参观的中小学生提供讲解和实验展示。学生们聆听每位院士在不同时期的奋斗故事，体悟科学家们对于物理学科的赤诚奉献，还走进光学实验室、超导实验室、电子显微镜实验室和微加工实验室，零距离观看研究人员操作精密仪器。一方面帮助中小学满足了学生参与实践活动的需求，丰富了学生的课余生活，提高了学生们的综合素质；另一方面有助于物理所承担科普社会责任，扩大物理所的公众影响力与声誉。

（2）协同媒体平台——举办线上线下科普活动，整合资源运营自媒体账号

物理所积极与企业在线上、线下开展合作，探索协作模式，提升科普活动成效、扩大科普宣传的影响力，助力公民科学素养的提高。

线下方面，物理所以面对面的方式，向公众传播科学知识。物理所与哔哩哔哩开展合作，将物理所尖端的物理学研究成果与哔哩哔哩的虚拟主播技

术及“二次元文化”进行整合，依托虚拟主播在严肃的科学技术与奇幻的二次元文化间架设了沟通桥梁，提升科普活动成效，让科学真正深入广大的年轻群体。例如，在第十六届公众科学日，物理所与哔哩哔哩进行战略合作，共同打造一场Z世代专属的大型科普展区。在展区内，严肃的科学与奇幻的“二次元文化”相结合，吸引了公众，尤其是未成年人的关注。虚拟主播、3D全息投影的虚拟偶像向公众介绍只有用高倍数的显微镜才能够看到的微米级图像。而哔哩哔哩的UP主“真·凤舞九天”更带来了融合二次元色彩与科技感的表演“元素奇迹”，以纪念元素周期表诞生150周年。除此之外，物理所与知乎开展深度合作，开启了科研机构与互联网知识分享平台的合作新模式，为大众带来更加多元生动的科普体验。第十五届公众科学日期间，物理所与知乎共同打造“《从脑洞到科普》知乎·盐沙龙”活动。在活动中，中国科学院学者和知乎科研领域优秀回答者在现场与公众近距离接触，一起探讨了人类初始的好奇心是通过怎样的方式推动了科学的发展等问题。

线上方面，物理所充分利用微信公众号、哔哩哔哩直播间，协同线上自媒体平台，整合各类线上科普资源，普及科学知识，弘扬科学精神。物理所开设微信公众号，结合微信公众号平台数量庞大的微信用户资源，打通线上资源，开展线上科普活动。物理所在公众号上设置了“问答”、“正经玩”和“线上科学日”三个专栏，精选有科学意义的提问进行解答、演示和讲解物理小实验、说明某个物理常识或现象、介绍物理学的发展历史和趣闻轶事①，科普内容兼顾前沿与日常，关注用户需求，互动交流频繁，呈现形式多元，叙事风格通俗。物理所的微信公众号依托物理所独特的学科优势，用通俗的语言讲科学知识，用专业的水准教科学方法，用权威的答案解科学疑惑，用认真的态度释科学精神，为全国学术同行及科学爱好者搭建了一个交流沟通的专属平台；切实践行了“做一个有趣、有料、安静、纯粹的科学

---

① 罗湘莹：《科普类自媒体科学传播的创新策略——以“中国科学院物理所”微信公众号为例》，《青年记者》2021年第16期，第112~113页。

传播者”的诺言，引导青少年迷上物理，爱上科学，用科技报国，用科技强国。与此同时，物理所通过线上科普直播的方式，结合平台的用户资源和优秀视频创作者资源，面向青少年传播科学内容。并在哔哩哔哩线上平台开设账号“二次元的中国科学院物理所”，并于每周固定时间在实验室进行科普直播。科研人员在直播间做实验，用所有最流行的方式解释科学，在无数孩子心中播种下了科学的种子。更重要的是，物理所与平台内颇有影响力的UP主开展多方位的合作，进一步打通线上资源，使院士专家、青年学者以及UP主们在直播间联合为公众展现精彩绝伦的科学盛会。例如，在2022年公众科学日上，物理所邀请“毕导THU”“柴知道”“我是怪异君”等UP主做客“二次元的中国科学院物理所”直播间，与物理所的研究人员一起向公众展示奇妙的科学实验秀、为公众揭示魔术背后隐藏着的科学奥秘，使观众足不出户感受科学的魅力。[①]“二次元的中国科学院物理所”于2019年获得了《典赞·科普中国》年度十大科普自媒体的荣誉。

物理所通过交互协同中小学和协同媒体平台两个主要举措，凭借举办线上科普活动、在多个平台运营科普自媒体账号、整合资源运营自媒体账号、科普活动进校园、中小学生走进物理所等各具特色的方式，向公众普及最前沿的科学知识，践行科普社会化协同。基于其卓有成效的科普社会化协同工作，物理所获得了广泛的认可，其自主运营的科普自媒体账号也获得了2019年《典赞·科普中国》年度十大科普自媒体等荣誉。值得注意的是，物理所在科普社会化协同实践中仍有不足之处。首先，物理所在进行科普相关工作时协同的主体相对单一。现阶段，物理所主要与学校、媒体平台展开科普协同，在与企业、学会等更多广阔主体的科普协同方面有所欠缺。其次，物理所在所内的科普协同方面有待进一步增强。物理所部分科普工作的开展缺乏系统性，整体规划和方向指导不够明确。物理所内的人员与人员、部门与部门之间在科普工作方面的协同机制尚未清晰、明确。

---

① 中国科学院物理所：《中国科学院物理所举办2022年公众科学日》，http：//www.iop.cas.cn/xwzx/snxw/202206/t20220628_6466935.html，最后检索时间：2022年9月20日。

总的来说，物理所立足其物理学基础研究与应用基础研究的学科特色，积极与学校、媒体平台等开展多方位的协同，充分发挥组织协调和多元主体动员作用，虽然其科普社会化协同实践在现阶段仍有可以提升的空间，但其科普工作成效已优于大部分同类研究所，并形成了以物理所为核心、社会多元主体共同参与科普的新模式。

9.2.3　中国热带农业科学院南亚热带作物研究所

1. 基本情况

中国热带农业科学院南亚热带作物研究所（以下简称“南亚所”）主要以南亚热带果树、南亚热带作物为研究对象，开展种质资源与遗传育种、作物栽培、采后储运与保鲜、农业资源高效利用与良好环境生态建设等基础、应用基础和共性关键技术研究。①

南亚所协同所内优质科普资源、积极探索所外协作模式，参观游客及中小学生科普人数突破 50 万人次以上，被授予“首批全国科普教育基地”、“全国中小学生研学实践教育基地”、“全国休闲农业与乡村旅游示范点”和“全国农产品质量安全教育基地”等国家级荣誉称号。②

2. 科普社会化协同实践

（1）打通所内优质科普资源——科普研学与科普课程

南亚所立足所内南亚热带作物领域的知识、人才、场所等优势科普，积极响应中共中央、国务院颁布的《全民科学素质行动计划纲要（2006—2010—2020 年）》的号召，以打通所内科普人才、阵地等优质科普资源的方式，联动所内资源开展科普研学活动、开发科普课程。同时，南亚所通过在所内总结推广科普模式的措施，强化所内科普资源的整合与协作。南亚所打通所内优质科普资源的举措切实助推了南亚所科普能力发

① 南亚热带作物研究所：《中国热带农业科学院南亚热带作物研究所简介》，https：//www.catassscri.cn/contents/445/28123.html，最后检索时间：2022 年 9 月 30 日。

② 张文卉：《2021—2025 年第一批全国科普教育基地名单出炉》，《南国早报》2022 年 4 月 12 日。

展，践行了南亚所科学普及的社会责任。

所内资源联动，开展科普研学活动。南亚所协调多方力量，联动所内科研人才资源、热带作物栽培资源和场所资源，面向青少年开展精彩纷呈的科普研学活动，传播南亚热带果树种质资源相关科学知识。南亚所协同所内多方力量，有计划、有组织地先后开展了“植物王国行，快乐一日游”“南果世界，研学育人兴果业”等形式多样、内容丰富的科普研学活动，组织学生参观所内植物标本园、花卉观赏园、热带水果种植园、科普馆，介绍与南亚热带果树种质资源相关的植物学基本知识，帮助学生认识多样的南亚热带果树。① 让青少年在观赏奇特的南亚热带果树风光的同时，接受科学普及教育，有效提高学生的科学素养。通过所内资源的有效联动，南亚所已累计吸引了超过 32.5 万人次的学生前来参加研学活动。

整合所内资源，开发科普课程。近年来，南亚所内的科普教育中心积极与所内的南亚热带作物种质资源研究室、休闲农业研究室等机构合作，整合所内资源，开发科普课程。南亚所目前已成功构建了“拔节孕穗”课程体系。该课程体系围绕学生文化体验、社会服务、手工创作、实验探索等四个主题，打造设计 20 余门中小学研学课程，涉及艺术押花、垃圾分类、中草药辨识、植物发电原理、叶脉书签等内容，将雷州半岛特色植物、岭南独有中草药与现代农业的新业态、新形态相结合，让学生在出力流汗、实验探索中提升科学素养。

南亚所还通过课题引领示范，在所内总结推广科普模式，强化所内科普资源的整合与协作。例如，雷州半岛农村科普项目组实地踏访雷州半岛多地，通过访谈、座谈、问卷等方式，深入了解雷州农业科技应用、传播情况，剖析农村技术需求、技术认知、技术采纳的影响因素，总结农业技术扩散、农村科普运行的过程和模型，形成相关报告《雷州市农村科普典型经验——基于科技服务社会化视角》，并通过线上与线下相结合的方式开展经

---

① 刘江平、邢姗姗、曹娟、黄小华：《农业科研单位激励机制创新研究——以中国热带农业科学院南亚热带作物研究所为例》，《中国管理信息化》2016 年第 19 期，第 58~59 页。

验交流会，向所内各机构推广雷州农村科普模式。

（2）探索与学校的协作模式——协调联络共建制度与中小学生走进南亚所

南亚所与中小学、企业通力合作，发挥南亚所南亚热带作物研究领域的专业特色，不断探索以南亚所为抓手、社会多元主体共同参与科普的新模式。

南亚所与学校建立协调联络与共建制度。依托与学校的协调联络与共建制度，来自近200所大、中、小学校的累计约40万人次走进南亚所参观及开展科普实践活动。赴南亚所的大、中、小学校囊括了西南大学、广西大学、海南大学、广东海洋大学、广东医学院、广东农工商学校[①]等多个广东省内外高校。

各校的学子在所属学校的组织下，结合所属学校春游、秋游、社会实践活动的契机，走进南亚所的果树种质资源圃进行参观及开展科普实践活动。另外，依托与学校的协调联络与共建制度，南亚所积极推进“科普进校园”活动。来自南亚所的一线科研人员，走进中小学的校园，传递科学知识。[②] 2022年10月，南亚所协同湛江市第十九小学，在湛江市第十九小学校园内举办科普教育基地服务学校“双减”活动，为全体师生带来一场“科普盛宴”。科普活动中，南亚所的研究人员带领同学们对校园内的树木花草进行了辨识，就植物名称的由来、特点、用途等方面进行科普，展示了“色素里的科学与生活”小实验，进一步激发孩子们崇尚科学、探索未知的热情。[③] 除此之外，依托与学校的协调联络与共建制度，南亚所结合中小学有关果树植物的教学需求和教学内容，开发关于果树植物的实验观察课程。果树植物的实验观察课程将课本的知识运用到实际中，青少年通过

① 刘江平、刘嘉盈：《农业科研单位档案管理现状及改进方法初探——以中国热带农业科学院南亚热带作物研究所为例》，《中国管理信息化》2016年第19期，第171~173页。

② 张广明：《南亚热带植物园开展2020年全国科普日研学活动》，https：//www. catasscri. cn/contents/475/152975. html，最后检索时间：2022年11月8日。

③ 陈彦、陈宏利：《南亚所开展科普进校园活动》，《湛江日报》2022年10月21日。

“果园课堂”，实地游览辨识果树种类，参与种植果树，学习果园的常规管理经验①，掌握科学知识。

（3）构建与媒体的协作模式——打造《湛江视窗》节目，联合开展夏令营活动

南亚所与媒体合作，提升科学知识传播能力。首先，南亚所与央视网通力合作，打造《湛江视窗》节目。《湛江视窗》节目生动展示了南亚所中收集保存的热带植物；探访了南亚所内南亚热带作物种质资源研究室等科研场所；采访了南亚所的一线科研人员；记录了青少年赴南亚所果树种质资源圃进行科普活动时的场景。南亚所与央视网的合作，丰富了央视网的节目内容，向公众普及热带作物领域的科学知识，宣传了科学家精神，增强公众热爱自然和保护自然的意识，宣传了南亚所的科普教育活动，提升了南亚所的科学知识传播能力，取得了良好的社会效益和经济效益。与此同时，南亚所与湛江日报社共同筹办了“湛江日报社小记者夏令营活动”。在活动筹办中，南亚所的果树种质资源圃及休闲园为科普教育和社会实践提供了合适的活动地点，湛江日报社则在《湛江日报》《湛江晚报》和湛江新闻网②上发布小记者招募通知并多次进行颇具力度的宣传，着力落实活动的宣传工作。参与活动的小记者的心得体会更在《湛江日报》“教育周刊”栏目进行整版刊登。南亚所与湛江日报社的通力合作，扩大了活动的影响力、给予了参与活动的小记者们向社会各界人士分享在南亚所收获的科学知识的机会，同时也大大提升了南亚所的知名度和科普活动成效。

（4）落实与企业的协作模式——联合发行邮票、共同举办科普活动

南亚所与各行业企业合作，实现资源聚合。首先，南亚所先后与中集邮总公司合作设计了“南亚热带作物研究所珍藏版邮册”“科学发展，再

① 林露：《2022 年度广东省十佳科普教育基地，南亚所上榜!》，https：//static. nfapp. southcn. com/content/202112/21/c6061524. html，最后检索时间：2022 年 11 月 8 日。

② 周宁：《媒体信息传播对农业科研机构竞争力提升的影响——评〈南亚丰歌——中国热带农业科学院南带作物研究所媒体报道汇编（1954—2019）〉》，《中国农业资源与区划》2020 年第 7 期，第 133 页。

创辉煌”等囊括所内植物景观与科普活动的纪念珍藏邮册，并在全国范围内发行。合作邮票的设计与发行向公众展示了南亚所的南亚热带果树种质资源植物景观，宣传了南亚所丰富多彩的科普活动，借助中集邮的影响力有效提升了南亚所的科普传播效果与传播能力。南亚所以全国科普日、广东省科技月为契机，与广东壹方草木农业高新科技有限公司、攀枝花市锐华农业开发有限责任公司、湛江市博泰生物科技实业有限公司等企业开展合作，先后举办“国家种质资源圃科普开放日”“香蜂甜蜜”“奏响生物多样性保护和弦”等主题公益普惠活动，通过科普讲座、实地参观、动手实践、亲历体验等形式，向社会公众展示生物多样性的生态功能。除此之外，南亚所与广东茂名国旅、湛江中旅等广东省知名旅行社合作，举办了多期“暑期夏令营”活动[①]，通过趣味活动、热带作物讲解与参观等形式丰富青少年们的暑假生活，以青少年喜闻乐见的形式科普专业科技和科学知识。

南亚所打通校内科普人才与阵地资源、积极探索校外协作模式，积极履行其科学普及的社会责任，其科普工作成效获得了广泛的认可。一方面，南亚所立足所内南亚热带作物领域的知识、人才、场所等优势科普，以打通所内科普人才、阵地等优质科普资源的方式，联动所内资源开展科普研学活动、开发科普课程，并在所内总结推广科普模式的措施，强化所内科普资源的整合与协作。另一方面，南亚所与学校、媒体、企业通力合作，发挥南亚所南亚热带作物研究领域的专业特色，通过与学校建立协调联络共建制度，开展中小学生走进南亚所活动，打造《湛江视窗》节目，与媒体联合开展夏令营、联合发行邮票、与企业共同打造公益普惠性科普活动等，不断探索以南亚所为抓手、社会多元主体共同参与科普的新模式。但是，不可否认，南亚所在践行科普社会化协同时仍然存在科普人员对科研院所科普能力建设支撑不足的问题。科研院所科普人员的业务能力不够专业、大多数科普人员

① 刘江平、刘嘉盈：《农业科研单位档案管理现状及改进方法初探——以中国热带农业科学院南亚热带作物研究所为例》，《中国管理信息化》2016年第19期，第171~173页。

仍然是由一线科研人员兼任。[①]

总的来说，南亚所协同所内优质科普资源、积极探索所外协作模式，充分发挥南亚所南亚热带作物研究领域的专业特色，虽然其科普社会化协同实践在现阶段仍有可以提升的空间，但其突出的科普能力与成果显著的科普成效已获得了各界的一致认同。

9.3 问题与障碍

9.3.1 科研院所的科普生产与服务能力不足

科研院所系统中，科学家、科研人才最为集聚，作为科学知识的生产者，始终是社会化协同科普链条中的核心主体。从科普生产能力上来说，科研院所虽然集聚了很多优质的科技资源，但是在转化成科普资源时，却无法与科技资源一脉相通，缺乏高效的“转译”中介，其中包括科普人才、科普平台等，同时科研院所的科普形式多流于传统，数字化、信息化在科研院所的科普工作中应用较少，广泛交互式的科普相对匮乏。从科普服务上来说，一方面布局有专门科普部门的科研院所也是少数，科研院所自身与公众对话的渠道仍然较少；另一方面一些重视科普工作且职能部门设置完善的科研院所也仍然存在对外沟通受阻的情况，尽管它们能够在内部集聚优质科普资源，也能够规划精准分众化科普计划，但由于与其他主体间的沟通壁垒，无法通过高效的渠道对接到明确的科普对象。以大连化物所落实“科普学分制”的困难为例，其中有一项“进小学进行 3 次科普讲座”的科普实践方式，是科研院所团委、科学传播处以及研究生部通力合作促成的科普活动计划，在科研院所内部实际已经形成了良好的协同机制，其中团委在这一活动中负责对外沟通，但在对外联结科普对象上屡屡碰壁，直接与学校交涉配

① 邓旭、陈明侃、冯芹、蒋美兰、陈希琳、张广明、张莉：《开创科普先锋　创建南亚热带科普之星——南亚热带作物研究所热带果树种质资源圃科普创新工作的实践与思考》，《中国热带农业》2013 年第 6 期，第 73~77 页。

合度有限，而与教育部等行政部门又始终没有打通高效对接的渠道，致使此类科普活动进行难度大。

9.3.2　科研院所科普工作缺乏系统性

从整体层面来看，目前，科研院所的科普工作碎片化问题比较显著。大部分科研院所在开展科普工作时缺乏系统性。主要体现在科研院所内部的科普工作缺乏系统性、各科研院所间的科普工作系统性不强两个方面。

科研院所内部的科普工作缺乏系统性。大部分科研院所对科普工作缺乏系统性的整体规划，方向指导不够清晰明确。个别科研院所甚至出现了在制订发展规划和年度工作要点时基本没有提及科普工作，没有科普工作规范、没有协调机构、没有明确职责、没有专项经费的“四无”现象。这致使科研院所在开展科普工作时普遍存在“打游击”的现象。同一科研院所举办的各科普活动、产出的各科普作品之间缺乏系统性，科普活动和科普工作主题确定、产出频率、科普对象选择随意性过大。科研院所科普工作的主题与重点不清晰，缺乏阶段性，层次性亦有待提高。同时，科研院所内各部门在科普工作方面的协作不足。个别人员或部门单兵作战的现象仍然存在。在部分科研院所，极个别部门或少数科研工作者承担了整个科研院所的科普工作。科研院所内部的沟通和合作缺乏有效性，科普力量分散，重复劳动的现象频发①，制约了科研院所的科普能力建设。

科研院所间的科普工作系统性不强。相关管理机构对科研院所科普工作的全局性系统规划不足，导致科研院所间的科普工作割裂、科普力量分散，科普资源分配不均。同时，科研院所间的科普资源缺乏系统性整合。科研院所在科普工作方面不同的利益需求未能得到系统性平衡，所预备的相关资源既具有相似性又存在差异性未能有机整合，这致使不同科研院所对相同对象开展内容重复且形式集中的科普活动、不同科研院所集中于针对相同人群开

---

① 莫扬、荆玉静、刘佳：《科技人才科普能力建设机制研究——基于中国科学院科研院所的调查分析》，《科学学研究》2011 年第 3 期，第 359~365 页。

展科普工作而忽视其他人群等现象仍然存在，阻碍了科研院所科普能力持续向好的建设。

9.3.3 科普人员对科研院所科普能力建设的支撑不足

加强参与科普工作的科研人员的科普专业能力是提升科研院所科普工作水平的关键。然而，大多数科研院所的科普人员目前难以支撑所属科研院所科普能力的建设。主要表现在科普人员的业务能力不足和专职科普人员体量偏小两个方面。

科研院所科普人员的业务能力不足。科普能力不等同科研能力。一位卓越的科研人员并不一定能成为一名合格的科普人员。由于缺乏系统的科普能力培养，且由于科研、晋升等压力，科研人员无法将大部分精力投入科普工作，大部分科研院所的科普人员缺乏将科学知识科普化的能力。他们缺乏科普专业知识，不懂传播规律和技巧，会做科研却不会写、不会说，无法将自身所掌握的科学知识以公众能够理解的叙事方式、以公众喜闻乐见的展现形式进行传递。科研院所科普人员不佳的业务能力使得科研院所从事科普活动的针对性差、影响力弱，科普效果不显著；科研院所科普作品匮乏、原创能力不强；大众对科研院所开展的科普工作的认可度不高。这阻碍了科研院所的科普能力建设。

科研院所专职科普人员体量偏小。虽然从规模上看，大多数科研院所已经形成了相对稳定的科普队伍。但是，深入分析科普队伍的人员构成就会发现，科普队伍主要由从事科研工作的科技工作者兼任，专职科普人员的体量偏小。[①] 以中国科学院为例，调查显示，目前中国科学院兼职科普人员与专职科普人员的比例约为 82 : 1。[②] 大多数科研院所无法保证其研究部或研究室都拥有一名专职科普人员。体量较小的专职科普人员使得科研院所在科普

① 赵东平、高宏斌、赵立新：《中国科普人才发展存在的问题与对策》，《科技导报》2020 年第 38 期，第 92~98 页。

② 莫扬、荆玉静、刘佳：《科技人才科普能力建设机制研究——基于中国科学院科研院所的调查分析》，《科学学研究》2011 年第 3 期，第 359~365 页。

创作、科普开发、科普活动组织、科普传媒、科普产业经营[①]等方面存在较为明显的短板，制约了科研院所的科普能力建设。

9.4　思考与建议

9.4.1　营造科普氛围，提升科普能力

科研院所长期处于科研工作的高压之下，科研工作是重中之重，对于科普工作的重视程度不足，科普技能匮乏，是其科普生产以及服务能力不足的主要原因。在科研院所系统内部借助如党建办公室、党团委等以思想引领为主要任务的职能部门的力量，从基层出发，营造科普氛围，使得科研工作者更多地认识到科普不仅仅是公益性的工作任务，也是顺应时代发展的要求，还是科研工作能够接地气、扩大影响力、获得理解与支持的途径。[②] 此外，管理部门可以从顶层设计层面制订相应的科普工作章程，同时积极设立专门的科普工作部门，由此形成科研院所重视科普的观念思想，并组建科普技能培训，逐渐打破科研人员在科普实践上的技能壁垒，提升整个科研院所的科普生产能力。

在科研院所系统之外，需要整个科普社会化协同体系能够建立更加顺畅的主体沟通中介渠道，避免优质科普资源无法对接科普对象的情况，例如教育部门就是科研院所和中小学校对接的良好中介渠道，可以通过政策引导、项目合作等方式推动科普工作。

9.4.2　强化顶层设计，加强组织协调

科研院所通过积极参与顶层设计、加强多方合作与协同的方式，可以有

① 袁梦飞、周建中：《关于新时代科普人才队伍建设的研究与思考》，《科普研究》2021 年第 16 期，第 18~24 页。

② 连彦乐：《加强农业科研院所科普工作的思考》，《农业科技管理》2017 年第 6 期，第 31~34 页。

效强化科普人员对科研院所科普能力建设的支撑。而为了积极参与顶层设计，加强组织协调，科研院所以及科研院所在科普方面的主管部门需要在以下方面付诸实践。

科研院所应强化顶层设计，从全局的角度，对院所内科普工作的各方面、各层次、各要素统筹规划，以集中有效资源，高效快捷地提升科研院所的科普能力。具体来说，科研院所的领导班子应统筹规划院所内各项科普工作，明确科普工作的主题与重点，提升科普活动的针对性，强化各项科普工作间的阶段性和层次性。同时，应制订关于科普工作的强有力的规则制度，以条文的形式系统化地确定有关部门在科普工作中的职责、规范科普工作开展的流程、明确各项科普工作的要求，帮助科研院所内科普工作的顺利、高效开展，助推科研院所科普能力的建设。

科研院所在科普方面的主管部门应加强组织协调，构建“大科普”的工作格局。科普是一项跨部门、跨系统、跨行业的复杂且细密的工作。科普工作需要科研院所与其他社会力量的共同参与。各科研院所、教育部、科技部、农业农村部等部委都拥有各具特色的科普资源。对于拥有资源的各机构而言，由于所承担科普工作的任务、职责不同，掌握的科普资源有差异，因此其科普资源共享的动力和利益需求都存在较为明显的差异。科研院所在科普方面的主管部门需要引导各科研院所树立社会化“大科普”意识，构建“大科普”工作格局，加强组织协调，探索建立科普资源的共享共建模式和运作机制，并搭建科普服务协同平台，利用各种技术和方法对各科研院所的科普资源乃至全社会的科普资源进行战略重组和系统优化。组织协调的强化与“大科普”工作格局的构建将有效推进科研院所科普工作的系统、高效开展。

9.4.3 完善机制建设，提升支撑能力

完善科研院所科研人员的科普能力建设机制可以有效强化科研人员对科研院所科普能力建设的支撑。主要体现在健全与晋升标准挂钩的激励机制和建立联合协作的培养机制两个方面。

完善科研院所科研人员的科普能力建设机制需要健全与晋升标准挂钩的激励机制。科研院所的科普人员以一线的科研人员为主要力量。然而，一线的科研人员大多面临较大的晋升压力。且科研院所现行的考评、职称制度以论文发表为核心，科普工作没有纳入考核体系。二者形成了矛盾。同时，若专职从事科普工作，将面临缺乏晋升通道的窘境，难以获得晋升机会。这一现状极大地打击了科研人员主动参与科普活动、提升科普能力的积极性，不利于科研人员的科普能力建设。因此，应立足职业发展改进考评奖励制度，将科普工作与科研人员的晋升标准挂钩，通过调整科研院所现行的考评、职称制度，将科研院所科研人员从事科普的工作情况及科普成果纳入业绩考核内容，加强对科普工作及其成果的肯定。同时，将科普工作与科研人员的晋升标准挂钩的方式多元化。多元化的晋升标准挂钩方式将进一步健全与晋升标准挂钩的激励机制。

完善科研院所科研人员的科普能力建设机制需要联合协作的培养机制。科普能力不等同于科研能力。各科研院所的科研人员尽管在科研层面能力突出，但是其科普专业能力的培养仍需跨行业、跨部门的通力合作。因此，科技、教育、科普等领域的专业机构应共创联合协作的科普人才培养工作机制。[①] 同时，为更好地落实联合协作的培养机制，科技部、中国科协可以考虑牵头，联合应急管理部、气象部等多部门共同参与，建立科普能力培养基地，协同建设有针对性的科普能力培养师资队伍[②]，设计具有阶段性和创新性的培训课程，组织多种多样的科普专业素质培养活动。

① 彭英、周雨濛、耿茂林：《江苏农业科研机构推进科技创新与科学普及融合发展的对策》，《江苏农业科学》2022 年第 50 期，第 241~245 页。

② 陈玉海：《论科普的科学性与人文性》，东北大学博士学位论文，2011。

第十章
企业系统科普社会化协同实证研究

10.1 企业系统科普社会化协同行动者网络建构

行动者网络理论认为，社会是由很多异质性事物之间联系构成的复杂网络。因此，在行动者网络理论的逻辑中，企业系统内部的社会化协同要素不仅限于企业本身，企业开展科普所必需的组织管理机构、人才、宣传媒体以及科普资源和服务机构等有关方面，与社会公众之间有效的合作关系构成“网络”，并通过各种关系动态连接在一起。将行动者网络理论运用于企业科普社会化协同研究中，通过厘清行动者类别，可以构建企业科普社会化协同中各要素的相互作用和相互关系，对企业科普价值进行深度挖掘。

随着企业系统社会责任的逐步提升和社会公众科学素养的提高以及国家相关部门和行业对企业科普工作重视程度的不断提高，企业科普能力建设工作变得尤为重要。企业科普社会化协同行动者网络是一个有机整体。行动者包括企业内部的员工、科普宣传组织机构、宣教活动举办单位和相关专家学者等人的行动者，以及政策制度、科普资金、科普荣誉等非人的行动者。基于波特教授的钻石模型（Diamond Model)，对企业科普能力建设行动者网络进行辅助归类，如表 10-1 所示。

表 10-1　企业系统科普社会化协同行动者网络

<table>
<tr><th>钻石模型</th><th>行动者类别</th></tr>
<tr><td rowspan="3">生产要素</td><td>科普人员</td></tr>
<tr><td>科普资金</td></tr>
<tr><td>科普场地</td></tr>
<tr><td>需求要素</td><td>科普活动</td></tr>
<tr><td>机遇要素</td><td rowspan="2">科普制度</td></tr>
<tr><td>政府要素</td></tr>
<tr><td rowspan="2">相关支持产业要素</td><td>科普传媒</td></tr>
<tr><td>科普培训</td></tr>
<tr><td>企业战略与行业竞争要素</td><td>科普荣誉</td></tr>
</table>

钻石模型与行动者网络理论，将行动者区分为人的行动者（主观因素）和非人行动者（客观因素）。[①] 在该钻石模型中，企业科普能力建设是六大要素相互作用的结果。其中，既有如政府政策制度和科普活动公众需求的“主观行动者”，又包括生产条件、行业竞争等“客观行动者”。在生产要素中，行动者包括由科普专家和人才组成的群体、科普资金以及科普场地。行动者参与科普工作既有利于行动者群体成员的专业知识积累，又能为“行动者”群体成员提供服务与帮助。在进行具体的行动者网络构建过程中，需要充分发挥这类科普专业人员的作用，确保在科普活动中的主要角色扮演以及在“科普者”网络中的角色定位。在需求因素中，包括公众对于企业系统科普活动的需求，以及企业系统目前公众对科普活动需求的满足度。国家政策制度为企业系统科普提供发展机遇，在政府要素层面积极推动企业科普的进展。科普传媒和科普培训作为相关支持产业要素，在企业科普中扩大宣传范围，提升内容质量，并且与企业科普能力建设行动者网络的其他行动者产生关联。企业战略与行业竞争要素中，企业系统开展有影响力的科普活动，进而获得科技创新引领示范等方面的科普荣誉，在行业竞争中取得优

① 王明、郑念：《基于行动者网络分析的科普产业发展要素研究——对全国首家民营科技馆的个案分析》，《科普研究》2018 年第 5 期，第 42 页。

势。企业系统按照生产实际需要规划科普宣传载体建设，将科普工作与发展战略相结合，积极开展具有企业特色的科普宣传活动，激发员工对科学文化、科学技术学习的热情，提高创新意识。同时，还应充分利用互联网等新媒体方式开展宣传，提升企业在社会上的知名度和美誉度。通过开展形式多样的科普活动、组织技术攻关、科技成果转化、培养科普人才等加强宣传工作，增强企业对科普工作重要性的认识，营造浓厚的科普氛围。

由行动者通过行动产生的联系便形成了企业系统的科普行动者网络，网络的节点便是行动者。而且这些行动者越为活跃、行动越频繁、联系越密切，企业科普网络也就越复杂，密度也越大，延伸、覆盖的范围也就越广。[①] 企业系统科普社会化协同行动者网络暗示了资源集中于“节点”，它们彼此联结——链条和网眼，这些联结使分散的资源结成网络，并扩展到所有角落。[②] 企业系统科普能力建设是一个系统工程，需要进行多层次的统筹规划，注重规划设计和系统整合。

10.2 企业系统科普工作调查

基于企业系统科普社会化协同行动者网络的建构，本研究对高新技术企业这一创新主体主力军进行调研，并将研究视域拓宽到全国。研究以代表东部、中部、西部以及东北部的浙江、安徽、宁夏、吉林等七省区市的企业为研究样本，开展企业系统科普工作现状的实证研究，可为全国范围的科技创新主体科普服务能力监测评估和中央出台的相关科技创新主体科普服务能力建设紧密结合的政策提供基础适用的评估方法与参考性强的定量测评研究样本。在东部、中部、西部分别选取了浙江省、重庆市、湖北省、安徽省和宁夏回族自治区共 62 家高企为研究样本（浙江 10 家，重庆 11 家，湖北 1 家，

---

① 魏春艳：《基于行动者网络理论的国家重点生态功能区生态融合研究》，《长沙理工大学学报（社会科学版）》2023 年第 5 期，第 53~61 页。

② 王明、郑念：《基于行动者网络分析的科普产业发展要素研究——对全国首家民营科技馆的个案分析》，《科普研究》2018 年第 5 期，第 42 页。

安徽32家，宁夏8家）。同时，考虑到各地高企“行业领域”及“商业模式”可能会对高企科普效果产生影响，将高企类型划分为电子信息（6家）、生物与新医药（16家）、航空航天（5家）、新材料（9家）、高技术服务（6家）、新能源与节能（4家）、资源与环境（1家）、先进制造与自动化（14家）和其他（1家）九个类别；按照商业模式将企业分为“B2B”（42家）、“B2C”（7家）、“B2B&B2C”（13家）三个类别。在企业的选择过程中，致力于构建一个具有全面性和典型性的高企样本库。这一样本库中的高企类型涵盖八大领域，特别关注那些重视科普工作、已建立企业科协和愿意面向公众进行产品或技术科普的高企对象。经过多次讨论，最终确定具体实施调研的高企样本。结合企业系统科普社会化协同行动者网络模型进行调研，具体结果如下。

10.2.1　基础条件

10.2.1.1　科普部门或机构

1. 是否建立科普工作规章制度

高新技术企业多建立了成文的科普工作规章制度，现状较乐观。得到制度的护航之后，科普事业在上述企业的正规性和合法性大大加强，有利于放开手脚，有所作为。在建立成文的企业科普规章制度方面，B2B&B2C企业表现突出，这主要是受到样本量的影响，B2C与B2B企业科普规章制度的建立有待强化。新能源与节能、先进制造与自动化企业建立成文的科普规章制度的比例相较于其他行业略低，补足制度设计上的不完善应当是下一步工作的重点。此外，生物与新医药、电子信息、高技术服务企业在建立成文的科普规章制度时均有较好的表现（见表10-2）。

企业的规章制度是企业与劳动者在工作中所必须遵守的劳动行为规范的总和，依法制订的规章制度是企业内部的“立法”①，其重要性不言而喻。对于科普事业而言，得到成文的规章制度的保障，可以有效保证企业的科普活动

① 王明、郑念：《基于行动者网络分析的科普产业发展要素研究——对全国首家民营科技馆的个案分析》，《科普研究》2018年第5期，第42页。

表 10-2　是否建立科普工作规章制度

类别	否频数	占比(%)	是频数	占比(%)
总　计	14	31.11	31	68.89
电子信息	0	0.00	4	100.00
生物与新医药	2	18.18	9	81.82
航空航天	1	33.33	2	66.67
新材料	3	37.50	5	62.50
高技术服务	1	16.67	5	83.33
新能源与节能	2	66.67	1	33.33
资源与环境	0	0.00	1	100.00
先进制造与自动化	5	55.56	4	44.44
B2B	11	32.35	23	67.65
B2C	3	42.86	4	57.14
B2B&B2C	0	0.00	4	100.00

注：京九丝绸数据缺失，本项统计总数 45 家高企。

在规范的框架下展开，从而建立可重复进行且不断进化的科普模板，这是建设企业科普生态的基础之一。建立成文的科普规章制度有助于企业明确科普行为的责任主体，从而保证和促进科普活动落到实处。

2. 是否设立科普激励制度

高新技术企业多建立了有关科普的激励制度，情况较为乐观。从行业领域来看，电子信息、新材料、生物与新医药设立科普激励制度的企业在数量与占比上均表现突出，而资源与环境、航空航天企业设立科普激励制度的情况较差，这可能是受到样本量的影响，同时也有可能是企业对科普工作的认识存在不足。从商业模式来看，B2B&B2C 与 B2C 企业在设立科普激励制度方面表现较佳，企业对科普工作较为重视，同时也有一定的科普实践积累（见表 10-3）。

科普激励制度的设立有助于提升科普工作人员参与的积极性，并形成科普工作的良性循环机制。在未建立科普激励制度的企业之中，既有未设立成文科普规章制度的企业，也有设立了科普规章制度但未设立相关科普激励制度的企业，对于前者，需要认识到科普激励并非简单的纯投入、无收益，

表 10-3　是否设立科普激励制度

类别	否频数	占比(%)	是频数	占比(%)
总　计	15	33.33	30	66.67
电子信息	0	0.00	4	100.00
生物与新医药	2	18.18	9	81.82
航空航天	2	66.67	1	33.33
新材料	1	12.50	7	87.50
高技术服务	3	50.00	3	50.00
新能源与节能	1	33.33	2	66.67
资源与环境	1	100.00	0	0.00
先进制造与自动化	5	55.56	4	44.44
B2B	14	40.00	21	60.00
B2C	1	16.67	5	83.33
B2B&B2C	0	0.00	4	100.00

注：奇瑞汽车数据缺失，本项统计总数 45 家高企。

它对科普工作、培育科技人才具有重要的促进作用。对于后者，在制度的顶层设计之时，需要将科普激励制度纳入考虑范围，以保障科普制度的完善性与科普工作的良性闭环。对于已设立科普激励制度的企业而言，需要将科普及激励制度落到实处，切实对企业员工的科普工作量予以认可，引发其对科普工作的认同感与满意度，并增强其从事科普工作的意愿。

3. 上一年度获奖人员数量

大部分企业上一年度获奖人员数量集中在 1~20 人，总体获奖人数较低。9 家企业上一年度未有获科普奖励人员，其主要原因可能是缺乏科普激励机制的制度设计。被调查的电子信息、新能源与节能企业上一年度均有科普人员获得奖励，说明这两类企业实际上执行了科普激励制度。生物与新医药、新材料、高技术服务、先进制造与自动化在上一年度获奖人员数量中表现突出，但总体占比较低，这有可能是因为企业以营利为主要目的，参与科普工作的人员数量受到一定限制，同时也可能受到企业发展规模的限制，小型企业无法抽调大量人员参与科普工作的组织和开展（见表 10-4）。

表 10-4　上一年度获奖人员数量

类别	0 频数	占比（%）	1~20 人频数	占比（%）	20 人以上频数	占比（%）
总　计	9	23.68	25	65.79	4	10.53
电子信息	0	0.00	4	100.00	0	0.00
生物与新医药	2	18.18	8	72.73	1	9.09
航空航天	2	100.00	0	0.00	0	0.00
新材料	1	12.50	6	75.00	1	12.50
高技术服务	1	33.33	1	33.33	1	33.33
新能源与节能	0	0.00	2	100.00	0	0.00
资源与环境	1	100.00	0	0.00	0	0.00
先进制造与自动化	2	28.57	4	57.14	1	14.29
B2B	8	28.57	18	64.29	2	7.14
B2C	1	16.67	4	66.67	1	16.67
B2B&B2C	0	0.00	3	75.00	1	25.00

注：京九丝绸、皖南机床、奇瑞汽车、通力电机、中电科芜湖钻石飞机制造有限公司、芜湖中艺企业管理咨询有限公司、芜湖高景科技咨询有限公司、芜湖高新技术创业服务中心数据缺失，本项统计总数 38 家高企。

设立科普激励制度的企业数量与存在人员获奖的企业数量大致相当，说明设立科普激励制度的企业基本上将相关制度落到实处，制度实行情况较为乐观。企业可根据自身情况，适当扩大对科普人员的奖励范围，让更多科普工作人员在科普实践中具有获得感。同时实行精神激励与物质激励相结合的形式，并不断创新激励形式，对积分制度、企业内部科普职称等多种激励进行试点，以激发员工参与科普活动的积极性。

4. 上一年度奖励科普人才总投入

企业多在上一年度对从事科普工作的人员予以奖励，且奖励资金大多在 20 万元及以下，这表明企业在对科普人员进行奖励、落实科普激励制度方面有一定的力度，但大多数企业的奖励投入还有待提高。从行业领域来看，科普人才奖励在 40 万元以上的企业主要集中在生物与新医药，这可能是因为生物与新医药企业大多面向广大群众，对企业产品进行必要宣传是企业经营中不可或缺的重要部分，因此较为重视对科普人才的奖励。从商业模式来看，B2C 企业对科普人才进行奖励的力度较之 B2B 企业明显较弱，尚有一定的提升空间（见表 10-5）。

表 10-5　上一年度奖励科普人才总投入

类别	0 频数	占比（%）	1～200000 元频数	占比（%）	200001～400000 元频数	占比（%）	400000 元以上频数	占比（%）
总　计	10	26.32	22	57.89	3	7.89	3	7.89
电子信息	0	0.00	3	75.00	1	25.00	0	0.00
生物与新医药	2	18.18	7	63.64	0	0.00	2	18.18
航空航天	2	100.00	0	0.00	0	0.00	0	0.00
新材料	1	12.50	6	75.00	0	0.00	1	12.50
高技术服务	1	33.33	1	33.33	1	33.33	0	0.00
新能源与节能	0	0.00	2	100.00	0	0.00	0	0.00
资源与环境	1	100.00	0	0.00	0	0.00	0	0.00
先进制造与自动化	3	42.86	3	42.86	1	14.29	0	0.00
B2B	9	32.14	15	53.57	2	7.14	2	7.14
B2C	1	16.67	5	83.33	0	0.00	0	0.00
B2B&B2C	0	0.00	2	50.00	1	25.00	1	25.00

注：京九丝绸、皖南机床、奇瑞汽车、通力电机、中电科芜湖钻石飞机制造有限公司、芜湖中艺企业管理咨询有限公司、芜湖高景科技咨询有限公司、芜湖高新技术创业服务中心数据缺失，本项统计总数 38 家高企。

对科普人才进行必要奖励是落实科普激励制度、完成科普工作闭环的重要一环，大部分企业均切实执行了科普激励制度。但需要注意的是，当前企业对科普人才的奖励力度还有待提升。加强对科普人才的激励，有助于充分激发科普人才对科普工作的认可度和科普潜能，进而提升企业的科普效果。企业应当并行精神与物质双重激励，对于科普工作较为突出的人员，适当对其进行职级、薪酬调整，以充分利用科普人才的突出才能。

5. 科普部门或机构小结

企业对科普工作重要性的认知程度还有待提高，科普制度的建立情况并不乐观，这主要是由于对高新技术企业从事科普工作的硬性抓手缺乏，在对高新技术企业审批中，明确其科普职责并履行社会责任，在对高新技术企业进行二次审查时，需对其既往开展的科普工作从制度建设方面予以考核，在顶层设计中强化企业对科普工作的重视程度，随之而来的科普激励制度、科普人才奖励情况或可在相当程度上得到改善。

个别数据表征出来的结果受样本结构的影响仍然较大：由于样本结构不甚完善（如“是否建立科普工作规章制度”在商业模式维度中，B2B 企业占总调查数量的 75.56%；行业领域维度中，先进制造与自动化、生物与新医药和新材料三行业的被调查企业数占被调查企业总数的 62.22%），频数较少的被调查企业在各项指标中的表现数据受到较大影响，可能会对整体得分产生影响。

10.2.1.2　科普人员

1. 科普专职人员数量

企业多设有科普专职人员，但专职人员数量总体不高。其可能原因是当前科普工作总体上投入大、效益小的特点限制了企业对科普专职岗位的设置。生物与新医药企业中，有企业科普专职人员数量在 40 人以上，这可能与其面向客户群体为普通公众之间存在高度相关。B2B 与 B2C 企业科普专职人员数量在 1~20 人区间的占比相当，且有 1 家 B2B&B2C 企业科普专职人员数量在 40 人以上。这可能是因为 B2C 与 B2B&B2C 企业在此次调查中所采集的容量不大，受样本数量因素影响较大（见表 10-6）。

科普人员是开展科普工作的中坚力量，企业应当根据自身运行的实际情况设置科普专职岗位的数量，以保证科普工作的高效运作。大型企业可以根据自身条件，在企业史馆、企业形象展厅等场馆中融入有关技术、设备和工艺的科普内容，同时设立科普专岗，实现“专人专职”，进而实现人力资源作用最大化。同时，鼓励有条件的企业在科普工作中尝试通过工业旅游、文创产品售卖等多种方式进行科普创收，并设立科普专岗进行科普产品的开发和管理。

2. 科普兼职人员数量

少量企业未通过兼岗的方式来扩充科普兼职人员，其可能原因是企业对科普工作的认识不到位，既未设置科普专岗，也未调动员工兼任。从行业领

表 10-6　科普专职人员数量

类别	0 频数	占比（%）	1~20 人频数	占比（%）	21~40 人频数	占比（%）	40 人以上频数	占比（%）
总　计	12	27.91	27	62.79	3	6.98	1	2.33
电子信息	2	66.67	1	33.33	0	0.00	0	0.00
生物与新医药	2	20.00	7	70.00	0	0.00	1	10.00
航空航天	1	33.33	2	66.67	0	0.00	0	0.00
新材料	1	12.50	6	75.00	1	12.50	0	0.00
高技术服务	1	16.67	5	83.33	0	0.00	0	0.00
新能源与节能	1	33.33	1	33.33	1	33.33	0	0.00
资源与环境	0	0.00	1	100.00	0	0.00	0	0.00
先进制造与自动化	4	44.44	4	44.44	1	11.11	0	0.00
B2B	9	27.27	21	63.64	3	9.09	0	0.00
B2C	2	33.33	4	66.67	0	0.00	0	0.00
B2B&B2C	1	25.00	2	50.00	0	0.00	1	25.00

注：金种子、皖南机床、皖南电器数据缺失，本项统计总数 43 家高企。

域来看，大多数企业科普兼职人员数量控制在 6~10 人，同时也有相当部分企业科普兼职人员数量在 10 人以上，有其合理之处。从商业模式来看，B2C、B2B&B2C 均建立了科普兼职人员队伍（见表 10-7）。

表 10-7　科普兼职人员数量

类别	0 频数	占比（%）	6~10 人频数	占比（%）	11~20 人频数	占比（%）	20 人以上频数	占比（%）
总　计	8	18.18	25	56.82	8	18.18	3	6.82
电子信息	1	25.00	1	25.00	1	25.00	1	25.00
生物与新医药	0	0.00	6	60.00	2	20.00	2	20.00
航空航天	0	0.00	2	66.67	1	33.33	0	0.00
新材料	2	25.00	4	50.00	2	25.00	0	0.00
高技术服务	2	33.33	3	50.00	1	16.67	0	0.00
新能源与节能	0	0.00	2	100.00	0	0.00	0	0.00
资源与环境	1	100.00	0	0.00	0	0.00	0	0.00
先进制造与自动化	2	20.00	7	70.00	1	10.00	0	0.00
B2B	8	24.24	18	54.55	5	15.15	2	6.06
B2C	0	0.00	5	71.43	2	28.57	0	0.00
B2B&B2C	0	0.00	2	50.00	1	25.00	1	25.00

注：睿基新能源、重庆浦洛通生命科技集团有限公司数据缺失，本项统计总数 44 家高企。

科普兼职人员作为对科普专职岗位的补充，是科普工作开展的重要支撑力量，企业应适当增加科普兼职人员以壮大企业科普团队。在重要的科普活动如部分企业参与的全国科普日、全国科普周中，抽调人员支援一线科普团队，以保证科普工作的顺利实施与完成。此外，企业可借助志愿者模式完善自身科普团队建设，通过招募在校相关专业的大学生群体，提高科普团队的科学素质，予以必要的餐补和劳务费，保证科普团队有充沛的人才可供调用，实现科普工作实施的低内耗、高效率。

3. 科普人员小结

设立科普专职岗位的企业数量有待提高，这主要受制于科普工作收益难的痛点。企业具有大量的市场运营人才与活跃的市场思维，建议企业摒弃科普工作纯收益的“旧思维”，大力鼓励其通过市场化手段进行科普工作的创收试点，实现科普工作自身内循环。

科普兼职团队的建设情况总体优于科普专职团队，在未来的科普实践中，企业有必要扩充科普兼职团队，在保证企业人力资源最大化利用的前提下，高效、顺利地推进科普计划的落地，同时给予科普兼职人员必要的工作量或者劳务报酬，避免其对科普工作产生距离感。

在科普实践中，企业需要根据自身实际情况，创新科普团队建设模式，多元化聘请、招募科普人员承担科普工作。在实际科普工作的推进中，不断强化科普团队的素质并提升其科普能力，以期实现企业科普成效的不断提升。

10.2.1.3 科普经费

1. 企业科普专项资金数额

企业多设立了科普专项资金用于科普活动的开展，但总体上，科普专项资金的设立在高新技术企业中的覆盖率还有待提升，设立科普专项资金的力度有待加强。从企业的行业领域来看，不同领域的企业设立科普专项资金的情况存在较大的差异性，这可能与企业主要的服务群体、技术手段的应用方向等之间存在相关性。从企业商业模式来看，B2C 企业科普专项资金的设立与资金额度方面的总体情况优于 B2B 企业，这可能是由于 B2B 企业面向的客户主要是商业公司，而 B2C 企业面向的客户主要是普通公众，需要对主营产品进行必要的宣传与技术普及（见表 10-8）。

表 10-8　企业科普专项资金数额

类别	0 频数	占比（%）	1～200000 元频数	占比（%）	200001～400000 元频数	占比（%）	400000 元以上频数	占比（%）
总　计	19	44.19	15	34.88	2	4.65	7	16.28
电子信息	1	33.33	2	66.67	0	0.00	0	0.00
生物与新医药	4	36.36	4	36.36	0	0.00	3	27.27
航空航天	3	100.00	0	0.00	0	0.00	0	0.00
新材料	3	42.86	2	28.57	1	14.29	1	14.29
高技术服务	1	16.67	3	50.00	0	0.00	2	33.33
新能源与节能	2	66.67	1	33.33	0	0.00	0	0.00
资源与环境	1	100.00	0	0.00	0	0.00	0	0.00
先进制造与自动化	4	44.44	3	33.33	1	11.11	1	11.11
B2B	17	51.52	10	30.30	2	6.06	4	12.12
B2C	2	33.33	3	50.00	0	0.00	1	16.67
B2B&B2C	0	0.00	2	50.00	0	0.00	2	50.00

注：颍美彩印、皖南电器、奇瑞汽车数据缺失，本项统计总数 43 家高企。

资金是企业开展科普事业的重要前提资源。设立科普专项资金，不仅能够“专款专用”，有针对性地提升企业科普成效，也有助于提升企业全员科普意识和参与科普工作的积极性。开展科普工作是高新技术企业的社会责任，企业应当意识到开展科普工作对于企业形象、商品销售、员工社会责任意识具有提升作用。科普工作需要长效、稳定的机制建设，因此设立科普专项资金是企业开展科普工作的第一环，也是企业发挥自身技术、资金以及人才优势的重要环节。企业高层领导需要对科普工作予以重视，并将企业的科普工作经费纳入年度预算，为科普工作的开展提供重要的经济基础，并助力企业培养科普专业人才、建设科普基础设施。

2. 政府财政拨款金额

按照行业领域内企业获得财政拨款的占比来看，电子信息企业和高技术服务企业所获补贴力度较大，这可能与目前国家大力保护创新、激励创新的政策环境有关；资源与环境被调查企业所获补贴为0，生物与新医药企业及航空航天企业未获得政府财政拨款的比例较大，可能是技术涉密和产业高精尖特点所导致的科普需求不足，一定程度上也受到样本数量少的影响。按照商业模式来看，B2C企业获得政府财政拨款的比例大于B2B和B2B&B2C企业，这可能与B2C企业直接面向消费者、科普受众较广、在发挥科普功能时相对具有优势有关。欧诗漫珍珠小镇受访人表示，欧诗漫博物院建有企业科协，作为挂牌科普教育基地，经常举办青少年研学、企业交流等活动，受到当地科协与省科协的科普专项资金资助（见表10-9）。

表10-9　政府财政拨款金额

类别	0频数	占比(%)	1~100000元频数	占比(%)	100000元以上频数	占比(%)
总　计	21	52.50	15	37.50	4	10.00
电子信息	1	33.33	2	66.67	0	0.00
生物与新医药	7	63.64	4	36.36	0	0.00
航空航天	2	66.67	1	33.33	0	0.00
新材料	4	50.00	3	37.50	1	12.50
高技术服务	1	20.00	2	40.00	2	40.00
新能源与节能	1	50.00	1	50.00	0	0.00
资源与环境	1	100.00	0	0.00	0	0.00
先进制造与自动化	4	57.14	2	28.57	1	14.29
B2B	17	56.67	10	33.33	3	10.00
B2C	2	33.33	4	66.67	0	0.00
B2B&B2C	2	50.00	1	25.00	1	25.00

注：京九丝绸、聚力粮机、皖南电器、红方科技、奇瑞汽车、芜湖高景科技咨询有限公司数据缺失，本项统计总数40家高企。

科学普及具有社会性和群众性，要更好地发挥财政拨款对企业开展科普活动的调节作用。首先，政府需进一步优化财政拨款政策。B2C、B2B&B2C企业与社会公众距离较近，在一定程度上能更好地发挥科普效能，政府财政拨款政策可对两类企业进行一定倾斜。其次，完善用于科普活动的财政拨款申报流程，按照科普活动类型细分财政拨款，采取免税等创新拨款方式，鼓励企业通过进社区、进乡村等多种形式面向大众开展科普，提升企业开展科普活动的积极性和主动性，提高政府财政拨款的利用率，形成企业科普的良性循环。

3. 科普经费小结

科普专项资金设立方面，有近半数的企业未设立科普专项资金，企业在科普专项资金的设立方面缺乏自主性，因此建议地方科协发挥整合与协调作用，主动与地方有能力开展科普工作的高新技术企业进行对接，成立企业科协并设立科普专项资金，以发挥企业在科普工作中所具有的重要作用。

科普专项资金额度方面，大部分企业的科普专项资金额度较低。这与企业自身的经营规模、效益有一定关系。本研究不建议“一刀切”式地加大企业对科普专项资金的投入，但仍强调科普经费对于科普活动的重要影响。从企业设立科普专项资金的强度与政府财政拨款的情况来看，建议政府财政拨款部门到企业进行走访与调研，针对企业实际的经营情况，与企业签订资金投入杠杆协议，构建政府与企业资金投入的有效机制，以保证科普专项资金的常态化，为企业开展科普工作提供资金保障。

经费使用方面，鼓励企业将经费用于开展科普活动、培训科普人员等方面，同时鼓励将部分科普经费用于科普工作人员的奖励与津贴，以激发员工参与科普工作的积极性。此外，需对企业科普经费的收支予以定期审查，以保证科普经费的“专款专用”及科普服务效能的提升。

10.2.1.4　基础条件小结

高新技术企业中，还有部分企业在科普的规章制度建立上存在空白，说明当前还有相当部分的高新技术企业未对科普工作予以足够重视，且开展的科普工作较少，科普工作的广度和深度都有待加强。当前高新技术企业在科普基础投入方面有一定的力度，但无论是科普经费还是科普人员，都存在较大的提升空间。

建议企业打通科普经费多元化渠道，降低科普经费对政府部门的依赖性。有条件的企业还可以设立科普专项基金，为科普工作的开展提供强有力的长效支撑。同时，企业作为市场经济的主体，在实践过程中，可以尝试找到科普工作的盈利点，从科普工作的开展中获取一定的经济收益，从而实现科普工作的自循环。

企业科普的主攻方向和目标是自身产品的创新以及市场的开拓，促进经济和科技的结合。面对此类高要求的科普，需要建立一支人员素质较高的科普团队去满足企业科普的要求。目前，企业科普人员的构成可能导致其对企业产品的把握和了解上受限，并可能存在一定的偏差，限制了企业科普效果的有效产生和科普工作的进一步发展。因此，建立一支更加了解企业产品、行业特征以及拥有专业技术背景的科普人才队伍，对企业科普未来的持续性和更进一步的发展具有关键性意义。

10.2.2 科普建设

10.2.2.1 上一年度建设科普场馆数量

电子信息、航空航天、高技术服务三类企业中有一半企业上一年度建设科普场馆的数量为0，这可能与科学知识转化为科普产品的难度较大有关，进行科普场馆建设的投入成本较大。B2B、B2C、B2B&B2C 三类企业上一年度建设科普场馆数量均集中在1~5个频数，反映出高新技术企业在建设科普场馆方面的投入一般，但在当前我国国民经济增速放缓的经济环境下，企业上一年度在建设科普场馆方面投入较少是正常现象。所有被调查企业中，只有杭州中港消防安全技术咨询有限公司一家高新技术企业上一年度建设科普场馆的数量在10个以上，属于调查中的个案，在行业领域内不具备代表性（见表10-10）。

科普场馆是企业面向公众进行科普的重要阵地，更加具有直观性、参与性和吸引力。从经济方面考虑，科普场馆创收难度较大，建设成本较高，且这部分成本需要在企业技术与产品的产出收益中得到补偿。企业可以进一步思考科普场馆建成后的运营模式，采用科普与工业旅游相结合的方式，通过收取门票、开发售卖周边产品等方式补偿场馆运营成本，还可以通过与学校合作成为研学基地等向政府部门争取一些补贴。宁波永新光学股份有限公司开发工业旅游，配备专职老师团队，面向中小学生开设现场操作切片和显微

表 10-10　上一年度建设科普场馆数量

类别	0 频数	占比(%)	1~5 个频数	占比(%)	6~10 个频数	占比(%)	10 个以上频数	占比(%)
总　计	10	22.73	28	63.64	5	11.36	1	2.27
电子信息	2	50.00	1	25.00	1	25.00	0	0.00
生物与新医药	1	9.09	8	72.73	2	18.18	0	0.00
航空航天	1	50.00	1	50.00	0	0.00	0	0.00
新材料	1	12.50	7	87.50	0	0.00	0	0.00
高技术服务	3	50.00	1	16.67	1	16.67	1	16.67
新能源与节能	1	33.33	2	66.67	0	0.00	0	0.00
资源与环境	0	0.00	1	100.00	0	0.00	0	0.00
先进制造与自动化	1	11.11	7	77.78	1	11.11	0	0.00
B2B	9	27.27	21	63.64	3	9.09	0	0.00
B2C	1	14.29	5	71.43	1	14.29	0	0.00
B2B&B2C	0	0.00	2	50.00	1	25.00	1	25.00

注：京九丝绸、中电科芜湖钻石飞机制造有限公司数据缺失，本项统计总数 44 家高企。

镜观察项目、收取少量费用的做法值得借鉴。

企业建设与运营科普场馆的投入仍需增加，在被调查的 44 家企业中，有两成多企业上一年度并未建设科普场馆，六成多企业上一年度建设科普场馆的数量集中在 1~5 个频数区间，整体来看，调查的高新技术企业在科普场馆建设方面的投入较少。鉴于各企业自身实力不一，在对高新技术企业进行这一方面的考核与审查时，不能单一考量科普场馆数量的多少，而应该考核其现有科普场馆或其他科普设施的运营状况，根据现有的科普场馆参观人次、年接待量、线上和线下运营方式及科普效果等考察场馆的科普服务效能。

企业所在地科协及其他政府部门也应为企业开展科普工作搭建新路径，在科普场馆成本太大、部分企业难以承担的前提下，政府可设立科普场馆建设专项资金，联合专家制订为企业提供科普场馆建设的资金标准及科普场馆应达到的科普效果基本标准，为企业承担部分建设成本；同时成立督查组，考核企业建成场馆后的接待量等指标，对于未达到科普效果的企业采取回收资金等措施，保障科普场馆建设专项资金落到实处，激励企业重视科普场馆建设。另外，借助互联网平台打造虚拟科普场馆也是高新技术企业开展科普工作的方向之一，有利于企业创新科普形式，实现科普场馆与设施新型化，形成科普场馆建设创新突破。

10.2.2.2 科普传媒

1. 上一年度运营的自媒体平台数量

绝大多数企业比较重视运营自媒体平台，具备主动搭建与公众沟通渠道、提供科普服务的意识。部分企业同时运营多个自媒体账号，这说明企业科普形式越来越现代化和多样化。与近一成半 B2B 企业上一年度运营的自媒体平台数量为 0 相比，B2C、B2B&B2C 企业更倾向于运营自媒体平台，这可能与这两种商业模式的企业直接面向终端消费者有关，需要企业建设具有代表性的自媒体平台来宣传企业的产品、服务等内容，同时也可能意味着消费者对科普的需求更加显著（见表 10-11）。

表 10-11 上一年度运营的自媒体平台数量

类别	0 频数	占比(%)	1~10 个频数	占比(%)	6 个以上频数	占比(%)
总 计	5	11.11	37	82.22	3	6.67
电子信息	0	0.00	3	75.00	1	25.00
生物与新医药	0	0.00	10	100.00	0	0.00
航空航天	1	33.33	2	66.67	0	0.00
新材料	2	25.00	5	62.50	1	12.50
高技术服务	0	0.00	5	83.33	1	16.67
新能源与节能	1	33.33	2	66.67	0	0.00
资源与环境	0	0.00	1	100.00	0	0.00
先进制造与自动化	1	10.00	9	90.00	0	0.00
B2B	5	14.29	28	80.00	2	5.71
B2C	0	0.00	7	100.00	0	0.00
B2B&B2C	0	0.00	2	66.67	1	33.33

注：诺康医药数据缺失，本项统计总数 45 家高企。

具有代表性的自媒体平台能够反映当下企业进行科普的成效，多元化、多角度、多形式的自媒体平台是当今社会科普发展的重要载体，企业利用自媒体平台做科普工作，不仅能为自身带来社会效益，而且能带来经济效益。科普内容在新媒体平台上沉淀留存，可有效提升科普内容的重复阅读率，扩大科普内容传播范围和时间段，受众可在需要时通过针对性搜索快速查找自己所需的内容。自媒体是当前十分高效的传播方式，建议尚未进行信息化平台建设的企业在平台建设方面发力，已建立信息化平台的企业加快建设新媒体矩阵，向公众普及知识、增强企业知名度。

2. 微信数量

三大商业模式的八类高新技术企业均十分重视微信公众号的建设，具有主动搭建与公众沟通的平台、提供科普服务的意识，企业运营多个微信公众号，可能是为了搭建新媒体矩阵，扩大企业传媒影响力。受微信公众平台推送规则限制，很多企业将微信公众号用于自身宣传工作，如企业近期举办的活动介绍等，科普文章夹杂在这些推送内容中，篇幅、数量有限。仅有三家企业上一年度运营微信数量在6个以上，表明目前企业搭建新媒体矩阵的能力较弱，可能是受缺乏专门运营人员等限制（见表10-12）。

表10-12　微信数量

类别	0~3个频数	占比(%)	4~6个频数	占比(%)	6个以上频数	占比(%)
总　计	41	91.11	1	2.22	3	6.67
电子信息	3	75.00	0	0.00	1	25.00
生物与新医药	10	100.00	0	0.00	0	0.00
航空航天	3	100.00	0	0.00	0	0.00
新材料	6	75.00	1	12.50	1	12.50
高技术服务	5	83.33	0	0.00	1	16.67
新能源与节能	3	100.00	0	0.00	0	0.00
资源与环境	1	100.00	0	0.00	0	0.00
先进制造与自动化	10	100.00	0	0.00	0	0.00
B2B	32	91.43	1	2.86	2	5.71
B2C	7	100.00	0	0.00	0	0.00
B2B&B2C	2	66.67	0	0.00	1	33.33

注：诺康医药数据缺失，本项统计总数45家高企。

微信公众号对于企业来说属于集成类、综合性宣传平台，要获得良好的运营效果，企业需要有健全的运营团队和运营机制，企业对科普工作的重视程度直接影响科普文章在微信公众号推送中所占的篇幅和数量。微信公众号作为目前影响力极大的新媒体平台之一，是企业开展科普工作的有效载体，同时可以为企业进一步打开知名度、扩大品牌影响力，建议企业培养一支综合实力强硬的宣传队伍，增强企业曝光率，将更多艰涩的科学知识通过通俗易懂的形式表达出来。建议企业根据自身实力搭建传播矩阵，深度挖掘受众，增强用户黏性，同时形成系统性科普内容推送规划。

3. 微博数量

相对于运营微信公众号，整体来看，企业对微博这一自媒体平台的运营重视程度较低，七成以上企业没有建设和运营官方微博账号，例如浙江迪安诊断技术股份有限公司受访人表示：企业开通微博主要是为了自身宣传，将运营微博用于科普工作的企业较少。除此之外，受到微博运营难度较大，需要引流、增加粉丝黏性等原因的影响，建立微博的企业较少。此外，新浪微博真实有效的浏览量难以计算，科普效果难以评估，因此选择建设运营此平台的企业较少（见表10-13）。

表 10-13　微博数量

类别	0频数	占比(%)	1个频数	占比(%)	25个频数	占比(%)
总　计	33	73.33	11	24.44	1	2.22
电子信息	2	50.00	1	25.00	1	25.00
生物与新医药	5	50.00	5	50.00	0	0.00
航空航天	2	66.67	1	33.33	0	0.00
新材料	8	100.00	0	0.00	0	0.00
高技术服务	5	83.33	1	16.67	0	0.00
新能源与节能	3	100.00	0	0.00	0	0.00
资源与环境	0	0.00	1	100.00	0	0.00
先进制造与自动化	8	80.00	2	20.00	0	0.00
B2B	27	77.14	7	20.00	1	2.86
B2C	4	57.14	3	42.86	0	0.00
B2B&B2C	2	66.67	1	33.33	0	0.00

注：诺康医药数据缺失，本项统计总数45家高企。

微博作为主流自媒体平台之一，可以成为企业进行科普内容宣传的主要途径。新浪微博活跃用户多为少年和青年群体，平均年龄较小，企业运营需向年轻化运营风格改进，拉近与微博活跃群体的距离。此外，搭建微博平台需要企业安排专门人员或由负责现有新媒体账号的人员兼职进行运营管理，粉丝运营和流量推广需要大量经费维持。

4. 科普传媒小结

在科普传媒方面，多数高新技术企业已经有所拓展，媒体渠道各有差异，微信公众号、微博、企业网站为基本的标配形式，部分企业开通了抖音、快手等短视频平台账号，但企业网络科普平台尚未形成矩阵格局。科普的最终目的在于实现科普信息从传播者到大众的有效传递，企业可通过布局新媒体矩阵平台，实现科普信息传播的规模化和纵深化。

在实现科普信息传播规模化方面，具有充足财力和人力的企业可打造全媒体布局，建立包括网站、微信、微博、今日头条、搜狐网等在内的新媒体矩阵平台，在多个媒体平台通过账号的开设吸引不同的群体，拓宽受众面，不同平台的内容可以形成互补，为企业获得更多流量和曝光量。

在实现科普信息传播纵深化方面，企业可在同一平台建立生态布局，例如在微信平台布局订阅号、服务号、社群、个人号和小程序①，打造纵向网络平台矩阵，加强与固定受众的黏性，提高传播效果。

建议企业搭建新媒体矩阵平台后，着力进行科普内容推送系统规划并将其落地实施；在自媒体平台宣传企业产品时，可将该产品的原理知识、操作说明等相关科普内容融入；引入电商直播的企业，在购物平台带货时可安排主播讲解关于产品的科普内容，打造网络平台的互动式、沉浸式科普体验。

10.2.2.3　科普培训

1. 上一年度企业组织科普培训场次

上一年度企业组织科普培训场次为 0~25 场次频数中，生物与新医药、

① 程文杰：《主持人向旅行类自媒体转型中的 IP 创新路径》，华东师范大学硕士学位论文，2022。

新材料、新能源与节能、先进制造与自动化四类企业表现较好；资源与环境企业在75场次以上频数区间表现突出，但调查样本量仅有1家，数据反映代表性不强。B2C企业举办的科普培训场次在各频数区间分布均匀，整体来看，平均举办科普培训场次较多，这可能与B2C企业直接面向公众进行销售、科普受众较广有关（见表10-14）。

表10-14　上一年度企业组织科普培训场次

类别	0~25场次频数	占比(%)	26~50场次频数	占比(%)	51~75场次频数	占比(%)	75场次以上频数	占比(%)
总　计	25	59.52	4	9.52	1	2.38	12	28.57
电子信息	2	50.00	0	0.00	0	0.00	2	50.00
生物与新医药	7	63.64	1	9.09	1	9.09	2	18.18
航空航天	1	50.00	0	0.00	0	0.00	1	50.00
新材料	5	62.50	1	12.50	0	0.00	2	25.00
高技术服务	3	50.00	2	33.33	0	0.00	1	16.67
新能源与节能	2	66.67	0	0.00	0	0.00	1	33.33
资源与环境	0	0.00	0	0.00	0	0.00	1	100.00
先进制造与自动化	5	71.43	0	0.00	0	0.00	2	28.57
B2B	21	65.63	2	6.25	0	0.00	9	28.13
B2C	1	16.67	2	33.33	1	16.67	2	33.33
B2B&B2C	3	75.00	0	0.00	0	0.00	1	25.00

注：皖南机床、奇瑞汽车、中电科芜湖钻石飞机制造有限公司、宁波永新光学股份有限公司数据缺失，本项统计总数42家高企。

企业根据自身行业特点组织专门科普培训，一方面有利于培养科普人才、壮大科普人员队伍，针对企业内部员工组织的科普培训可以提升员工水平；另一方面公开的科普培训可以帮助企业增加知名度，拓宽销售渠道，吸引对本行业感兴趣的人员加入其中，并在此过程中开拓市场。在组织科普培训方面，目前多数企业缺乏一定自主性，以完成政府部门下发的任务为主，仍需提高组织内外部科普培训的积极性。

2. 上一年度企业组织科普培训总人次

整体来看，高新技术企业在上一年度组织科普培训总人次方面表现较好，生物与新医药、高技术服务、资源与环境三类企业在900人次以上频数区间表现较为突出，可能与行业特性有关，生物与新医药与公众健康密切相关，受到人们广泛关注，医学领域工作人员也会接受更多专业培训。资源与环境企业样本量过少，数据反映不具有代表性。B2C企业在0~300人次频数和900人次以上频数各占一半，两极分化趋势明显，原因有待深究（见表10-15）。

表10-15　上一年度企业组织科普培训总人次

类别	0~300人次频数	占比(%)	301~600人次频数	占比(%)	601~900人次频数	占比(%)	900人次以上频数	占比(%)
总　计	30	68.18	5	11.36	2	4.55	7	15.91
电子信息	4	100.00	0	0.00	0	0.00	0	0.00
生物与新医药	6	54.55	1	9.09	0	0.00	4	36.36
航空航天	2	66.67	0	0.00	1	33.33	0	0.00
新材料	7	87.50	1	12.50	0	0.00	0	0.00
高技术服务	3	50.00	1	16.67	0	0.00	2	33.33
新能源与节能	2	66.67	0	0.00	1	33.33	0	0.00
资源与环境	0	0.00	0	0.00	0	0.00	1	100.00
先进制造与自动化	6	75.00	2	25.00	0	0.00	0	0.00
B2B	25	73.53	4	11.76	2	5.88	3	8.82
B2C	3	50.00	0	0.00	0	0.00	3	50.00
B2B&B2C	2	50.00	1	25.00	0	0.00	1	25.00

注：奇瑞汽车、宁波永新光学股份有限公司数据缺失，本项统计总数44家高企。

科普培训的规模、专业性及其与日常生活的关联度强弱，均会对科普培训总人次造成影响，但总人次的多少并不能完全反映科普培训的效果。企业在组织科普培训时应以对内培训为主，行业龙头企业可开展行业内培训活动，组织企业展开交流，带动行业发展。同时，企业应着力提升科普培训质量，设计更适合受众的传播方式，根据自身特点开展包括产品基本知识、科普展览设计、科技活动策划和实施，组织本行业相关知识的常态化、连续性培训活动，吸引包括本企业员工、同行业从业人员、对本行业感兴趣但未在此行业从业的人员等参加科普培训，在更大范围内传播和普及行业内专业知识。

3. 科普培训小结

在被调查的42家企业中，近六成高新技术企业开展科普培训0~25场次，占比较高。培训50场次以上的企业占比30%，说明仍有部分企业十分重视科普培训工作。在企业科普培训人次方面，0~300人次的占比约为70%，培训人次在600人次以上的公司占比超20%，总体而言，所调查的高新技术企业在上一年度组织科普培训总人次方面表现尚可。高新技术企业开展科普培训一方面受到政策影响较大，这与社会生态及政策扶持有关，而企业科普培训人次又直接跟培训场次挂钩，其中生物与新医药、新材料、新能源与节能、先进制造与自动化四类企业在科普培训场次和人数两个指标上均表现较好。

在调研中折射出企业在开展科普培训工作方面存在一些问题，最主要的原因是多数企业缺乏一定自主性。对于科普培训而言，可以分为两个培训系统：一方面，对内进行员工科普培训、对外进行社会科普培训，高新技术企业可以“请进来”，邀请行业科普专家来培训自身企业的科普讲解员、科技老师、科普研学导师等专业科普人才；另一方面，也可以“走出去”，将企业打造的科普队伍深入其他企业、培训组织、学校、社区、展会等展开科普培训。在科普培训内容方面，企业也应着力提升科普培训质量，在培训方式、培训内容等方面发力。

10.2.2.4 科普建设小结

科普建设包括科普场地馆、科普传媒和科普培训。部分高新技术企业依托丰富的行业资源、良好的组织建设在科普工作上积极创新，效果显著，出现了荣获“浙江省中小学研学实践教育基地”“浙江省科普教育基地”“浙江省工业旅游示范基地”等称号的歌斐颂巧克力小镇，整个小镇年接待游客总量160万人次，配备专业科普讲解员20人，通过建设巧克力学院等多种方式向社会公众科普巧克力知识。中建三局“建筑科技馆”自媒体已完成账号矩阵建立（官方微博、微信订阅号、抖音），自主发布推文及短视频222个。但不同行业企业间差距明显，既与企业的科普经费、人员、物料等基础资源有关，也与企业负责人对科普的重视程度、行业特性以及科普需求大小密不可分。

企业在科普工作上的突出问题表现在以下几个方面：①部分高精尖企业专业性强、门槛高，科普难度大；②企业作为营利组织做科普工作难以直接创收，以完成当地政府的科普任务为主，缺乏积极性和自主性；③新媒体运营人才力量较为薄弱，缺乏新媒体运营人才、科学传播团队以及具备市场化运营经验的策划者。

在科普场地方面，暂未建设科普基地或场馆的高新技术企业可与地方科技馆展开合作，利用当地科技馆场地定期开展科普活动；鼓励在同一园区的高新技术企业共建科普场馆，集中力量整合资源开展科普工作，并在一定程度上分担建设成本；已有专门科普场地的企业应充分发挥场地科普功能，可作为当地中小学的研学活动基地或大学的实习基地，在保证科普效果的前提下提升科普场地使用率。

在科普传媒方面，企业要重视新媒体运营人才的培养，组织新媒体运营能力培训交流会，注重对企业网站、微信公众号、官方微博账号等新媒体平台的运营管理及维护，在媒体实践中可与专业网媒合作，借助其运营的专业化，结合自身行业知识内容的专业化，实现互利共赢。

在科普培训方面，建议各企业开展常态化、连续性的科普培训活动，在更大范围传播和普及科学知识，适当与专业培训机构合作，由企业提供行业专业知识保证培训内容质量，机构提供具有创新性的培训模式。

10.2.3　科普产出

10.2.3.1　展会活动

1. 上一年度参与国内展会活动次数

在参与国内展会活动方面，大部分高新技术企业上一年度的参展次数都在0~3次频数，仅有一小部分企业的参展次数在4次以上，且主要集中在生物与新医药、新能源与节能、先进制造与自动化三类企业，各企业总体参与展会的频数较低。整体来看，B2B、B2C企业参与国内展会活动的整体情况较 B2B&B2C 企业稍好，这可能与仅调查了 4 家 B2B&B2C 企业样本数量较少有关（见表 10-16）。

表 10-16　上一年度参与国内展会活动次数

类别	0~3 次频数	占比(%)	4~6 次频数	占比(%)	6 次以上频数	占比(%)
总　计	39	84.78	6	13.04	1	2.17
电子信息	4	100.00	0	0.00	0	0.00
生物与新医药	7	63.64	4	36.36	0	0.00
航空航天	3	100.00	0	0.00	0	0.00
新材料	8	100.00	0	0.00	0	0.00
高技术服务	6	100.00	0	0.00	0	0.00
新能源与节能	2	66.67	0	0.00	1	33.33
资源与环境	1	100.00	0	0.00	0	0.00
先进制造与自动化	8	80.00	2	20.00	0	0.00
B2B	30	85.71	4	11.43	1	2.86
B2C	6	85.71	1	14.29	0	0.00
B2B&B2C	3	75.00	1	25.00	0	0.00

展会活动是企业展示产品、扩大品牌影响力、拓宽销售渠道的重要方式，参与行业内高级别的国内展会活动，有利于企业了解行业内前沿研究方向。实地调研发现，参与国内展会活动的成本较低，因此企业应主动多参与国内展会活动，并在要求参展数量之外重视展会级别和专业程度，做到参展即有得。在参与商业展会时，除主办方要求进行的展品陈列及介绍之外，企业还可向其他参展人、参展企业进行产品原理科普，同时学习其他企业的展陈方式和科普形式，以丰富自身科普工作形式，增强展销效果，将科普与商业展会关联一体。

2. 上一年度主办国内展会活动次数

绝大部分企业上一年度未主办过国内展会活动，被调查的企业极少为本行业龙头企业，囿于人员、经费、科普资源等自身实力不足的客观条件，难以主办大规模、高级别、具有一定行业影响力的展会活动，因此绝大多数企业目前均以参与者的身份参加国内展会活动。通过数据来看，同时面向企业和消费者个人销售产品的 B2B&B2C 企业主办国内展会活动的占比远大于 B2B、B2C 企业，但 B2B&B2C 企业样本容量较小，代表性较弱（见表 10-17）。

表 10-17　上一年度主办国内展会活动次数

类别	0 频数	占比(%)	1 次频数	占比(%)	2 次频数	占比(%)	3 次频数	占比(%)
总　计	31	73.81	6	14.29	4	9.52	1	2.38
电子信息	3	75.00	1	25.00	0	0.00	0	0.00
生物与新医药	7	70.00	1	10.00	2	20.00	0	0.00
航空航天	3	100.00	0	0.00	0	0.00	0	0.00
新材料	5	71.43	2	28.57	0	0.00	0	0.00
高技术服务	4	66.67	1	16.67	1	16.67	0	0.00
新能源与节能	2	100.00	0	0.00	0	0.00	0	0.00
资源与环境	0	0.00	0	0.00	0	0.00	1	100.00
先进制造与自动化	7	77.78	1	11.11	1	11.11	0	0.00
B2B	24	75.00	5	15.63	2	6.25	1	3.13
B2C	6	100.00	0	0.00	0	0.00	0	0.00
B2B&B2C	1	25.00	1	25.00	2	50.00	0	0.00

注：天鸿新材料、祁红、瑞思机器人、通力电机数据缺失，本项统计总数 42 家企业。

主办展会活动需要企业自身具备较强的综合实力，展会活动的级别、规模和影响力将影响参展企业的数量与活动举办的效果，建议各企业根据自身实力决定是否主办国内展会活动、保障展会举办效果。同时，可考虑与本行业的协会组织合作主办展会活动，通过为展会活动提供场地支持等方式增强在行业内的影响力。

3. 上一年度参与国际展会活动次数

在参与国际展会活动方面，一半以上高新技术企业上一年度未参与过国际展会活动，这可能与参与国际展会成本较高有关。新材料企业上一年度参与过国际展会活动的占比超过七成，在一众企业中表现较为突出，究其原因，我国新材料产业在多项国家计划中都被给予重点支持，处于强劲发展阶段，多项研究成果在国际上具有重要地位，一定程度上可能影响新材料企业参与国际展会活动的频数（见表 10-18）。

表 10-18 上一年度参与国际展会活动次数

类别	0 频数	占比(%)	1~3 次频数	占比(%)	3 次以上频数	占比(%)
总 计	23	56.10	15	36.59	3	7.32
电子信息	2	50.00	2	50.00	0	0.00
生物与新医药	5	62.50	2	25.00	1	12.50
航空航天	2	66.67	1	33.33	0	0.00
新材料	1	12.50	6	75.00	1	12.50
高技术服务	5	83.33	1	16.67	0	0.00
新能源与节能	1	50.00	1	50.00	0	0.00
资源与环境	1	100.00	0	0.00	0	0.00
先进制造与自动化	6	66.67	2	22.22	1	11.11
B2B	19	59.38	11	34.38	2	6.25
B2C	3	50.00	3	50.00	0	0.00
B2B&B2C	1	33.33	1	33.33	1	33.33

注：京九丝绸、祁红、通力电机、诺康医药、重庆浦洛通生命科技集团有限公司数据缺失，本项统计总数 41 家企业。

国际展会活动是中国企业走出国门、展示企业品牌文化和形象的重要契机，企业应重视参与国际展会活动的作用，通过参与国际展会了解国际前沿研究方向，增加与本行业国际一线企业的学习和交流，向国际一线企业学习产品展示和技术普及等先进经验，改进自身科普工作方式，增强科普工作实力。

4. 上一年度主办国际展会活动次数

大多数高新企业都没有举办过国际展会活动，企业主办国际展会活动面临众多难点：办展资源的整合，最突出的就是“资金、人力、物力、信息资源和社会资源”；寻求支持单位、合作单位；宣发、邀请国内外展商；配套服务；展后跟踪、总结、评估，等等。因此，除非是行业翘首、科技及经济实力强劲的企业，才有能力主办国际性展会。渝丰科技股份有限公司受访人反映，企业主办国际性展会，企业的影响力较弱是一个重要的阻碍因素，需要行业龙头企业的引导与支持（见表 10-19）。

表 10-19　上一年度主办国际展会活动次数

类别	0 频数	占比(%)	1 次频数	占比(%)
总　计	37	94.87	2	5.13
电子信息	3	75.00	1	25.00
生物与新医药	8	100.00	0	0.00
航空航天	3	100.00	0	0.00
新材料	7	100.00	0	0.00
高技术服务	5	100.00	0	0.00
新能源与节能	2	100.00	0	0.00
资源与环境	1	100.00	0	0.00
先进制造与自动化	8	88.89	1	11.11
B2B	30	96.77	1	3.23
B2C	5	100.00	0	0.00
B2B&B2C	2	66.67	1	33.33

注：京九丝绸、天鸿新材料、祁红、通力电机、诺康医药、重庆浦洛通生命科技集团有限公司、歌斐颂食品有限公司数据缺失，本项统计总数 39 家企业。

展会是企业优质的广告宣传平台，通过主办国际性展会，一方面可以了解国际上相关的技术前沿与市场动向及行业发展趋势，另一方面可以将我国企业的技术推向国际，打开知名度与国际市场，对于招商引资十分有益。因此，企业可以抓住机遇，整合市场上、专业领域里的众多资源，聚焦双创、凸显科普、展示创新、构建平台，综合搭建科普教育类展区和科普信息化、科普创新展区；创新成果展等展示平台，在主办国际性展会、展现自身科技实力的同时，推进公益性科普事业与经营性科普产业相结合。此外，政府方面也应给予一定的政策扶持，营造利于企业开拓相关业务的良好环境，包括审批流程、财政补贴等方面，引导、推动企业主办国际性展会的积极性与主动性。

10.2.3.2　日常科技成果科普接待服务人次

生物与新医药、新材料、高技术服务、先进制造与自动化行业企业整体接待次数较其他行业具有优势。新能源与节能、资源与环境两种类型企业科普接待次数相对较少，但属于该行业的被调查企业仅有 1~2 家，代表性不强。从商业模式来看，B2B 企业日常科技成果科普接待服务规模较小，服务在 300 人次以下的占比超过八成；B2C 企业的日常科技成果科普接待服务超过 300 人次的占比约占一半；B2B&B2C 企业日常科技成果科普接待服务超 300 人次的有 2 家，但其中杭州中港消防安全技术咨询有限公司科普接待服务表现突出，其接待 20000 人次，遥遥领先其他企业。根本原因在于该公司将专业与服务型组织的定位结合紧密，技术咨询服务型企业本身就是将科普接待内化为企业的业务实现途径之一（见表 10-20）。

表 10-20　日常科技成果科普接待服务人次

类别	0~100 人次 频数	占比(%)	101~200 人次 频数	占比(%)	201~300 人次 频数	占比(%)	300 人次以上 频数	占比(%)
总　计	31	73.81	3	7.14	1	2.38	7	16.67
电子信息	4	100.00	0	0.00	0	0.00	0	0.00
生物与新医药	6	60.00	1	10.00	0	0.00	3	30.00
航空航天	2	100.00	0	0.00	0	0.00	0	0.00
新材料	6	75.00	1	12.50	0	0.00	1	12.50
高技术服务	3	50.00	1	16.67	0	0.00	2	33.33
新能源与节能	1	50.00	0	0.00	1	50.00	0	0.00
资源与环境	1	100.00	0	0.00	0	0.00	0	0.00
先进制造与自动化	8	88.89	0	0.00	0	0.00	1	11.11
B2B	26	83.87	2	6.45	1	3.23	2	6.45
B2C	4	57.14	0	0.00	0	0.00	3	42.86
B2B&B2C	1	25.00	1	25.00	0	0.00	2	50.00

注：皖南机床、通力电机、中电科芜湖钻石飞机制造有限公司、重庆植恩药业有限公司数据缺失，本项统计总数 42 家企业。

企业科技成果科普接待活动对提高大众科学认知、提高企业知名度及竞争力等社会传播、企业经济方面都具有重要作用。各类高新技术企业近年来在日常科技成果科普接待服务活动虽然有所行动，但是次数相对较少，大多数企业的接待服务活动规模较小，尤其是机电、化工、新材料等类型的公司，未来应该注重加强这一方面的规划与建设。在科普接待服务方面，企业可以将展馆、展厅作为主阵地，依托企业专设的科普接待人员队伍，增加科普接待与开放时间与场次，同时也可以将接待服务对象拓宽向合作企业、学校等广大公众。

10.2.3.3　组织过科普教育相关的各类比赛次数

有一半的被调查企业没有组织过科普教育相关的各类比赛，重视度还有待提高，主要表现在高技术服务、新能源与节能、航空航天等类型企业。新材料技术、先进制造与自动化由于可操作性强，人工技能要求高，操作比赛和技能大赛的举办次数最多，例如安徽芜湖的盛力科技所组织的芜湖市数控技能大赛、芜湖市弋江区数控技能大赛；奇瑞汽车就曾举办了 2017 奇瑞“全球制造工艺技能大赛”、2018 奇瑞全球大学生汽车设计大赛公司、第六届涂装工技能比武、瑞虎杯等竞赛（见表 10-21）。

表 10-21　组织过科普教育相关的各类比赛次数

类别	0 频数	占比(%)	1~5 次频数	占比(%)	5 次以上频数	占比(%)
总　计	29	67.44	12	27.91	2	4.65
电子信息	2	50.00	2	50.00	0	0.00
生物与新医药	7	70.00	2	20.00	1	10.00
航空航天	3	100.00	0	0.00	0	0.00
新材料	3	50.00	2	33.33	1	16.67
高技术服务	4	66.67	2	33.33	0	0.00
新能源与节能	2	66.67	1	33.33	0	0.00
资源与环境	1	100.00	0	0.00	0	0.00
先进制造与自动化	7	70.00	3	30.00	0	0.00
B2B	23	71.88	7	21.88	2	6.25
B2C	5	71.43	2	28.57	0	0.00
B2B&B2C	1	25.00	3	75.00	0	0.00

注：枫慧金属、文胜生物、强力化工数据缺失，本项统计总数 43 家企业。

科普教育相关的比赛不仅知识含量高、趣味性强，而且可参与程度高。它能够以一种寓教于乐的方式，让参赛选手在竞技的同时，提高专业知识、丰富眼界。因此，有能力的企业应积极并大力举办与科普教育相关的各类比赛，目前能力有限的企业可以尝试企业协办、承办竞赛，在尝试与实践中积累经验，最后形成专业化、品牌化的科普比赛。

在比赛实施方面，各大行业应该针对本行业的特点，开展具有针对性的科普大赛；还应寻求更多合作资源，例如对接高校、行业学会、专业协会以及寻求当地政府支持等，开展群体竞赛，不仅能够集思广益、提高企业知名度，还能培养学生兴趣、吸纳培养科技人才，为科技研发注入新的活力；此外，竞赛更是以一种别开生面的形式直接将相关专业知识向学生普及，一举多得。

10.2.3.4 专项科普主题类活动

1. 是否参加过专项科普主题类活动

近四成企业参与过专项科普主题类活动，说明有部分企业对科普主题类活动有一定的了解与实践，但是仍然有相当部分企业没有参加过专项科普主题类活动。高技术服务和电子信息对此类活动的参与度不高，生物与新医药、先进制造与自动化的参与性则较为积极，具有代表性的案例有重庆浦洛通生命科技集团有限公司，该公司以“生命科学”为基础，结合实际情况和社会热点，开展针对健康领域的不同主题科普活动。从商业模式来看，由于 B2B 类企业样本量更大，虽然参与专项科普主题类比例低于 B2C，但是参与的企业具体数量远超过 B2C（见表 10-22）。

表 10-22 是否参与过专项科普主题类活动

类别	否频数	占比(%)	是频数	占比(%)
总 计	29	64.44	16	35.56
电子信息	3	75.00	1	25.00
生物与新医药	6	60.00	4	40.00
航空航天	2	66.67	1	33.33
新材料	5	62.50	3	37.50
高技术服务	5	83.33	1	16.67
新能源与节能	2	66.67	1	33.33
资源与环境	1	100.00	0	0.00
先进制造与自动化	5	50.00	5	50.00
B2B	21	61.76	13	38.24
B2C	4	57.14	3	42.86
B2B&B2C	4	100.00	0	0.00

注：文胜生物数据缺失，本项统计总数 45 家企业。

2. 全国科普日

45 家高新技术企业中，大部分企业并没有组织过全国科普日这一形式的科普活动，占比 62.22%；从行业领域来看，生物与新医药、先进制造与自动化这两类企业并没有组织过全国科普日的频数更大，分别为 7 和 9；占比也较大，分别为 70.00%、90.00%。约有 85.71% 的 B2C 企业没有组织过全国科普日，B2B 类型的企业未组织过全国科普日的占比略低于前者，为 64.71%。4 家 B2B&B2C 企业均组织过全国科普日这一形式的科普活动（见表 10-23）。

表 10-23　全国科普日

类别	否频数	占比(%)	是频数	占比(%)
总　计	28	62.22	17	37.78
电子信息	2	50.00	2	50.00
生物与新医药	7	70.00	3	30.00
航空航天	1	33.33	2	66.67
新材料	4	50.00	4	50.00
高技术服务	2	33.33	4	66.67
新能源与节能	2	66.67	1	33.33
资源与环境	1	100.00	0	0.00
先进制造与自动化	9	90.00	1	10.00
B2B	22	64.71	12	35.29
B2C	6	85.71	1	14.29
B2B&B2C	0	0.00	4	100.00

注：文胜生物数据缺失，本项统计总数 45 家企业。

3. 科技活动周

对于全国科普日、科技活动周，许多企业都予以了不同程度的重视，并付诸实践，表现突出的有高技术服务、航空航天、新材料等类型的企业。属于先进制造与自动化领域的宁波永新光学有限公司每年举办“微观世界开放日”活动，组织中小学及幼儿园的学生群体来参观、了解显微镜相关科技知识并动手实践。但是数据也显示，近七成的高企未参与过科技活动周这一形式的科普活动，说明大部分企业并未意识到或者考虑到利用科技活动周来开展科普工作的重要性，其中新能源与节能、资源与环境、先进制造与自动化、电子信息行业类的表现更加明显，B2B 类型的企业也有很大发展空间。在调研过程中也反映出许多问题，目前而言，单纯依靠做科普日、科技周等活动，高企的科普工作难以做到常态化发展。另外，对于科技活动周的保障体系还有待完善，例如对志愿者的招聘任用、培训以及待遇都未形成制度化保障。全国科普日、科技活动周作为政府组织的活动，企业的参与有限，部分企业仅参与启动仪式（见表 10-24）。

表 10-24　科技活动周

类别	否频数	占比(%)	是频数	占比(%)
总　计	31	68.89	14	31.11
电子信息	3	75.00	1	25.00
生物与新医药	5	50.00	5	50.00
航空航天	2	66.67	1	33.33
新材料	5	62.50	3	37.50
高技术服务	3	50.00	3	50.00
新能源与节能	3	100.00	0	0.00
资源与环境	1	100.00	0	0.00
先进制造与自动化	9	90.00	1	10.00
B2B	26	76.47	8	23.53
B2C	3	42.86	4	57.14
B2B&B2C	2	50.00	2	50.00

注：文胜生物数据缺失，本项统计总数 45 家企业。

全国科普日、科技活动周作为大规模的群众性科学技术活动，重要性不言而喻。高新技术企业应该响应政府及地市科协等部门的倡导，深入参与、组织相关科普工作，加强与政府的联动效应。对于还未参与过全国科普日、科技活动周的企业，建议可以放开资源开展活动。具体到企业内部，高企可以设立专门的科普策划与对接部门，在企业内部做有关的宣导。除了线下活动，企业也应在网络平台有所作为，依托网络平台集成全国科普日、科技活动周的动态信息、影像资料与科普资源的宣发。在具体内容方面，企业可以结合自身人才资源优势、专业领域，以科普参观、科普讲座、科普咨询、科普创作、科普表演、科普感悟、科普展览、科普知识竞赛等参与形式在全国科普日、科技活动周大放光彩。

4. 科技下乡

在被调查的企业中，有38家企业未参与或组织过科技下乡活动，占比84.44%，其中生物与新医药、新材料、新能源与节能、资源与环境、先进制造与自动化等行业的表现尤为明显，未参与过科技下乡的比例均超过85%，部分行业的高企如新能源与节能、资源与环境未参与度高达100.00%。从商业模式来看，B2B、B2C企业参与过科技下乡科普活动的比例不超过15%，B2B&B2C参与度稍高于前两者，但是占比也仅为25.00%（见表10-25）。

表10-25　科技下乡

类别	否频数	占比(%)	是频数	占比(%)
总　计	38	84.44	7	15.56
电子信息	3	75.00	1	25.00
生物与新医药	9	90.00	1	10.00
航空航天	2	66.67	1	33.33
新材料	7	87.50	1	12.50
高技术服务	4	66.67	2	33.33
新能源与节能	3	100.00	0	0.00
资源与环境	1	100.00	0	0.00
先进制造与自动化	9	90.00	1	10.00
B2B	29	85.29	5	14.71
B2C	6	85.71	1	14.29
B2B&B2C	3	75.00	1	25.00

注：文胜生物数据缺失，本项统计总数45家高企。

总体而言，在科技下乡活动方面，调研企业对于科技下乡这一类活动的参与度不高，不论是从行业领域还是商业模式来看，参与度都有待提高。这与一系列的因素有关：①企业下乡意愿不强，主要原因是下乡在人力、经费上的投入巨大，且对企业正常的研发项目和生产都有较大影响；②高新技术产品下乡易引发乡民质疑，对科普活动质量产生较大扰动；③许多高科技产品不便下乡，例如特高压输电线装备，这也说明部分企业对于“科技下乡”的认知还停留在较为浅显的层次。实际上，可以借鉴重庆浦洛通生命科技集团有限公司的做法，采用 VR、AR 等科技手段，突破传统的讲授以实物展示的方式，将资源实现云台化，使大众身临其境地了解高科技知识。

5. 科技进社区

总体来看，在科技进社区活动方面，八大类高新技术企业在“科普进社区”这一块的科普工作还有待加强，其中个别类型企业如航空航天、新能源与节能领域还应该实现“0”的突破（见表 10-26）。在调研过程中，不乏在社区开展科普工作表现优秀的企业，例如永新光学，该企业专门由专兼职人员和志愿者队伍带着宣传资料和一些科学仪器设备

表 10-26　科技进社区

类别	否频数	占比(%)	是频数	占比(%)
总　计	32	72.73	12	27.27
电子信息	2	50.00	2	50.00
生物与新医药	8	80.00	2	20.00
航空航天	3	100.00	0	0.00
新材料	6	85.71	1	14.29
高技术服务	5	83.33	1	16.67
新能源与节能	3	100.00	0	0.00
资源与环境	0	0.00	1	100.00
先进制造与自动化	5	50.00	5	50.00
B2B	23	69.70	10	30.30
B2C	7	100.00	0	0.00
B2B&B2C	2	50.00	2	50.00

注：文胜生物、颖美彩印数据缺失，本项统计总数 44 家高企。

深入多个社区，投入专门的科普经费定期举行科普讲座等。但是也有不少问题阻碍科技进社区的步伐：目前有些高企对于进社区的公益性不强，商业意愿较为突出，进社区主要为了摸清社区情况以及产品接受度，为了开发产品而去调研。

科技下乡和科普进社区是落实科普目标的一项有力抓手，做好科普深入基层的工作，一方面，需要社会方方面面的协同和支持，建立良好的沟通机制，如政府、企业、协会、社区与乡村基层等，使人力、物力、资源得以统筹使用。另一方面，不仅需要提高高新技术企业对“科技下乡”“科普进社区”的认识与理解，还需要提高乡村群众对于高新技术的解读和认知，这一认知转变需要通过高企持续性的科普活动来达成。企业需要进一步落实帮扶、宣传责任，同时乡村、社区也应建立健全更为规范和严格的科普宣传准入制度，对于进入区域内的科普活动进行严格的审核，由民众进行监督、举报。对于高企进基层开展科普服务，具体落实方面，可与当地科技馆合作，组织流动科技馆、科普大篷车进基层开展巡展服务，面向群众办培训、送技术、送信息。另外，需要加强企业在社区、乡村的志愿科普人才协助队伍建设，比如科普兴趣小组、科普宣传员和科普志愿者队伍，两方结合才能达到科普“1+1>2”的效果，也免于高企进入基层科普陷入孤立无援的境地。

10.2.3.5　科普产出小结

“科普产出”主要考察企业上一年度举办/参与过的有代表性的科普活动类型，主要包括：①展会活动（主办的国内展会活动、参与过的国内展会活动、主办的国际展会活动、参与过的国际展会活动）；②科普接待服务（是否加入行业协会、日常科技成果科普接待服务）；③科普比赛（组织过科普教育相关的各类比赛及次数）；④专项科普主题类活动（国家类包括全国科普日、科技活动周；企业自行开展类包括科技下乡、科技进社区）。

企业举办的科普活动受行业、专业的限制较大，不同行业及类型的企业在开展科普活动的形式、数量与能力上分布不均且差距明显。以科普比赛为例，高精尖、专业难度大的企业在开展科普活动方面有天然的劣势，如航空航天、生物与新医药行业。而新材料技术、先进制造与自动化行业的企业由于可操作性强，人工技能要求高，举办操作比赛和技能大赛的氛围更为热烈。在调研中，也显现出不少科普活动开展得较为突出的高企，如安徽芜湖的盛力科技有限公司、重庆华数机器人有限公司、重庆浦洛通生命科技集团有限公司等。

但是在访谈过程中也发现不少问题，具体表现在以下几个方面：一是企业对开展科普活动认知不足、积极性不强；二是科普活动形式不够丰富，有的企业仅开展一种或两种形式的科普活动，未将科普活动“连线成面”；三是科普活动举办的连续性不强，多数高企主要依托全国科普日、科技活动周举办科普活动，活动成效有限；四是高企进行科技下乡和科技进社区的阻碍较大，居民存在质疑与不信任，接受度不高。

总的来说，高企开展各种类型的科普活动，需要统筹协调、细化方案，各级管理部门、宣传部门都要高度重视，从而实现科普资源最优化利用与最广泛的群众科普到达率。另外，企业还需要大力加强展会参与及组织工作、行业协会联络工作、科普竞赛开展工作、专项科普主题类活动建设工作，使得知识普及惠及更多的社会人员。

10.2.4 科普效能

10.2.4.1 科普荣誉

1. 企业获得过的与科技创新引领示范、创新成果科普相关的奖励或荣誉

新材料行业获得与科技创新引领示范、创新成果科普相关的奖励或荣誉数量明显低于其他行业的企业，在一定程度上表明新材料企业在科学普及形式和内容方面存在创新能力不强的问题。可能与这一行业技术高度密集，与人们的日常生活紧密性不强，在与实训、研学基地等科普平台结合存在一定的难度，如重庆两江半导体研究院有限公司及重庆石墨烯研究院指出，科技馆专业性强，普通社会公众关注度不高，科普受众面窄，对外宣传难以奏效。在商业模式方面，B2C 企业获得与科技创新引领示范、创新成果科普相关的奖励或荣誉较多，在一定程度上反映

了此类企业更加注重自身科普主体的作用，更加注重企业在科普方面的投资，如歌斐颂巧克力小镇注重加强企业与科协之间的联系，利用科协资源建立了浙江省中小学质量教育社会实践基地、湖州市科普教育基地、德清县研学基地。除资金投入外，还注重培训专业的科普讲解人员，并且在保障研学安全方面投入大量人力资源，即配备专门的医疗室及专业医师1名；建立、健全安全管理机制和应急体系，成立20多人的安全保卫队伍来保障学生的安全（见表10-27、表10-28）。

表10-27 企业获得过的与科技创新引领示范、创新成果科普相关的奖励或荣誉

类别	否频数	占比(%)	是频数	占比(%)
总 计	19	42.22	26	57.78
电子信息	1	25.00	3	75.00
生物与新医药	3	27.27	8	72.73
航空航天	2	66.67	1	33.33
新材料	7	87.50	1	12.50
高技术服务	2	33.33	4	66.67
新能源与节能	2	66.67	1	33.33
资源与环境	0	0.00	1	100.00
先进制造与自动化	2	22.22	7	77.78
B2B	18	51.43	17	48.57
B2C	1	16.67	5	83.33
B2B&B2C	0	0.00	4	100.00

注：奇瑞汽车数据缺失，本项统计总数45家高企。

科普基地的建设将高企与政府、高校、科研机构很好地联结起来，发挥了其整合科普资源的作用，为推进科普工作的社会化、群众化、常态化搭建了平台。从目前被调查的高企情况来看，基地的建设仍有较大的提升空间。由于各企业自身实力不一，建议从国家层面上，对高新技术企业进行这方面的考核与审查，不能单一考量科普场馆数量，而应该考核其社会价值发挥状

表 10-28　企业获得过的与科技创新引领示范、创新成果科普相关的奖励或荣誉名称

商业模式	行业领域	企业名称	奖励或荣誉名称
B2B	先进制造与自动化	安徽聚力粮机科技股份有限公司	2016 年阜阳科技创新二等奖
		安徽欧宝机电有限公司	低温制冷工程教育实践基地
		芜湖瑞思机器人有限公司	南京理工大学实训基地
		芜湖盛力科技股份有限公司	全国知识产权示范企业
		重庆渝丰电线电缆有限公司	重庆市技术创新示范企业
		宁波永新光学股份有限公司	高新之旅奖杯
	生物与新医药	安徽省文胜生物工程股份有限公司	安徽农业大学产学研示范基地
		重庆浦洛通生命科技集团有限公司	重庆市创新创业示范团队
	电子信息	黄山皖南电器有限责任公司	合肥工业大学教育实践基地
		安徽达尔智能控制系统股份有限公司	"讲理想比贡献"活动先进集体
	资源与环境	芜湖红方包装科技股份有限公司	中国印刷协会安徽专家工作站
		中建三局城市投资运营有限公司	设计之都示范园区
	高技术服务	秦山核电有限公司	中国核学会颁发的"中国核科普先进单位"核电科技馆获评中国核学会党员教育基地、中核集团首批党性教育基地荣誉称号,研学成果获国防科工局"优秀"评价,秦山核电、核电科技馆入选嘉兴市红色旅游主题游线 2.0 版、2017 年获得中国科协授予"全国科协系统先进集团"荣誉;2018 年获得浙江省科协成立六十周年系列活动"60 组织";2020 年,在浙江省科协"三百"活动中,秦山核电科协获得"百佳企业科协"
		芜湖高新技术创业服务中心	安师大实习基地
	航空航天	宁夏驭星属陈航天科技有限公司	航天少年研学基地、科普中国乡村 E 站
	新材料	界首市天鸿新材料股份有限公司	安徽省技术创新示范企业、省级科技创新型试点企业

续表

商业模式	行业领域	企业名称	奖励或荣誉名称
B2C	生物与新医药	安徽金种子集团有限公司	安徽省科技教育基地
		安徽祁门县祁红茶叶有限公司	安徽省教育实践基地、传习基地、研学旅游示范基地、科普基地
		欧诗漫控股集团有限公司	浙江省中小学质量教育基地、湖州市科普教育基地、德清县研学基地
		丽水市鱼跃酿造食品有限公司	浙江省科普教育基地、浙江省中小学质量教育社会实践基地、第八批浙江省生态文明教育基地、浙江省商业秘密保护示范基地、浙江省发明研学示范基地、浙江省粮食安全宣传教育基地
	高技术服务	歌斐颂食品有限公司	浙江省中小学研学实践教育基地、浙江省科普教育基地、浙江省工业旅游示范基地
B2B&B2C	生物与新医药	安徽强旺调味食品有限公司	国家级和省级两个博士后科研工作站（博士后创新实践基地）
	电子信息	安徽华东光电技术研究所	国家知识产权示范单位

况及运营状况，建立对企业科普基地评定及授牌的统一标准，同时成立督查组，考核企业建成场馆后的接待量等指标，对于未达到科普效果的企业采取回收资金等措施，保障科普场地建设专项资金落到实处，激励企业重视科普场地建设。从地方层面上，对企业给予更多的关注，提供专业科普引领，比如引导整个区域的企业科普场所合作、指导企业科普制度建设、组织广大群众亲历科普，并且科普是大众化的，需要得到社会广泛认可，所以地方科协应定期组织社会公众对企业进行科普满意度调查，做好意见反馈工作，进而为企业开展科普活动提供切实的改进意见。从企业层面上，应坚持公益性原则，协同科协并结合企业的特点，在专注企业科技创新的同时满足社会的科普需求。如欧诗漫控股集团有限公司，该企业投资 6500 万元建成欧诗漫珍珠博物院，在充分发挥其产品开发与科普教育宣传作用的同时，将珍珠文化与科学知识相融合，并以一种通俗易懂的方式呈现，有助于培养受众对于科学探索的兴趣。

2. 上一年度是否有企业在职员工获得科普荣誉

八大领域中，新材料有7家企业获得过科技人员奖项，生物与新医药及先进制造与自动化有6家企业获得过科技人员奖项，获奖比例相对较高，一定程度上说明了这三类领域中的企业对科普人员的重视程度较高，如鱼跃酿造食品有限公司建有丽水市全民科学素质领导小组，建有科普宣讲团，成员是各个学科里面适合或者擅长做科普的专业人才，通过提供交通、食宿等补助及荣誉奖励。相比之下，资源与环境行业未有职员获得过科技人员奖项，但由于对此行业调研的企业仅有一家，此结果并不能代表整个行业的整体情况。同时，被调查的八大行业领域的企业所获得的科技人员奖项基本集中于市级、省级的奖项，如天鸿新材料股份有限公司职员获得第二批省特支计划创业领军人才、安徽省技术领军人才、第八批阜阳市专业技术拔尖人才等荣誉。但电子信息行业有一家企业获得了“国家级有突出贡献科技专家”奖。被调查的三大商业模式中，B2B企业、B2C企业与B2B&B2C企业获得科技人员奖项的情况都相对较好，差别不大，这表明面向不同终端消费者的企业对科普工作者及这一奖项的重视程度都较高（见表10-29、表10-30）。

表10-29 上一年度是否有企业在职员工获得科普荣誉

类别	否频数	占比(%)	是频数	占比(%)
总计	15	34.88	28	65.12
电子信息	1	25.00	3	75.00
生物与新医药	4	40.00	6	60.00
航空航天	1	33.33	2	66.67
新材料	1	12.50	7	87.50
高技术服务	3	60.00	2	40.00
新能源与节能	1	33.33	2	66.67
资源与环境	1	100.00	0	0.00
先进制造与自动化	3	33.33	6	66.67
B2B	12	36.36	21	63.64
B2C	3	42.86	4	57.14
B2B&B2C	0	0.00	3	100.00

注：京九丝绸、诺康医药、芜湖中艺企业管理咨询有限公司数据缺失，本项统计总数43家高企。

表 10-30 上一年度是否有企业在职员工获得科普荣誉的名称

商业模式	行业领域	企业名称	名称
B2B	先进制造与自动化	安徽欧宝机电有限公司	"科学技术青年奖"
		芜湖瑞思机器人有限公司	安徽省技术领军人才
		芜湖盛力科技股份有限公司	25人获得过芜湖市千名人才奖、1人获得第五届安徽省优秀青年科技创新奖、企业科协创新团队获得芜湖市"5111产业创新团队"称号
		重庆广仁铁塔制造有限公司	科技创新先锋
	生物与新医药	安徽省文胜生物工程股份有限公司	皖北领军人物奖
		芜湖绿叶制药有限公司	战略性新兴领域领军人物
	电子信息	安徽达尔智能控制系统股份有限公司	安徽省技术领军人才、特支计划
	资源与环境	黄山睿基新能源股份有限公司	顾全军获得"安徽省首届特支计划创业领军人才"荣誉
		芜湖通力电机有限责任公司	省科技二等奖;省政府特殊津贴;市产业振兴千人计划
	高技术服务	秦山核电有限公司	尚宪和获得"百佳企业科协工作者"、史庆峰获得"百佳企业科技工作者"
	航空航天	中电科芜湖钻石飞机制造有限公司	战略性新兴领域领军人物
		宁夏驭星属陈航天科技有限公司	市科协优秀科技工作者
	新材料	北矿磁材(阜阳)有限公司	省特支计划
		安徽枫慧金属股份有限公司	安徽省战略性新兴领域领军人物
		黄山金瑞泰科技股份有限公司	检版工、包装工操作比赛
		黄山市强力化工有限公司	安徽省技术领军人物
		界首市天鸿新材料股份有限公司	第二批省特支计划创业领军人才、安徽省技术领军人才、第八批阜阳市专业技术拔尖人才

续表

商业模式	行业领域	企业名称	名称
B2C	生物与新医药	安徽金种子集团有限公司	特支计划人员、战略性新兴领域领军人物
		黄山华绿园生物科技有限公司	特支计划人才、科学技术青年奖、战略性新兴领域领军人物
		丽水市鱼跃酿造食品有限公司	2018 年 11 月陈旭东入选纪念浙江省科协成立六十周年 60 人
	先进制造与自动化	奇瑞汽车	战略性新兴领域领军人物、安徽青年科技奖
B2B&B2C	生物与新医药	安徽强旺调味食品有限公司	战略性新兴领域领军人物
	电子信息	安徽华东光电技术研究所	国家级有突出贡献科技专家

企业获得科技人员奖项的情况在一定程度上反映出企业的科技硬实力与企业对科技人才的重视状况。虽然被调查的大部分企业在这一方面做得较好，但还有一小部分企业在科技人员奖项方面不尽如人意，且大部分企业获得的奖项称号集中在省奖，拥有国家级奖励的企业凤毛麟角，因此企业应该首先加强对科技创新的投入，建立相应的科研成果验收机制，将科研过程分为验收、对比、评定、奖励等阶段，使科研目标具体化、清晰化，进而提高科研成果转化的质量与周期；其次，建议企业主动出击，完善科技创新激励政策，以企业为主体与当地科协、技术研发中心等共同建立相应的人才奖励与荣誉机制，给予科技工作者一定的荣誉奖励，激发其科研热情；最后，从调研的总体情况上来看，关于企业在职员工获得科普荣誉这项统计中，大多数企业存在数据缺失的现象，因此建议企业应注意细化科普奖励统计口径，鼓励个人积极提交获奖情况。

10.2.4.2　科普效能小结

加强我国科普荣誉和奖励工作，要理论和实践并行，从科普奖励的数量和质量上同时着手改善。一方面，需要完善科普奖励的制度和评审机制，在评审机制方面，可多加强国内国际专家的联合参与，提升科普荣誉知名度，增加科普奖励的国际性和权威度。另一方面，需加大科普奖金额度，努力使科普工作者为社会所做的贡献与获得的奖励相平衡，进一步提高科普工作者对自己工作的认可度，如杭州市低碳馆对科普人才提供丰厚的福利待遇，设立“五一奖章”并与实际购房待遇挂钩，极大地提高了他们对科技创新及科学普及工作的积极性。

从高新技术企业的角度来看，科学技术的发展与企业经济效益的关系日益紧密，要保证企业自身持续健康发展，首要的就是提高其科技创新能力。而创新能力又取决于高素质人才队伍的建设和员工科学素养的提高，从而使企业科普教育的重要性日益凸显。首先，应提高科技创新人才在企业中的重视程度，支持技术工作者将最新研究成果转化为科普产品。其次，积极推动企业的技术领军人才、科技新星等优秀技术人员投身科普事业，鼓励其为所在单位的在职员工提供技术指导，并建议以企业为主体与当地科协、技术研发中心等共建区域内部的人才奖励与荣誉机制，给予科技工作者一定的荣誉奖励，激发其科研热情，如科技入股、将科普荣誉与购房优惠相挂钩等。最后，企业应建立相应的奖励机制及实施细则，做好个人科普奖励统计工作，如重庆广仁铁塔制造有限公司根据其奖惩细则，为已获得授权并具有高创造性和较大实用价值的专利所有人给予“科技创新奖”，并给予发明人或者设计人资金和报酬上的奖励，极大地激发了公司科研工作者的热情。

10.3　企业系统科普社会化协同典型案例

10.3.1　广州广船国际股份有限公司

1. 基本信息

广州广船国际股份有限公司（以下简称“广船国际”）由广州造船厂改制设立，以造船为核心业务，是中国首家造船上市公司，中国船舶工业集团公司属下华南地区重要的现代化造船核心企业。广船国际可设计建造符合世界各主要船级社规范的3万~6万吨级灵便型液货船，产品涉及大型钢结构、港口机械、电梯、机电产品及软件开发等，并已成功进入滚装船、客滚船、半潜船等高技术、高附加值船舶市场，先后荣获“中国制造业500强”“中国品牌500强”等荣誉称号。公司坚持“做强造船、放活非船，以世界一流的性价比和客户化赢得市场”的经营宗旨，追求企业整体价值的不断提升和企业由强及大的可持续性稳定成长，力争成为“全球灵便型液货船市场的领先者”，为股东和员工创造效益。

2. 科普社会化协同实践

首先，广船国际打通企业内的科普人才与阵地资源，以企业内资源联动，开展各类专题科普讲座，提升企业科普能力。例如，广船国际有限公司邀请全国五一劳动奖章获得者、航运技术与安全国家重点实验室学术委员会委员、中船集团成品/化学品船学科带头人陈灏总工程师，结合广船国际极具规模的造船厂区，联动企业内资料，先后开展了“高技术、高附加值客滚船研发设计”“欲穷千里目，更上一层楼”等专题科普讲座。[①] 陈灏在专题讲座中，结合他多年开发设计的客滚船案例，为大家介绍船舶设计的基本流程、传授先进设计经验，解读客滚船设计的规范要求，开拓大家的科学视野。参观者可在公司设计师与讲解员的带领下，近距离接触部件装载车、大型龙门吊等船舶生产特种装备，了解船舶制造的详细流程和技术运用；远距离参观造船厂区外围区域，了解船舶制造的详细流程和技术运用；走进企业文化展厅，探访琳琅满目的精密舰船模型和船舶工件实物，加深对我国自主研发的船舶制造科技的了解。[②] 同时，广船国际开展的专题科普讲座大多线上与线下统筹推进、同步直播。线上线下结合的科普活动开展方式，拓展了科普讲座的受益人群，扩大了科普讲座的影响，各类专题科普讲座平均可吸引数千名观众参加。

除此之外，广船国际积极探索区域协同科普。区域科普是指在一个地区或

---

① 广州市科协：《全国科普日丨广船国际企业科协开展专题科普讲座》，https：//www.gdsta.cn/jckx/gz/gzs/content_ 31941，最后检索时间：2022年9月20日。

② 广州市科学技术局：《2022年广州创新科普嘉年华系列活动：走进科普基地，感受科技魅力》，《广州日报》2022年9月2日。

区域提供科普服务。广船国际与地方科协开展多方位的合作。同时，该公司联合同属于广州市南沙区的广州中国科学院计算机网络信息中心、广州香江云科技有限公司、广州市农业科学研究院、广州环投南沙环保能源有限公司等科研院所和高新科技企业①，通过科普讲座、科学论坛等形式，协同开展面向社会大众的创新性、示范性科普活动，与区内科研院所和高新科技企业协同发出权威声音，倡导公众走近科学、融入科学，提升全民科学素质水平。

10.3.2　歌斐颂巧克力小镇

1. 基本信息

Afición 是歌斐颂巧克力小镇集团有限公司（以下简称“歌斐颂小镇”）与瑞士公司合作引进的巧克力品牌。歌斐颂小镇位于浙江省嘉善大云省级旅游度假区。歌斐颂小镇打造了“一心四区、九个项目”的总体规划，即歌斐颂巧克力制造中心、瑞士小镇体验区（含歌斐颂市政厅、歌斐颂会议中心、瑞士小镇风情街）、浪漫婚庆区（含歌斐颂婚庆庄园、玫瑰庄园）、儿童游乐体验区、休闲农业观光区（含可可森林、蓝莓观光园）。歌斐颂小镇项目于 2011 年立项，2014 年正式投产开园，总投资 9 亿元，占地面积 28.6 公顷。

2. 科普社会化协同实践

首先，歌斐颂小镇利用企业自身在巧克力领域的专业优势，打造园区内企业协同科普模式，着力推进歌斐颂小镇科普能力建设。歌斐颂小镇利用园区内的生产线、实验室进行科普，并在园区内结合文化和旅游融合开展科普活动。

依托生产线开展科普，推进科普能力建设。歌斐颂巧克力小镇建成并开辟巧克力生产线游览廊道，探索工厂科普新模式，生产线即参观线，生产线将实物与文字相结合，原料进行配图解释，设备按照展示的角度进行陈列，将知识性高、趣味性低的科普内容，转变为动画、漫画等轻松诙谐的方式，以贴近小朋友的语言风格展示科普内容，重视对小朋友科普形式的创新，游客在游览过程中可以了解巧克力的生产工艺流程，实现科普目的。

---

① 耿旭、董业衡：《科技企业做科普，含金量十足》，《广州日报》2021 年 9 月 26 日。

依托实验室开展科普，促进企业科普能力提升。2017 年歌斐颂小镇与中国热带农业科学院香料饮料研究所合作，建立中国可可创新研究中心，研究员在实验室完成“科技创新”与“科学普及”两个层面的公共服务功能，可可创新研究中心既能解决可可产业创新发展技术问题，同时通过实验室科普的形式完成科学教育。中心建有可可森林，通过实物展示、人员讲解等方式向游客科普巧克力的相关知识，实现其科普功能，实践“科技创新+科学普及”的新模式。

以文旅融合进行有机科普，提高科普能力。从企业发展角度出发，歌斐颂小镇立足于家庭文创型旅游，与儿童中心合作，包括向游客讲解植物知识的自然教育，与妇联联合的家庭教育，科普营养元素、健康膳食纤维的食品教育，以及向青少年进行体验式科普教育。这些场馆产品在给游客带来休闲娱乐的同时，也在发挥其商业展销价值，观光者即消费者，以向游客进行产品展示的方式来实现销售量的提高。

其次，歌斐颂小镇积极探索区域协同科普，提升企业科普能力。歌斐颂巧克力小镇围绕巧克力文化主题，充分发挥企业端在科普社会化中的资金、人员、平台等优势，与地方科协合作建立巧克力甜蜜小镇科协，与中小学合作建立科普实践基地，打造多元主体协同科普的新模式，实现区域科普协同化发展。

成立甜蜜小镇科协。2018 年全国科普日，歌斐颂小镇整合嘉善县科协、企业自身资源成立甜蜜小镇科协，承接国家研学旅行政策的切口，发展特色工业旅游，形成旅游和产业“双轮驱动”的经营模式，促进“旅游+工业+展销”三位一体协调发展，2019 年歌斐颂小镇被认定为“浙江省中小学生研学实践教育基地”。

建立研学实践教育基地。歌斐颂小镇依靠嘉善县科协资源，参与长三角科普护照活动[①]，上海、浙江、江苏的学生可通过“长三角科普护照活动”

① 长三角科普护照活动是指嘉善县科协与青浦和吴江两地合作，利用长三角科普教育优势，共同打造的明星科普活动品牌。

参与歌斐颂小镇研学，研学基地设计了包括理论课、实践课和游览课等多种研学形式，形成集学习、实践、游玩于一体的科普教育体系，以更加系统的方式来进行科普教育活动，并根据受众需求设计有针对性的讲解词。2018年，歌斐颂小镇成为上海市教委在浙江命名的首批上海市学生社会实践基地、上海市民终身学习体验基地。

10.3.3　中国航天科技集团有限公司

1. 基本信息

中国航天科技集团有限公司（以下简称“中国航天”）是在中国战略高技术领域拥有自主知识产权和著名品牌、创新能力突出、核心竞争力强的国有特大型高科技企业。中国航天科技集团有限公司是中国航天科技工业的主导力量，前身源于1956年成立的中国国防部第五研究院，主要从事运载火箭、各类卫星、载人飞船、货运飞船、深空探测器、空间站等宇航产品和战略、战术导弹武器系统的研究、设计、生产、试验和发射服务。公司拥有11个国防科技重点试验室、1个国家工程实验室、5个国家级工程研究中心，共获得51项国家科技进步奖，申请专利1万多件。中国航天以掌握具有自主知识产权的关键核心技术为目标，制订了航天核心技术计划，取得了数百项标志性成果，有力地推动了以载人航天和月球探测工程为代表的国家重大航天科技专项的立项研制。

2. 科普社会化协同实践

首先，中国航天打通企业内的科普人才与阵地资源，立足中国航天在航天领域的知识、人才、科学装置等优质的科普资源，组建科普讲解团，发布科普IP形象，着力提升公司科普能力。为让青少年能够更好地领略航天科技之美、领会航天精神之光，中国航天打通企业内的科普人才与阵地资源，组建航天科普讲解团，面向全国的广大青少年，以线上、线下相结合的方式，充分调动讲解团成员的积极性与专业知识，开展主题丰富的科普讲解。航天科普讲解团成员贾阳、高芫赫、何那仁朝格图等人，先后围绕“火星奥运会”“共筑空间站”“火箭发射”等主题，向青少年细致讲解了火星的引力、中国空间站的发展历程、如何科学地观看火箭发射等科学知识。[①] 同时，中国航天组建航天科普讲解团，为了提升讲解团的科普内容广度、提升讲解团的科普能力，广泛邀请在各个领域专业技术过硬的专家学者进行科普讲解。例如，航天科普讲解团曾邀请中国商飞增材制造技术应用研究中心主任张嘉振向青少年讲解增产制造技术的相关应用。为了进一步提升普讲解团的科普成效，中国航天整合企业内设计、宣传等多方人才资源，发布科普 IP 形象，助推航天科普。中国航天的科普 IP 名为“蓝虬虬”，是由航天人自己设计的科普 IP 形象。“蓝虬虬”有着蓝色火焰一般的头发、上扬的浓眉、小小的龙角。它的形象和名字寄托着航天人仰望无边宇宙、点亮蓝色火焰的初心，并融合了中国传统文化元素。[②] “蓝虬虬”肩负推广航天的使命，与航天科普讲解团协作共赢，以可爱的形象和亲和力，进一步拉近航天与公众的距离，与公众一起听航天故事、识航天人物、赞航天精神、学航天知识、观航天盛景、圆航天梦想。

其次，中国航天积极探索企业外部的协作模式，形成以中国航天为抓手、多元主体共同参与的科普模式。一方面，中国航天联合各级科协、高校和学会，协同多方社会力量向公众进行科学普及与科学教育活动。例如，2021 年 4 月，中国航天与重庆航天职业技术学院共同举办“中国航天科技集团有限公司科普讲解大赛”，以“航天科技助力创新发展”为主题，围绕科技创新与科学普及“一体两翼”支撑航天事业创新发展的主旨，通过讲解形式，展现科技创新成果、普及航天科技知识、传播优秀航天文化。同时，中国航天积极联系媒体进行科普活动和高端科普品牌的媒体宣传，建立了微信公众号、视频号、抖音账号，向公众传播航天领域的科学知识。在“少年问天”发射直播等活动举办期间，中国航天积极联系多元媒体进行新媒体形式与传统编辑出版相结合的宣传，多向度拓展了社会影响力，使得科普活动形成了广泛的社会影响力与社会共识度。

---

① 陆宇豪：《中国航天科技集团有限公司航天科普讲解团首次科普讲解活动启动》，https://www.cast.org.cn/art/2022/7/19/art_80_192680.html，最后检索时间：2022 年 9 月 20 日。

② 航天科技集团科技委：《蓝虬虬正式亮相！航天科技集团发布科普 IP 形象》，https://www.thepaper.cn/newsDetail_forward_18435438，最后检索时间：2022 年 9 月 20 日。

10.4 问题与障碍

10.4.1 缺乏硬性抓手，科协推进困难

高新技术企业作为市场经营主体，我国在制度层面缺乏对企业开展科普工作的刚性要求。尽管不少企业负责人在调研中表示，企业有开展科普工作的必要，且认同科普工作的重要性，但被调查企业现阶段所涉及的相关科普工作，往往是处于无意识的一种伴生行为，如企业文化建设、行业交流、产品和服务推广等，科普的主观能动性较弱。

高新技术企业作为开展经营活动的市场主体，从《中华人民共和国公司法》层面而言，并不承担科普方面的职责和要求。这就造成了企业开展科普工作无法可依的局面，且当前企业科普工作开展与否、工作深度与广度，重度依赖于企业家的科普情怀与社会责任感，无法从硬性规定层面促进、强化企业开展科普工作。

部分地方科协也表示，由于缺少政策依据与项目支持等，科协对民营企业科普工作的推动缺乏实际抓手，难以有效动员企业加入国家科普能力建设。

10.4.2 经费投入水平低，渴求政府支持

几乎所有企业均表达了经费层面的困难。就调研情况来看，当前有44.19%的高企未设立科普专项经费，34.88%的高企全年科普专项经费在2万元以下，这表明当前企业在科普经费的投入方面呈现以下境况：近半数的企业在科普方面没有任何投入，绝大部分的高企年科普经费投入处于非常低的水平。部分企业虽在科普工作的实施过程中有所收益，但总体的收支难以保持平衡。

对于企业而言，科普经费的支出主要靠企业自身投入，经营情况较差或处于赢利初期的企业，缺乏将资金分流到科普方面的条件。经营情况较

好的企业，受限于体制、政策和法律等因素，向科普方面投入资金的意愿不高。综合来看，企业对科普经费有强烈诉求，并且渴求政府层面给予财政补助的意愿尤甚，包括政策予以项目、场馆运营、科普活动经费等多方面的补助。

10.4.3 存在行业差别，科普认知差异巨大

高新技术企业是持续进行研究开发与技术成果转化并拥有核心自主知识产权的企业，部分受访人表示高企从事科普工作存在先天的"缺陷"，如重庆石墨烯研究院受访人认为，高新技术企业专业性强，使其难以将科学知识"包装"成公众容易理解的内容。这可能与不同行业特性、企业主营方向有关。公众对于部分高新技术如新材料、高技术服务的不关注和"距离感"也使得企业科普的受众面窄化，科普工作难以奏效。

此外，企业在科普实践中，基于行业特性也容易受到来自外部因素的扰动。生物与新医药行业近年来受到来自监管层面的压力，如百瑞源枸杞股份有限公司、银川伊百盛生物工程有限公司，均受到《广告法》的影响，部分产品宣传陷入困境。企业对科普与宣传之间的界限不清，致使在科普方面的工作束手束脚，难以完全放开。

除将宣传与科普等同的"科普观"之外，部分企业对科普的认识模糊不清，不少企业仍保留着"企业科普难以开展，科普是在科技馆等场所进行的公益性活动"这一传统观念。但同时，也有部分企业已经进行了科普产业化的尝试，例如宁波永新光学股份有限公司在调研现场就展示了其公司设计制造的儿童科普显微镜和STEAM实验套装，已初步将公益性科普事业向盈利性方向转化进行了试点。综合调研结果来看，不同企业对于科普工作的认知存在巨大差异，基于基本认知开展的科普实践也随之分化严重。

10.4.4 人力资源有限，科普能力不足

在项目实施的过程中，高企普遍反映现阶段企业在科普人员方面存在两大关键问题：一是企业员工各司其职，全职专岗的科普人员数量少。如中银

（宁波）电池有限公司受访人表示，企业当前没有科普专职人员，科普工作由公司专职人员兼职，但员工工作满、任务重，承担科普职能的能力有限。二是高企员工欠缺从事科普工作的能力，专业性不足。不少企业一无科普人员的培养规划和培训计划，二无专业科普师资，三无培训的场地、院校和机构，导致企业科普人才匮乏与科普人员质量不高。

此外，在高新技术企业中由科研人员或专业技术人员从事科普讲解等工作也同样存在问题：一是科研人员承担科普讲解工作的成本极高；二是技术人员缺乏将科学知识科普化的转化能力；三是技术人员时间有限，在缺乏有效激励的情况下，参与科普的积极性不高，较难对科普活动产生明确的认知。由此在高新技术企业内部有着技术人员无暇兼顾科普、行政人员兼岗但科普服务能力不足等情况，难以有效发挥企业的智力与人力优势。

10.4.5　成果产出不显著，科普工作碎片化

企业对科普工作在认知、经费、科普团队等多方面存在欠缺，导致了企业科普产出不显著的问题，以日常科技成果科普接待服务为例，超七成企业年接待人数在100人以下，八成以上企业年接待人数在300人以下。绝大多数企业虽然建立了科普传媒，但微信、微博中推送有关科普内容的信息呈现少量化、碎片化的特点，并且缺乏专业运营人才和正常人员开支，新媒体时代线上科普工作缺乏明确规划与体系化设计。企业科普专项活动如全国科普日、科技活动周、科普进社区等的参与度有待提高，部分企业的参与仅仅是作为政府活动的站台单位出席开幕仪式，这意味着作为国家科普能力建设重要一环的企业主体，无论是线上还是线下都尚未发挥企业的科普效用。

当前企业科普工作大多各自为战，企业科普的社会网络还未见形成，这也是企业科普工作碎片化的重要体现。实地调研，很少发现有企业与其他企业进行联动，共同举办科普活动或赛事，尽管是同一行业领域内的企业间也相互隔绝，极大程度地提高了科普的社会成本。企业中点到点的科普工作，难以在长期实践中连点成面，需要进一步思考在企业内统筹协调各级管理部门，在企业外部形成联动与合力，从而实现科普资源高效利用与企业科普成效提升。

10.5 思考与建议

10.5.1 强化顶层设计，引导科普能力培育

机制的不健全和不贯通无疑会直接影响着科普工作规范度和法理支持，对企业科普能力建设具有负面影响。强化顶层制度设计，以合理的顶层设计对企业进行强有力的引导，将有利于培养企业的科普能力，为实现科普社会化协同生态构建做出积极贡献。

各级科协可基于当地企业科协的建立情况、企业特色等，推进顶层设计，推进系统性规划。各级科协可考虑每年出台企业科普行动指导方案，尝试由政府对企业科普进行引导，为企业开展科普工作提供有力规划和顶层设计，促进科普工作体系化建设，包括能力体系、平台体系、资源体系、保障体系、机制体系等，逐步提升企业的科普服务能力。

在企业科普能力建设初期，还可以通过科协及相关部门连接企业与大众，由科技局、科协等部门策划主题、牵头举办活动，鼓励企业参与科普活动，在活动期间促进同一领域或不同领域企业间的交流。

10.5.2 建立经费杠杆协议，促进科普工作落地

科普经费的缺乏是企业科普能力建设的一大阻碍。一方面，由于大多数企业以赢利为目的，仅仅依靠企业全额承担科普经费支出的可行性差。现阶段，由企业全额承担企业科普支出也不利于企业科普积极性的激发和科普能力的建设。另一方面，当前政府层面对企业科普的资金支持尚有提升空间。经调查，有超过一半的企业在调查中未获得政策层面的财政拨款，近四成的企业获得财政补助的金额在1万~10万元。

拨付一定数额的专项资金用于企业开展科普活动，将有效促进企业科普工作的落地和企业科普能力的提升。根据企业实际的经营规模与收支情况，各级科协及相关部门可与企业签订科普经费杠杆协议，按照企业经营情况，

由政府与企业单位按比例支付，建立企业科普专项经费。并就此顺势要求企业建立企业科协、完善企业内部组织建设、制订企业科协章程、完善科普制度，在当地有关科技组织的领导下共同完成科普工作，以此构建政府与企业资金投入的长效机制，保证科普资金的常态化，为企业开展科普工作提供资金保障。

值得关注的是，在强化经费支持的同时应注意规范企业的科普经费使用情况。应要求企业将经费仅用于开展科普活动、培训科普人员等活动开支，并应鼓励将部分科普经费用于科普工作人员的奖励与津贴，以激发员工参与科普工作的积极性与满意度。同时，应明确政府专项拨款仅供企业科协开展科普工作支出，并每年由第三方审计单位进行审计核算，结合审计结果、上一年度科普成效、企业经营状况调整杠杆。

除此之外，应注意避免企业对科普经费支持产生依赖性。企业应打通科普经费多元化渠道，降低科普经费对政府部门的依赖性。有条件的企业还可以设立科普基金，为科普工作的开展提供强有力的长效支撑。

10.5.3 增加激励措施，提振主观能动性

出台更多激励措施，既可以发挥企业在科普工作中重要的主体作用，又可以减轻企业在科普活动中的经济负担，有利于企业集中精力创造更多效益，激发企业推进科普工作的积极性，增强企业自发开展科普能力建设的主动性。

针对企业在科普能力建设方面的投入，政府有关部门可以酌情给予其更具力度的税收优惠政策、专项资金支持政策、贷款贴息政策、项目补贴政策、政府重点采购政策、后期赎买和后期奖励政策。譬如，目前《中华人民共和国科学技术普及法》第二十七条规定：“国家鼓励境内、外的社会组织和个人捐赠财产资助科普事业，对捐赠财产用于科普事业或者投资建设科普场馆、设施的，依法给予优惠。”但是，企业依据《企业所得税暂行条例》，纳税人用于公益性或救济性的捐赠，只能获得3%的优惠尺度。这样的优惠幅度具备的激励作用相对有限。因此，可以考虑在科普相关法律法规

和政策文件中增加激励企业科普的相关论述、加大现有优惠政策的支持力度。

同时，应着重奖励对科普事业发展做出贡献、在科普能力建设方面具有示范引领作用的企业。通过表彰奖励优秀企业，激励先进示范企业在科普相关工作中更上一层楼，激励广大企业向先进学习，加压奋进、比学赶超，努力开创企业科普工作新局面。推动企业参与科普社会化协同将助力形成全民科普、全域科普的“大科普”工作格局。

10.5.4 利用市场机制，开展产业化试点

在市场经济体制下，充分利用市场机制，将有利于企业科普工作与其商业诉求有机结合，企业科普的功能、内涵界定需要更新。具体来说，企业科普的功能应当有所转变，不仅要提升全面科学素养，而且要有利于企业发展。新时期的企业科普，应当是追求社会效益的公益事业与追求经济效益的经营性科普产业相结合。企业蕴含着强大的市场化能力，应当充分发挥企业的市场运作潜能、市场人才优势、商业模式迭代能力，鼓励企业在科普实践中广泛开展科普产业化试点，通过开设 STEAM 课程、科普文创、竞赛等手段，建立企业科普与企业发展共同促进的创新机制，为企业寻求新的利益增长点，实现科普创收、支撑科普工作开展，形成科普工作的良性循环，激发企业科普创新潜能，提高企业科普能力。

10.5.5 探索合作机制，优化人才队伍

探索企业与高校的合作机制，将有助于高校与企业持续输送高质量的科普人才，组建专业程度高、科普能力强的科普人才队伍。而专兼结合、素质优良、覆盖广泛的科普人才队伍将有助于提升企业科普能力建设。

在可行性层面，以企业与高校的合作机制助力企业科普人才队伍建设具有可行性。一方面，大多数企业急需科普人才以提高企业科普能力。随着知识经济的发展，知识更新迭代的速度不断加快，企业传统的培训科普人才的模式已经无法适应新时代的发展要求。企业急需高校输送经过四年乃至四年

以上专业培训的科普人才，以满足企业在新时代的科普需要。另一方面，高校需要将毕业生输送至企业以提高毕业生就业率，提升学校声誉。

在实践层面，地方高校作为科普人才培养的主阵地，需要了解企业对科普人才的需求，反向设计自身人才培养方案，构建以就业为导向的科普人才培养体系。具体而言，地方高校梳理现有专业中与企业科普关联程度高的重点专业、特色专业、新建专业，依托重点专业和特色专业培养独当一面的特色科普人才，依托新建专业培养具有创新性的科普人才，构建学科交叉融合的科普人才培养体系。同时，应实现课程内容与企业科普需求的对接，有针对性地培养具有实践能力和创新能力的人才，使实践教学贯穿于企业科普人才培养的全过程。除此之外，企业与高校还可以探索引进学生到企业基地实践、创办大学等有效的合作机制。

第十一章
学会组织系统科普社会化协同实证研究

11.1 学会组织系统科普社会化协同行动者网络建构

社会网络是指在社会视阈下各类行动者及其相互关系的集合。一个社会的行动者网络构成要素包括人的行动者和非人行动者，从学会组织系统的社会网络的构成来看，学会组织系统是由众多科技工作者组成的，以科普信息资源的交流为相互之间主要关系的局域网络。在学会组织系统中，作为行动者的科技工作者之间具有较强的异质性，其联结也具有多样性，学会组织系统网络的结构层次性较突出，运动与演化较复杂。[①]学会组织系统内部的信息、知识、技术等各类要素不断流动，并与其中各类人员组成群众性组织。

具体而言，学会的社会网络特性表现在弱关系、嵌入性、社会资本和结构洞四个方面。[②]

从弱关系特性层面来看，学会组织系统的人的行动者来自不同行业、不同领域，了解不同的知识，掌握不同的技能，因为共同的学科或者行业、共同的兴趣或者爱好聚集在一起，学会组织系统作为信息中介平台，承担信息交通的角色，所以系统内部信息、资源、知识等非人行动者相互

---

① 周延丽、张太玲、熊阳、刘松年：《论科技社团的社会网络特性》，《学会》2009 年第 8 期，第 21~25 页。

② 刘军：《社会网络分析导论》，社会科学文献出版社，2004。

交流叠加，其弱关系特性有利于各类非人行动者在不同人的行动者间发生交流和碰撞。从科普角度来看，人的行动者间以行业或兴趣为连接，以共同关心的问题为纽带，根据他们自身和社会需要，开展科普交流、科学普及，弱关系有助于提高社会系统科普信息、知识等交换的质量。学会组织系统的弱关系特性使其拥有更大的社会网络和更多的科普信息，使各类行动者跨越物理边界实现各类科普资源的融合，从而提升科普交流的辐射范围和信息质量。

从嵌入性特性层面来看，学会组织系统的首要和基础性工作是开展科普交流，其主体属于学会组织系统中的人的行动者，各人的行动者嵌入各社团的基础社会网络。科普交流活动的基础性工作是实现科普信息、资源等非人的要素的流动，信息流动行为的顺利进行构建在各人的行动者的信息关系的基础上，本质上信息流动嵌入社团网络的信任结构。建立学会组织工作人员与会员之间的信任关系，是学会组织系统举办高水平、高质量科普活动的前提和基础。[①]

从社会资本特性层面来看，学会组织系统的各类行动者基于会员的兴趣爱好和需求关系构建出异质性网络，人的行动者和非人行动者拥有不同的社会关系网，并能够从各自所在的社会网络中摄取所需的科普信息与资源，其中的社会网络与信息资源则构成了人的行动者的社会资本。学会组织系统中的人的行动者进入的社会团体越多，其社会资本便越丰富；分属的社会网络节点规模越大，其社会资本便越丰富；摄取的科普信息资源越多，所拥有的社会资本越多。学会组织系统的人的行动者拥有的社会资本丰厚程度与异质性程度取决于其所处的社会网络的数量和种类，学会组织系统就是会员社会资本的重要来源。[②]

从结构洞特性层面来看，学会组织系统通过学会组织人员、管理人员和

---

① 周延丽、张太玲、熊阳、刘松年：《论科技社团的社会网络特性》，《学会》2009 年第 8 期，第 21~25 页。

② 周延丽、张太玲、熊阳、刘松年：《论科技社团的社会网络特性》，《学会》2009 年第 8 期，第 21~25 页。

参与人员等人的行动者开展活动等将各类行动者有机联系起来。随着系统内部科普信息、活动等非人行动要素不断流动，学会组织系统社会网络的各节点连接会趋于紧密。在科学发展维度下，学科逐渐趋于精细化，各类学会组织系统间联系紧密度逐渐降低，结构洞的存在阻碍了学会组织系统内部以及系统间的科普交流，使隶属于某一学会组织系统的科普信息很难在学会组织系统群体间自由地流动和传递，造成科普信息的不对称，容易形成对信息资源的垄断，从而阻碍科普交流的正常进行。[①]

根据行动者网络理论，本节将学会组织系统分为：科普专职人员、科普兼职人员和学会注册科普志愿者数等三类人的行动者；科普部门或机构、科普经费、科普制度、网络科普平台、科普期刊、科普图书、科普课程、科普（技）讲座、科普（技）竞赛、研学活动、科技教育活动或实用技术培训、公众科普品牌活动、创新类科普活动、科普基地、科普理论研究、网络媒体、科普荣誉等非人行动者。具体如表 11-1 所示。

表 11-1　学会组织系统行动者

基础条件	科普部门或机构 科普经费 科普人员 科普制度
科普工作	科普产品 科普活动 科普基地 科普理论研究
科普产出	具有代表性的科普传媒产品 网络媒体运营 科普产品收益 科普荣誉

① 周延丽、张太玲、熊阳、刘松年：《论科技社团的社会网络特性》，《学会》2009 年第 8 期，第 21~25 页。

11.2　学会组织系统科普工作调查

11.2.1　基础条件

11.2.1.1　科普部门或机构

学会科普工作通常由科普部门和科普工作委员会共同承担。学会科普部门设立情况分为三种：独立科普部门、与其他部门归并的科普部门和无科普部门（见表11-2）。调研的29家全国科技型学会中，有27家学会提供信息涉及此部分内容，两家学会未提供相关数据。其中，设立独立科普部门的学会有13家，占比48.15%；与其他部门归并的科普部门有8家，占比29.63%；无科普部门有6家，均属学会驻会体系，体量小，总人数均不超过3人，缺少部门运作的最基本的人才调配与储备。

表11-2　学会科普部门设立情况

独立科普部门	中国电机工程学会、中国林学会、中国航空学会、中国环境科学学会、中国计量测试学会、中国农学会、中国气象学会、中国汽车工程学会、中国生物工程学会、中国指挥与控制学会、中华中医药学会、中华口腔医学会、中华医学会
与其他部门归并的科普部门	中国水利学会、中国机械工程学会、中国核学会、中国食品科学技术学会、中国通信学会、中华药学会、中华医学会、中华预防医学会
无科普部门	中国康复医学会、中国地质学会、中国地震学会、中国科学技术史学会、中国物理学会、中国科普作家协会

注：中国颗粒学会、中华护理学会数据缺失，本项仅统计27家学会。

独立设置科普部门是学会近年来大力加强科普工作地位的重要进步，若干学会根据自身工作特点将科普职责内容并设为新的部门，对提高科普工作地位的积极促进意义依然是显著的。如中国机械工程学会将“奖励与评价处”改为“科普与评价处”；中国水利学会将科普与学术归并，成立“学术交流与科普部”；中国核学会将其归并为“科普宣传部”（见表11-3）。

表 11-3　部分学会将科普与其他部门归并情况

学会名称	部门名称
中国水利学会	学术交流与科普部
中国机械工程学会	科普与评价处
中国核学会	科普宣传部
中国食品科学技术学会	科普与会员管理部
中国通信学会	普及与教育工作部
中国药学会	科技开发中心科技传播部
中华预防医学会	科普信息部

学会科普工作委员会与科普部门相辅相成，兼有多种运行设计模式，如中国药学会探索性建立并运行了科普专业主体——科学传播专业委员会。科普部是行政办事机构，依靠科学传播专业委员会落地顶层设计，科学传播专业委员会是科普工作的咨询与执行机构。同步成立企业性质的学会实体机构——科技开发中心，中心包括新媒体事业部、科技传播部、科技服务部等，承担了学会量大面广的日常及市场拓展性科普工作。

部分学会没有设置行政性的科普专业部门，采用依托科普工作委员会开展科普工作的方式落实科普工作。如中国地质学会设有地质科普工作委员会，并委派专人负责科普工作，中国地质学会内部驻会科普岗位人员仅 2 人，但以驻岗指导形式，弥补了科普部门人力资源弱的不足。一定程度上体现了学会对科普职能落地的重视，同时为内部人才不足积极探索解决办法，并构建了自上而下或自下而上传播经验的交流机制。

总体上，全国科技型学会科普机构设立初步成型，当前学会科普机构独立设置近年来有长足进展，部分学会科普部门与委员会形式相辅相成，多部门兼抓科普工作开展也有一定比例。

11. 2. 1. 2　科普经费

国家级学会中，学会自筹经费是目前学会科普经费的主要来源渠道，这可能是受到社会组织如协会、商会与行政单位脱钩改革的政策环境影响，如 2015 年《中共中央办公厅　国务院办公厅关于印发〈行业协会商会与行政机关脱钩总体方案〉的通知》（中办发〔2015〕39号）[①]，2019年国家发改委与民政部等十部委共同下发了《关于全面推开行业协会商会与行政机关脱钩改革的实施意见》（发改体改〔2019〕1063号）[②]，继续推动社会组织脱钩改革。实地调研中多家单位受访人也表示，学会与政府行政单位脱钩正在推进中，行政体制上的变化导致了自收自支逐渐成为学会科普经费及学会总体经费的主要方式。同时，由于不同学会的发展历程、管理模式、与所属上级行政单位关系以及历史等多种因素产生的复杂性，部分学会转变为差额拨款单位，即挂靠单位仅提供必要的人员经费维持学会正常运营，少量学会仍为全额拨款单位（见表11-4）。

表11-4　科普经费来源

类别	财政全额拨款频数	占比(%)	财政差额拨款频数	占比(%)	自收自支频数	占比(%)
总计	3	12.00	5	20.00	17	68.00
理科	0	0.00	0	0.00	5	100.00
工科	1	10.00	3	30.00	6	60.00
农科	1	50.00	1	50.00	0	0.00
医科	1	14.29	1	14.29	5	71.43
交叉学科	0	0.00	0	0.00	1	100.00

注：26家学会提供了此项数据，中国汽车工程学会数据缺失，本项统计总数25家学会。

尽管目前在政策趋势上，学会有可能将完成全部脱钩，但由于不同学科、不同学会间存在巨大的差异性，不建议所有学会“效仿”协会、商会等社会组织实现脱钩。部分学会由于政社分开及自身的非营利性组织的定

① 中华人民共和国中央人民政府：《中共中央办公厅　国务院办公厅关于印发〈行业协会商会与行政机关脱钩总体方案〉的通知》（中办发〔2015〕39号），2015年7月21日，http：//www.gov.cn/zhengce/content/2015-07/21/content_10023.htm，最后检索时间：2023年4月4日。

② 中华人民共和国中央人民政府：《关于全面推开行业协会商会与行政机关脱钩改革的实施意见》（发改体改〔2019〕1063号），2019年6月17日，http：//www.gov.cn/xinwen/2019-06/17/content_5400947.htm？from=singlemessage&isappinstalled=0，最后检索时间：2023年4月4日。

位，其项目经费、科普活动开展受限。因此建议有自身造血能力的学会完成与上级单位的脱钩，通过承接社会功能等方式提高自主经营能力，保障科普经费供给与正常科普活动开展；缺乏经营管理能力及涉及保密的学会由上级行政单位保留一定的经费支持，在合法性与合理性的前提下充分发挥行政体制与社会组织的双重优势。同时，国家级学会需起带头作用，摒弃科普工作“纯投入，无收益”的传统思维，开展学会间的科普产业化交流活动，活化科普创收思维，通过科普收益为科普工作提供经费支撑。

多数被调研学会的自筹科普经费不高于80万元，基数较低，尚有较大的可提升空间（见表11-5）。一方面，科普工作虽然是学会的主要工作之一，但由于其投入大并且不能带来即时收益的特点，长期以来被边缘化，因此学会对于自行筹措科普经费缺乏相应的自主性和积极性；另一方面，受到学会总人数特别是科普专职人员数的限制，学会在日常工作之外难以投入更多的精力进行科普经费自筹。目前而言，学会科普经费自筹在很大程度上是通过科普创收实现的，一部分学会表示学会具有“非营利组织”的定位以及科普工作的公益性特质，这反映了学会在运营管理上的惯性思维，也在一定程度上导致学会对于科普创收未能有清晰的认识和明确的规划。大部分学会对于科普创收持较为谨慎的态度，目前仍处于探索阶段，产业化还很不成

表11-5　自筹科普经费金额

类别	0~40万元频数	占比(%)	41万~80万元频数	占比(%)	80万~120万元频数	占比(%)	120万元以上频数	占比(%)
总计	9	42.86	3	14.29	4	19.05	5	23.81
理科	2	40.00	0	0.00	0	0.00	3	60.00
工科	4	0.40	2	0.20	3	0.30	1	10.00
农科	0	0.00	0	0.00	1	1.00	0	0.00
医科	3	0.60	1	0.20	0	0.00	1	20.00
交叉学科	0	0.00	0	0.00	0	0.00	0	0.00

注：26家学会提供了此项数据，中国康复医学会、中国科普作家协会、中国农学会、中国通信学会、中国药学会数据缺失，本项统计总数21家学会。

熟。此外，不同学会因为挂靠单位性质的差别，导致市场化程度、对于经济活动的需求很不一样，这就使各学会自筹科普经费有较大出入。

目前，各学会对于科普经费自筹总体上处于探索阶段，思路不是很清晰。应倡导有能力的学会主动扩展经费来源渠道，进行规范形式的单位自筹，通过为企业提供技术咨询服务、进行科技对接、实现成果转化，以及开发科普产品、设立以科普为核心的基金会等形式充分盘活学会自身以及社会资源，实现科普工作的自循环。

多数学会的上级单位支持科普经费不高于100万元。学会反映由中国科协派发的各类项目学会能够申请的数量较少，资金数额也较低。并且项目的数量、金额在不同年份波动较大。此外，各类不同学会的上级单位支持科普经费有一定差别，推测这是由于不同学会挂靠单位的性质、财政状况存在差别，以及学会自身的产业转化、科普创收情况也存在较大差异。其中被调研的工科类学会有80.00%上级单位支持科普经费在100万元以下，“200万元以上”仅占10.00%，这可能是因为工科类学会应用性强，产业转化情况较好，因而能在一定程度上实现科普工作自循环。其中可能受到抽样影响，被调研学会中农科类学会仅有2所，故受极端值影响较大（见表11-6）。

表11-6　上级单位支持科普经费金额

类别	0~100万元频数	占比(%)	101万~200万元频数	占比(%)	201万~300万元频数	占比(%)	300万元以上频数	占比(%)
总计	16	69.57	1	4.35	2	8.70	4	17.39
理科	3	60.00	0	0.00	1	20.00	1	20.00
工科	8	80.00	1	10.00	0	0.00	1	10.00
农科	1	50.00	0	0.00	0	0.00	1	50.00
医科	4	66.67	0	0.00	1	16.67	1	16.67
交叉学科	0	0.00	0	0.00	0	0.00	0	0.00

注：26家学会提供了此项数据，中国康复医学会、中国科普作家协会、中国通信学会数据缺失，本项统计总数23家学会。

学会上级单位支持科普经费金额在一定程度上受到学会自身特性的影响。产业转化适应性高、科普创收效益好的学会应继续扩宽经费来源，通过多元的社会捐赠、规范的单位自筹和项目拨款机制的再设计等形式提升经费额度。对于在现阶段科普创收还不是很成熟的学会而言，应在向上级单位申请拨款以维持学会科普工作正常开展的同时，积极进行科普产业化的初步探索。中国科协应考虑为学会提供更加多元的项目申请平台，建议通过购买服务的形式，为学会提供适当项目补贴。

总体上，学会带动社会投入科普经费金额不高于 50 万元，基数相当低。从学科上来看，医科和工科类学会带动的社会投入科普经费金额高于农科和交叉学科类学会。推测这可能与学会的学科类别有关，一些学会属于受大众较多关注的学科类别，如人们通常会更加关注医学方面的科普知识，而对于农科方面的科普知识关注相对较少。因此，出现一些学科类别的学会，其地位与作用并不为人们熟知，社会的关注度严重不足，导致其带动社会投入科普经费金额较少。此外，推测这可能也与学会的外向性不同有关。不同学会与其他学会、其他机构之间的交流和合作程度存在差异性，拥有较强组织协调能力、外向性高的学会，则有可能获得更多的社会投入科普经费（见表 11-7）。

表 11-7　带动社会投入科普经费金额

类别	0~50 万元频数	占比(%)	51 万~100 万元频数	占比(%)	100 万元以上频数	占比(%)
总计	14	73.68	2	10.53	3	15.79
理科	3	75.00	1	25.00	0	0.00
工科	6	75.00	1	12.50	1	12.50
农科	1	100.00	0	0.00	0	0.00
医科	3	60.00	0	0.00	2	40.00
交叉学科	1	100.00	0	0.00	0	0.00

注：26 家学会提供了此项数据，中国核学会、中国康复医学会、中国农学会、中国气象学会、中国水利学会、中国通信学会、中国药学会数据缺失，本项统计总数 19 家学会。

目前，各学会带动社会投入科普经费金额尚存在较大的可提升空间。学会应向社会大力宣传科普的重要意义，致力创造全社会积极投入科普的氛围。同时，应当更加积极地进行本学会的科普，寻找贴合公众需求的宣传内容和方式方法，宣扬本学科科普知识的重要作用，提升学会在社会公众中的关注度与认可度。此外，拓宽多元化科普经费筹集渠道，需要制订相应政策，通过众筹、项目共建、捐款捐赠、举办竞赛拉取赞助等形式，通畅筹集社会资金的渠道，鼓励和吸引社会资本投入科普事业的发展。最后，科协可以发挥好桥梁纽带作用，通过举办关于如何更好地带动社会投入科普的年会或者论坛，打通学会之间交流学习的渠道。

11.2.1.3　科普人员

学会中科普专职人员数较少，多数学会有限的人力资源难以支撑日益增多的工作，部分学会规模过小，人员缺乏，难以配备专门从事科普的工作人员，理科、农科类学会体现尤甚，如中国物理学会驻会总人数仅 2 人，常态科普工作组织和开展难以兼顾。而工科、医科类学会科普专职人员数相对较多，这可能与其体系较大、总工作人员数较多、更加注重科普工作有关；被统计的唯一一家交叉学科类学会科普专职人员在 20 人以上，是因为此家学会为中国科普作家协会，汇集了大量专业科普作家。与专职人员相比，总体上兼职科普人员数量上相对更多。实地调研中发现，学会的人员编制有限，数量较少的专职人员难以应对繁多的工作，兼职人员也就成为很自然的选择。如中国科学技术史学会反映学会本身没有编制，工作人员全部是兼职，人事关系主要在中国科学院大学，因为编制限制所以人员招聘困难。不同类型学会的科普兼职人员数分布有一定差别，这可能与不同学会的职能侧重与规模大小相关（见表 11-8）。

学会科普专职人员岗位的设立受自身学科特点、基础保障影响较大，各学会要结合自身特点调动人员进行科普，体量较大、科普专职人员较多的学会要积极探索有效的科普人才聚集模式，实现科普工作常态化、有序化发展；体量较小、人员不足的学会要充分利用资源优势，组织协调专家团队、会员单位、志愿者队伍，打造可依托可集聚的科普力量。多数学会拥有独立的科普部门或与其他部门归并的科普部门，有条件的学会应依托科普部门，督促科普专职人员找准自身定位、明确职责，发挥学会的科普职能。学会可

表 11-8 科普人员数量

类别	科普专职人员数量			科普兼职人员数量			
	0~10 人频数	11~20 人频数	20 人以上频数	0~100 人频数	101~200 人频数	201~300 人频数	301 人及以上频数
总计	21	4	1	17	3	3	3
理科	5	0	0	2	1	0	2
工科	9	2	0	6	1	3	1
农科	2	0	0	1	1	0	0
医科	5	2	0	7	0	0	0
交叉学科	0	0	1	1	0	0	0

资料来源：《中国科学技术协会 学会 协会 研究会统计年鉴 2018》。

采取社会招聘和购买社会服务的方式，扩展学会科普专职人员队伍，提升科普工作的专业化程度，同时可将部分创收收入用于此类编外人员的科普绩效，促进科普工作有序化、专业化发展。

在专职人员数量受人员编制、学会负责人对科普重视程度限制较大的情况下，应着眼于协调发挥专兼职科普人员的力量，扩展兼职人员来源群体，建议允许党政领导适当在学会中兼职，对于调动资源有一定作用。对于科普兼职人员的工作要给予认可，建立完善的激励机制，以专职工作人员统筹规划为主、兼职人员协助实施为辅，与社会建立广泛联系，做到高效协调、有效激励、多群体共同助力学会科普。

志愿者在学会科普中发挥了重要作用，但"0 人"的学会填写量占比超过 60%，这可能有以下四种原因：填写学会对科普志愿者所能从事的工作还不熟悉，没有认识到志愿者在科普工作中能发挥怎样的作用，未能有效发动志愿者；部分学会认为志愿者专业水平有限或者流动性较强，因此对志愿者需求也较少；学会科普志愿活动没有连续性，未能常态化开展；受抽样所造成的极端值影响。调研中发现，有部分学会结合自身科普特色，成立专家志愿者团队，对学会科普效能起到很大的提升作用（见表 11-9）。

表 11-9　注册科普志愿者人数

类别	0 频数	占比(%)	1~200 人频数	占比(%)	201~400 人频数	占比(%)	401 人及 以上频数	占比(%)
总计	17	65.38	2	7.69	4	15.38	3	11.54
理科	3	60.00	1	20.00	0	0.00	1	20.00
工科	8	72.73	0	0.00	3	27.27	0	0.00
农科	2	100.00	0	0.00	0	0.00	0	0.00
医科	3	42.86	1	14.29	1	14.29	2	28.57
交叉学科	1	100.00	0	0.00	0	0.00	0	0.00

资料来源：《中国科学技术协会 学会 协会 研究会统计年鉴 2018》。

志愿者是学会科普活动中最具活力与热情的群体，引导志愿者参与科普工作能有效弥补学会自身科普资源不足的问题，但学会对志愿者参与科普活动的管理较为松散，对志愿者作用的意识还不够。各学会应结合自身特色，与相关领域高校、科研院所建立紧密联系，重视专家学者、学生群体、热心公益的社会各界人士在科普内容创作与审核、科学知识在地化推广等方面的作用，主动为志愿者提供专业的科普意见、标准化的培训内容，帮助形成目标明确的志愿者组织，提升志愿者参与科普的积极性和荣誉感。

11.2.1.4　科普制度

总体上，学会已初步建立科普制度，但其中有过半的学会科普制度只有1~2项，基本覆盖有差距，这在一定程度上说明多数学会的科普制度建设不够完善和体系化。一半学会没有科普五年规划等中长期规划，表明被调研的学会存在缺少对于科普工作的中长期规划安排的问题；六成学会有科普年度工作计划或科普年度工作总结，而此两项工作皆为科协下派的常规统计工作，表明大多数学会科普制度建设的自主性不足。一些学会囿于既有编制、人员、经费等，存在一人身兼多活的情况，而科普制度规章建设虽然是其工作之一，但往往由于紧急性或重要性低，处于边缘地位，因此科普基本制度建设未能落地（见表 11-10）。

表 11-10　科普工作管理制度的建立情况

学会分类	学会名称	科普工作管理制度的建立情况
工科	中国核学会	每年制订年度工作科普宣传工作计划； 每五年制订科普咨询教育工作委员会工作计划
	中国电机工程学会	《中国电机工程学会科普发展规划(2017—2020—2025年)》； 《中国电机工程学会科学传播专家管理办法》； 《中国电机工程学会科普基地评选办法》
	中国机械工程学会	科普工作委员会工作条例、工作重点； 学会科普工作五年规划、年度工作计划； 年度工作总结等
	中国计量测试学会	《中国计量测试学会科普教育基地管理办法》； 《科普与教育工作委员会暨计量历史与文化研究会管理办法》； 月工作总结、年工作计划； 年工作总结
	中国汽车工程学会	—
	中国食品科学技术学会	《中国食品科学技术学会食品安全科普与辟谣项目工作管理办法(试行)》； 《全国食品科普教育示范基地管理办法(试行)》； 《全国食品科普教育基地考核标准》
	中国水利学会	《十三五科普工作规划》； 每年制订年计划、每年提交年度科普总结给中国科协
	中国通信学会	《信息通信科学传播专家团队工作条例》； 《中国通信学会科普教育基地认定与管理试行办法》； 《2019年普及与教育工作部工作计划》
	中国指挥与控制学会	—
理科	中国地震学会	无
	中国地质学会	—
	中国航空学会	每年年初制订科普工作计划、科普工作月报、科普工作总结； 学会科普工作的5年计划
	中国环境科学学会	2015年组织编写《关于进一步加强环保科普工作的意见》； 2017年制作编写《"十三五"环保科普工作实施方案》
	中国颗粒学会	—
	中国气象学会	《气象科普发展规划(2019—2025年)》； 《气象科普教育基地创建规范》
	中国物理学会	—

续表

学会分类	学会名称	科普工作管理制度的建立情况
理科	中国心理学会	中国心理学会心理学普及工作委员会章程 中国心理学会科普工作"十三五"规划(2016~2020) 中国心理学会科普委非学术会议2019年度计划 中国学会2019年重点科普工作汇总表(盖章版) 中国心理学会科普委2019年度业务活动情况(民政部年检报告书)
医科	中国康复医学会	科学普及工作委员会按照《中国康复医学会分支机构建设标准(试行)》成立,并严格按照分支机构管理办法开展相关工作; 《关于印发〈中国康复医学会2019年工作要点〉的通知-中康发〔2019〕1号》; 《中国康复医学会驻会机构召开2019年第一次秘书长办公会》; 《简报第4期　中国康复医学会驻会机构召开2019年第二次秘书长办公会》; 《中国康复医学会党委关于开展"不忘初心、牢记使命"主题教育的通知》
	中国生物医学工程学会	《中国生物医学工程学会科普教育基地管理办法》
	中国药学会	《中国药学会科学普及工作"十三五"规划》; 每年制订年度计划、年度总结
	中华口腔医学会	《中华口腔医学会章程》第四条、第七条、第十一条; 《中华口腔医学会规章制度与工作职责汇编》第八章; 中华口腔医学会年度科普工作要点; 中华口腔医学会年度科普总结
	中华医学会	中华医学会健康科普工作中长期规划; 中华医学会2019年度科普工作计划
	中华预防医学会	—
	中华中医药学会	—
	中华护理学会	—
农科	中国林学会	学会科普工作年度计划、年度总结; 中长期规划
	中国农学会	每年有科普工作计划与总结
交叉学科	中国科普作家协会	《中国科普作家协会章程》; 《中国科普作家协会分支机构管理办法》; 《中国科普作家协会基地管理办法》; 《中国科普作家协会制度汇编》; 《中国科普作家协会2019年工作总结和2020年度工作计划》
	中国科学技术史学会	—

注：以上表格来源于各学会提供的自评价报告和访谈报告。

因此，各学会应推进科普制度体系的内容建设，加强对于科普运行机制的改革。科普制度建设主要问题在于制度建设完善度方面，如何建立健全科普制度内容建设体系是各学会应该考虑的问题。一半的学会没有形成中长期科普工作规划，表明学会在长远规划方面的工作有待加强。各学会应当树立长远思维，形成系统的、规范的科普工作办法，才能促进学会科普工作的可持续发展。同时，如何确切落实与巩固已建立的科普制度，也是各学会需要注意的方面。科普制度的设立需要与各学会常态的科普工作、科普项目等紧密联系，结合实际情况，设立兼具科学性和可落地性的科普制度，才能促进科普制度的良性发育。

科普工作考核与激励机制缺失明显，科普人员晋升渠道不通畅。调研中发现，多家学会反映科普工作缺乏激励机制，从事科普对个人无实际激励，导致科普工作难以推动，这是当前国家级学会开展科普工作存在的共性问题。学会成员参与科普工作不被列入考核和激励的范围，影响了科技工作者联合体推进科学普及工作的力度（见表 11-11）。

表 11-11 学会科普人员激励措施

学会分类	学会名称	科普激励
工科	中国核学会	无
	中国电机工程学会	对省学会、专委会和专家有考核评优、曾设创收增资奖励办法
	中国机械工程学会	面向学会理事、会员发布参与学会科普工作的倡议书
	中国计量测试学会	2018 年对学会科普与教育工作委员会进行换届，成立计量历史文化研究会，对委员发放聘书
	中国汽车工程学会	—
	中国食品科学技术学会	纳入工作成绩，作为职务资格评审参考； 加班补贴绩效，对科普工作有突出贡献的有一些倾斜
	中国水利学会	2019 年成立科普工作委员会； 2020 年在大禹奖中增设科普类奖； 2020 年发展第二批水利科普专家 6 人
	中国通信学会	—
	中国指挥与控制学会	无

续表

学会分类	学会名称	科普激励
理科	中国地震学会	无
	中国地质学会	无
	中国航空学会	设有科普工作杰出贡献奖
	中国环境科学学会	无
	中国颗粒学会	—
	中国气象学会	创收收入用于编外人员激励
	中国物理学会	无
	中国心理学会	—
医科	中国康复医学会	无
	中国生物医学工程学会	科普经费用于专家咨询费
	中国药学会	志愿证书、社会实践证明、表扬优秀单位
	中华口腔医学会	专职的工作人员大部分是合同制，工资分为绩效加基本工资，绩效这一部分跟着医院走
	中华医学会	—
	中华预防医学会	奖金、“五个一”考核指标
	中华中医药学会	无
农科	中国林学会	考核、学会科普工作先进集体
	中国农学会	无
交叉学科	中国科普作家协会	《中国科普作家协会分支机构管理办法》中分支机构管理考评机制； 《中国科普作家协会制度》中激励制度
	中国科学技术史学会	—

注：以上表格来源于各学会提供的自评价报告和访谈报告。

目前，部分学会正在探索建立科普工作激励机制，在评优、职称评定中对优秀的科普工作者予以适当倾斜，如中华预防医学会学术部发布了专门的分支机构管理办法，其“五个一”指标中包含科普活动，并将其作为年终评优的考核指标之一；中国水利学会于2019年成立科普工作委员会，2020年在大禹奖中增设科普类奖，2020年发展第二批水利科普专家6人；中国航空学会也设有科普工作杰出贡献奖，表彰对学会科普工作做出突出贡献的科技工作者。此外，也有学会正在探索物质层面的激励，对编外人员做科普进行补贴，如中国气象学会的创收收入可用于编外科普工作人员的奖补。总体而言，学会的科普工作主要靠工作人员的自身兴趣和社会责任感，内生动力不足，科普激励机制仍有待建立和完善。

11.2.1.5 基础条件小结

大部分学会科普经费处于自收自支的状态，且科普经费在总量上基数较低。经费总量不足且缺乏稳定性限制了学会科普工作开展，对于学会提升科普效能产生消极影响。建议学会探索多样化的科普经费来源，通过开发科普产品、构建特色科普产业等形式充分调动学会自身以及社会资源，发展科普工作自循环新模式。中国科协及各学会上级单位应为学会科普经费的总量与稳定性给予保证，为科普工作的可持续发展提供支撑。

从实际情况来看，不同学会因管理模式、发展历程、体制转化等方面存在差异，在人员数量与组成上存在一定差别，并且多数被调研学会的注册科普志愿者人数较少甚至没有，反映了学会总体上对于科普志愿者不够重视。各学会要结合自身特点调动人员进行科普，体量较大的学会优化人员配置，做到高效管理，提升科普工作的可持续性；体量较小、人员不足的学会应依托自身特色，积极调动一切可以集聚的资源，组织发动相关高校、科研院所专家团队、会员单位、志愿者队伍，建立有效协调机制和激励机制，多群体共同助力学会科普。

从调研情况来看，学会在科普制度方面系统性不足，普遍未形成长期规划性管理制度；与此同时，科普工作考核与激励机制明显不足，从事科普工作实质性激励过少，科普人员缺乏通畅的晋升渠道。建议学会科普工作管理者树立长远思维，依托专业性团队组织中长期的科普规划建设工作，使科普活动实现可持续发展；学会上级管理部门应考虑将科普工作纳入绩效考核与职称评定，以有效提升相关人员从事科普工作的积极性。

11.2.2　科普工作

11.2.2.1　科普产品

总体上，理科、工科、农科、医科和交叉学科都十分重视科普网站或学会官网科普专区的建设。受学科类科普需求影响，30.77%的学会建设有多个科普网站或学会官网上的科普专区，其中工科类和医科类学会居多。以中华医学会和中国药学会为例，它们在设有专业科普网站的基础上，还通过多种合作形式如在“科普中国”搭建科普专题、为“果壳网”提供专家审核等形式在多个第三方网站平台设立科普专区（见表11-12）。

表11-12　科普网站或学会官网科普专区

类别	1个频数	占比(%)	2个频数	占比(%)	4个频数	占比(%)
总计	18	69.23	6	23.08	2	7.69
理科	2	40.00	2	40.00	1	20.00
工科	7	63.64	3	27.27	1	9.09
农科	2	100.00	0	0.00	0	0.00
医科	6	85.71	1	14.29	0	0.00
交叉学科	1	100.00	0	0.00	0	0.00

注：中国物理学会、中国科学技术史学会、中华护理学会数据缺失，本项仅统计26家学会。

受传播形式的影响，很多学会认为传统的科普网站或者网站上的科普专区浏览量有限，内容分发渠道也十分有限。囿于人力资源，在做科普内容推广时，绝大多数学会倾向于投入较少的时间和精力放在传统的网站内容建设上；同时，多数学会科普工作以举办科普活动为主，科普活动的举办和宣传依赖微信公众号等新媒体平台较多，通过传统网站宣传科普工作相对而言比重较少，规划科普工作时也较为轻视。

在网络科普中，以微信公众号为代表的新媒体运营平台和以网站为主阵地的传统科普模式是做好网络科普的两大抓手。其中科普网站应该扮演新媒体科普内容承载平台的角色，绝大多数新媒体平台的科普内容主要以推文和短视频为主，形式碎片化，用户阅读集中于内容发布初期。将新媒体科普内容沉淀、留存于官方网站，做好官方科普网站内容搜索功能，可大幅度提升科普内容重复阅读率，扩大科普内容传播时间段，受众可以在自己需要时通过针对性搜索快速查找到自己所需的内容。

理科、工科、农科、医科及交叉学科都十分重视微信公众号建设。其中理科、工科、医科类学科设立的“微信公众号”平台要高于其他类型的学科公众号，以医科类学会为例，有57.14%的医学会设立了2个微信公众号。农科类学会都运营了1个微信公众号，这也与农科类学会属于财政拨款性单位有关，主体申请受到学会性质限制。调研了解，受微信公众号平台推送规则限制，很多学会的微信公众号平台主要用于学会的工作宣传，如活动举办、学术活动情况介绍等，科普内容夹杂在这些推送内容之中，篇幅有限，系统性规划较弱。对微信公众号的建设工作，大多数学会均十分重视，但科普内容在总体内容占比上有限，科普工作均重视有限（见表11-13）。

表 11-13 微信公众号数量

类别	1个频数	占比(%)	2个频数	占比(%)
总计	16	61.54	10	38.46
理科	3	60.00	2	40.00
工科	8	72.73	3	27.27
农科	2	100.00	0	0.00
医科	3	42.86	4	57.14
交叉学科	0	0.00	1	100.00

注：中国物理学会、中国科学技术史学会、中华护理学会数据缺失，本项仅统计26家学会。

微信公众号平台对很多学会来说属于集成类、综合性宣传平台，运营效果良好的微信公众号需要有健全的运营团队，学会对科普工作的重视程度直接影响科普内容在微信公众号平台内容推送中所占的篇幅。但总体来说，运营成效好的学会官方微信公众号在科普内容建设上也卓有成效，官方微信公众号背后也有一支“综合实力强硬”的宣传队伍。科协可搭建新媒体运营技术分享平台，促进各学会新媒体科普平台建设与运营的经验交流与分享。

相对微信公众号和网站平台建设，理科、工科、农科、医科和交叉学科对微博这种平台建设较为轻视。50.00%的学会没有建设官方微博账号。在已经建设官方微博的学会中，又以理科、工科和医科为主。调研发现，因公众对理科、工科和医科有较大的科普需求，故理科、工科和医科类学会在新媒体科普平台建设上探索较多。新浪官方微博虽然浏览量较大，但真实浏览量难以计算，绝大多数学会认为新浪微博科普效果难以评估且操作较为麻烦，故选择此平台进行科普宣传建设的学会数量较少（见表 11-14）。

表 11-14　微博数量

类别	0 频数	占比(%)	1 个频数	占比(%)	2 个频数	占比(%)
总计	12	50.00	11	45.83	1	4.17
理科	3	60.00	2	40.00	0	0.00
工科	4	44.44	4	44.44	1	11.11
农科	2	100.00	0	0.00	0	0.00
医科	3	42.86	4	57.14	0	0.00
交叉学科	0	0.00	1	100.00	0	0.00

注：26 家学会提供了此项数据，中国水利学会、中国指挥与控制学会数据缺失，本项统计总数 24 家学会。

新浪官方微博对很多学会来说属于可有可无的新媒体平台，在所调研的学会中，几乎没有将新浪官方微博这种媒介做出品牌、做出成果的典型案例。大多数学会认为，新浪微博作为新媒体媒介，内容多聚焦于娱乐新闻或民生热点等方面，且粉丝运营和流量推广需要大量经费维持。总体来说，多数学会未选择新浪微博作为科普平台是受客观原因限制。

据各学会自评价报告内容，统计出 15 家学会自媒体品牌信息，具体如表 11-15 所示。86.67%的学会将微信公众号作为科普自媒体品牌。其次是微博、抖音和今日头条，均有 20%的学会。多数学会已经在开展网络科普工作渠道建设上有系列拓展，媒体渠道的组合则各有差异，微信公众号、微博和网页为基本的标配形式，部分学会开通了抖音、快手等短视频平台。

表 11-15　具有代表性的科普自媒体品牌

微信公众号	中国航空学会、中国核学会、中国机械工程学会、中国计量测试学会、中国科普作家协会、中国农学会、中国食品安全学会、中国通信学会、中国心理学会、中国药学会、中国指挥与控制学会、中国口腔医学会、中华医学会
今日头条	中国航空学会、中国心理学会、中国药学会
抖音	中国航空学会、中国药学会、中华中医药学会
微博	中国航空学会、中国科普作家协会、中国口腔医学会
官网	中国计量测试学会、中国科普作家协会
刊物、报纸、图书	中国科普作家协会、中华医学会、中华预防医学会
科普中国	中国心理学会、中国药学会
人民网	中国心理学会
网易微刊	中国航空学会
“学习强国”	中国航空学会
搜狐健康、天天快报、一点资讯、搜狗号、百家号、趣头条、喜马拉雅、光明网、中经网	中国药学会
B 站	中华中医药学会

学会是受中国科协业务指导的群团组织，科普中国是中国科协主导建设的科普网络平台。学会具有统筹国内外科学知识、科学教师等资源的优势，由学会出品和发布的信息在真实性、科学性和前沿性上更有保证。加强科普中国与学会之间的合作联系，组织协调学会和科普中国间的深度合作，有利于提高中国科协的科普工作能力，实现中国科协内部资源的有效利用。二者均是中国科协开展科普活动的有力抓手，推进学会与科普中国的合作具有可行性。但多数学会缺少使用内部平台发布科普内容的意识，仅中国心理学会、中国药学会将“科普中国”账号作为具有代表性的科普自媒体品牌。

有 3 家学会具有代表性的科普自媒体品牌在抖音平台，在喜马拉雅和 bilibili 视频网站各有 1 家学会建设了自媒体账号，传统的图文信息传播仍旧是学会自媒体的主流，音视频类自媒体平台应用较少，尤其是音频科普模式。调研了解，仅中国药学会开通了喜马拉雅账号，但每期音频听众量不足 1000 人次，传播效果未达到理想状态。所调研学会中，科普媒介形式单一，缺少对新型媒介技术的引用。短视频时代，科普工作应当创新发展范式，如从生产端迎合短视频的传播规律创新创作流程，从内容传播端结合短视频平台聚合力强和辐射面广的优势进行传播模式迭代，使科普更加深入人心。音频科普形式伴随性的优点有利于实现科普随时随地进行，并且音频减少了对青少年眼睛的伤害，学会可以思考音频科普新形式。

绝大部分理科、工科、医科、农科学会都有科普图书，但各类学会在数量上有显著差异（见表11-16），有8家学会仅有1种科普图书，中华医学会有20种科普图书。科普图书可以分为外文科普图书译制本和国内创新科普图书，学会主要通过组织协调高校师资力量对科学知识进行通俗化、简单化的改写来创作科普图书，图书质量仍有待提高，如何将前沿的、复杂的、晦涩的学术知识转化为有趣的、娱乐的、简单的科普信息是学会出版科普图书应该考虑的问题。同时，部分学会通过设置奖励激励的方式推进科普图书创作，如中华预防医学会在科技奖下增设科学技术奖，评价维度以图书音像制品为主，获奖者甚至可以由卫生健康委破格评选职称。

表11-16　科普图书数量

类别	0频数	占比(%)	1~5种频数	占比(%)	6~10种频数	占比(%)	10种以上频数	占比(%)
总计	5	19.23	16	61.54	2	7.69	3	11.54
理科	1	20.00	4	80.00	0	0.00	0	0.00
工科	2	18.18	5	45.45	2	18.18	2	18.18
农科	1	50.00	1	50.00	0	0.00	0	0.00
医科	1	14.29	5	71.43	0	0.00	1	14.29
交叉学科	0	0.00	1	100.00	0	0.00	0	0.00

注：中国物理学会、中国科学技术史学会、中华护理学会数据缺失，本项仅统计26家学会。

科普图书是用文字或其他信息符号记录科学知识的出版物，包括电子图书与出版图书，是更具系统化、全方位、稳定化的科学普及方式。学会科普图书多以纸质出版，缺少电子出版意识。小屏时代背景下，电子图书市场广阔，符合大众移动阅读需求，制作成本更低，学会可摸索科普图书电子化道路。

科普图书需兼顾趣味性与科学性，学术性人才在前沿知识的通俗化表达上仍旧存在困难，一方面要加强对人才的科学传播能力培训，另一方面要加强学会与外部人员的合作，学会科普人员负责保障科学知识的科学性，外部人员负责强化科学知识的趣味性。图书是极具衍生性的科普形式，依托科普图书，可以拓展科普视频、科普游戏、科普漫画等多种科普工作，产品的多样化衍生可创造更多的科普价值。

多数学会有科普课程，但各类学会在数量上有显著差异（见表11-17），学会设计科普课程并推广应用能体现学会的影响力，科普课程数量上的差异一定程度上表明学会的科普工作被第三方认可的程度，如中国航空学会针对青少年无人机、模拟飞行，设计了两种校本课程，并且课程考核结果与南航、北航的自主招生挂钩。

表11-17　科普课程数量

类别	0频数	占比（%）	1~5节频数	占比（%）	6~10节频数	占比（%）	11~15节频数	占比（%）	16~20节频数	占比（%）	20节以上频数	占比（%）
总计	9	37.50	6	25.00	4	16.67	1	4.17	2	8.33	2	8.33
理科	2	40.00	1	20.00	1	20.00	1	20.00	0	0.00	0	0.00
工科	3	27.27	3	27.27	2	18.18	0	0.00	2	18.18	1	9.09
农科	1	100.00	0	0.00	0	0.00	0	0.00	0	0.00	0	0.00
医科	2	33.33	2	33.33	1	16.67	0	0.00	0	0.00	1	16.67
交叉学科	1	100.00	0	0.00	0	0.00	0	0.00	0	0.00	0	0.00

注：26家学会提供了此项数据，中国康复医学会、中国农学会数据缺失，本项统计总数24家学会。

科普图书和科普课程均是体系化科普工作。不同于科普图书，科普课程是以强制性手段，面向特定的人群的科普信息传播。学会设计科普课程并得以推广应用体现了学会的影响力。各类学会应根据自身特点，设计相应的科普课程。如工科与农科学会应侧重应用型课程开发；理科应侧重理论型课程开发；医科可以同时进行应用型课程和理论型课程开发。在科普课程中存在隐性知识的传播，潜移默化地影响受众的科学思维、精神与方法，对于提高公民科学素养有重要作用。为降低课程开发的成本投入、提高课程资源使用率，学会可实现科普课程资源共享。

11.2.2.2　科普活动

所有学会均十分重视科普（技）讲座，但在统计过程中，较多学会也将学术类讲座纳入科普（技）讲座中。其中，理科、工科和医科近半数的讲座受众超过2万人次，交叉学科的科普（技）讲座受众几乎全部超过2万人次（见表11-18）。举办科普（技）讲座是学会的常规性工作内容，大多学会也十分重视科普（技）讲座的举办和系列性规划建设。其中，非财政拨款型学会还会涉及会议收费问题，横向比较而言，科普（技）讲座的质量和内容总体来说差异较大。但在线下的科普工作中，科普（技）讲座以点对点、面对面的优势也取得了良好的传播效果。

表11-18　科普（技）讲座受众

类别	0~5000人频数	占比（%）	5001~10000人频数	占比（%）	10001~15000人频数	占比（%）	15001~20000人频数	占比（%）	20000人以上频数	占比（%）
总计	8	30.77	3	11.54	2	7.69	1	3.85	12	46.15
理科	2	40.00	0	0.00	0	0.00	0	0.00	3	60.00
工科	4	36.36	1	9.09	1	9.09	0	0.00	5	45.45
农科	0	0.00	2	100.00	0	0.00	0	0.00	0	0.00
医科	2	28.57	0	0.00	1	14.29	1	14.29	3	42.86
交叉学科	0	0.00	0	0.00	0	0.00	0	0.00	1	100.00

注：中国物理学会、中国科学技术史学会、中华护理学会数据缺失，本项仅统计26家学会。

科普（技）讲座虽然效果较为优良，但因受众数量有限，传播范围也十分有限。在统计过程中，大多数学会将科普（技）讲座和学术会议混为一谈，主要是因为多数学会认为在学术会议的过程中，也会涉及科普问题，尤其对高精尖的学会来说，高端学术资源分享与转化也属于科普的一种形式。因此，将科普概念进行再定义以及通过网络形式扩大科普（技）讲座类的传播范围目前来说十分急切。

在科普讲座方面，理科、工科、医科和交叉学科对科普讲座较为重视，科普讲座的场次也较为频繁，其中理科类学会的科普（技）讲座数量（场次）频数30场次以上的达到40.00%。农科类科普讲座数量相对较少，主要原因在于农科类更重视实操，以农技培训为主，在农科的所有科普讲座中，科普（技）讲座数量（场次）频数为0~10场次和频数为11~20场次的各占50.00%（见表11-19）。

表11-19　科普（技）讲座数量

类别	0~10场次频数	占比(%)	11~20场次频数	占比(%)	21~30场次频数	占比(%)	30场次以上频数	占比(%)
总计	7	26.92	8	30.77	6	23.08	5	19.23
理科	2	40.00	0	0.00	1	20.00	2	40.00
工科	2	18.18	5	45.45	3	27.27	1	9.09
农科	1	50.00	1	50.00	0	0.00	0	0.00
医科	2	28.57	2	28.57	2	28.57	1	14.29
交叉学科	0	0.00	0	0.00	0	0.00	1	100.00

注：中国物理学会、中国科学技术史学会、中华护理学会数据缺失，本项仅统计26家学会。

因公众对理科、工科、医科和交叉学科的学习需求比较旺盛，这四大学科的科普讲座人口基数大，高频数的科普讲座占比较高。但由于科普工作人员较少以及很多学会日常事务性工作繁重（如医学类学会），科普（技）讲座数量（场）受到限制。理科、工科、医科和交叉学科类绝大多数学会都在科协的指导下成立了科学传播专家首席团队，但科学传播专家团队因缺乏体系化的工作规划和秩序性平台，在科普（技）讲座中没有发挥应有的力量，出席科普（技）讲座次数也十分有限。

科普（技）讲座是有力的科普宣传方式。对于科普需求较大的学科而言，科普（技）讲座可以更为直观地面对受众群体，培养受众黏性。科普（技）讲座的场次在一定程度上可以反映学会科普工作的积极性，参与总人数则能更为直观地反映科普（技）讲座的整体质量。对科普（技）讲座的质量而言，主讲专家的知名度和科普（技）讲座的举办方式、活动整体流程把控都是吸引更多人群参加学习的重要考量因素。

大部分学会都有举办科普（技）竞赛的意识，但次数不多，集中于1

次。工科举办科普（技）竞赛的学会较多，且次数较高，这与工科实践性强、兴趣指向性强密不可分（见表11-20）。医科中举办科普（技）竞赛较多的学会是中国药学会，该学会十分重视科普组织建设，同时科普志愿者数量很多，科普传媒也产生了品牌效应，在举办科普（技）竞赛上具有组织优势和传播优势。学会举办的科普竞赛趋向分众化，例如中国机械工程学会的“云说新科技”的参赛对象是高校硕博生。

表 11-20　科普（技）竞赛数量

类别	0 频数	占比（%）	1 次频数	占比（%）	2 次频数	占比（%）	3 次频数	占比（%）	4 次频数	占比（%）
总计	6	24.00	13	52.00	3	12.00	1	4.00	2	8.00
理科	0	0.00	5	100.00	0	0.00	0	0.00	0	0.00
工科	4	40.00	3	30.00	1	10.00	0	0.00	2	20.00
农科	0	0.00	1	50.00	0	0.00	1	50.00	0	0.00
医科	2	28.57	3	42.86	2	28.57	0	0.00	0	0.00
交叉学科	0	0.00	1	100.00	0	0.00	0	0.00	0	0.00

注：26 家学会提供了此项数据，中国水利学会数据缺失，本项统计总数 25 家学会。

开展科普（技）竞赛可以通过激发竞争意识提高公众参与科普的积极性。各学科学会可以在科协的引导下，开展设计科普竞赛的活动，共享资源，合力挖掘全新竞赛模式；与高校合作开展竞赛，高校可以通过与学会共办竞赛招收优质生源。目前各学科内部在举办科普（技）竞赛上的差异较大，建议经验较多的学会可以发挥更多的示范作用，通过学会间的科普工作经验交流平台，为其他学会树立典型，未开展过科普（技）竞赛的学会应该积极寻找自身学科开展竞赛的方向，汲取其他学会的经验。

学会科普（技）竞赛的受众人数差距较大，出现两极分化的现象。工科在科普（技）竞赛种数较多的基础上，也实现了较多的受众人数（见表11-21）。科普活动逐渐常态化、品牌化，如受众人数最多的中国核学会连续 8 年举办“魅力之光”杯全国性中学生核电科普知识竞赛；部分学会科普活动得到官方认可后，受众范围扩大，如中国科普作家学会举办的第六届科普科幻作文大赛被教育部批准为全国性中小学生竞赛活动，受众人数达16万。医科、理科的科普（技）竞赛种数虽不少，但因这两类学科竞赛专业性强、门槛高，受众范围小。

表 11-21　科普（技）竞赛受众总人数

类别	0 频数	占比（%）	1~20000 人频数	占比（%）	20001~40000 人频数	占比（%）	40001~60000 人频数	占比（%）	60000 人以上频数	占比（%）
总计	6	24.00	11	44.00	2	8.00	2	8.00	4	16.00
理科	0	0.00	4	80.00	1	20.00	0	0.00	0	0.00
工科	4	40.00	2	20.00	0	0.00	2	20.00	2	20.00
农科	0	0.00	1	50.00	0	0.00	0	0.00	1	50.00
医科	2	28.57	4	57.14	1	14.29	0	0.00	0	0.00
交叉学科	0	0.00	0	0.00	0	0.00	0	0.00	1	100.00

注：26 家学会提供了此项数据，中国水利学会数据缺失，本项统计总数 25 家学会。

学会举办科普（技）竞赛不仅要重视受众吸引力，更要保障科普竞赛的效果。影响竞赛效果的因素有很多，包括竞赛的形式内容、口碑、宣传力度、官方认可度等。学会应该积极探索形式内容具有创新性且吸引人的科普（技）竞赛，同时加强竞赛的宣传力度，在科普（技）竞赛期间充分利用媒体资源对竞赛进行造势宣传，逐渐树立良好口碑，为竞赛形成品牌效应奠定基础；创新科普竞赛的激励制度，比如学会可以提供学会期刊作为参与者科普文章刊发平台；相关部门应该对表现优异的科普（技）竞赛提供官方认证，促使这些优秀的竞赛活动可以扩大受众范围。

研学活动的参与对象以青少年群体为主，几乎所有的研学活动都旨在提升青少年科学文化素养，通过科普教育的形式提升青少年对科学文化的兴趣。很多学会反映，学会举办研学需做好青少年出行安全保障工作，这里存在巨大的责任承担风险；部分地区甚至规定了研学活动的范围，例如青少年不允许出省出市，诸如以上综合性客观因素限制了研学活动的开展。中国林学会的科普工作负责人在访谈中表示，受限于学会的公益类性质，研学活动无法市场化；中国气象学会科普工作负责人认为，主办研学活动并非工作既定任务，过高的责任承担风险对公益性学会来说是负荷过大的工作。中国控制与指挥学会则举办了 317 次研学活动，在学会研学工作中表现突出。与其他学会相比，该学会自收自支的营利性质、青少年对兵器类科普的巨大需求都极大调动了该学会科普工作者的工作热情和主动性（见表 11-22）。

表 11-22　研学活动数量

类别	0 频数	占比（%）	1 次频数	占比（%）	2 次频数	占比（%）	4 次频数	占比（%）	10 次频数	占比（%）	317 次频数	占比（%）
总计	13	59.09	4	18.18	1	4.55	2	9.09	1	4.55	1	4.55
理科	4	80.00	1	20.00	0	0.00	0	0.00	0	0.00	0	0.00
工科	5	50.00	2	20.00	0	0.00	1	10.00	1	10.00	1	10.00
农科	1	100.00	0	0.00	0	0.00	0	0.00	0	0.00	0	0.00
医科	2	40.00	1	20.00	1	20.00	1	20.00	0	0.00	0	0.00
交叉学科	1	100.00	0	0.00	0	0.00	0	0.00	0	0.00	0	0.00

注：26 家学会提供了此项数据，中国农学会、中国水利学会、中国药学会、中华口腔医学会数据缺失，本项统计总数 22 家学会。

研学活动是学会做青少年科学交流传播和科学普及的重要平台，建议可通过网络等多种形式优化研学活动开展的流程、研学路线的开发设计，结合青少年身心特点、兴趣需求，积极开展具有本学会专业特色的研学活动。在责任风险问题上，可通过研学路线安全评估、购买保险服务、建立家长委员会等形式，让学会仅承担高端智力资源供给部分。

理科和交叉学科知识较偏理论，青少年的知识水平难以支撑其真正理解高深的科学知识，现有的研学活动以参观为主，多为“只游不学”或“只学不研”，学会在策划研学活动时需考虑青少年的接受能力，摸索更适合青少年的活动形式。农科类学会，例如中国农学会科普工作负责人表示，农学类知识科普的针对性群体是农民，该学会研学活动的参与对象主要为对农学感兴趣的青少年，而不是面向大众进行科普，受众范围比较狭窄，参与研学活动的人数较少；工科学会和医科学会与公众生活更为贴近，受众较广且偏向实践，参与研学活动的青少年较多（见表 11-23）。

表 11-23　研学活动受众总人数

类别	0 频数	占比(%)	50 人次 频数	占比(%)	100 人次 频数	占比(%)	140 人次 频数	占比(%)
总计	13	56.52	2	8.70	2	8.70	1	4.35
理科	4	80.00	0	0.00	0	0.00	1	4
工科	5	45.45	1	9.09	2	18.18	0	0.00
农科	1	100.00	0	0.00	0	0.00	0	0.00
医科	2	40.00	1	20.00	0	0.00	0	0.00
交叉学科	1	100.00	0	0.00	0	0.00	0	0.00

类别	600 人次 频数	占比(%)	10000 人次 频数	占比(%)	12800 人次 频数	占比(%)	20000 人次 频数	占比(%)
总计	1	4.35	1	4.35	1	4.35	2	8.70
理科	0	0.00	0	0.00	0	0.00	0	0.00
工科	0	0.00	1	9.09	1	9.09	1	9.09
农科	0	0.00	0	0.00	0	0.00	0	0.00
医科	1	20.00	0	0.00	0	0.00	1	20.00
交叉学科	0	0.00	0	0.00	0	0.00	0	0.00

注：26 家学会提供了此项数据，中国农学会、中国药学会、中华口腔医学会数据缺失，本项统计总数 23 家学会。

多数学会没有设计专门的科普研学路线，研学活动以组织青少年参观科普场馆为主，或直接照搬当地的旅游路线。建议各学会通过教育部研学基地与学校合作，在研学活动的内容、形式上进行资源整合，适时与学校合作进行专业契合的青少年研学活动；根据研学主题开发设计课程和路线，增加实践性和体验性更强的活动环节，避免让青少年简单地参观和听讲解，引导他们将理论知识与实践活动和现实生活结合起来。①

理科、工科、医科学会相较于农科、交叉学科学会举办的实用技术培训更多（见表 11-24）。调研了解，学会举办实用技术培训不仅面向本行业内的工作者，在科技下乡活动中还可与扶贫工作相结合，例如中国预防医学会面向基层群众举办健康培训；学会与企业等第三方机构合作举办实

① 高海斌：《关于中国科普研学工作的探究》，《教育现代化》2020 年第 2 期，第 157~158 页。

用技术培训，主要由第三方提供经费和场地支持，学会提供智力支持，不产生任何赢利，可以在全国学会中推广开来，例如中华口腔医学会举办实用技术培训超过10场次，曾在第三方企业飞利浦支持下开办理论讲解和实操培训班。

表 11-24　举办实用技术培训数量

类别	0频数	占比(%)	1~5场次频数	占比(%)	5~10场次频数	占比(%)	10场次以上频数	占比(%)
总计	13	50.00	8	30.77	4	15.38	1	3.85
理科	1	20.00	3	60.00	1	20.00	0	0.00
工科	7	63.64	3	27.27	1	9.09	0	0.00
农科	1	50.00	0	0.00	1	50.00	0	0.00
医科	3	42.86	2	28.57	1	14.29	1	14.29
交叉学科	1	100.00	0	0.00	0	0.00	0	0.00

注：中国物理学会、中国科学技术史学会、中华护理学会数据缺失，本项仅统计26家学会。

实用技术培训可以使科普工作者不断提升自身专业素养，让受众加深对科学知识的理解。但实用技术培训场次的多少并不能代表学会的科普效果，例如中国农学会在青州举办活动时邀请葡萄专家给农民做葡萄种植培训，虽然举办场次不多但给农民带来了实用性技术知识，科普效果较好。建议各学会开展常态化、连续性的实用技术培训活动，通过实践在更大范围传播和普及科学知识；学会可以促进实用技术培训产业化，适当与专业培训机构合作，由学会提供专业的课程内容保证培训质量，机构提供具有创新性的教学模式。

学会举办实用技术培训人数与其科普受众和举办实用技术培训场次有关，部分学会的学科知识与群众日常生活联系密切，可以直接面向社会公众进行培训，如中国食品科学技术学会在举办培训时利用媒体将食品类科学知识向公众传播开来，实现大众传播；部分学会只重点针对特定行业的工作者进行培训，科普受众范围狭窄，例如医科类学会中的中国药学会对医生、护士、药师等进行专业培训，这类学会的行业培训活动举办频次较高，需要在培训中不断学习新知识，因此可纳入统计的培训人数也较多（见表11-25）。

表 11-25　举办实用技术培训人数

类别	0 频数	占比(%)	1~500 人频数	占比(%)	500 人以上频数	占比(%)
总计	13	50.00	7	26.92	6	23.08
理科	1	20.00	3	60.00	1	20.00
工科	7	63.64	4	36.36	0	0.00
农科	1	50.00	0	0.00	1	50.00
医科	3	42.86	0	0.00	4	57.14
交叉学科	1	100.00	0	0.00	0	0.00

注：中国物理学会、中国科学技术史学会、中华护理学会数据缺失，本项仅统计 26 家学会。

学会举办实用技术培训是以实践的方式面对面传播和普及科学知识，与群众的互动性较强，传播者和受众在培训过程中可以有较好的交流，理论知识与实践活动有效结合。建议各学会今后着力提升实用技术培训质量，设计更适合受众的传播方式，开展常态化、连续性的实用技术培训活动，注重将科学知识转化为实践，同时扩大实用技术培训规模，宣传本领域内科学研究最新成果。

在调研的 27 家学会中，具有公众科普品牌活动的学会有 21 家（77.78%），没有公众科普品牌活动或信息缺失的学会有 6 家（22.22%），具体情况如表 11-26 所示。

表 11-26　学会公众科普品牌活动具体情况

学会名称	公众科普品牌活动名称	活动时间	活动内容	受众规模
中国药学会	“全国科普日”北京主场活动	2016~2019 年，连续四年	义诊咨询、互动体验、展览展示、科普游艺、专家访谈、媒体直播	活动现场公众
	“智爱妈妈”农村妇女安全用药科普干预性行动	2017~2019 年，连续三年	组织 36 所高校的 2900 余名大学生志愿者向农村母亲及广大妇女传播安全用药知识	活动覆盖 30 个省（区、市）1250 余个村庄，直接受众达 2.7 万余人次，覆盖公众 177.7 万人次
	“全国安全用药月”科普宣传活动	2012~2019 年，连续 8 年	围绕“安全用药　良法善治”等主题开展“安全用药”系列科普活动	累计覆盖公众 7073.4 万人次

续表

学会名称	公众科普品牌活动名称	活动时间	活动内容	受众规模
中华预防医学会	健康科普巡讲	/	HPV 疫苗宣传推广为主	全国,线下 5000 多人次
	大学生健康科普大赛	/	/	大学生
中华中医药学会	启动《中国中医药科普报告(2020)》编制工作	拟每年定期发布	通过系统调研和大数据分析,明确中医药科普现状、民众需求和科普内容精准度	/
	推选“2020 年中医药年度科普人物与年度科普作品”	2020 年	推选 2 位基层科普人物,2 位科研科普人物,1 位科普特别人物,2 部科普图文图书作品,2 部科普影音视频作品	/
中华口腔医学会	3·20 世界口腔健康日活动	2019.3.20~3.27	进小学校园,为小学生带来公益口腔检查、口腔保健知识讲座	9 万人次左右
	全国爱牙日活动	2019.9.17、2019.9.20	进学校举办线下口腔保健主题宣传活动、联合人民日报社健康时报和网易健康开展线上传播活动	线下 200 余人次,线上 280 余万次
中华医学会	中华医学会联合国糖尿病日蓝光活动	2019.11.9,连续举办十年	开展糖尿病普及教育,举办公众和患者教育、糖尿病筛查、义诊咨询、宣传糖尿病防治知识	/
中国机械工程学会	中国好设计	/	组织开展设计相关科普活动、科普讲座、编写科普图书、科普教育基地	10 万人次
	中国机械工程数字博物馆	/	组织开展机械工程遗产认定和发布,介绍我国古代近代现代机械史及相关的代表性机械、开展机械工程云课堂	/

续表

学会名称	公众科普品牌活动名称	活动时间	活动内容	受众规模
中国核学会	“魅力之光”全国核科普宣传活动	/	/	/
	科普中国-绿色核能主题科普活动	/	/	/
	全国核科普讲师培训班	/	/	/
中国计量测试学会	“计量筑梦　我爱北京”夏令营	2019年，自2015年每年一期	开展计量教育，为贫困学子提供参观机会，开阔视野，激发其对祖国和计量知识的热爱	来自新疆、黑龙江、贵州的25名贫困地区优秀少数民族学生和7名老师
	“科普进校园”项目	2019年	开展计量科普知识讲座	面向北京民族小学、北京府学胡同小学、北京汇文一小、中国计量大学开展讲座12次，听课人数2000余人次
中国电机工程学会	“电力之光”中国电力科普日	/	通过视频播放、VR互动体验、实物模型等方式展示我国电力科技领域的发展成果和创新能力	4000余人次
	“电力之光”科普下乡暨扶贫攻坚活动	/	院士专家科普讲座、触电急救模拟练习、科普大篷车进校园，捐助110余万元	700余人次
中国航空学会	全国青少年无人机大赛	2017~2020年	10项赛事活动：无人机个人飞行赛、团体赛、接力赛、FPV穿越赛、无人机空中足球赛、无人机空中格斗赛、无人机花式创意竞技赛、物流搬运赛、编程挑战赛、空中舞蹈编程赛等	每年上千人参与

续表

学会名称	公众科普品牌活动名称	活动时间	活动内容	受众规模
中国航空学会	创新杯全国未来飞行器设计大赛	自2004年每两年一届	分省市级选拔赛和全国比赛两级进行,参赛成绩纳入航空航天类院校自主招生简章	/
	国际空中机器人大赛	美国始于1991年,2012年引入国内,每年与美国赛区同期举行	比赛任务在当时的技术条件下无法实现,要求参赛者不断创新研发思考,一般一个任务需3~5年完成	/
中国生物工程学会	健康科普行	/	/	500人次
	"中国房颤日"活动	/	举办"治愈房颤,健康相伴"公益大讲堂	1000人次
中国食品科学技术学会	食品安全热点科学解读媒体沟通会	2012.1~2019.1	集结国内外专家,分专业、分领域以老百姓听得懂的语言传播食品安全热点解读(纸媒、网媒、电视媒体)	/
	食品安全进万家	2019.11~2019.12	科普讲座,专家进社区,与公众面对面科普食品安全与健康知识	100余名社区居民,线上微信端浏览2600余次
中国水利学会	《保护大水喝好小水》主题展板	/	进社区进公园,宣传保护水资源和水环境	/
	中国水之行	2019年	进校园进机关,宣传水科普知识,召开地方政府和专家座谈会	2~3个地级市,2019年前往广西桂林、贵港、防城港
	党建引领,科技志愿,服务基层	/	通过党员干部引领,深入基层做科普宣传,下基层进校园,普及水利科技知识,宣传水利政策	/

续表

学会名称	公众科普品牌活动名称	活动时间	活动内容	受众规模
中国通信学会	“世界电信和信息社会日”	2019年全国科技周期间，5月16~17日	架设5G实验网络，相关企业展览各自的创新成果	覆盖近20个省市，受众达数万人
中国林学会	青少年林业科学营	/	开展植物资源野外科学考察、探索西湖水的秘密、感受西湖水中微观世界、尝试科学小实验、缝制植物腊叶标本、植物手工创意DIY、探秘珍稀濒危植物、解锁实验仪器等科学体验活动	62人左右，营员30人左右（小学五年级以上至高中青少年），工作人员6人，媒体代表1人，指导专家25人
中国地震学会	全国中学生地球科学竞赛	2018年	普及地球科学知识，预赛选拔288名中学生参加决赛，决赛中的4名优异选手参加在泰国举办的第十二届国际地球科学奥林匹克竞赛	18000余名中学生
	国际地球科学奥林匹克竞赛选拔赛	2019年	在各省区市举办选拔赛，最终6名决赛优秀选手组成中国代表队前往韩国参加国际地球科学奥林匹克竞赛	来自29个省区市、500余所中学的23000余名学生
中国地质学会	世界地球日纪念活动	2019年	围绕服务地质找矿突破战略行动、珍惜地质遗迹发展地质文化等地球日活动主题开展科普专场活动	/
	防灾减灾活动	/	举办“全国防灾减灾日甘肃科普行”活动，普及防灾减灾知识，进行专家科普报告	五龙镇初级中学、五龙镇中心学校共850余名师生

续表

学会名称	公众科普品牌活动名称	活动时间	活动内容	受众规模
中国气象学会	世界气象日	2019.3.23	围绕“太阳、地球和天气”主题在中国气象局园区设置中国气象科技展厅、气象观测场等供社会公众参观;增设创意特色项目、增加互动体验;组织策划二十节气唱诵等多种形式的开放日活动	15100名社会公众
	首届全国气象摄影大赛	2019.3.23公布获奖情况	以“美丽中国多彩气象”为主题征集摄影作品,共计收到近16000幅作品	整场活动传播量达60余万人次,投票数量超过30万票
	“太阳、地球和天气”青少年手抄报展评活动	2019.1~2019.3	举办气象日主题手抄报评选活动,鼓励青少年将心目中的太阳、地球和天气通过文字和图画的形式展现出来	29个省区市600多所中小学校参与,共收到3330份作品
	全国气象科普讲解大赛	2019.4.18~19	比赛历时两天,分预赛和决赛两部分	/
	生态气象知识进社区、进学校、进农村、进公共场所	2019.5.18~2019.8.30	联合地方气象学会开展“四进”科普活动,开展科普讲座30多场,发出宣传品3万多份	5万多人次
中国心理学会	中国心理产业发展论坛	2019.10	举办近30场专题讲座、报告,交流讨论心理服务与行业发展经验,落实心理服务基层的一次大众科普	1000余人次
中国科普作家协会	科普科幻青年之星计划活动	2017~2019年	举办科普科幻青年创作人才遴选和培训指导,同步举办“科普科幻青年之星”作品评选	1400余人次

续表

学会名称	公众科普品牌活动名称	活动时间	活动内容	受众规模
中国科普作家协会	第六届全国中学生科普科幻作文大赛	2019.4	激发广大中学生对科学和文学创作的兴趣，实现科学和文学的融合	16万人次
	繁荣科普创作助力创新发展沙龙活动	2017~2019年	举办涵盖科普科幻创作、科学教育、编辑出版、科普机构运营、科学文化与文创产业等主题的沙龙活动	逾800人次

在调查的所有学会中，有21家学会打造了自己的公众科普品牌活动。在实地调研和访谈过程中，多家学会举办公众科普品牌活动主要是依托科普日、科技周等固定时间节点，例如中国药学会2012~2019年连续8年举办的“全国安全用药月”科普宣传活动，累计覆盖7073.4万人次，在所调研的医学科学会中是累计覆盖公众人数最多的，成为具有专业特色的、有相当大影响力的科普品牌活动。

为增强科普效果，部分学会利用新媒体手段进行了探索式、互动式科普体验的尝试，例如中国电机工程学会举办的“电力之光”中国电力科普日活动通过视频播放、VR互动体验、实物模型等方式向公众科普我国电力科技领域的发展成果，在活动当天接待4000余人次，取得了良好的科普效果。

为实现精准科普，学会针对不同受众策划不同的公众科普品牌活动，多数学会都举办了进社区、进校园、进乡村的科普活动，例如中华口腔医学会针对小学生开展进校园活动，进行公益口腔检查和举办口腔保健知识讲座；针对社会公众联合人民日报社等媒体开展线上口腔保健主题宣传活动，覆盖280万余名公众。但由于不同学会的公众科普品牌活动受众差距较大，其活动覆盖的范围也差距较大，例如中国气象学会“首届全国气象摄影大赛”整场活动传播量达60余万人次，而中国计量测试学会的“计量筑梦　我爱北京”夏令营活动一期受众只有 25 名学生。

为扩大科普受众范围，部分学会利用现场线下活动和线上活动相结合的方式、通过网络同步直播大大增加了科普活动的受众量。进入自媒体时代，科普传播和交流普及的重心已渐渐从线下活动转为网络科普，从受众范围不断扩大的层面来看取得了良好成果，学会在打造公众科普品牌活动时，利用微信、微博、抖音等社交媒体平台进行宣传推广和科学普及无疑是一个好的选择。

在学会进行科普事业与产业融合联动机制的探索时，典型性学会以汽车工程学会和口腔医学会为例，形成并完善了适合行业学会发展的科普产业运行模式。在科普产业运行中，又以创新类科普活动为主要载体。如口腔医学会每年的“爱牙日”活动，口腔医学会将口腔护理及牙类疾病做成科普标准化内容推往贫困地区，发挥了全国性学会在高端知识标准把控和协调智力输出的应有功能。汽车工程学会拥有全球知名的“大学生汽车方程式大赛”活动，吸纳行业头部车企投入，以高昂的奖金、全程实操的活动方式、对接行业标准的汽车赛制每年吸引国内外大量车队参与，极大地提升了青少年对汽车工程的理解以及中国工程师序列的人才培养（见表 11-27）。

表 11-27　具有创新类科普活动的学会及活动名称

中国地震学会、中国地质学会、中国电机工程学会、中国核学会、中国环境科学学会、中国康复医学会、中国科学技术史学会、中国颗粒学会、中国林学会、中国农学会、中国气象学会、中国指挥与控制学会、中华医学会	无
中国航空学会	国际无人飞行器创新大奖赛
中国机械工程学会	中国好设计科普品牌活动
中国计量测试学会	全国计量科普创新创意素材征集活动、全国计量历史文化暨计量科普与素质教育学术研讨会
中国汽车工程学会	大学生汽车方程式大赛
中国生物医学工程学会	与诺贝尔奖获得者面对面
中国食品科学技术学会	“食品安全进万家”科普品牌活动
中国水利学会	《护好大水　喝好小水》主题展板、中国水之行

续表

中国通信学会	2019 年世界电信和信息社会日活动
中国心理学会	打造“心理梦工厂”、创办“中国心理产业博览会”行业平台
中国药学会	以“科学用药　科普扶贫”“科技强国　科普惠民”为主题的药品安全科普讲解大赛
中华口腔医学会	全国健康口腔科普演讲交流活动； 大学生口腔科普作品创作与传播活动； 口腔健康科普视频录制活动
中华预防医学会	“疫苗与免疫工作者在线教育”“三八妇女节预防接种医生关爱活动”
中华中医药学会	中华中医药学会入驻抖音、快手等视频新媒体平台，开展中医药科普工作，致力于打造中医药科普权威新媒体平台； 建立第二批科普专家传播团队，创新性纳入部分网络知名专家（中医网红）

在创新类科普活动中，学会以广泛组织资源、动员力量、协调行动为核心的定位，极易开展具有各学会定位特色的创意科普活动，这些活动与科普内容宣传一起，形成科普创新发育合力，能促使学会科普工作再上新台阶。针对不同学会能力水平和科普服务方向的不同，学会科普工作和创新类科普活动不应当要求覆盖科普的全链条，应根据实际情况发挥学会在不同科普服务行业领域的智力优势、组织协调能力。

鼓励学会设置独立的科普工作部门，提高科普工作职业化水平。鼓励各学会探索成立与行业科普资源开发相关的联动机构，重视创新类科普活动的组织、举办和社会知名度传播，调动全国学会与相应省级学会等联动开展科普类创新活动的积极性，进一步创新运营好学会优质科普资源。

11.2.2.3　科普基地

学会拥有授牌基地的比例较高，但各学会授牌科普基地数量分布不均（见表 11-28）。科普基地管理制度和审核机制完善的学会授牌科普基地数量高，如中国气象学会已建立全国气象科普教育基地信息网，制订《气象科普教育基地创建规范》。更有学会积极探索科普基地授牌全新途径，充分利用自身与营业性企业的关系，将现有资源积极转化为合适的科普基地。例如，中国电机工程学会不断引导营业性场所申请为科普基地，甚至很多民企投资公司在科普基地申请上具有了主动性，学会作为中介，在促进企业积极参与科普、发挥企业资源优势形成科普基地上起到关键作用，使得学会、企业、社会达到共赢局面。部分学会限于自身基础条件在科普基地建设上表现欠佳，中国地震学会表示可以和地震局联合认证科普基地，但因为精力有限，并没有开展这方面的工作。

表 11-28　授牌科普基地数量

类别	0~10 个频数	占比（%）	11~20 个频数	占比（%）	21~30 个频数	占比（%）	31~40 个频数	占比（%）	40 个以上频数	占比（%）
总计	12	54.55	5	22.73	1	4.55	1	4.55	3	13.64
理科	2	40.00	1	20.00	0	0.00	0	0.00	2	40.00
工科	5	50.00	3	30.00	1	10.00	1	10.00	0	0.00
农科	0	0.00	0	0.00	0	0.00	0	0.00	1	100.00
医科	4	80.00	1	20.00	0	0.00	0	0.00	0	0.00
交叉学科	1	100.00	0	0.00	0	0.00	0	0.00	0	0.00

注：26 家学会提供了此项数据，中国农学会、中国水利学会、中国药学会、中华口腔医学会数据缺失，本项统计总数 22 家学会。

科普基地作为开展公众科学传播、交流、对话的重要平台，更具直观性、参与性和亲和力，学会应该积极建设或参与授牌科普基地，更要充分发挥科普基地的作用，开展有影响力的科普活动。杜绝将科普基地视为摆设的情况，加强对科普基地的管理审核，制订各阶段发展规划，设立专门的管理与科普人员，并给予科普人员一定的职称与薪酬激励，明确基地考核指标体系，阶段性开展评比表彰和优质基地建设经验交流会，避免因追求基地数量而忽略了质量。对于至今尚未拥有科普基地的学会，应该寻找自身学科优势，与企业合作共建科普基地，或结合其他相关部门联合授牌科普基地，努力引导社会化科普力量由被动走向主动，转化现有可利用资源。

学会在科普基地开展的科普活动种类丰富，多数学会科普基地的活动集中于开放基地供公众参观（见表 11-29），同时也包含各类科普讲解大赛、科普产品 DIY 制作、互动体验式科普活动、冬（夏）令营等。而科普活动的成效受制于多种因素，例如科普基地的规模大小、管理现状、与科普活动的契合度等。在良好的管理机制下，科普基地可以充分发挥优势，助力科普活动顺利进行，例如中国核学会于 2016 年制定了《全国核科普教育基地认定与管理办法》，以科普基地为依托的科普公众开放周活动受众人数达 18 万。部分学会在不断调整科普基地活动的固化思维，突破展品展示形式，在为数不多的科普活动次数中取得更好的科普效果，例如中国气象学会在科普基地中设置 VR 气象体验区。

表 11-29　学会指导或安排科普基地举行的科普活动数量

类别	0~20 次频数	占比（%）	21~40 次频数	占比（%）	41~60 次频数	占比（%）	61~80 次频数	占比（%）	80 次以上频数	占比（%）
总计	15	68.18	2	9.09	0	0.00	2	9.09	3	13.64
理科	4	80.00	0	0.00	0	0.00	0	0.00	1	20.00
工科	5	50.00	2	20.00	0	0.00	1	10.00	2	20.00
农科	1	100.00	0	0.00	0	0.00	0	0.00	0	0.00
医科	4	80.00	0	0.00	0	0.00	1	20.00	0	0.00
交叉学科	1	100.00	0	0.00	0	0.00	0	0.00	0	0.00

注：26 家学会提供了此项数据，中国农学会、中国水利学会、中国药学会、中华口腔医学会数据缺失，本项统计总数 22 家学会。

在科普基地举办科普活动能够增强直观性与开放性，让大众走近科学、了解科学，增强获得感。充分利用科普基地资源成为学会科普工作的重要抓手。科学规划科普基地，合理布置展厅主题、内容和形式，为特色型科普活动的开展奠定平台基础；科普基地可引进青少年教育，开辟校园第二课堂，有针对性地开发适合学生的科普活动；提高基地运营能力，与基地宣传部门联动，对每一次的科普活动开展主题宣传，增加曝光度；挖掘科普基地的科普辐射功能，例如开展云游科普基地的活动，利用网络直播的方式发散科普基地的受众范围。

11.2.2.4　科普理论研究

在调研的27所学会中，有科普理论研究的学会共8家（29.6%），没有科普理论研究的学会共15家（55.6%），缺少信息的学会共4家（14.8%）。具体情况如表11-30所示。

表11-30　8家学会科普理论研究具体情况

中国环境科学学会	2010年，承担国家公益性行业科研专项“环保科普资源共建共享关键技术与示范研究”； 2015年，承担国家公益性行业科研专项“环境科学传播途径及其在生态文明建设和环境应急中的应用研究”
中国机械工程学会	机械史研究
中国科普作家协会	科普图书创作历史研究； 2018年科普创作状况研究； 2018年科幻产业发展研究； 承担科技部《第四次气候变化国家评估报告（科普版）》项目课题，完成科普卷内容报告
中国林学会	国家林业和草原局委托项目“林业科学技术普及项目”； 中国科协科普部委托项目“全民科学素质提升项目——解码林木遗传育种国家重点实验室”； 中国科协科普部委托项目“‘森林中国·绿色共享’基地共建行动”
中国农学会	围绕农村素质提升进行的科普理论研究
中国食品科学技术学会	参与《食品安全科普宣传大纲》编写工作
中国通信学会	2019年承担科技部“科普推动经济社会发展研究”项目
中国药学会	开展了中国居民用药行为风险KAP调查； 28个分网的105家单位的192个课题通过2019年立项

从以上信息可知，涉及科普理论研究的学会较少。总结8家涉及科普理论研究的学会可以发现如下情况。

学会进行科普理论研究的方式主要是中国科协或与学科相关的其他部委项目委托，主动申报项目获得立项的学会较少。例如，中国科普作家协会、中国通信学会承担科技部委托项目，中国林学会承担国家林业和草原局委托项目。8家学会中仅中国药学会提到该学会主动申请立项，且成果显著：中国药学会28个分网的105家单位的192个课题通过2019年立项。2017~2018年立项的57个课题通过验收获得结题证明，11个课题被评为优秀结题报告，22篇成果论文获得优秀论文表彰。

学会进行科普理论研究的内容集中于该学科科普路径，例如中国环境学会承担的行业科研专项“环境科学传播途径及其在生态文明建设和环境应急中的应用研究”，中国药学会开展的“中国居民用药行为风险KAP调查”。其次是该学科科普历史，例如中国机械工程学会的“机械史研究”，中国科普作家协会的“科普图书创作历史研究”。最后是该学科科普现状，例如中国科普作家学会的“中国科普创作状况研究”以及“科幻产业发展研究”。

学会没有进行科普理论研究的主要原因有以下三点。①没有获取课题项目的渠道，且自发申请课题未果容易放弃，期望科协给予支持；②部分委托课题项目与学科不契合，学会参与意愿不高；③学会工作人员专业性不强，在科普理论研究上能力欠缺。

科普理论研究在学会中的重视程度并不高，不仅限于科普理论研究专业性强的门槛，更重要的是课题项目获取及申请渠道不畅通。科协应该组织学会参与科普理论研究项目申请的培训，强化学会理论研究意识；建立优质的科普项目资源整合平台，强调项目与学科的契合度，为学会提供更多合适的理论研究资源。在学会科普服务评价指标体系中设置“科普理论研究情况”这一引导性指标，促进学会重视科普理论研究。

11.2.2.5 科普工作小结

科普工作一级指标包括科普产品、科普活动、科普基地和科普理论研究情况。各学会依托丰富的学科资源优势、良好的组织建设在科普工作上积极创新，效果显著，出现了诸如中国药学会的“药葫芦娃”等优质自媒体平台、中国机械工程学会的“云说新科技”等创新型科普活动。但理科、工科、农科、医科、交叉学科之间的差距明显，既与各学会经费、人员、物料等基础条件有关，也与学科性质以及学科的科普需求大小密不可分。

学会在科普工作上的突出问题表现在以下四个方面。①部分学科专业性强、门槛高，科普难度大。②部分学会囿于学会性质，多种科普活动难以实现市场化、产业化，无法创收，不能反哺学会做科普。③缺乏系统化的人才队伍建设，包括新媒体运营人才、科学传播专家团队以及具备市场化运营经验的策划者。④内部资源有效利用率低下，无法发挥学会整合社会资源的优势作用于科普工作建设。

基于上述判断，结合在研究过程中吸取的建议，我们认为各学会可以探索体验式科普模式，改变以往以“专家”为中心的科普知识单向传递方式，转向以“科普对象”为中心，在实践活动中潜移默化地完成科普任务，实现传播互动化、交流化。从形式的参与性与亲民性出发，软化部分学科科普内容专业化强的弱点。

对于科普活动传播效果的强化，不仅要从活动自身的创新性、学科契合度出发，还需积极利用媒体的力量，在科普活动和科普内容的传播上共同发力，实现科普效果的最大化。学会要重视新媒体运营人才的培养，组织新媒体运营能力的培训交流会；在媒体实践中，可与专业网媒合作，借助其运营的专业化，结合学会科普内容的专业化，实现共赢。

学会应该努力探索公益性科普事业与营利性科普产业融合发展道路，鼓励学会开展多种形式的研学活动并适度市场化、产业化，对于自收自支的学会而言，不仅可以保障科普经费的来源，以适当的赢利方式反哺学会科普工作，还能激发科普工作人员的积极性。

学会应该善于挖掘自身所具有的社会性资源，例如激发合作企业的科普积极性联合授牌科普基地等，努力引导社会化科普力量由被动走向主动，积极转化现有资源。各学会还可以探索成立与行业科普资源开发相关的联动机构，重视创新类科普活动的组织、举办和社会知名度传播，调动全国学会与相应省级学会等联动开展科普类创新活动的积极性，进一步创新运营好学会的优质科普资源。

11.2.3 科普产出

11.2.3.1 具有代表性的科普传媒产品

在调研的 27 所学会中，具有代表性科普传媒产品的学会有 17 所

(62.9%)，无代表性科普传媒产品的学会有 4 所（14.8%），缺少信息的学会有 6 所（22.3%）。具体情况如表 11-31 所示。

表 11-31　学会代表性科普传媒产品情况

有代表性科普传媒产品	中国地质学会、中国电机工程学会、中国航空学会、中国核学会、中国机械工程学会、中国计量测试学会、中国康复医学会、中国农学会、中国生物医学工程学会、中国食品科学技术学会、中国水利学会、中国心理学会、中国药学会、中华口腔医学会、中华医学会、中华预防医学会、中华中医药学会
无代表性科普传媒产品	中国地震学会、中国林学会、中国通信学会、中国指挥与控制学会
缺少信息的学会	中国环境学会、中国科学技术史学会、中国颗粒学会、中国气象学会、中国汽车工程学会、中华护理学会

从 17 所学会具有代表性科普传媒产品的情况来看，科普图书出版、科普期刊发行和新媒体科普传播（包括微信公众号、官方网站、微博、动漫视频等）是科普传媒产品的主要内容。

科普图书出版方面，中国电机工程学会编写手绘科普图书《能源知识绘》(1 套 6 本)；中国核学会出版科普系列图书《核能科普 ABC》；中国机械工程学会出版科普图书《3D　打印　打印未来》成为科技部 2014 年全国优秀科普作品；中国农学会组织编创《乡村振兴农民科学素质读本》；中国食品科学技术学会出版发行《食品安全科普丛书》，每本丛书以文字+漫画的形式，将生活中的科普知识点分类解读，让公众在简短的时间内快速了解相关科学知识；中国药学会编写了《中国家庭用药手册》（疫苗和免疫接种)、《探秘三七》、《未来药物》等。

科普期刊发行方面，多数学会创办和设立期刊，如中国生物医学工程学会与国家药监局医疗器械注册评审中心共同主办编印了《医疗器械科技前沿动态》杂志，每季度一期，突出科研进展与新兴技术的前沿性、创新性，对当前国内外医疗器械研究进展与前沿技术进行简要介绍。

新媒体科普传播方面，中国计量测试学会搭建了科普信息网络平台，成为各基地建立面向社会大众的窗口；中国农学会围绕农业文化遗产，完成了首批6集中国重要农业文化遗产系列科普微动漫制作，得到社会事业促进司的高度赞赏；中国生物医学工程学会创作了《啄木鸟为什么不得脑震荡》系列漫画作品，面向大众介绍啄木鸟的相关科普内容以及啄木鸟头部抗冲击机制成果转化应用的最新研究进展，作品市场反馈良好；中国心理学会在人民网专栏发稿，普及公众喜闻乐见的心理科普知识，总阅读量高达2.92亿，其中科普文章的阅读量可以达到10万+；中华口腔医学会组织专家拍摄口腔科普视频《辟谣：解密那些流传的口腔谣言》，进行口腔健康相关科普。

通过分析梳理各个受访学会的情况，发现有以下三个方面的现状特征。

1. 多所学会在开展网络科普工作渠道建设上有系列拓展

虽然媒体渠道的组合各有差异，但是微信公众号、微博和网页为基本的标配形式，部分学会开通了抖音、快手等短视频平台，并形成了有品牌价值的产品。比较典型的如中国水利学会注册了自己的抖音账号，并发布短视频“积水在身边”科普专题，持续科普水利知识。中华预防医学会注册了自己的快手账号，联合《保健时报》，以4·25全国预防接种宣传日为依托，做了十几场疫苗科普知识专题讲座。部分学会短视频科普传播成效较好，如中国航空学会抖音粉丝量已高达20万左右。

2. 多所学会发挥科普传播专家团队作用，科普传媒产品更具权威性

利用新媒体优势，促进科普资源共建共享，推进科普产品产业化的进程。如中国地质学会组建了13支科学传播专家团队，利用专家资源出版了《赏珠宝　品文化》《生命探索　人类起源》《地球趣话》《讲好地球的故事》等多部专著。同时，也打造了多名科普知名专家，如郭颖教授、殷跃平教授、蒋忠诚教授等，发挥专家的资源和智力优势，进行科普宣传。中国农学会以科普中国共建基地为依托，汇聚权威专家、科普编创与媒体传播等力量，编创喜闻乐见的漫画、长图、动漫等，并通过科普云、光明网、云上智农等多渠道推送传播，与新华网、人民网、光明网、科普中国等国家科普平台形成了常态化合作。

3. 科普传播的重心已经由线下活动转向网络科普，并取得良好成果

若干利用新媒介走在前列的学会，科普传播的重心已经由线下活动转向网络科普，并取得良好成果。如中华预防医学会2019年度共发稿件360篇，其中官网227篇、官微130篇、营养与疾病预防微信公众号28篇，学会官微关注人数比2018年底（12142人）增加4335人（16477人），增长了35.7%。中国康复医学会微信公众号2019年度共计发送科普微文、科普海报等科普作品36篇，科普相关活动63篇，新增关注量8246人，阅读量242241人次，转发13453次。2020年，受疫情影响，多数学会均加大了开展线上科普的力度与形式创新。如中国核学会在2013~2020年开展线上核科普答题活动，并以“魅力之光”为品牌冠名，获奖的中学生可获得名额很走俏的核学会夏令营入营资格。

在有代表性科普传媒产品方面，有四个思维方向值得重视，即学会应当培养“新媒体”思维，创新媒体宣传形式；养成“互联网+”思维，增强科学传播的互动性；培育“产品”思维，将“知识、信息”等作为产品加以运作，拓宽“信息知识”本身的价值；注重“人才”思维，有意识地塑造科学网红形象，积极通过抖音、快手等短视频渠道传播科学知识，建立“以人为核心”的科普品牌。互联网时代下，具有影响力的科普红人或团队在科普工作上的影响力不容忽视。目前只有少部分学会开设了短视频账号，建议学会充分利用专家资源，打造科普网红，一方面可以体现学会在这一专业的权威性和影响力，促进学会科普效果的提升，另一方面也可利用“粉丝文化”影响相当一部分群体。

11.2.3.2 网络媒体运营

在各类学会中，粉丝数在2万人以下以及6万以上的网络媒体平台占比较大，总量也较大，但是不同学会的粉丝团体数量差距也较大，比如中国航空学会拥有22万多粉丝，而如中国颗粒学会、中国计量测试学会、中国电机工程学会，其网络媒体平台粉丝仅4000人以内（见表11-32）。

表 11-32 由学会建设（含共建）与运营（含共同运营）的粉丝量最多的网络媒体平台粉丝数量

学会类型	学会名称	其粉丝量最多的网络媒体平台名称	具体粉丝数量（人）
理科	中国地震学会	“中学生地球科学奥赛”微信公众号	10173
	中国地质学会	中国地学科普网	41136
	中国环境科学学会	中国环境科学学会微信公众号	25000
	中国气象学会	“气象 e 新”微信公众号	20000
	中国心理学会	“中国心理学会科普”头条号	99928
工科	中国机械工程学会	中国机械工程学会微信公众号	58632
	中国核学会	中国核学会微信公众号	18000
	中国计量测试学会	中国计量测试学会微信公众号	3800
	中国电机工程学会	中国电机工程学会微信公众号	3000
	中国航空学会	航空知识微信、微博；中国航空学会科普部微博、抖音号	220000+
	中国颗粒学会	中国颗粒学会微信公众号	1901
	中国汽车工程学会	中国大学生方程式大赛官网、中国汽车工程学会巴哈大赛官网	10000+
	中国食品科学技术学会	中国食品科学技术学会微信公众号	18000
农科	中国林学会	“林业科学传播”微信公众号	访问量 349528（动态）
	中国农学会	“三农科学传播”微信公众号	55000
医科	中国药学会	“药葫芦娃”微信公众号	75631
	中华医学会	中华医学会及下属 80 多个分会的官网	
	中华预防医学会	中华预防医学会微信公众号、快手账号	300000+
	中华口腔医学会	中华口腔医学会微信公众号	139220
	中国康复医学会	中国康复医学会微信公众号	16570
	中华中医药学会	中华中医药学会微信公众号	6352
交叉学科	中国科普作家协会	中国科普作家微信公众号	20000

总体来看，多数学会都注重开拓科普渠道的宽度，寻求多样化媒体合作通道，整合线上融媒体资源，推进“互联网+科普”工作，大力推出原创、优质、应百姓所需的科普内容及相关信息，这也是学会在网络媒体平台吸纳众多粉丝的一项原因。医科以中国预防医学会为例，针对新冠疫

情，该学会迅速开展防控应急科普工作，联合淘宝、快手、斗鱼等短视频平台和百度健康、网易健康等健康类门户网站及腾讯新闻、中青在线、中国知网学术大讲堂、保健时报社等近40家平台，并邀请国内知名专家开展防疫主题科普直播活动近50场，观看人次4000余万，触达人群超3亿，积极回应公众在疫情期间的生命健康与疾病预防关切。工科以中国核学会为例，自2014年2月开设科普微信公众账号以来，累计发表行业要闻、学会动态、核科普知识等信息2000余条，在学会网站累计发布学会动态600余篇，行业新闻1000余条，为广大粉丝提供大量专业、前沿信息，以优质内容取胜（见表11-33）。

表11-33　由学会建设（含共建）与运营（含共同运营）的粉丝量最多的网络媒体平台粉丝数量

类别	0~20000人频数	占比(%)	20001~40000人频数	占比(%)	40001~60000人频数	占比(%)	60000人以上	占比(%)
总计	12	52.17	1	4.35	3	13.04	7	30.43
理科	2	40.00	1	20.00	1	20.00	1	20.00
工科	7	70.00	0	0.00	1	10.00	2	20.00
农科	0	0.00	0	0.00	1	50.00	1	50.00
医科	2	40.00	0	0.00	0	0.00	3	60.00
交叉学科	1	100.00	0	0.00	0	0.00	0	0.00

注：26家学会提供了此项数据，中国生物医学工程学会、中国水利学会、中华医学会数据缺失，本项统计总数23家学会。

但是也有一些学会在网络平台上粉丝吸纳能力不足，网络媒体平台建设能力供应不上，这与资金、人员及运行机制有关。许多学会表示在网络平台运营及内容建设方面受到人手不够、精力有限、工资问题等阻碍，也有学会存在对自身科普业务工作宣传不够、还未全面打通“两微一抖”等自媒体平台、在该领域科普资源整合与利用不到位等问题。例如中国电机工程学会微信公众号当前原创内容仅有34篇，多是发布相关会议信息，内容建设有待加强。另外，网络媒体平台运营需要原创以及一定量内容篇数，有学会反映现在每年的工作不多，不足以支撑起媒体平台的内容要求。此外，还有内容形式、风格等限制，使得受众的偏好与需求与学会的科普宣传之间产生偏差，中华中医药学会在科普工作总结中认为自身发布的视频形式比较单一，存在不够生动的问题，仅能满足业内人士的专业需求，吸引扩充新粉丝的力量还较薄弱。以上存在的问题都是学会在网络媒体平台方面可以重点着手的改进之处。

互联网时代，学会的科普工作也应打破传统的桎梏，树立起求新、求变的思维，勇于尝试新的传播渠道，以新媒体平台为常态化的传播载体，将科普之声在受众间传得更广阔、更深远。另外，还应以优质的科普内容为导向，拓宽对科普内容的定义，而不仅仅是将内容局限在工作通知与汇报上。在运行机制方面，要保证充足的网络媒体平台宣发与运营的人才队伍资源、工资及绩效等资金保障，以及规范化的科普信息化考评标准。最后，学会网络科普工作还要做好受众尤其是粉丝群体对科普信息需求的前后馈调查，跟进受众兴趣点及需求，用新颖的风格与形式，制作出受众喜闻乐见的科普内容。

11.2.3.3　科普产品收益

学会作为公益性社会团体，其性质决定了学会的非营利性。党口、纪检监察、合规性等方面都有明确的规定，限制财政拨款型学会跟企业产生资金交集。此外，政府也在关于学会的收费标准、赢利方面做了相关的政策规定，因此大多数学会并不能实现靠科普产品创收（见表 11-34）。较之于财政拨款型学会，自收自支型学会在科普产品创收方面的限制条件相对而言会较为宽松，其科普产品创收对学会运营也有所帮助。以自收自支型的中国气象学会为例，该学会有科普商城平台，累计有 1000 种科普产品出售，另外也依靠项目收取服务费，如帮助建立校园气象站、整体气象教室等。中国汽车工程学会也是自营自收型学会，通过树立品牌意识、成本意识、营销意识进行跨界业务建设，利用科普产品创收来维持学会持续性运作。但是即使是自收自支型的学会，如中国电机工程学会，在科普产业化方面也存在一定难度。目前科普产业化方面还存在以下问题：科普产业化的人才和队伍的配套机制还不成熟；政府还未出台向从事科普产业化的公司倾斜的相关优待政策；学会在关于科普产业化的策划、执行、合作等方面，仍然有技术缺口以及渠道障碍。

表 11-34　科普产品收益

类别	0 频数	占比(%)	293 万元频数	占比(%)	400 万元频数	占比(%)
总计	15	88.24	1	5.88	1	5.88
理科	4	80.00	1	20.00	0	0.00
工科	7	87.50	0	0.00	1	12.50
农科	1	100.00	0	0.00	0	0.00
医科	2	100.00	0	0.00	0	0.00
交叉学科	1	100.00	0	0.00	0	0.00

注：26 家学会提供了此项数据，中国康复医学会、中国农学会、中国生物医学工程学会、中国水利学会、中国通信学会、中国药学会、中国指挥与控制学会、中华口腔医学会、中华医学会数据缺失，本项统计总数 17 家学会。

学会作为非营利社团法人，在担任着提供社会服务、促进社会发展的职责的同时，其自身生存也是一项亟待解决的问题。目前的状况是财政拨款有限，无法支撑起学会开展更多活动；此外，营收限制又使得学会无法思考更多元的创收途径，学会进退维谷。因此，一方面，政府需要保证学会的科普工作拥有一条可持续路径，放宽营收限制，容许学会通过科普换取部分经济收益，以谋求更好的科普效益。此外，政府也可以对相关学会、高企出台相关优待政策，从而促进科普产业化生成更广阔的可操作空间。另一方面，学会也可以加大科普资金投入，参考其他学会如中国气象学会和中国汽车工程学会的运营经验及做法，思考如何在规范之内，利用现有的智库资源、科技资源开展活动及提供服务，维持学会自身的可持续发展，并反哺科普工作。此外，学会还可以尝试科普产业创收，以市场化运作构建科普产业化体系，建立多元经营运作的管理模式，依托学会优势以及互联网平台，形成一个品牌化的、固化的产业化体系，完善延长科普产业链，寻求更多地与其他企业、平台或机构的合作机会，定期跟教育口例如学校等有需求单位衔接。

11.2.3.4　科普荣誉

学会科普荣誉情况差距明显，部分学会多以举办活动、编撰图书形式获得奖项。学会科普荣誉情况通常包括图书、视频、App、音像、举办竞赛等。调研的29家全国科技型学会中，约9家学会涉及此部分内容信息，8家学会与其他组织单位合作举办活动并得到表彰，占比为27.58%。[①]

目前对于学会科普荣誉的获奖情况，调研的29家学会表现出显著差距，如中国核学会2013~2017年连续五年荣获“全国学会科普工作优秀单位”称号，荣获2013年“全国科普日活动特殊贡献单位”，2013年、2015年、2017年“全国科普日活动优秀组织单位”称号。2016年，作为27家全国学会中唯一经中国科协推荐的单位，中国核学会科普部荣获中央和国家九部门颁发的“《全民科学素质行动计划纲要》‘十二五’实施工作先进集体”称号等，并且学会的主题科普活动品牌效应也日益显现。但与此同时，中国颗粒学会、中国汽车工程学会、中国水利学会、中国食品科学技术学会等获得的奖项荣誉少。

学会的科普荣誉获奖多是来自活动举办、图书编撰以及与电台合作制作视频等。例如，2020年，中国地震学会、中国地球物理学会、中国岩石力学与工程学会主办的“全国中学生地球科学竞赛”进入了2020~2021学年面向中小学生的全国性竞赛活动名单；中国地质学会出版的《五步避险法》及《会飞的恐龙》获得科技部2015年优秀科普作品奖，《生命探索人类起源》获2019年自然资源部优秀科普图书奖，《会飞的恐龙》还荣获“中国科技馆第五届特效电影展映最受观众欢迎的影片奖”、天下动漫风云榜上荣获“天下动漫风云榜—年度动漫作品”，是中国首部用故事讲科学的4D科普影片。

部分未得到具体科普奖项的学会，其科普成果也具有较高影响力。例如，中国心理学会组织优秀科普讲师携手与科普中国合作“心理探秘”专栏，阅读量达到321万次；其中20余篇文章被“学习强国”全文转载，触

① 有9家学会缺少自评信息统计，且此部分访谈内容模糊不清，无法判断部门荣誉情况。

达用户人数近5200万人；与人民网合作“关系——心理的力量”专题频道，原创热点文章登上了人民网首页，阅读量2.92亿次。

另外，部分学会积极举办与党建、扶贫相关的活动。虽未提及科普荣誉，但活动影响较好，进一步推进党建与科普工作深度融合，促进“党建+科普”两促进、两提高目标的实现。比如，中国电机工程学会为积极响应国家精准扶贫攻坚工作的要求，连续多年开展科普下乡及扶贫攻坚活动，2019年中国电机工程学会举办“电力之光”科普下乡暨扶贫攻坚活动，通过院士专家科普讲座、触电急救模拟练习、科普大篷车进校园等多个环节，践行科技为民的社会责任，帮助欠发达地区改变穷困面貌，改善教学条件，提升科学素质。[1] 中国预防医学会成功中标“党建+科普”党建强会项目、2019年度科普惠民服务定点扶贫县项目——健康科普业务骨干专题培训、推动实施全民科学素质行动第三批项目等3个项目。

加强我国科普荣誉和奖励工作，要理论和实践并行。针对科普奖项少的问题，学会需要从科普奖励的数量和质量上同时着手提高。一方面，需要鼓励更多的荣誉奖项设立，积极联合学术团体、上级部门、企业、基金会以及个人等社会力量积极参与科普工作，加大科普奖励的宣传，提升科普荣誉影响力；另一方面，需要完善科普奖励的制度和评审机制，可多加强国内国际专家的联合参与，提升科普荣誉知名度，增加科普奖励的国际性和权威度。此外，科研工作者和科普人员也应当意识到媒体的重要性，积极开展与媒体之间的合作，提高对科普荣誉的宣传，可在官网、科普公众号、微博等社交媒体上做好科普荣誉的宣传工作，既可以改变社会对科普的认识存在偏差的现象，又可以扩大科普在社会中的影响力，提高科普工作在社会发展过程中的地位（见表11-35、表11-36）。

学会科普荣誉毫无疑问是科普部门加大力度注重实效、强化对科普教育

① 本刊编辑部：《电力科普　扶贫扶智——2019年中国电机工程学会“电力之光”科普下乡暨扶贫攻坚活动走进山西长治》，《农村电气化》2019年第6期，第1页。

基地、科普示范单位日常运作的指导与扶持的契机。学会作为重要的科技创新主体需要充分发挥科教功能，为进一步提升科普服务能力、提高公民科学素质再续新篇章。

表 11-35　学会科普荣誉情况

获奖作品/人物	具体奖项表彰	学会名称	组织单位
《会飞的恐龙》	“中国科技馆第五届特效电影展映最受观众欢迎的影片奖”“天下动漫风云榜—年度动漫作品”	中国地质学会	国家新闻出版广电总局2015年“原动力”中国原创动漫出版重点扶持
第十五届 IESO 全球总决赛	主办方;2020~2021学年面向中小学生的全国性竞赛活动名单	中国地震学会	全国中学生地球科学竞赛委员会和北京大学等单位主办
“全国中学生地球科学竞赛”			中国地震学会、中国地球物理学会、中国岩石力学与工程学会主办
“党建强会计划”	“2019年全国科技活动周受到表彰”	中国电机工程学会	中国科协
中国核学会荣誉理事长、首席科学传播专家王乃彦院士;“科普百科科学词条项目”	“全国学会科普工作优秀单位”;“全国科普日活动特殊贡献单位”;“全国科普日活动优秀组织单位”称号;“《全民科学素质行动计划纲要》‘十二五’实施工作先进集体”;“《全民科学素质行动计划纲要》‘十二五’实施工作先进个人”;“2015年中国十大科普传播人物”;2015年百度“年度最佳科普奖”	中国核学会	科普部、中国科协
《中国好设计》系列丛书	2015年度中国好设计金奖	中国机械工程学会	德国红点奖机构
“健康中国·幸福职工健康科普巡讲活动”	入选中国科协“党建强会”特色项目	中国预防医学会	由中华预防医学会、中国教科文卫体工会全国委员会和中国循环杂志共同主办，北京市公园管理中心工会协办，保健时报社承办
第十六届中国人口文化奖民间艺术品和宣传品推荐工作	“优秀组织奖”	中国预防医学会	国家卫生健康委、科技部、中国科协;国家卫生健康委员会主管，中国人口文化促进会

表 11-36　学会科普荣誉品类

科普荣誉品类	学会名称
专题科普节目	中国地质学会
科普图书	中国地质学会、中国气象学会、中国核学会、中国机械工程学会、中华医学会、中国预防医学会
科普竞赛	中国地质学会、中国地震学会、中国气象学会、中国核学会、中国机械工程学会、中国林学会、中国药学会、中国康复医学会、中国预防医学会
科普产品奖	中国地质学会
优秀科普人物奖	中国地质学会、中国核学会
科普工作优秀单位奖	中国核学会
科普视频	中国气象、中国核学会、中国生物工程学会、中国林学会、中国预防医学会

11.2.3.5　科普产出小结

各学会科普产出的形式多样，主要包括传统的科普传媒产品以及网络时代下的新媒体科普传媒产品。学会积极探索全新的科普载体，搭建科普新渠道，延续并创新科普内容建设，将科普传播的重心由线下转移到线上，由单一、枯燥的图文形式转向音频、视频等更加生动的形式，不断创造新颖的、喜闻乐见的科普作品。与此同时，注重发挥科普传播专家团队的作用，科普专家团队作为学会科普的重要力量，为学会科普智库的建设提供智力支持，利用专家资源出版刊物，增强科普传媒产品的权威性，从而扩大学会科普产品的社会影响力。

学会的公益性决定了其非营利性，但科普经费是科普设施建设的保障和开展科普活动的重要基础，调研显示，各个学会在科普经费方面差距十分明显。对于财政全额拨款的学会来讲，其经费来源有一定的保障，但对于财政差额拨款和自收自支的学会来讲，其科普经费需要一定的来源，这就需要政府放开营收限制，允许学会通过多种渠道来实现科普经费自筹，如申请项目基金、科普产品商业化、建设科普商城平台等。

在科普荣誉方面，如中国科普作家协会 2019 年度优秀科普工作学会、《急诊室医生》项目荣获国家科技进步奖二等奖等，在奖励机制层面上调动学会及科普工作人员的积极性，除了给予物质层面上的奖励，还在一定程度上满足其精神层面的荣誉感。应积极推进国家科学技术奖励中对全国科技型学会科普奖的接纳，由中国科协学会部、科普部牵头申请设立国家级的公益性学会科普奖项，以中国科协或纲要办平台跟进国家科学技术奖励办公室的相关政策建设新空间，将与学会相关的公益性科普奖项纳入白名单序列，奖励机制上肯定学会所做的科普活动。

11.3　问题与障碍

11.3.1　科普经费稳定保障度亟待改善

从实地调研情况来看，科普经费总量方面，经费短缺和稳定性差是影响学会开展科普工作的重要因素，也是各类学会推动科普事业发展遇到的瓶颈性困难与共性问题。

国家级学会从财政来源上分为全额拨款单位、差额拨款单位和自收自支单位。有全额拨款单位认为国家层面早已将科普经费列入学会一揽子财政预算，但学会活动中科普经费分配上占比少、固定拨付不足而多用临时经费补充的做法依然较突出，对科普工作常态化规划与开展形成较大的扰动。同时，固定下来的专项活动经费不足在大多数省级学会中也普遍存在，成为困扰全国科技型学会开展科普工作的关键问题之一。

差额拨款学会由于上级单位仅对人员经费提供支持，在日常科普活动与拓展经费层面缺乏基本保障性支撑，因此不少学会在科普工作上处于想法多多、行动较少的分裂局面。

自收自支单位由于缺乏公共行政层面的经费支持，其所开展的学会主营业务及其收入首先考虑支付刚性的人员费用，因此时常难以分流出足量经费用于科普工作提升。中国计量测试学会受访人认为，因学会为自收自支单位，科普经费有限，希望中国科协在科普项目型经费和激励政策上能给予更多支持。全国学会科普工作的独特性和行政归属性造就了其公益性强、创收受限等特点，同时学会的群团定位也约束了学会通过科普开展经济创收的主动性与创新性，因而在总体上，受访的绝大多数学会均反映科普经费的总量和可使用的专项不足大大限制了科普工作的开展。

经费稳定性方面的问题也很突出，学会的常规性工作开展、品牌性科普维系项目都需要固定的支出。一方面，上级行政单位拨付的经费一旦出现上下浮动较大的情况，容易对学会的日常科普工作造成直接的影响。另一方面，学会向中国科协等机构申请的项目是否能够立项存在不稳定因素，项目经费的大小也多有差异。例如中国地质学会受访人认为，学会工作获取活动经费的渠道主要是向中国科协、自然资源部等单位以活动或项目形式申报获得，不仅经费数额无法固定，每年度获得支持数量也没有保障，给活动的规划和开展带来了诸多不便。

11.3.2 科普专业服务水平提升需求强

在组织架构上，相当一部分全国学会并未设立独立的科普部门，科普部门与其他职能部门合为一体。如中国水利学会将科普工作与学术工作统筹到“学术交流与科普部”中，中国机械工程学会成立“科普与评价处”，将科普工作与科技评价工作相互糅合。这种合署工作部门的设立，多是最近几年的举措，从无到有一方面反映出学会对于科普工作的重视程度有了显著提升，但还有进一步强化的空间，以便更好地贯彻“两翼”同等重要的战略部署。另一方面，此类部门需要承担多方面的工作，而在岗人员通常并不充裕，多多少少限制了学会更大程度专注科普工作能力与效能的发挥。

在人员配置上，学会科普工作可拓展维度多、跨度广、总量潜能大，而当前学会科普人员数量与科普工作总量（现存总量与潜在总量）存在不相匹配的情况较为突出。大部分受访学会科普部门人员力量单薄，3~4 人的科普专职人员团队需要承担大量科普工作的现状普遍存在。同时，受制于编制、经费、人员专业素质等方面的因素制约，科普兼职人员（借调、社会招聘、外部人员培训式调用等）在学会科普工作中承担着量大面广的重要角色，但工作负荷、薪酬满意度与职业转岗与晋升通道等方面的问题导致人员流动性大，进而对学会科普工作的基本稳定性和长周期良性发育产生阻碍。

科普人员的专业化方面，学会科普部门或岗位上的工作人员缺乏科学传播一般性专业训练较为普遍，科普人员的专业化与职业化程度较低。如中国生物工程学会受访人员认为，学会的组织架构应充分考虑科普人员专职化、专业化的队伍建设。中国心理学会受访人员认为，应当加强对一线心理科普工作人员的标准化培养，指导建立一批具有职业化科学传播水平的人才队伍。科普专业人才的缺乏和科普专业水平的不足，确实在相当程度上限制了学会科普能力的提升和科普工作成效的显现。

11.3.3　科普工作机制闭环尚未形成

多家学会反映，科普工作缺乏激励机制是科普工作难以推动的重要因素，也是当前国家级学会开展科普工作存在的共性问题。如中国药学会受访人认为，科普不应仅强调传播专家和志愿者单方面的付出，还需要在更宏观的社会层面给予其激励，最终促进科学传播团队的常态化有序化发展。中国生物工程学会受访人认为，科学家参与科普工作没有被列入考核和激励的范围，直接影响了学会发挥科技工作者联合体资源优势推进科学普及工作的力度。

科普考核与奖励措施的普遍缺失，是学会科普工作顶层设计在精神激励与物质奖励的双重缺陷，并由此引发了三方面的问题：一是科学家、科技工作者作为学会重要的智力资源，科学研究、野外科考、数据分析、论文发表、专利申请、成果转化等已占据大量时间与精力，在无激励的情况下，发动科学家、科技工作者加入科学普及工作存在基础动力上的困难。二是学会内部科普人员工作的积极性不高，现阶段科普职业工作者的职业晋升通道尚未系统打通，加之科普活动服务性强、独创性弱，易支出、难创收等特点，科普人才在个体层面自我价值的实现易受到“天花板”低的限制，在群体层面不易受到上级领导的重视与提拔，这进一步影响了科普人员对于科普工作价值实现的认可度与积极性。三是在全国性学会推进科普工作的过程中，由于缺乏相应的激励手段，与科普基地、研学基地、企业等单位之间多数未能形成配合密切的有效联动，影响了科普工作的实际推动进程与科普效果的高效产生。

11.3.4 内外部组织协同联动不紧密

多家全国性学会反映学会与其他事业联合体单位的联系程度不紧密，在学会组织内部，学会科普工作的组织引领作用不足。中国电机工程学会受访人认为，（应当）加强理事单位、地方学会、专委会、高校、会员中心、会员单位组织管理，完善工作联动协作机制。中国心理学会受访人认为，国家学会和地方、省级学会与市级及地方各学会、协会及社团组织间联系较为松散。而基层心理服务的需求最为迫切，服务人才队伍更亟须建立，对上级组织的联动和支持也极为渴望。

在学会组织外部，学会与各单位的联动有待强化，主要体现在三个方面。一是多数学会与全国科普工作引领单位中国科协的合作交流目前实际上较少。如中国生物工程学会等多个学会的受访人均表示，希望能多承担中国科协的科普活动，借助科协的平台优势和影响力拓展学会科普服务的广度。二是学会与学会之间的联络包括科普工作的交流基本上尚未启动，学会间科普工作的动态、典型案例与突出问题缺乏分享与沟通的渠道与促进机制。三是学会与其他单位的协调与联动有待强化。如中国航空学会受访人认为，与地方政府的合作仅限于举办活动，目前操作的合作范围拓展有限。中国生物工程学会受访人认为，该学会非常需要加强与科学出版社、科普所等单位在科普场馆及作品的规划、设计、制作、宣传等方面的合作，拓展网络宣传渠道，扩大社会影响力。

11.3.5 科普理论研究及认同不足

不同学会因学科的异同与科普受众群的差异，开展行业科普理论研究必要性与实际意义的认知差异较大，对理论指导科普工作开展和科普事业发展重要支撑作用的落实也差别明显。在此轮实地调研中，未发现有接受调研学会承接有关科普政策与实践、科普信息化、科普展现方式、科普国际经验、科普历史等方面的研究课题，绝大部分学会未开展针对学科及行业特点的特色科普理论及方法论研究。究其原因，一是科技型学会的绝大多数专家所从事的学科并非科学普及与传播，开展科普理论研究存在跨行的困难。二是开展科普理论研究缺乏相应的奖励认同机制设计，学会从事科普理论研究的主动性与积极性有限。

从开展科普理论研究的态度来看，部分学会表示出积极性，如中国林学会受访人表示，期待并愿意申请科普理论研究课题。中国机械工程学会受访人认为，除事务性工作之外，还应当开展理论研究，并已经成立了科普研究与传播中心。

在科普理论指导实践层面，由于科普理论与方法论应用研究的缺乏，实际科普工作未能有效、科学地开展是一个值得关注与重视的问题。若干学会已经意识到，科普经验与科普实践缺乏理论与方法论指导会导致工作成效链的脱节和难以创新。如中国心理学会受访人认为，行业自身及外界对心理学产品的定位和意识还停留在较为传统的培训、咨询和测评，产品形式较为单一，多样性不易创新。中华中医药学会受访人认为，传统的科普形式多为单向的科普传播模式，其科普效果远低于双向、互动式及参与式的传播，中医药科普细分层次不够，科普受众分层不清晰，缺乏理论指导，也不知怎么分好。

随着社会的进步与国民科学素质的快速提升，公众的认知习惯、态度和行为均发生了改变，受众接收信息的渠道、接收信息的方式需要及时捕捉，科普工作者面对所发生的变化，要研究新形势下科普工作开展的科学运行机制，借鉴现代管理学与公共治理的规律，探索更具实际成效的科学普及渠道与科普手段。

11.4　思考与建议

近年来，全国科技型学会的科普服务能力总体上显著提升，但仍存在若干亟须改进的地方。

11.4.1　明确学会科普定义和定位

建议设立研究专题，对学会科普的内涵与延展范围形成可以文件化表达的界定，其中一个重要的问题是需要考虑学会科普狭义内涵和广义边界之分。学会服务本身覆盖行业面极广，科普工作涉及面也广且多层次，建议适度放宽对学会科普的界定范围，不仅仅局限于对社会公众的科普。建议进一步明确学会科普工作定位，根据不同学会的学科及服务行业特色，探索针对性和创新性的科普方式，从而扩大科普服务范围，丰富科普成果产出。建议近期推动设计构建学会科普管理机制工作，加大科普管理协同创新的比重，在打造大平台、大人才队伍建设的同时，创新科普内容建设的维度，增加科普管理培训活动比重，制订并出台有针对性的引导性管理规范和办法。

11.4.2 加强地方与行业联动建设

推动与组织学会间多形式、多层级的科普交流活动。建议中国科协牵头组织开展年度学会科普工作论坛，通过组织学会科普工作一线人员的交流，提升学会科普工作的认识和理解，对科普工作进行专业化、针对性强的培训，形成标准化的学会科普工作指导框架和流程内容等；接受新媒体实操层面的技能培训、科普管理流程优化与再造培训。

另外，鉴于目前国家级学会和地方、省级学会与市县级及地方各学会、协会及社团组织间联系较为松散，建议打造学会协同体系信息、资源和科普传播技术的交流平台，如中国物理学会提出开设科普机构年会，邀请不同层级的学会参加，为学会提供可供挖掘的创意与新的科普作品形态等。

11.4.3 推进学会科普奖适用范围

目前学会科普工作的开展缺少内生动力，需要增加动力机制建设方面的有效抓手，系统提升科普工作的积极性。建议中国科协学会部、科普部牵头申请设立国家级的公益性学会科普奖项，以纲要办等平台跟进国家科学技术奖励办公室的相关政策建设新空间，将与学会相关的公益性科普奖项纳入白名单序列。如中国科普作家协会优秀科普作品奖是基于《科普法》和《全民科学素质行动计划纲要（2006—2010—2020 年）》，由国家奖励办批准的科普创作领域的最高荣誉。高士其科普奖是中国科学技术发展基金会主办、激励与鼓舞广大青少年努力学习科学文化知识的奖项，均可以作为参照。

11.4.4　完善科普人员上岗新形式

学会除常规化工作之外，要保障科普工作的顺利开展、增强学会科普服务能力，在目前借调、短期培训外部人员借用这类主流做法难以保证效率和稳定性，而学会专职岗位数核编限制严的情况下，建议增加科普专职人员入职上岗的新形式与新渠道的研究与探索。

为制度化激励学会专家和管理运行类工作人员的科普热情，建议进一步完善科技工作者科普序列的职称通道，在已有科学传播科普职称认定基础上，探索科技工作者参与科普工作后职称认定的操作办法，给在岗兼职或转岗从事科普工作的人员拓展职业通道，构建建制化的事业认同感。

11.4.5　鼓励学会设立专项科普资金

学会设立专项科普资金，可固定用于科普项目和科普活动支出。对于独立从事科普工作能力不足的学会，允许招募社会力量加入科普项目，通过发包项目的方式，发挥学会科普专业内容或者统筹协调的优势，提高科普工作的效率和质量。建议中国科协拓宽学会的资金申请渠道，自上而下有效传达申请项目资金信息，例如通过举办讲座等方式培训学会人员，提升学会申请科普项目的能力。

另外，中国科协可以扶持有特色、有影响力的项目，集中资源与力量扶持体现国家重要科普诉求的重点项目，支持学会打造高影响力特色科普品牌。

11.4.6　增强学会科普组织协调能力

中国科协发挥统筹领导、顶层设计的作用，从推动科普工作的战略定位研究，到引导和扶持建立贯穿各层级、多学科、多行业、职责明确的科普组织架构；明确学会科普体系中各学会和联动部门的职责，鼓励开展具有各学会定位特色的创意科普活动，形成科普创新发育合力，从而使学会科普工作再上一个大台阶。

目前学会的科普职能定位仍存在不同的认知偏差，需要针对性地做引导梳理。如有的学会专业服务内容强，有的学会组织协调能力强，因而选择的工作重点和形式差异较大。针对不同学会能力水平和科普服务方向的不同，科普工作不应当要求覆盖科普的全链条，应在评估评价体系中根据实际情况发挥学会的智力优势、组织协调能力。

11.4.7 加强学会科普效果考评

由于目前各学会独立分散运作是常态，因此建议学会科普产出效果方面形成典型示范案例，并进行学会大体系的工作能力提升推广。如在中国科协的平台进行展示，让更多学会和分支机构成员了解典型科普工作，从而更具思考性地投入科普工作。又如，制度化及时总结推广若干学会有效开展科普工作的经验和方法，同时对所存在的共性问题进行立项研究，制订完善、务实、长效的评价激励机制，运用考核评价、树典型宣传激励等多种手段，鼓励调动学会各团队及量大面广专家体系的积极性、主动性，使学会这一创新主体科普工作更加生机勃勃。

第十二章 推进科普社会化协同生态建设的思考

2021年6月国务院发布《全民科学素质行动规划纲要（2021—2035年）》（以下简称《科学素质规划纲要》）后，2022年8月《科技部、中央宣传部、中国科协关于印发〈“十四五”国家科学技术普及发展规划〉的通知》（国科发才〔2022〕212号）（以下简称《十四五科普规划》）指出，“十四五”科普发展的总体目标是，在贯彻落实创新驱动发展战略、推动科技创新发展过程中的作用显著提升，科普法规、政策、工作体系更加健全，全社会共同推动科普的氛围加快形成，科普公共服务覆盖率和科研人员科普参与率不断提高，我国公民具备科学素质的比例显著提升。[①]《十四五科普规划》中提出科普与其他重要战略全面融合的基本原则，即“推动科普工作与科技创新、经济社会发展和国家安全各环节紧密融合，形成全社会共同推动、各部门协同联动的科普事业发展新格局”[②]。这一定位既是对《科学素质规划纲要》中“构建政府、社会、市场等协同推进的社会化科普大格局”[③] 的回

① 科技部、中央宣传部、中国科协：《科技部、中央宣传部、中国科协关于印发〈“十四五”国家科学技术普及发展规划〉的通知》，https://www.most.gov.cn/xxgk/xinxifenlei/fdzdgknr/fgzc/gfxwj/gfxwj2022/202208/t20220816_181896.html，最后检索时间：2023年1月5日。

② 科技部、中央宣传部、中国科协：《科技部、中央宣传部、中国科协关于印发〈“十四五”国家科学技术普及发展规划〉的通知》，https://www.most.gov.cn/xxgk/xinxifenlei/fdzdgknr/fgzc/gfxwj/gfxwj2022/202208/t20220816_181896.html，最后检索时间：2023年3月7日。

③ 国务院：《国务院关于印发全民科学素质行动规划纲要（2021—2035年）的通知》，http://www.gov.cn/zhengce/content/2021-06/25/content_5620813.htm?ivk_sa=1024105d，最后检索时间：2023年3月7日。

应，也是“十四五”期间国家建设科普社会化协同生态决心的进一步彰显。

同年9月，中共中央办公厅、国务院办公厅印发《关于新时代进一步加强科学技术普及工作的意见》（以下简称《科普意见》），明确指出要强化全社会科普责任，并细致刻画了各级党委和政府、各行业主管部门、各级科学技术协会、各类学校和科研机构、企业、各类媒体、广大科技工作者以及公民在内的八类主体的领导责任、管理责任与社会责任等。

按照本书对科普社会化协同生态的构建与不同主体的生态位置框定，以及《科普意见》中对不同主体科普责任的描述，八类主体均落在科普社会化协同生态场之中。其中，生产者包括各类学校和科研机构、企业与广大科技工作者，其主要责任在于为科普社会化协同生态提供科普内容供给，产出各类可供传播的科普信息；分解者则涉及各级党委和政府、各行业主管部门、各级科学技术协会与各类媒体，他们肩负着领导、组织、推进、管理科学普及各项工作的责任，媒体作为社会上信息流通的重要渠道还担负着传播科普信息的社会职能；普通公民是与前述七类主体在“人”这一本体意义上广泛交集与在特定场境中重合的概念，是传播接收端意义上的消费者，“他们”是科学普及活动的目标对象本体。

不论是《科学素质规划纲要》，还是《十四五科普规划》与《科普意见》，都指出了2021~2035年中国社会重大战略转型阶段我国科学普及工作建设的关键目标，即动员全社会的力量，协同推进公民科学素质建设，形成全社会共同参与的国家大科普格局。据此，本章内容以《科普意见》中的八类主体为主要人的行动者，以科普社会化协同生态为基本框架，以实地调查的客观材料与访谈咨询的感性认知为依据，阐发新规划语境中对推进科普社会化协同生态建设的若干思考。

12.1 推进科普社会化协同生态供给侧结构性改革

全民科学素质总体水平在国际较高标准比较中还明显偏低、高质量科普产品和服务的供给与国民日益增长并快速提升前移的需求相比仍明显不足，这是我国现阶段科普事业发展的主要结构失衡表征，反映了当前我国科普事业发展在供给端的能力发育有明显缺失。从科普投入与公民科学素质建设成效来看，以美国、北欧为代表的发达地区的公民科学素质建设较早地进入了高水平的平稳阶段。国内著名咨询公司艾瑞咨询 2020 年的公开报告显示，2005 年、2010 年、2015 年美国具备科学素质的公民比例分别为 24%、27% 和 28%，对美国 2020 年公民科学素质的预估值为 29%[①]；瑞典的公民科学素质水平更是在 2005 年就达到 35%。[②] 美国国家科学委员会（National Science Board）的调查也表明，近 20 年来美国公民在科学素质上保持在基本稳定的状态。[③] 反观我国全民科学素质建设工作成效的数据进展，1992 年以来的历次全民科学素质调查显示，20 多年间我国具备基本科学素质的公民比例从 1992 年的 0.2%提升至 2020 年的 10.56%，表明我国的全民科学素质建设进步巨大，并且仍处于快速增长的发展阶段。公民科学素质快速增长的背后，是我国科普资源的持续投入。2011~2020 年的科普投入主要指标数据显示，我国的科普专职人员总数、年度科普经费筹集额度、科技馆与科学技术类博物馆数量保持着有较好强度的稳中有进趋势（见图 12-1），这是 2020 年具备科学素质的公民比例增至 2010 年的 3.23 倍的最基础支撑。

在科普投入持续加码的背景之下，科普的高质量供给却相对滞后。北京市科技传播中心 2019 年的调查显示，被调查对象认为当前科普活动组织形式单一、活动内容陈旧单调，对科普人才培育机制、科普活动组织、科普新媒体与新技术应用情况的满意度分别为 12%、23% 与 29%，认为科普资源利用充分发挥其效能的比例仅占 2%，这些数据反映了我国高质量科普供给的不足，也为我国科普事业的重点建设方向提供了数据支撑。

---

① 艾瑞咨询：《中国终身教育行业研究报告》，《艾瑞咨询系列研究报告》2020 年第 4 期，第 937~1011 页。

② 王龙飞：《科学素养的发展：小学语文说明文教学研究的新视野》，山东师范大学硕士学位论文，2020。

③ 鲁晓、周建中、张思光：《解读 2016 年美国科学院科学素养报告》，https://paper.sciencenet.cn/htmlnews/2017/5/376127.shtm，最后检索时间：2022 年 2 月 15 日。

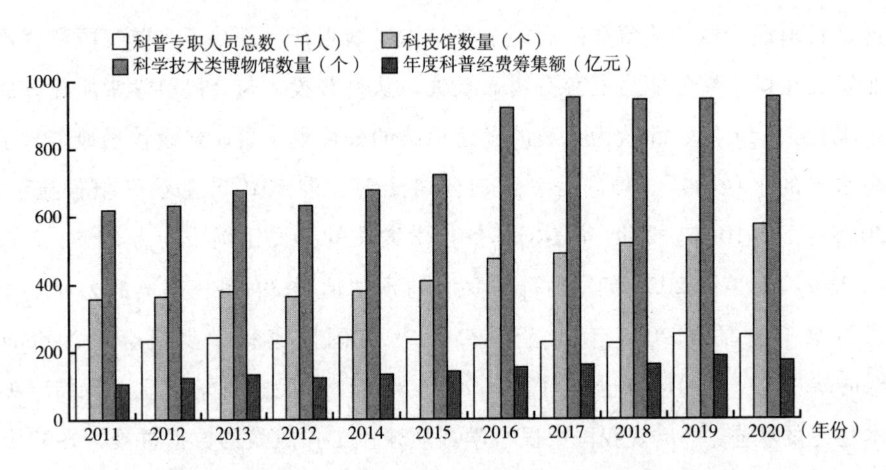

图 12-1　2011~2020 年我国科普投入主要指标变化情况

资料来源：《中国科普统计》(2012~2021 年)。

除科普事业在供给总体体量上依然不足之外，其供给结构不平衡的问题也较为突出。2020 年开展的第十一次中国公民科学素质抽样调查结果显示，上海、北京的公民科学素质水平分别为 24.3%、24.07%，西藏与青海的科学素质水平分别为 5.11%、5.95%；东部、西部地区的公民科学素质水平分别为 13.27%和 8.44%，相差 4.83 个百分点，比 2015 年的差值相比增加了 1.15 个百分点。与此同时，2020 年城镇居民和农村居民的公民科学素质水平分别为 13.75%和 6.45%，差距达 7.30 个百分点，显示出我国公民科学素质存在明显的地区与城乡差距①，原因之一在于中国公民享受科普资源和科普服务的差距仍然较大。

从以上失衡数据可知，推进科普供给侧结构性改革是当前科普社会化协同生态建设面临的重要问题，在对我国科普实践发展现状的实际把握之上，我们认为，至少应当从以下几个方面提升科普社会化资源的供给。

第一，保持政府尤其是中央政府科普投入的稳定增长。在历史、体制机制等多种因素的综合作用下，当前我国的科学素质建设仍然以政府为主导，

① 第十一次中国公民科学素质抽样调查结果发布，https://baijiahao.baidu.com/s?id=1690012679165345126&wfr=spider&for=pc，最后检索时间：2023 年 4 月 4 日。

在我国科普投入体系转向与优化的过程之中，政府的持续投入不仅是对我国公民科学素质水平稳定提升的保障，更是吸引社会资源、撬动社会人力、物力与财力的有力杠杆。与此同时，在中央一元化领导体系拉动下，中央政府的科普投入对于地方政府有显性的带动作用，因此至少在未来一段时期的政府投入中，适当加大中央财政的投入力度，从而实现对各级财政资金的有效带动作用还是不容忽视的基本目标。[①]

第二，引导社会多元主体的共同投入。从科普经费获取的结构来看，近20年的数据显示，政府拨款是科普经费的主要来源，来自社会捐赠、单位资金自筹等渠道的资金不仅增长幅度非常有限，且占比不高，反映出当前政府在科普投入中的绝对主体位置，科普的市场化与社会化程度虽然在持续发育，但实际地位及作用并不十分显著。已有研究表明，在政府主导的科普投入强势引导格局中，其投入产出效果并不明显，科普资源的作用并未得到充分发挥[②]，亟须创造社会多元主体共同投入的新环境与新模式。

一方面，需要出台政策引导性措施激励与要求各类有条件的高校、科研院所、科技型学会与高新技术企业等安排出一定经费用于开展服务社会、服务消费者的科普工作。本书研究团队在2017～2021年对上述四类科技创新主体进行实地调研时发现，专项科普经费规划机制的短缺是阻碍科技创新主体与科普职能履行相关机构进一步发挥科普功能的最重要因素之一，各类机构对科普工作的重视应当首先体现在对科普经费的支持规划上，营造稳定的科普经费支持机制对进一步发挥科技创新主体资源优势有相当积极的促进作用。

另一方面，科普工作是一项具有较强外部性的事业，需要着力开发科普的市场功能。在本研究组的调研中，有部分国家级科技型学会、高新技术企业已经开展了积极的探索性工作，并取得了一定效果。研究组认为，企业与

---

① 黎娟娟、高宏斌：《构建多元协同科普投入体系的现状和思考》，《科普研究》2021年第3期，第81～90、111页。

② 韩凤芹、周孝、史卫、张绘：《我国财政科普投入及其效果评价》，《财政科学》2018年第12期，第19～35、56页。

社会组织在发展科普产业方面具有市场优势，在新的科学素质规划语境中，迫切需要规模化拓展经营性组织的产业科普目标需求，充分培育与激发适应市场与全民消费人群活跃发展的开发服务体系，赋予产品与服务以科普终端产出效益内涵，将科学普及与产品知识服务有机融合，增强科普社会效益与经济效益有效平衡的发育业态。

第三，亟须出台提高全社会科普创作能力的组合型促进政策。科普作品的内在属性规定了科普内容的科学性与通俗性必须兼备。以往的科普内容多由各高校、科研机构、科技型企业和组织的科技工作者进行创作[①]，在具备良好专业性之时，往往缺乏对传播技能与语言表达方面的考量，因此科学家、工程师能够深度走入大众传播圈的占比较低，而在前沿科学领域这种知识服务链的断裂则更加突出。因为内容科学性的要求，现有承担一手科技知识传播的科普人员往往是具有专业科学背景的人，但却鲜少接受过教育学、传播学等方面理论与实践技能训练，往往所输出的科普成果难以得到广泛传播和产生共情。近年来，已有一些机构意识到科普创作能力的不足，开展了一系列科普竞赛，典型代表如科技部主办的“全国科普讲解大赛”、中国科学院主办的“中国科学院科普讲解大赛暨全国科普讲解大赛选拔赛”以及各省市、机构主办的科普比赛，从科技工作者人群中培养了一批优秀的科普讲解员和科普讲解志愿者。然而，科普竞赛并不能系统性地提高我国科普工作者的科普能力。以具有代表性的“全国科普讲解大赛”为例，大赛创办9年以来，虽规模逐年壮大，国家、省、市、区等各级参赛选手累计超过17.5万人次[②]，但数据显示，截至2020年末我国共计有24.8万名科普专职人员与156.4万科普兼职人员[③]，因此科普竞赛全面覆盖我国庞大的科普人

---

① 彭佳倩、曹三省：《以人为本的创新与融合：新媒体时代下的科普创作与传播》，《科普创作评论》2022年第1期，第5~11页。

② 中国科普网：《第九届全国科普讲解大赛在广州举办“全国科普十佳使者”揭晓》，http://www.kepu.gov.cn/www/article/e1b7fc45bd3b4d53a5891b6d8728fd97，最后检索时间：2023年2月17日。

③ 中华人民共和国科学技术部：《中国科普统计（2021年版）》，科学技术文献出版社，2022。

员队伍还是很难的一件事。

面对智能社交媒体传播的全新引领，科普主体从科技工作者转移到专业科普人、科普渠道从传统媒体为主到智能媒体中心、科普受众群体则从关照部分对象持续扩大到全民对象。但从已经习惯的操作文化来看，我国的科普能力提升仍倾向于在科普实践中接受检验与提升，而并未形成在科普实践前、实践进程中进行系统训练的文化，这往往会导致工作意愿很强，但指导和服务能力跟不上的情况，因此，在科普技术迭代相当快的新发展语境下，较大规模人群科普能力提升迫切需要与时俱进的系统训练。首先，应当从资源优势主体层面开发面向一线科普人员的实用培训课程，向科普人员普及科普创作的基础理论与实践方法，包括教育学、传播学、心理学基本原理，新媒体拍摄、剪辑与传播方法等，典型代表如 2022 年教育部与中国科学院联合开展的面向中小学科学教师的科学传播能力系列培训。其次，应当规划在全国范围内开展科普人员科普能力提升常态化推进的工作，以及时应对科普工作形式的变化与传播内容、方式、群体的变迁。最后，制订培养专业科普人才后备军的建制内计划，如探索科普学分制的更大范围试点与推广。由于科普活动的关键在于科普主体的水平，经过专业训练的研究生群体不仅了解新型传播方式与规律，并且有获得前沿认知的理论基础①，是我国科普人员队伍成长壮大的中枢型后备力量。从初期中国科学院实施的研究生科普学分制在院内高校与科研院所中的效果来看，对于系统激发研究生的科普意识、提升科普创作能力与科普活动参与意愿有良好的促进作用。

面向新时期的科普社会化协同生态建设，在科普学分制实施上有如下意义。一方面，建议在高校中开展相应的科普理论与实践课程，让学生群体了解科普、参与科普，以及将从事科普事业作为职业生涯的一种积极展望，激发学生群体的科普志趣，引导他们将学习、工作与科普从理念深处

---

① 周德进、马强、徐雁龙：《关于研究生科普活动学分制问题的若干思考》，《科普研究》2018 年第 6 期，第 81～85、112～113 页。

相结合。另一方面，建议在现有科普学分制实施的实践中总结问题教训，尝试推出科普学分制在普通高等院校、科研院所进一步试点和推广的实施方案，这一措施不仅有助于为我国培养大量的专业科普人才，而且有助于将科普学分制工作纳入政府工作统计，作为高校与科研院所开展科普工作的重要评价数据，从而示范性促进多元科技创新和科学教育主体担当起营造国家科普生态的职责。

12.2 强化科普社会化协同生态的分解与中介能力

科普社会化协同生态分解者的角色定位为在实践中从事科普传播与管理工作的各类机构与组织，它们作为整个科普社会化协同生态的中介，利用现有的科学资源与行政能力，面向广大的社会群体组织，开展科普活动，传播科学知识、科学方法、科学思想与科学精神。

分解者的角色对于科普社会化协同生态的运行有着不可或缺的作用，其强大的组织、管理与制度设计能力对于我国科普体系的建立有着至关重要的影响，其科普能力的发挥影响着全民科学素质的提升、科技后备人才科学兴趣与创新能力的培养。

在协同化与生态系统视角下，分解者还存在自身的发展与建设问题，在科普社会化协同生态的建设与优化之中，应当在考虑自身能力提升基础上，通过实践观察与多方征询，为科普社会化协同生态的高效率运行与国家大科普格局建设注入新的动能。分解者角色功能有待进一步提升与思考的要点主要集中在以下方面。

第一，修订完善《科普法》，明确科普责任的刚性约束。科技创新主体缺乏开展科普工作的强责任意识，是当前阻碍科技创新主体提升科普成效的重要因素，其主要原因就在于科普于他们而言是一种泛社会责任，而不是约束型法律责任。在这一条件下，对于科普工作的管理、科普活动的开展，很大程度上取决于组织机构领导者的重视程度与科技工作者的意愿强度。2021 年 12 月 17 日，全国人大常委会 2022 年度立法工作计划通过委员长会议，确定“修改科学技术普及法”为初次审议的立法项目。[①] 在这一背景下，本研究认为，在正在推进的《科普法》修订中，以人大立法体系为代表的政府议事部门应当进一步明确科普工作的主要力量、重要力量等多元主体，并在责任划分中做到“软硬并济”。具体而言，在多元主体的权责界定中，应秉持“软硬并济”原则，软性性质明显的法规对于实际科普工作的支撑力度有限，而对部分组织做职能范围之外的硬性规定又不利于机构自身发展。建议在对科普社会化协同生态不同社会主体的科普工作界定中，如对科学普及工作的主要力量（各级科协、各类科技创新主体等）做刚性要求，对以环境保护、国土资源、体育、旅游等为代表的其他政府部门和相关企事业单位则仍以引导与鼓励为原则。通过硬性要求与软性规定相结合的方式，保障科学普及工作的有效落地，并给予不同社会团体以开展工作的自由度。[②]

第二，开展科普评估，完善科普制度建设。科普评估是运用科学的方法、遵循一定的原则和程序，对各类科普工作及科普要素的能力及其影响进行测度，从而促进被评估对象提升科普工作管理水平和效果的一系列科普管理活动的总称。[③] 在微观尺度上，经过对大量样本的实地调研与访谈，我们发现以科技创新主体为代表的各类组织机构在科普制度建设上少有对科普评估制度的操作性关注。在宏观尺度上，目前我国的科普评价体系尚未正式建立，缺乏面向全国、覆盖全面的科普能力评估体系。《科普法》等相关法律政策虽然提出相关机构、团体、企业需要承担科普的社会责任，但对于各种主体开展科普活动没有具体的保障细则、规划布局和实施办法。[④⑤] 科普活动完成以后的相关结果与影响也没有可操作的、具体的、规范的规定来做出

① 全国人大：《法工委发言人介绍 2022 年立法重点项目》，http://www.npc.gov.cn/npc/kgfb/202112/38831ab324674aa3841a44fbca95ac0d.shtml，最后检索时间：2023 年 2 月 22 日。

② 陈登航、汤书昆、郑斌：《〈科普法〉修订背景下我国社会科学普及的立法特征、向度与入法探讨》，《科普研究》2022 年第 4 期，第 88～95、106 页。

③ 张风帆、李东松：《我国科普评估体系探析》，《中国科技论坛》2006 年第 3 期，第 69～73 页。

④ 朱雅楠、刘佳佳、齐培潇：《〈科普法〉的实施状况与修订——基于文献研究的解读》，《科普研究》2022 年第 2 期，第 74～81、102 页。

⑤ 张义忠、任福君：《我国科普法制建设的回顾与展望》，《科普研究》2012 年第 3 期，第 5～13 页。

评价与奖惩，因此相关法律法规的制定、落实与实操的情境还有距离。[①] 2017年，全民科学素质纲要实施工作办公室下发了《关于印发科技创新成果科普成效和创新主体科普服务评价暂行管理办法（试行）的通知》（纲要办发〔2017〕4号）（以下简称《暂行管理办法》），规定凡公共财政资助的科技创新项目成果须接受科技创新成果科普成效评价；凡与科技创新相关、依托公共财政支持的高校、科研机构或国有（含国有控股）企业等须接受创新主体科普服务评价。该文件的发布标志着我国科普评价制度建设正式迈出了第一步，但这一试行文件是否正式实施、实施成效、正式试行文件何时印发等直到今日仍无从知晓。正是科普评估体系的缺位，引发了诸多科技创新主体在实践中存在对科普概念不清、科普边界认识不明、科普工作理解不足、科普主动意识不强等共性问题，也因此，为了进一步提升国家总体科普能力，也为了进一步强化各级党委和政府、各行业主管部门与各级科学技术协会的角色功能，科普评估体系的建立对于科普社会化协同生态而言迫在眉睫，是生态形成的关键抓手。

我们认为，现阶段的科普评估体系的建立，应当着力于以下两个方面。一是正式实施科技创新主体科普成效评价。在评价执行上，距离《暂行管理办法》发布已近6年，《暂行管理办法》的实施情况、成效，评价存在的执行障碍与完善评价方式的意见、建议应当予以收集和提炼汇总，为开展科普成效实施评价提供支持。二是适当扩大评价对象的范围。《暂行管理办法》中以科技创新主体为试点开展科普成效评估，对于我国科普评估体系的探索与建立具有前瞻与示范意义，但当前的科普事业已然成为全社会的责任，科普评估的对象若仅局限于科技创新主体则难掩范畴明显过窄的局限。考虑到面向全社会开展科普成效评价的难度巨大，而对一些由公共财政支持的科技场馆、博物馆、学校、文化馆、图书馆、少年宫等基层科普机构与植物园等公共开放场所开展科普评价既有必要性与合理性，也有操作上的可能

① 郑念：《创新发展需要更加重视科普工作》，http：//www. qstheory. cn/zhuanqu/bkjx/2019-04/04/c_ 1124327385. htm，最后检索时间：2023年2月19日。

性。此外，合理设计科普工作指标在文明城市、卫生城镇、园林城市、环境保护模范城市、生态文明示范区等评选体系中的比重①，或许是下一阶段科普理论研究人员与科普管理人员可探索的方向。

第一，设计有效的科普激励机制衔接科普评估制度。如果说科普评估是倒逼各类社会主体承担科普职责的后置措施，科普激励机制则是以奖励促进科普行为产生、科普能力提升的前置激励措施。在个体层面，本书研究团队在全国各地开展实地调研发现，以科技创新主体为代表的各类组织机构的科普责任意识不强、对科普工作不重视以及科普工作被边缘化等现象的另一原因在于，科普长期被定位为“公益性”事业，不少直接从事科普工作的受访人表示，在一般机构中从事科普工作对个人发展、晋升几乎没有促进作用。相当数量单位的管理人员也认为，国家层面与单位层面都缺少对于科普工作量的认定与奖励办法，导致难以提振科技人员的科普工作积极性。基于上述分析，我们认为首要的是对科普工作者的工作给予必要的认可，因此有必要在新时期研究制订科普工作者业绩评价标准，将他们的科普工作量与薪酬体系挂钩，以实际工资薪酬认可他们的科普工作绩效。在机构层面，科普激励机制的设计还应当与科普评估制度进行有机衔接。科普成效评估结果的运用方式与运用程度是提升科技创新主体参评积极性、扩大评估覆盖面的关键因素。评价结果是否得到有效应用是检验评估工作价值的标准之一，亦是实现评估工作“闭环”的关键步骤。对于科普工作组织得力、科普成效显著的创新主体，需要在成果认定以及年度工作考核体系中纳入科普正向评价指标及权重，通过减税激励、后补助、资格审核等政策红利以及专项科普经费为奖励支撑，激励其持续开展高质量科普工作。对于科普工作开展不力、科普效果较差的科技创新主体应给予警醒告诫。例如降低科普经费、前补助转后补助、资格认定与裁汰机制中适量参考科普评估结果等“柔性”处罚措施，以体现科普评估“指挥棒”和“风向标”的作用，并充分发挥科普

① 科技部、中央宣传部、中国科协：《“十四五”国家科学技术普及发展规划》，https://www.most.gov.cn/xxgk/xinxifenlei/fdzdgknr/fgzc/gfxwj/gfxwj2022/202208/t20220816_181896.html，最后检索时间：2023年3月7日。

社会化协同生态分解者的角色功能，激发科普社会化协同生态的活力。

第二，在全国范围内推行科普职称评定。长期以来，科普工作者的职业定位处于被忽视、不明确的状态，面向一线科普从业人员职称评价体系处于空白状态，大量的科普工作者由于缺乏专门的专业职称评定序列，不仅只能“蹭”职称，且评审通过率很低。科普激励机制的不健全，严重制约着科普人才队伍的发展壮大。目前，北京、天津、广东、安徽、浙江、湖南等省/直辖市已相继出台科普职称评定文件、开展科普职称评定工作，奠定了良好的实践基础。2022 年，中国科协在地方职称评定工作基础上，开展了自然、科学研究系列科普专业职称评审工作，这为在全国范围内出台科普职称的评定意见与操作办法提供了参考。一方面，制订科普与科技传播专业技术职称评定办法，开展常态评定工作是《科学素质规划纲要》提出的新要求。另一方面，当前出台科普职称评定的省级地区仍是少数，且各地出台的科普职称评定制度各异，国家层面科普职称评定相关管理办法的出台，有助于推动全国范围内科普职称评定的全面推广与统筹实施，这一举措既是落实《科学素质规划纲要》的重要行动，也将是提振科普工作者积极性与工作信心的有力手段。

第三，开展国际科普交流合作。科技形象作为国家形象的重要组成部分，也是中国对外科技实力的综合体现。2021 年中国科普研究所与苏州大学传媒学院的联合调查发现，以美国公众为代表的国外群体不仅对中国科学技术的发展情况不甚了解，且在认可中国科技发展快速、创新、前沿的基础上，更倾向于认为中国科技存在政治导向强、功利主义重与生态不友好等负面认知[①]，这与他们主要通过西方媒体了解中国科学信息不无关系。[②] 结合新型冠状病毒肺炎疫情期间国外媒体的污名化与失实报道，加上美国公众对中国科学形象的基本扭曲的认知，可以说，以科学传播促进中国的科技形象与国家形象建设已十分紧迫与必要。

---

① 王艳丽、张志敏：《以国际科普促进国家形象建设研究》，《科普研究》2022 年第 6 期，第 67~74、111~112 页。

② 杨正、张志敏、贾鹤鹏、王挺：《美国公众对于中国科学形象认知的实证调查分析》，《中国科技论坛》2022 年第 12 期，第 79~188 页。

2021年5月31日，习近平总书记在中共中央政治局第三十次集体学习时进一步强调，要讲好中国故事，传播好中国声音，展现真实、立体、全面的中国，是当下加强中国国际传播能力建设的重要任务。[①] 基于此，我们认为，开展国际科普交流合作，一是从战略层面规划以科普提升国家形象的顶层设计，设置具备一定层次的专门国家机构或是在现有国家机构里设置具备一定层次的部门，负责统筹、协调、指导、联络、服务该项工作[②]，有计划、有组织地输出我国的科技信息与科学发展情况，将我国的体制优势转化为传播优势。二是强化国际性的科技与科普协作，以国际科普引进展览、"一带一路"国际科普交流周、国际科普产品博览会等为基础，着力搭建高端国际科普交流平台，多频次、多层级、多面向地开展科普交流，重点推动我国在高铁、航母、探月、5G、医药、大数据、人工智能等领域前沿与创新的科技成果、科学教育资源走出国门，吸引优秀国外科技、科普资源走进国内。在以科学传播打造国家形象、构建国际共识之时，必要时可以与其他国家的政府通力合作，形成互通有无的"科学联盟"，在此基础之上进行科学信息的传播。[③] 三是大力培养国际科普人才。国际科普人才不仅需要专业的科学传播背景，同时还需要有良好的语言基础，掌握一定的国际关系、心理学与教育学知识，而我国当前真正符合要求可以开展国际科普相关工作的人才并不多[④]，在国际科普中缺乏必要的人力资源储备。因此，建议由中国科协、教育部、科技部、中国科学院等持续开展科普人才的系统化培养工作，在培养面向国内的科普人才之余，兼顾面向国际的科普人才培养。科协体系中可以规划出专题的国际化科普培训操作机制，培养有质有量的国际科普当前和后备力量。

---

① 新华社：《习近平主持中共中央政治局第三十次集体学习并讲话》，http：//www.gov.cn/xinwen/2021-06/01/content_ 5614684.htm，最后检索时间：2023年2月23日。

② 王艳丽、张志敏：《以国际科普促进国家形象建设研究》，《科普研究》2022年第6期，第67~74、111~112页。

③ 张雅欣、林世健、王雪儿：《从"建构"到"认同"：以科学传播构建人类共识促进国家媒体形象传播》，《中国新闻传播研究》2021年第6期，第131~147页。

④ 王艳丽、张志敏：《以国际科普促进国家形象建设研究》，《科普研究》2022年第6期，第67~74、111~112页。

12.3 共同营造良好的科普社会化协同生态氛围

科普社会化协同生态的消费者是一般意义上的普通公众，在公平普惠的科学发展理念下，全体公民都应当享受科技进步所带来的在认知、健康、便利与经济等多维立体架构中的福利。其中，青少年、农民、产业工人、老年人与领导干部和公务员是《科学素质规划纲要》中锚定的我国下一时期的重点科普对象。当前，以重点科普人群为代表的科学素质提升工作中还存在不少的问题与显性挑战。以国家科技创新储备人才的青少年群体为例，李秀菊等2021年的调查研究显示，青少年群体不仅从事科学相关工作的意愿低，且存在创新意识与综合应用能力不足的困境；同时，该研究指出区域之间青少年科学素质表现不平衡、学校的科学教育重视程度不足、优质科技教育资源衔接不够流畅。[①] 可以发现，阻碍青少年科学素养提升的原因，不仅在青少年群体自身，也在学校、社会等层面。因此，特定群体或全体公民科学素质的提升，不仅需要科普社会化协同生态消费者自身的努力，也需要来自多元社会层面的支持。

在个体层面，传统媒介时代的传播理论将公众视为以文本解读为中心的被动的“受众”，而在新媒介时代，他们成为以交往、连接和社群认同为中心的积极主动的参与型消费者。[②] 我们认为，科普社会化协同生态中的多元角色不仅存在某种程度的重叠，其角色的定位与功能也并非一成不变，而是具有流动性与主动性的。若从生态整体观的视角考察，普遍联系与相互作用也揭示了主动性的重要价值，这一价值之于科普的对象与客体的意义更为重大，也因此在推进科普社会化协同生态的建设过程当中，全体公民都应当积极行动起来。

---

① 李秀菊、林利琴：《青少年科学素质的现状、问题与提升路径》，《科普研究》2021年第4期，第52~57、108页。

② 〔荷〕塔玛拉·维茨格、〔美〕C. W. 安德森、〔比〕戴维·多明戈、〔加〕阿尔弗雷德·贺米达：《数字新闻》，高丽、姚志文译，清华大学出版社，2021，第182~186页。

首先，应当从“被动”的消费者转为主动的学习者。美国学者戴维·温伯格（David Weinberger）指出，知识结构的变化引发了知识的形态和性质变化，互联网技术更是重塑了知识的形态[①]，在数字知识时代，获取知识的便捷性已经被提升到前所未有的地步[②]，当一般性的科普需求产生之时，应当首先寻求数字知识的帮助，快速获取信息并满足自身需要。

其次，应当从“被动”的消费者转为主动的生产者与传播者。随着互联网开源社区的出现，知识生产早已不是精英阶层的专属权利，人类知识生产模式已经发生了重大改变。[③] 美国学者克莱·舍基（Clay Shirky）提出了“认知盈余”的概念，将受教育公民的自由时间看作一个集合体、一种认知盈余。[④] 我们认为，具有某一方面知识专长的人，完全可以基于自由时间与分享意愿进行协同创造，将自身的“认知盈余”转化为社会资产，在以网络平台为代表的场景中产出科普内容、传播科普内容，这样既可以发挥自身知识储备的价值，又可以推动巨大社会效益的产生。

最后，应当从“被动”的消费者转为主动的中介者。我们的现实社会网络决定了身边难免存在一般科普对象与重点科普对象，对他们的科学素质提升给予帮忙是个体履行社会责任的表现。对于身边的老年人、青少年与农民，可以帮助他们搭建获取信息的渠道、方式等。例如，对于老年人来说，学习和使用智能手机以及系列 App 是融入现代生活、提升科技文化素养的重要障碍，年轻后辈可以帮助老年人学会上网、使用手机信息工具，通过实际的数字反哺行为构建提升科技文化素质的有效通道。针对青少年手机成瘾的问题，鼓励、带动青少年多参与科技活动，前往科技场馆与大型科学装置展览感受科技魅力不失为一种缓解智能手机成瘾症的正面举措。

在社会层面，各行各业的工作者将本职工作与科普相结合，将科普责任

① 〔美〕戴维·温伯格：《知识的边界》，胡泳、高美译，山西人民出版社，2014，第 11 页。

② 〔美〕戴维·温伯格：《知识的边界》，胡泳、高美译，山西人民出版社，2014，第 7 页。

③ 甘莅豪、王豪：《马赛克知识：环境戏剧理论视域下的维基百科全书——基于“老子”英文条目的探讨》，《东岳论丛》2022 年第 11 期，第 67~78、191 页。

④ 〔美〕克莱·舍基：《认知盈余：自由时间的力量》，胡咏等译，中国人民大学出版社，2012。

意识内化到个人的工作与行动当中，是构建有效科普社会化协同生态的基础。

以涉及五类重点科普对象工作的相关人员为例。对于中小学管理者与教师而言，一方面，要推动建立校内外科技教育资源有效衔接机制，充分发挥校外科学教育对青少年科学素质培养的重要作用，通过开展馆校合作、科普研学等行动引导校外科技教育相关场所依据课标开发科学教育活动和课程资源；另一方面，中小学教师应着力提升自身的科学素质，将科学精神纳入师德师风建设，在教师培养和校长培训中将科学精神、科学教育理念、意识等作为重要内容，提升全体教师的综合素质和科学教育意识。①

对于农村公务人员而言，应当积极地与高校、科研院所等建立合作机制，重视对科普工作的全过程管理，充分结合当地实际条件，优化科普工作落地，从而激发农民与社会主体的意愿与积极性。

对于产业领导者而言，通过开展理想信念和职业精神宣传教育，大力弘扬劳模精神、劳动精神、工匠精神，营造劳动光荣的社会风尚、精益求精的敬业风气和勇于创新的文化氛围；开展劳动技能竞赛和以小改革、小发明、小创造、小设计、小建议为代表的群众性技术创新活动，激励广大产业工人立足岗位、提升技能，推动大众创业、万众创新；在职前教育和职业培训中进一步突出科学素质、安全生产等相关内容。②

对于社区工作者而言，可以整合社区老年人日间照料中心、科普中心现有资源，充分发挥社区科普阵地作用。对于社会组织而言，要充分意识到老年人科普需要的市场，结合老年人日常生活中涉及的出行、就医、消费、文娱、办事等高频事项和服务场景，通过开设课程、讲座、培训等方式提供科普工作。③

---

① 李秀菊、林利琴：《青少年科学素质的现状、问题与提升路径》，《科普研究》2021 年第 4 期，第 52～57、108 页。

② 胡俊平：《产业工人科学素质提升的挑战与对策》，《科普研究》2021 年第 4 期，第 63～68、109 页。

③ 王丽慧：《老年人科学素质提升行动的思考》，《科普研究》2021 年第 4 期，第 69～73、86、110 页。

对于政府部门的管理人员而言，要充分认识到科学素质建设的重要性和紧迫性，并根据实际情况，灵活推进科学素质教学培养。一方面，可有效结合领导干部和公务员需求调研，设置分类分级培训计划，进行领导干部和公务员科学素质提升相关的教学大纲编制、课程设置和教材开发等。另一方面，通过创新培训及学习方式方法，扩大优质科技资源覆盖面，满足领导干部和公务员多样化学习需求。[①]

《科普意见》提出“构建社会化协同、数字化传播、规范化建设、国际化合作的新时代科普生态”（“四化”生态）的指导思想，“四化”生态从宏观层面回答了新时期我国要建立什么样的科普生态。本书将研究视角进一步缩小，聚焦到主体层面，讨论建设科普生态的主体构成与角色职能。

迈入新发展阶段的科普工作，其工作机制正从政府主导向政府引导、多元主体参与的社会化动员机制和市场化运行模式转变[②]，政府、行业主管部门、科学技术协会、学校和科研机构、企业、媒体、科技工作者以及公民等多元行动者，作为能动的行为主体，享受科学进步与科学文化建设带来的益处，在新时期均应将责任意识内化到本体，根据工作与生活的实际情况，发挥差异化的科普功能，为科普社会化协同生态的良好运行提供行动保障，为推动人类命运共同体构建贡献个人力量，也为实现高水平科技自立自强、建设世界科技强国汇聚凝聚力。

---

① 李红林：《领导干部和公务员科学素质提升的挑战与对策》，《科普研究》2021 年第 4 期，第 74~79、110 页。

② 高宏斌：《构建新时代科普“四化”生态的内涵》，《科普研究》2022 年第 5 期，第 19~22 页。

后　记

经过约 2 年的集体撰写，《科普社会化协同的中国理论与实践》一书即将由社会科学文献出版社出版。在正式付印之际，作为联合主持人，特对研究工作的初衷与希望达到的目的进行简要的回顾，并如实记录多位课题参与者的工作及贡献。

科普社会化协同是近年来的新国家大科普支撑目标，已在国家最新制定颁布的《全民科学素质行动规划纲要（2021—2035 年）》中作为指导思想正式提出，不过国家层面的提法虽然新，但并不代表之前我国没有开展科普社会化协同的工作，而是在国家战略中的重要性大幅度获得了提升。因此，在调研刻画此前多年我国从中央到地方围绕这一议程进行多元实践基础上，尝试提炼科普社会化协同的中国理论也不是无源之水。当然，由于立足于中国式现代化新阶段和参与打造人类命运共同体这一全新发展语境，此前的实践经验认知和中国理论提炼必然带有鲜明的初级阶段的特征，但考虑到这一领域已经推出的实践关照和理论研究非常薄弱，所以本撰写组经过多次集体讨论，还是决定把探索色彩较强的调查和研究成果作系统总结，以现在的面貌呈现给读者，期望对这一新时期的战略议程发育能有一定的裨益。

在本书框架设计、内容规划、专项调查、具体执笔和多轮修改统稿过程中，多位研究者承担了不同的任务，特作如下说明：

书稿框架与章节设计：郑念、汤书昆、王丽慧、郑斌

全书多轮修订与统稿：郑念、汤书昆、陈登航、王丽慧

内容与案例的多轮调整研究：王丽慧、郑斌、陈登航、齐培潇

引言撰写：郑念

理论篇与实践篇开篇执笔：陈登航

第一章主执笔：郑斌、张啸宇

第二章主执笔：郑斌、张啸宇

第三章主执笔：陈登航

第四章主执笔：吴祖赟、董梦苑

第五章主执笔：吴祖赟、董梦苑

第六章主执笔：汤书昆

第七章主执笔：张啸宇

第八章主执笔：陈登航、谭美娟

第九章主执笔：吴祖赟、曹瑞玥

第十章主执笔：董梦苑、曹瑞玥

第十一章主执笔：郑斌、张啸宇

第十二章主执笔：陈登航、汤书昆

后记撰写：汤书昆

在书稿从最初的框架设计到最后定稿的过程中，主要执笔人具体完成了各部分内容的撰写，但课题组长、副组长在修订完善方面花费了大量心血，也在后记中对他们的辛勤工作予以记录和感谢。最后，感谢在课题调研过程中给予过大力支持的各级科协、科研院所、高校和企业！

图书在版编目（CIP）数据

科普社会化协同的中国理论与实践 / 郑念等著 . --
北京：社会科学文献出版社，2024.8
ISBN 978-7-5228-1881-8

Ⅰ. ①科… Ⅱ. ①郑… Ⅲ. ①科学普及-研究-中国
Ⅳ. ①N4

中国国家版本馆 CIP 数据核字（2023）第 094481 号

科普社会化协同的中国理论与实践

著　　者 / 郑　念　汤书昆 等

出 版 人 / 冀祥德
责任编辑 / 薛铭洁
责任印制 / 王京美

出　　版 / 社会科学文献出版社 · 皮书分社（010）59367127
地址：北京市北三环中路甲 29 号院华龙大厦　邮编：100029
网址：www. ssap. com. cn
发　　行 / 社会科学文献出版社（010）59367028
印　　装 / 三河市尚艺印装有限公司

规　　格 / 开　本：787mm × 1092mm　1/16
印　张：26.5　字　数：405 千字
版　　次 / 2024 年 8 月第 1 版　2024 年 8 月第 1 次印刷
书　　号 / ISBN 978-7-5228-1881-8
定　　价 / 168.00 元

读者服务电话：4008918866